U0363977

"十二五"国家重点图书出版规划项目

交通运输建设科技丛书·水运基础设施建设与养护

长 江 黄 金 水 道 建 设 关 键 技 术 丛 书

长江河口段水沙运动及河床演变

夏云峰　闻云呈　徐　华　吴道文　著

人民交通出版社股份有限公司

China Communications Press　Co.,Ltd.

内 容 提 要

本书在大量实测水沙、地形资料收集的基础上，利用河演分析、理论分析、调和分析、数理统计以及模型试验等研究手段，首先对长江河口段流域来水来沙条件进行了研究，分析了流域来水来沙趋势性变化、阶段性变化、周期性变化等；其次，对长江河口段潮波传播以及潮流、泥沙的时空分布进行了研究，揭示了长江河口段沿程潮波传播特性以及潮汐影响多汊河段潮流运动、泥沙输移时空分布特性；再者，对长江河口段的滩槽水沙交换进行了研究，重点分析了双涧沙、通州沙和白茆沙滩槽水沙交换的规律，探明了潮汐多汊河段滩槽水沙交换及其对滩槽稳定性的影响；最后，对长江河口段河床演变特性进行了研究，分析了长江三沙河段河床演变的规律、影响因素及其发展趋势。

本书集中反映了水运工程技术的重大创新成果与科技成就，能够更好促进水沙科学与技术的发展，推动了水沙实测、河演分析等相关专业的技术发展，可供河口航道工程相关研究人员参考。

Abstract

Firstly, research methods such as river evolution analysis, theoretical analysis, harmonic analysis, mathematical statistics and model test are applied in this book to study water and sediment conditions of the Tidal reaches of the Yangtze river and analyze tendency changes, stage changes, and periodic changes in the Tidal reaches of the Yangtze river. Secondly, tidal wave propagation as well as temporal and spatial distribution of tidal current and sediment in the Tidal reaches of the Yangtze river are studied to reveal characteristics of tidal wave propagation and effects of tide on tidal wave propagation, temporal and spatial distribution of sediment transport in branching rivers along the course of the Tidal reaches of the Yangtze river. Thirdly, water and sediment exchanges in the Tidal reaches of the Yangtze river with flood plains are studied in this book and focusing on Shuangjian Sand Shoal, Tongzhou Sand Shoal and Baimao Sand Shoal, water and sediment exchanges in tidal branching rivers with flood plains and its influences on the stability of flood plains are proved. Finally, characteristics of riverbed evolution in the Tidal reaches of the Yangtze river are researched to analyze riverbed evolutionary regularities, influencing factors and its developments in the Tidal reaches of the Yangtze river. By the way, all above are based on a large amount of measured data of water and sediment and collected topographic data in the Tidal reaches of the Yangtze river.

This book serves as a centralized reflection of major innovations and achievements of waterway engineering. It may promote the development of science and technology for waterway engineering better; it pushes forward the technical development of water and sediment measurement, river revolution analysis and other related professions, may serve as reference for researchers related to estuary and waterway engineering.

图书在版编目 (CIP) 数据

长江河口段水沙运动及河床演变 / 夏云峰等著 . —北京：人民交通出版社股份有限公司 , 2015.12
（长江黄金水道建设关键技术丛书）
ISBN 978-7-114-12604-8

Ⅰ . ①长… Ⅱ . ①夏… Ⅲ . ①长江—河口—河流输沙—研究 ②长江—河口—河道演变—研究 Ⅳ . ① TV152 ② TV882.2

中国版本图书馆 CIP 数据核字 (2015) 第 265507 号

长江黄金水道建设关键技术丛书

书　　名：**长江河口段水沙运动及河床演变**
著 作 者：夏云峰　闻云呈　徐　华　吴道文
责任编辑：邵　江　刘　君　尤晓晖
出版发行：人民交通出版社股份有限公司
地　　址：（100011）北京市朝阳区安定门外外馆斜街 3 号
网　　址：http://www.ccpress.com.cn
销售电话：（010）59757973
总 经 销：人民交通出版社股份有限公司发行部
经　　销：各地新华书店
印　　刷：北京盛通印刷股份有限公司
开　　本：787×1092　1/16
印　　张：24.5
字　　数：575 千
版　　次：2015 年 12 月　第 1 版
印　　次：2015 年 12 月　第 1 次印刷
书　　号：ISBN 978-7-114-12604-8
定　　价：80.00 元

（有印刷、装订质量问题的图书由本公司负责调换）

《长江黄金水道建设关键技术丛书》
主要编写单位

交通运输部长江航务管理局

交通运输部水运科学研究院

南京水利科学研究院

交通运输部长江口航道管理局

交通运输部天津水运工程科学研究院

中交第二航务工程勘察设计院有限公司

武汉理工大学

重庆交通大学

长江航道局

长江三峡通航管理局

长江航运信息中心

上海河口海岸科学研究中心

《长江黄金水道建设关键技术丛书》
编写协调组

组　长　杨大鸣（交通运输部长江航务管理局）

成　员　高惠君（交通运输部水运科学研究院）

　　　　裴建军（交通运输部长江航务管理局）

　　　　丁润铎（人民交通出版社股份有限公司）

总　序

　　近年来，交通运输行业认真贯彻落实党中央、国务院"稳增长、促改革、调结构、惠民生"的决策部署，重点改革力度加大，结构调整积极推进，交通运输科技攻关不断取得突破，促进了交通运输持续快速健康发展。目前，我国公路总里程、港口吞吐能力、全社会完成的公路客货运量、水路货运量和周转量等多项指标均居世界第一。交通运输事业的快速发展不仅在应对国际金融危机、保持经济平稳较快发展等方面发挥了重要作用，而且为改善民生、促进社会和谐做出了积极贡献。

　　长期以来，部党组始终把科技创新作为推进交通运输发展的重要动力，坚持科技工作面向需求，面向世界，面向未来，加大科技投入，强化科技管理，推进产学研相结合，开展重大科技研发和创新能力建设，取得了显著成效。通过广大科技工作者的不懈努力，在多年冻土、沙漠等特殊地质地区公路建设技术，特大跨径桥梁建设技术，特长隧道建设技术，深水航道整治技术和离岸深水筑港技术等方面取得重大突破和创新，获得了一系列具有国际领先水平的重大科技成果，显著提升了行业自主创新能力，有力支撑了重大工程建设，培养和造就了一批高素质的科技人才，为交通运输科学发展奠定了坚实基础。同时，部积极探索科技成果推广的新途径，通过实施科技示范工程，开展材料节约与循环利用专项行动计划，发布科技成果推广目录等多种方式，推动了科技成果更多更快地向现实生产力转化，营造了交通运输发展主动依靠科技创新，科技创新服务交通发展的良好氛围。

　　组织出版《交通运输建设科技丛书》，是深入实施创新驱动战略和科技强交战略，推进科技成果公开，加强科技成果推广应用的又一重要举措。该丛书分为公路基础设施建设与养护、水运基础设施建设与养护、安全与应急保障、运输服务和绿色交通等领域，将汇集交通运输建设科技项目研究形成的具有较高学术和应用价值的优秀专著。丛书的逐年出版和不断丰富，有助于集中展示和推广交通运输建设重大科技成果，传承科技创新文化，并促进高层次的技术交流、学术传播和专业人才培养。

　　今后一段时期是加快推进"四个交通"发展的关键时期，深入实施科技强交战略和创新驱动战略，是一项关系全局的基础性、引领性工程。希望广大交通运输科技工作者进一步解放思想、开拓创新，求真务实、奋发进取，以科技创新的新成效推动交通运输科学发展，为加快实现交通运输现代化而努力奋斗！

王昌顺

2014 年 7 月 28 日

序

（为《长江黄金水道建设关键技术丛书》而作）

河流，是人类文明之源；交通，推动了人类不同文明的碰撞与交融，是经济社会发展的重要基础。交通与河流密切联系、相伴而生。在古老广袤的中华大地上，长江作为我国第一大河流，与黄河共同孕育了灿烂的华夏文明。自古以来，长江就是我国主要的运输大动脉，素有"黄金水道"之称。水路运输在五大运输方式中，因成本低、能耗少、污染小而具有明显的优势。发展长江航运及内河运输符合我国建设资源节约型、环境友好型社会以及可持续发展战略的要求。目前，长江干线货运量约 20 亿 t，位居世界内河第一，分别为美国密西西比河和欧洲莱茵河的 4 倍和 10 倍。在全面深化改革的关键期，作为国家重大战略，我国提出"依托长江黄金水道，建设长江经济带"，长江黄金水道又将被赋予新的更高使命。长江经济带覆盖 11 个省（市），面积 205.1 万 km^2，约占国土面积的 21.4%。相信长江经济带的建设将为"黄金水道"带来新的发展机遇，进一步推动我国水运事业的快速发展，也将为中国经济的可持续发展提供重要的支撑。

经过 60 余年的努力奋斗，我国的内河航运不断发展，内河航道通航总里程达到 12.63 万 km，航道治理和基础设施建设不断加强，航道等级不断提高，在我国的经济社会发展中发挥了不可估量的作用。长江口深水航道工程的建成和应用，标志着我国水运科学技术水平跻身国际先进行列。目前正在开展的长江南京以下 12.5m 深水航道工程的建设，积累了更多的先进技术和经验。因此，建设长江黄金水道具有先进的技术积累和充足的实践经验。

《长江黄金水道建设关键技术丛书》围绕"增强长江运能"这一主题，从前期规划、通航标准、基础研究、航道治理、枢纽通航，到码头建设、船型标准、安全保障与应急监管、信息服务、生态航道等方面，对各项技术进行了系统的总结与著述，既有扎实的理论基础，又有具体工程应用案例，内容十分丰富。这套丛书是行业内集体智慧之力作，直接参与编写的研究人员近 200 位，所依托课题中的科研人员超过 1 000 位，参与人员之多，创我国水运行业图书之最。长江黄金水道的建设是世界级工程，丛书涉及的多项技术属世界首创，技术成果总体处于国际先进水平，其中部分成果处于国际领先水平。原创性、知识性和可读性强为本套丛书的突出特点。

　　该套丛书系统总结了长江黄金水道建设的关键技术和重要经验，相信该丛书的出版，必将促进水运科学领域的学术交流和技术传播，保障我国水路运输事业的快速发展，也可为世界水运工程提供可资借鉴的重要经验。因此，《长江黄金水道建设关键技术丛书》所总结的是我国现代水运工程关键技术中的重大成就，所体现的是世界当代水运工程建设的先进文明。

　　是为序。

南京水利科学研究院院长
中 国 工 程 院 院 士
英国皇家工程院外籍院士

2015 年 11 月 15 日

前　言

　　长江黄金水道作为沿江经济发展的主通道和沿江综合运输体系的主骨架，在长江经济带建设中发挥着基础性作用。长江南京以下 12.5m 深水航道的建设为沿江经济发展带来了前所未有的机遇。长江河口段受径流、潮汐共同作用，既有别于径流作用为主的长江上游也有别于潮汐作用为主的长江口。针对长江河口段水沙动力复杂、河床冲淤多变的特性，《长江河口段水沙运动及河床演变》一书将长江河口段的水沙输移特性、河床演变规律作为本书核心研究内容，在大量实测水沙、地形资料收集的基础上，利用河演分析、理论分析、调和分析、数理统计以及模型试验等研究手段对其进行深入的研究，为长江黄金水道建设以及水运事业快速发展提供技术支撑。

　　本书共分为 9 章，第 1 章介绍了长江流域概况、长江南京以下 12.5m 深水航道前期研究和本书的主要研究内容。第 2 章从长江河口段河段概况，水文、泥沙，波浪、台风浪以及风暴潮等介绍了该河段的自然条件。第 3 章对长江河口段流域来水来沙条件进行了研究。第 4 章至第 6 章，主要对长江河口段潮波传播以及潮流、泥沙的时空分布进行了研究。第 7 章对长江河口段的滩槽水沙交换进行了研究。第 8 章重点分析了长江河口段分汊水沙动力特性，并对汊河道分流分沙模式进行了探讨。第 9 章对长江河口段河床演变特性进行了研究，分析了长江三沙河段河床演变的规律、影响因素及其发展趋势。

　　本书的撰写和出版得到了"国家出版基金项目"的资助，作者在此表示衷心感谢。同时由于我们水平有限，还一定存在不少缺点和错误，恳请读者批评指正。

作　者

2015 年 10 月

目　录

1 概　述

1.1　长江流域简介

长江全长约 6 300km，长江干流宜昌以上为上游，长 4 504km，流域面积 100 万 km²，其中直门达至宜宾称金沙江流域，长 3 464km。宜宾至宜昌河段习称川江，长 1 040km。宜昌至湖口为中游，长 955km，流域面积 68 万 km²。湖口以下为下游，长 938km，流域面积 12 万 km²。长江干流自西向东横贯我国中部，干流流经青海、西藏、四川、云南、重庆、湖北、湖南、江西、安徽、江苏、上海 11 个省（自治区、直辖市），数百条支流延伸至贵州、甘肃、陕西、河南、广西、浙江、福建 8 个省（自治区）的部分地区，总计 19 个省级行政区。流域面积达 180 万 km²，约占我国陆地总面积的 1/5，是中国和亚洲的第一大河，世界第三大河。长江发源于青海省唐古拉山，最终于上海汇入东海。长江流域水系如图 1-1 所示。

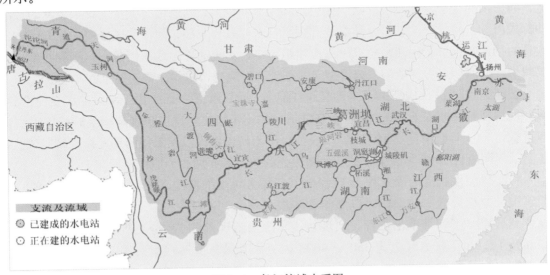

图 1-1　长江流域水系图

长江上游主要控制性水库包括金沙江中游虎跳峡河段梯级水库；雅砻江两河口、锦屏一级和二滩水库；金沙江下游乌东德、白鹤滩、溪洛渡和向家坝水库；岷江紫坪铺水库和支流大渡河双江口、瀑布沟水库；嘉陵江亭子口水库和支流白龙江宝珠寺水库、乌江洪家渡、乌江渡和构皮滩水库；三峡水库和葛洲坝水库。总体而言，上述梯级水库的建设对长江中下游的径流量起到了削峰填谷的作用，洪峰流量有所削弱，枯水流量则有所增加；就输沙量而言，长江上游水库群运行后，由于众多水库对泥沙的截留，输沙量呈减小的趋势。运营初期，蓄水期蓄水量巨大，致使其下游的流量减少，增加了航道维护难度。但随着长江干流的来沙将大量减少，长江中下游河床总体有所冲刷，总体有利于航道的维护，且梯级水库的建设延伸了长江上游航道，提高了库区航道等级。

长江是贯通我国东、中、西部三大经济区的水运主动脉，是我国最重要的内河水运主通道，素有"黄金水道"之称。长江干流横贯东西、通江达海，主要支流沟通南北，深入腹地，长江航运是我国综合运输体系中的重要组成部分，是连接我国东、中、西部地区的重要纽带，是实施西部大开发战略的重要依托，也是长江沿江经济持续、快速发展的重要支撑。长江水运具有占地少、耗能低、污染小、运量大等特点，发展长江水运符合我国建设资源节约型、环境友好型社会以及实施可持续发展战略的要求。

1.2 长江南京以下深水航道建设前期研究情况

长江南京以下河段为冲积平原河流，河床边界抗冲性差，加之受到不同程度的潮流影响，水动力条件与泥沙运动规律复杂，以江阴鹅鼻嘴山矶为界分为上下两类不同河型。江阴以上属近河口段，河床演变主要受径流控制，潮流影响较小，沿江有多处天然节点，河道平面形态为宽窄相间的藕节状。节点处江面宽度 1.1 ~ 1.5km，河槽窄深稳定；节点间江面宽达 3 ~ 10km，流路分散、江心洲众多。江阴以下属河口段，河道自上而下逐渐展宽，河床演变受径流和潮流的共同作用，潮流影响较大。河道中有大量发育未成熟的散乱沙群或潜洲，易受水流切割，沙群分合频繁，水道兴衰交替，河床冲淤多变。近 60 年来，大量的护岸及围垦工程使南京以下河道逐步缩窄，水流动力轴线摆幅减小，沙洲并岸、支汊减少，河道形态由复杂的多分汊型向简单分汊型演变，总体河势向稳定方向发展。

长江南京以下于 1965 年开通海轮进江航道，计划水深 7.1m，由于洲滩冲淤变化剧烈，曾一度只能维持航深 6.8m。随着南京以下河势逐步稳定，通过疏浚与调整航标等维护管理措施，2003 年航深提高 10.5m，与长江口深水航道建设二期工程同期发挥了航运效益；江阴以下河段自 2005 年以来维护基面由原先的航行基面调整为理论最低潮面。

长江口深水航道治理工程于 1997 年底经国务院批准实施。工程本着"一次规划、分期建设、分期见效"的原则，以整治和疏浚相结合，通过一、二、三期工程的实施，建设各类导堤、丁坝等整治工程，实现航道水深由治理前的 7m 分三期逐步增深至 8.5m、10m 及 12.5m，航道底宽为 350 ~ 400m，可满足第三、四代集装箱船和 5 万吨级船舶全天候双向通航的要求，兼顾第五、六代大型远洋集装箱船舶和 10 万吨级满载散货船及 20 万吨级减载散货船乘潮通过长江口深水航道。2000 年 7 月，长江口深水航道治理一期工程的成功实施，使长江口航道水深由治理前的 7m 增加到了 8.5m。2005 年 6 月，长江口深水航道治理二期工程建成后，又使长江口航道通航水深历史性地增加到了 10m。2005 年 10 月，长江口深水航道治理二期工程实现 10m 水深航道向上延伸至南京。长江口深水航道治理三期工程已于 2010 年 3 月底完成，已形成水深 12.5m，航宽 350 ~ 400m 的人工航道 92.2km，2010 年底长江口 12.5m 深水航道上延至太仓荡茜口。随着长江口深水航道以及长江口浏河至太仓段深水航道延伸工程的顺利实施，逐步将长江口深水航道向上延伸，成为充分发挥长江黄金水道的运输潜能、支撑长江三角洲地区和带动中西部地区率先实现现代化、积极参与国际经济循环的迫切需要。

随着长江口深水航道尺度标准的提高，海轮进江的矛盾焦点将转移到长江口以上，首先是白茆沙水道、通州沙水道和福姜沙水道航槽不稳定，航道尺度标准偏低，成为 5 万吨级散货船和第三、四代集装箱船直达南京港的关键卡口。为充分发挥长江口深水航道整治的综合效益，适应沿江经济发展的需要，贯彻落实党中央的"长江战略"，整治上述三个水道势在必行。早在 1994 年，长江航道局就根据交通部计水字（1994）09 文件提出的"根据长江航道的自然条件、长江航运规划、海轮进江的经济合理性以及社会、经济发展的需要，分区段通航不同等级的海轮是可行的；从目前的分析、研究来看，2020 年以前南京以下通航 5 万吨级海轮，并为逐步提高通航等级留有余地是基本合理的，有关研究及前期工作应不断深入"的意见，从此进行了研究，并于 1995 年提出了"长江下游海轮航道发展建设初步设想"。1996 年由长江南京航道局委托南京水利科学研究院，开展长江下游白茆沙水道、通州沙水道和福姜沙水道（以下简称福姜沙、通州沙和白茆沙水道）海轮深水航道整治工程预可行性研究，并于 1998 年提交了初步成果。2001 年长江航道局根据交通部有关会议精神以及交通部交规发〔2001〕124 号文"关于重新下达公路水路交通'十五'重点建设项目前期工作计划的通知"，继续委托南京水利科学研究院在 1998 年研究成果的基础上根据各水道近年变化情况，对整治工程方案进行调整和试验研究，对整治标准进行充实论证，进一步深化长江下游福姜沙、通州沙和白茆沙水道海轮深水航道整治工程预可行性研究。2001 年 12 月由长江航道局组织有关专家及所涉单位和部门对长江福姜沙、通州沙和白茆沙水道海轮深水航道整治工程预可行性报告进行了审查。

长江航道局与 2004 年左右正式组织开展长江南京以下 12.5m 深水航道的前期研究工作。鉴于鳗鱼沙、双涧沙当时的河势条件，交通运输部分别于 2010 年 11 月、2010 年年底实施了鳗鱼沙浅滩头部守护工程和双涧沙护滩工程，工程分别于 2012 年 6 月、2012 年 5 月进行了工程交工验收。长江南京以下 12.5m 深水航道一期工程于 2012 年 8 月 28 日开工建设，并于 2014 年 7 月 9 日顺利通过交工验收，正式进入试运行阶段。

2010 年 4 月交通运输部明确了"整体考虑、自下而上、分段逐步推进"的总体思路，江苏省政府与交通运输部达成了"部省共建、加快推进前期工作"的共识。2010 年 10 月交通运输部与江苏省政府联合组织开展了长江口深水航道 12.5m 水深延伸至南通天生港区航道建设工程前期工作，在会谈中商定，成立项目建设领导小组，协调推进项目前期工作，将这项目分别纳入部和省"十二五"规划，由部省共同出资建设。2011 年 4 月 15 日，长江南京以下深水航道建设工程领导小组成立暨领导小组第一次会议在江苏南京召开，会议宣布成立建设工程领导小组及办公室、建设工程指挥部、工程咨询专家组，标志着长江南京以下深水航道建设工程正式进入启动阶段。

现阶段长江南京以下 12.5m 深水航道建设工程二期四个浅滩（仪征水道（世业洲）、

和畅洲汉道（焦山水道和丹徒直水道）、口岸直水道、福姜沙水道）航道整治工程已于 2015 年 6 月 29 日开工建设。

1.3　交通运输部重大专项研究简介

水运是大自然恩赐给人类宝贵的交通运输资源,具有运能大、运距长、污染小、效能高、占地少、污染轻的显著优势,是现代综合运输体系的重要组成部分,大力发展现代交通运输业必须大力发展内河水运。长江作为沟通我国东、中、西部地区的运输大动脉,在流域经济社会发展中具有极其重要的地位,素有"黄金水道"之称,其形成的长江经济带覆盖 11 省市,面积约 205 万 km²,人口和生产总值均超过全国的 40%,横跨我国东中西三大区域,具有独特优势和巨大发展潜力。西江是我国仅次于长江的第二大内河航运水道,是珠江水系的主通道,其货运量约占珠江干线运输量的 70%,西江干线在西部大开发和东部率先实现现代化中的地位越来越重要。长江、西江是全国内河航道规划"两横一纵两网"主骨架中的两横,也是全国综合运输体系"五纵五横"大通道的重要组成部分,加快建设长江、西江黄金水道,对于进一步促进区域经济协调发展,带动全国内河航运发展具有十分重要的作用。

2011 年 1 月,国务院颁布了《关于加快长江等内河水运发展的意见》,提出"利用 10 年左右的时间,建成畅通、高效、平安、绿色的现代化内河水运体系,建成比较完备的现代化内河水运安全监管和救助体系,运输效率和节能减排能力显著提高,水运优势与潜力得到充分发挥,对经济发展的带动和促进作用显著增强"的发展目标。2014 年 9 月,《国务院关于依托黄金水道推动长江经济带发展的指导意见》正式出台,《指导意见》提出的首要任务即"提升长江黄金水道功能",指出"充分发挥长江运能大、成本低、能耗少等优势,加快推进长江干线航道系统治理,整治浚深下游航道,有效缓解中上游瓶颈,改善支流通航条件,优化港口功能布局,加强集疏运体系建设,发展江海联运和干支直达运输,打造畅通、高效、平安、绿色的黄金水道。"随着国家战略的部署实施,长江等内河水运发展迎来了重要历史机遇,也预示着内河水运在发展质量、发展水平和发展方式上必将发生根本性的变化。

面对新的发展形势,长江及西江黄金水道的通过能力与航运旺盛的需求存在诸多不相适应的方面,突出表现在:一是航道及枢纽的通过能力不足;二是船型发展与内河水运基础设施不匹配;三是航运安全保障及应急反应能力有待提高;四是相对较低的航运信息化水平制约了运输效率的提升。要推动内河水运现代化发展,必须发挥科技的引领和支撑作用,急需用科技的手段攻克通过能力提升的一系列重大关键技术。为此,交通运输部于 2011 年设立了"黄金水道通过能力提升技术"重大科技专项,针对长江、西江黄金水道通过能力提升的制约因素,着重围绕通航条件及船型标准、航道系统整治、枢纽通航、信息服务与安全保障等四个领域的关键技术开展研究。

"黄金水道通过能力提升技术"重大科技专项由 13 个相关项目构成。研究针对制约长江和西江黄金水道通过能力提升的普遍性、关键性和前瞻性的技术问题进行研究,重点突破通航及船型标准、航道系统整治、枢纽通航、信息服务与安全保障等方面的关键技术，形成一批先进实用成果，并在工程建设和航运管理中转化应用，为进一步提高航道和通航建筑物的通过能力，进一步提升黄金水道航运安全保障及船舶防污染能力，进一步提高航运综合信息服务能力，构建"畅通、高效、平安、绿色"的现代化水运体系提供技术支撑与保障。"长江福姜沙、通州沙和白茆沙深水航道系统治理关键技术研究"为其中的课题六，主要包括复杂潮汐影响河段水沙输移特性及航道演变关系研究、复杂动力条件下沿程通航水位及整治参数研究、多汊潮汐影响河段航道整治滩槽总体控导关键技术研究、复杂水动力作用下航道整治建筑物新结构及其稳定性研究、综合治理目标下的长河段航道系统整治关键技术等专题。

1.4　本书研究主要内容

本书在大量实测水沙、地形资料收集的基础上，利用河演分析、理论分析、调和分析、数值模拟以及模型试验等研究手段，首先对长江河口段流域来水来沙条件进行研究，分析了流域来水来沙趋势性变化、阶段性变化、周期性变化等；其次，对长江河口段潮波传播以及潮流、泥沙的时空分布进行了研究，揭示了长江河口段沿程潮波传播特性以及潮汐影响多汊河段潮流运动、泥沙输移时空分布特性；再者，对长江河口段的滩槽水沙交换进行了研究，重点分析了双涧沙、通州沙和白茆沙滩槽水沙交换的规律，探明了潮汐多汊河段滩槽水沙交换及其对滩槽稳定性的影响；最后，对长江河口段河床演变及碍航特性进行了研究，分析了长江三沙河段河床演变的规律及影响因素。

2 长江河口段自然条件

长江口为径流与潮流相互消涨非常明显的多级分汊沙岛型中等潮汐河口，河口区的潮波受黄海潮波及东海潮波系统共同影响，其中东海潮波系统是主要影响因素。根据长江口水动力与地貌综合特征，可将大通至长江口外 -30m 等深线分为以下几个河段：大通至江阴为河口区的河口河流段；江阴至河口拦门沙浅滩为河口区的河口潮流段，该区域内河床造床作用受涨落潮流控制；长江口门以外至 -30m 等深线，该段为河口区的口外海滨段（图 2-1）。长江河口平面外形为三级分汊、四口分流格局，一级分汊南支与北支（崇明岛两侧）受徐六泾节点河段来水来沙控制，该处离长江口外 50 号灯浮 181.8km，河宽最窄处不到 5.0km；二级分汊南港与北港（长兴岛及横沙岛两侧）为复式河槽，其中冲淤变化取决于南北港分流口河势的稳定；三级分汊南槽与北槽（江亚南沙与九段沙两侧），其上口的代表断面（横沙水文站——川扬河口）河宽为 11.8km。福姜沙、通州和白茆沙河段（以下简称"三沙河段"）属长江河口潮流段，上接江阴水道，下连长江南支下段浏河水道，成反"S"藕节状展宽分汊河型，该河段由福姜沙水道、通州沙水道和白茆沙水道组成，本书主要对三沙河段水沙动力及河床演变进行研究，揭示水沙运动及河床演变的规律。

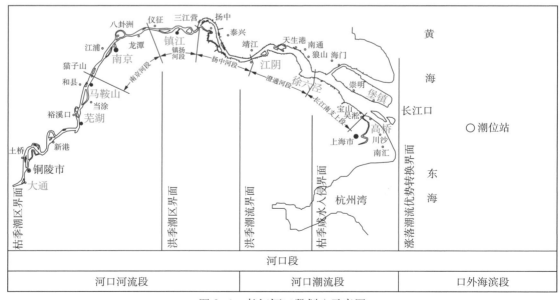

图 2-1　长江河口段划分示意图

2.1 河段概况

河口潮流段从江阴至口门（拦门沙滩顶），长约220km，径流和潮流相互消长，河槽分汊多变。口外海滨段为口门至外海30～50m等深线附近，以潮流作用为主，水下呈三角洲发育。而河口段中福姜沙水道、通州沙水道和白茆沙水道分别经如皋沙群段和徐六泾河段连接而成弯曲藕节状，上接江阴水道，下连长江口南支河段的宝山水道，受上游径流和外海潮汐的共同作用，水沙动力、河床冲淤条件复杂，三沙河段河势如图2-2所示。

2.1.1 江阴河段

江阴河道平面形态为两端窄、中间宽，进口处受右岸天生港矶头导流岸壁控制，河宽约2.0km，出口鹅鼻嘴处河宽仅1.4km。南岸为弯道凹岸，岸线顺直微弯，主深泓贴岸。根据河流弯道的变化规律，长江水流对南岸有较强的侵蚀力，但由于南岸土质坚实，抗冲性能极强，近百年来江阴水道平面形态变化较小。

2.1.2 澄通河段

澄通河段位于长江口潮流界变动区，属河口河流段，是天然及人工节点控制的藕节状、弯曲多分汊河型；澄通河段有福姜沙、双涧沙、民主沙、长青沙、泓北沙、横港沙、通州沙、狼山沙、新开沙、铁黄沙等沙洲。进口鹅鼻嘴处江面宽1.4km，河床窄深，主流傍南岸，至长山江面放宽至4.1km，其后长江主流为福姜沙分左右两汊，右汊为鹅头型弯道，长约22.2km，江面宽约950m，分流比为20%左右；左汊顺直，为主汊，江面宽约3km，长约19km，分流比约为80%。福姜沙左汊下段又分为双涧沙分福北水道和福中水道，水流走福中水道至福姜沙尾和福南水道汇合，进入浏海沙水道，福北水道部分水流经双涧沙进入浏海沙水道，部分进入如皋中汊。如皋中汊长约10km，江面宽850～1 000m，分流比为30%左右，浏海沙水道江面宽约2.5km，分流比约为70%。浏海沙水道和如皋中汊在九龙港一带汇合，此处江面宽约1.6km。其后长江主流紧贴南岸，经九龙港至十二圩港，脱离南岸过渡到南通姚港至任港一带，主流紧贴左岸顺通州沙东水道下泄。

通州沙河段上起十三圩，下至徐六泾，全长约39km。进出口江面宽相对较窄，平均约5.7km，中间放宽，最大河宽约9.4km。通州沙河段为暗沙型多分汊河道。通州沙东水道为主汊，出口段被自左而右的新开沙、狼山沙和铁黄沙分为新开沙夹槽、狼山沙东、西水道和福山水道。受龙爪岩和下游徐六泾河段天然及人工节点的控制，长江主流走通州沙东水道和狼山沙东水道的格局（反"S"形）不会改变。通州沙河段大河势得到了基本控制，但新开沙和狼山沙仍处于缓慢演变中。

2.1.3 徐六泾人工缩窄段

徐六泾河段上承澄通河段，下接南支河段白茆沙分汊河段。自浒浦至白茆河口，全长

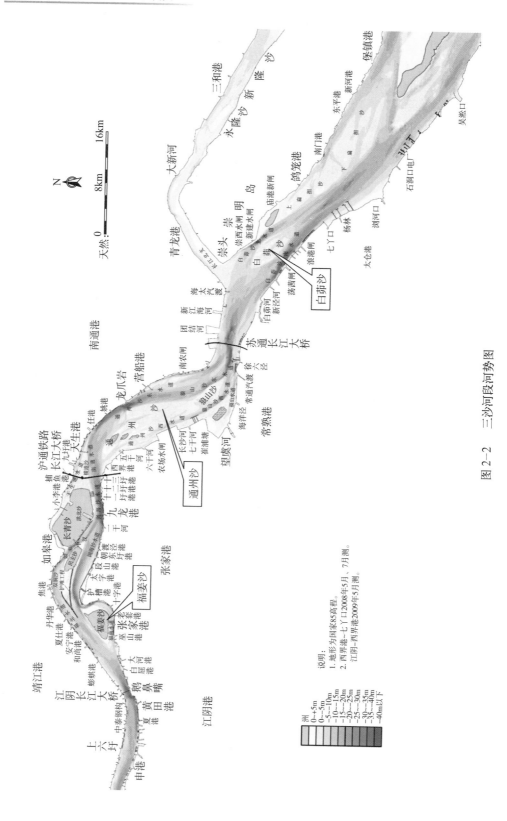

图 2-2 三沙河段河势图

说明：
1. 地形为国家85高程。
2. 西界港~七丫口2008年5月、7月测。
江阴~西界港2009年5月测。

洲	>0～+5m
	0～-5m
	-5～-10m
	-10～-15m
	-15～-20m
	-20～-25m
	-25～-30m
	-30～-35m
	-35～-40m
	-40m以下

15km。进口徐六泾河宽约4.7km,出口白茆河口处江面宽为7.5km。随着北岸新通海沙围垦工程的实施,河宽最窄处缩窄到4.5km,徐六泾河段的节点控制作用将有所加强。长江主流由澄通河段自北向南顶冲常熟徐六泾岸段,由于常熟沿岸海塘及桩石工程守护,加之南岸为地质条件较好的抗冲性黏土,致使长江主流由北向南转而由西向东顺徐六泾而下进入白茆沙南水道。

2.1.4 长江南支河段中下段

白茆河口以下为展宽分汊型河道,长江在此被崇明岛分南北两支,北支为支汊,南支为主汊。南支河段的白茆河口至吴淞口,全长约60km,与南、北港相连。白茆口以下江面展宽到10.0km,到七丫口处江面略微收缩,七丫口以下又逐渐放宽,至吴淞口江面宽度达17.0km。

南支河段以七丫口为界分为南支上段及南支下段,南支上段微弯,河段中有白茆沙及白茆沙南、北水道,白茆沙为水下暗沙。长江主流自徐六泾人工缩窄段进入白茆沙南水道,分流比约占65%,在七丫口附近和白茆沙北水道汇合后进入长江南支下段,多汊分流后进入南、北港入海。

南支下段顺直,河段内有扁担沙、浏河沙、中央沙等暗沙,为长江河口不稳定的河段,南支下段主槽在浏河口附近分为两股水流分别进入南、北港。新浏河沙、中央沙与南岸之间为新宝山水道,是通往南港的主要水道;扁担沙与中央沙之间的通道为新桥通道,是通往北港的主要水道,扁担沙与崇明岛之间为新桥水道。

2.1.5 长江北支河段

北支河段是长江出海的一级汊道,西起崇明岛头,东至连兴港,全长约83km,流经上海市崇明县、江苏省海门市、启东市,河道平面形态弯曲,弯顶在大洪河至大新河之间,弯顶上下河道均较顺直,上口崇头断面宽为3.0km,下口连兴港断面宽为12.0km,河道最窄处在青龙港断面,河宽仅2.1km。

历史上北支曾经是入海主泓,18世纪以后,由于主流逐渐南移,长江主流改道南支,进入北支的径流逐渐减少,导致北支河道中沙洲大面积淤涨,河宽逐渐缩窄,北支逐渐演变为支汊。目前,北支分泄长江径流的比例很小,是一条以涨潮流为主的河道。北支由于河床宽浅,在远离主流的河槽右侧和涨、落潮流路分离段,洲滩发育,江心沙层出不穷。早期有长沙、百万沙、永隆沙,近期有新村沙、新隆沙群(即黄瓜沙群)等。

北支无大支流入汇,沿江两岸有许多排灌用的小河港,河港口门处均建有控制闸,引排水量有限,对河道演变的影响甚微。北支曾进行过多次围垦,现两岸均筑有堤防,经过多年护岸工程建设,目前岸线在自然条件下可基本保持稳定。北支河段平均水深较小,明暗沙罗列,滩槽易位频繁,同时存在水沙倒灌南支的现象。

2.2 气象条件

2.2.1 气候

长江下游三沙河段位于华东地区，介于东经 117°37′～121°59′、北纬 30°46′～31°00′之间，处于亚热带向暖温带过渡气候带，具有明显的季风特征，四季分明：冬季盛行西北风，冷而干燥，夏季盛行东南风，暖而潮湿；春夏之交，常形成持续的"梅雨"；夏秋，常受热带风暴和台风影响，形成大暴雨。年平均气温介于 13～17℃，自东北向西南递增。由于受季风影响，夏季气温与世界上其他同纬度地方相比偏高，年最高气温达 36～43℃。冬季气温与世界上其他同纬度地方比偏低，年最低气温 −1～−20℃，平均日照时数在 1 800～2 500h，有北多南少、平原多山区少的特点。无霜期为 200～250d，初霜期在 10 月下旬～11 月中旬，终霜期在 3 月中旬～4 月中旬。

2.2.2 降水

长江南京以下流域降水量为 800～1 600mm，多年平均降水量为 1 100mm 左右，高于全国年降水量 650mm 的 40%。受区位影响，流域内降水时空分布不均匀。降水量年际变幅较大，丰水年平均降水量 1 459mm，枯水年 549mm。降水量年内分配也不均匀，雨季从 5～10 月，其降水量可占全年降水量的 85%左右。降水量地区分布不均，总趋势是从东向西逐渐减少，由南向北逐渐递减。暴雨主要由台风或热带风暴、涡切变和槽三类天气系统形成。冷暖气团在江淮地区遭遇，常产生锋面低压和静止锋，形成连续阴雨，习称"梅雨"，梅雨期常出现暴雨，多年平均梅雨量为 229mm。7～9 月，常受台风和热带风暴侵袭，台风倒槽或低压区往往出现暴雨和大暴雨，实测 24h 最大暴雨量达 822mm。暴雨地区分布为，北部多于南部，沿海多于内陆。

2.2.3 风况

南京市属亚热带季风湿润气候区，气候温和，四季分明。南京市属季风气候，冬、夏间的风向转换十分明显。冬季以东北风为主，夏季以东风和东南风为主，春季以东南和东风为主，秋季以东北风为主。南京市平均风速不大，大风的日数也不多。最大风速度为 19.8m/s。

南通地区常风向为 E，频率约占 9%，次常风向为 ESE 和 ENE；强风向为 ESE，次强风向为 NW。多年平均风速为 3.26m/s，最大风速 24.0m/s，全年大于 6 级风天数为 17.7d。

宝山地区常风向为 SE 向，频率为 12%，其次为 ESE、SSE、NNE 向，频率约为 9%；强风向为 NW 和 NNW 向，最大风速分别达 24m/s 和 20m/s。全年大于 6 级风天数平均为 44.1d，大于 7 级风天数为 11.2d，大于 8 级风天数为 2.2d，各站风玫瑰图如图 2−3 所示。

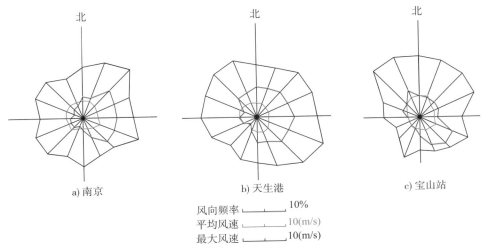

a) 南京　　　　　　　　　b) 天生港　　　　　　　　c) 宝山站

风向频率 |___|___| 10%
平均风速 |___|___| 10(m/s)
最大风速 |___|___| 10(m/s)

图2-3　南京、天生港及宝山站风玫瑰图

2.3　水流及泥沙条件

2.3.1　径流及泥沙

长江下游最后一个水文站——大通站距工程河段约460km。大通站以下较大的入江支流有安徽的青弋江、水阳江、裕溪河，江苏的秦淮河、滁河、淮河入江水道、太湖流域等水系，入汇流量占长江总流量的3%～5%，故大通站的径流资料可以代表本河段的上游径流，根据大通水文站资料统计分析，其特征值见表2-1。

大通站径流及沙量特征值统计　　　　　　　　　　　　　　表2-1

类别	最大	最小	平均
流量（m³/s）	92 600(1954.8.1)	4 620(1979.1.31)	28 259
洪峰流量（m³/s）	—	—	56 800
枯水流量（m³/s）	—	—	16 700
径流总量（×10⁸m³）	13 454(1954年)	6 696(2011年)	8 934
输沙量（×10⁸t）	6.78(1964年)	0.72(2011年)	3.84
含沙量（kg/m³）	3.24(1959.8.6)	0.016（1993.3.3）	0.424

一年当中，最大流量一般出现在7月、8月，最小流量一般出现在1月、2月。径流在年内分配不均匀，5～10月为汛期，其径流量占年径流总量的70.73%，沙量占87.65%，表明汛期水量、沙量比较集中，沙量集中程度大于水量。长江水体含沙量与流量有关，5～10月份洪季多年平均含沙量约为0.530kg/m³，枯季多年平均约为0.182kg/m³。径流、泥沙在年内分配情况详见表2-2、表2-3。

大通站多年月平均流量、沙量统计（2002 年三峡水库蓄水前） 表 2-2

月 份	流量（m³/s）	水量年内分配 (%)	输沙率 (kg/s)	沙量年内分配 (%)	含沙量 (kg/m³)
1	10 987	2.74	1 086	0.68	0.099
2	11 711	2.92	1 091	0.68	0.093
3	15 960	3.98	2 252	1.40	0.141
4	24 115	6.01	5 659	3.52	0.235
5	33 820	8.43	12 004	7.47	0.355
6	40 307	10.05	16 352	10.18	0.406
7	50 499	12.59	37 640	23.43	0.745
8	44 249	11.03	31 538	19.63	0.713
9	40 307	10.05	27 310	17.00	0.678
10	33 438	8.33	16 392	10.20	0.490
11	23 366	5.82	6 801	4.23	0.291
12	14 328	3.57	2 525	1.57	0.176
汛期 (5～10 月)	40 437	70.72	23 539	87.92	0.582
年平均	28 591		13 387		0.468
统计年份	1950～2002 年			1951 年、1953～2002 年	

大通站多年月平均流量及沙量统计（2003 年三峡水库蓄水后） 表 2-3

月 份	流量（m³/s）	水量年内分配 (%)	输沙率 (kg/s)	沙量年内分配 (%)	含沙量 (kg/m³)
1	12 491	2.67	959	1.75	0.077
2	13 817	2.95	1 081	1.97	0.078
3	19 262	4.11	2 441	4.45	0.127
4	22 094	4.72	2 810	5.12	0.127
5	30 465	6.51	4 540	8.27	0.149
6	39 025	8.33	6 757	12.31	0.173
7	44 255	9.45	10 172	18.53	0.230
8	41 261	8.81	10 025	18.27	0.243
9	36 741	7.85	8 900	16.22	0.242
10	25 623	5.47	3 748	6.83	0.146
11	18 884	4.03	2 221	4.05	0.118
12	14 125	3.02	1 226	2.23	0.087
汛期 (5～10 月)	36 228	68.35	7 357	80.43	0.203
年平均	26 503		4 573		0.173
统计年份	2003～2012 年			2003～2012 年	

大通站历年年径流量及输沙量变化如图 2-4、图 2-5 所示。从统计年限内年径流量及输沙量变化来看,年径流量变化的随机性较好,年输沙量变化自 20 世纪 80 年代末期开始减小,低于平均值,这可能与流域水土保持与支流梯级开发拦蓄泥沙有关。2003 年三峡水库蓄水后,拦截了部分下泄泥沙,大通输沙量明显下降。

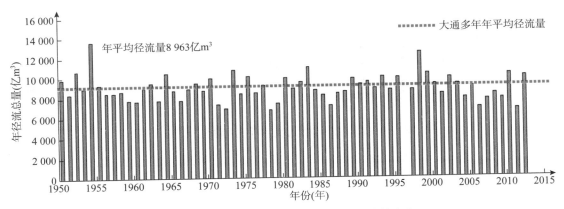

图 2-4 1950 ～ 2012 年大通站历年径流总量分布

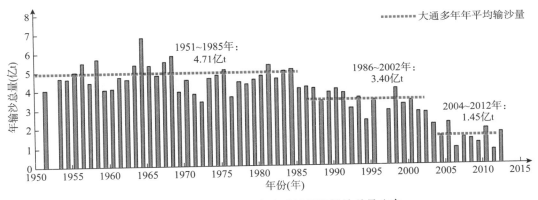

图 2-5 1950 ～ 2012 年大通站历年输沙总量分布

根据 1950 ～ 2012 年资料统计,大通站多年平均径流量约为 8 963 亿 m³,年际间波动较大,但多年平均径流量无明显的趋势变化 (图 2-4)。根据 1950 ～ 2012 年水文资料统计,大通站年平均输沙量 3.84 亿 t,年平均含沙量 0.43kg/m³。近年来,随着长江上游水土保持工程及水库工程的建设,以及沿程挖沙造成长江流域来沙越来越少。输沙量以葛洲坝工程和三峡工程的蓄水为节点,呈现明显的三阶段变化特点,输沙量呈现逐渐减小的趋势 (图 2-5)。其中 1951 ～ 1985 年平均年输沙量为 4.70 亿 t,1986 ～ 2002 年平均年输沙量为 3.40 亿 t,2003 ～ 2012 年平均年输沙量为 1.45 亿 t。2011 年为特枯水年,输沙量为 0.71 亿 t,是 1950 年大通站有记载以来最小年输沙量;2012 年为丰水年,输沙量为 1.62 亿 t。

图 2-6 和图 2-7 为三峡蓄水前后大通站多年月均径流量、输沙量对比图,可见,洪季流量减小有限,1 ～ 3 月份枯季流量有所增加,而沙量洪季减小程度明显,枯季变化有限。

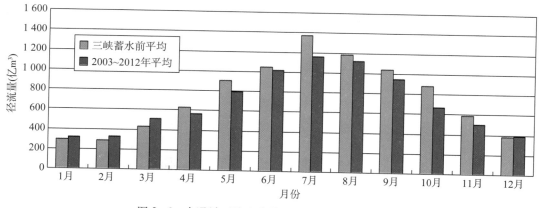

图 2-6　大通站三峡水库蓄水前后月均径流量对比

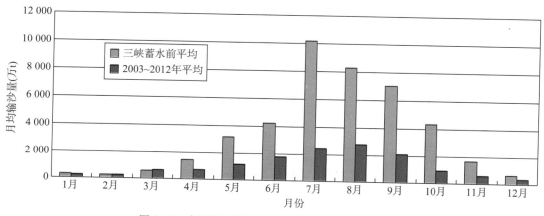

图 2-7　大通站三峡水库蓄水前后月均输沙量对比

2.3.2　大通以下沿程支流入汇

沿江两岸汇入长江的支流较多，左岸主要有土桥河、凤凰颈、裕溪河、石跋河、驻马河、老江口、大运河、淮河入江水道等汇入长江；右岸主要有大通河、荻港河，九华河、青弋江、水阳江、漳河、古溪河、清江、秦淮河、龙潭河、便民河、南运河、丹徒河等汇入长江。

淮河入江水道是淮河下游的干流，承泄上、中游 66% ~ 79% 的洪水，它上起洪泽湖三河闸，经淮安、扬州 2 市 10 县（市、区）及安徽省天长市，至三江营汇入长江，全长 157.2km，设计行洪流量 12 000m³/s。沿程河、湖、滩串并联，地形、地貌、植被较为复杂。上段为新三河、金沟改道段；中段为高邮湖、新民滩、邵伯湖串联；下段由 6 条河道先分后合汇入夹江后与长江沟通。

淮河入江口位于口岸直水道三江营附近。淮河水沙来量主要集中在汛期 7 ~ 9 月。淮河水流含沙量小，水流经三河闸后，通过高邮湖、邵伯湖调蓄，实际进入长江的含沙量比表 2-4 中统计的三河闸值要小。因此，淮河水流对本河段冲刷影响具有短暂性和随机性。三江营站点多年月最高、月最低值分析见表 2-5。

淮河夹江近期月平均流量（单位：m³/s）及月平均含沙量（单位：kg/m³）　表 2-4

月　份	1	2	3	4	5	6	7	8	9	10	11	12	年平均
多年平均流量	-82	-100	-87	-241	-253	-276	1 250	1 650	1 310	770	400	23	360
多年平均含沙量	—	—	—	—	—	—	0.23	0.24	0.24	0.19	0.14	0.14	—

注：负号为长江流入淮河。

三江营站点多年月最高潮位及月最低潮位分析　表 2-5

月　份	1	2	3	4	5	6	7	8	9	10	11	12
多年月最高潮位（m）	3.71	3.33	3.92	4.27	4.76	5.43	5.93	6.27	5.55	4.93	4.35	3.63
多年月最低潮位（m）	-0.63	-0.31	-0.21	0.01	0.71	1.11	1.42	1.21	0.77	0.33	0.08	-0.21

根据统计，大通河、漳河、青弋江、裕溪河及水阳江等多年平均流量总和只占大通流量的 1.2%，淮河入江水道年平均流量约 360m³/s，占大通站多年平均流量约 1.25%。总的来说，这些支流的数量虽多，但它们的流量和输沙量与长江干流站大通站的流量和输沙量相比则相对较小。

2.3.3　大洪水

长江洪水主要由暴雨形成，降雨量主要集中于汛期（5～10 月），占全年降雨量的 70% 以上。正常年份雨季中下游早于上游，南岸支流早于北岸支流，雨峰带略有错开，故一般年份上游干支流和中下游干支流洪峰相互错开，中下游干流可顺序承泄中下游支流和上游干支流的洪水，不致造成大的洪灾。但是气候反常则造成全流域或局部较为严重的洪涝灾害。

（1）1954 年大洪水

1954 年，由于气候反常，雨带长期徘徊在江淮流域，中下游梅雨期比常年延长 1 个月，梅雨持续 50d，且梅雨期雨日多，覆盖面广。4 月份鄱阳湖水系开始降大雨和暴雨；5 月份雨区主要在长江以南，湖南、江西、安徽南部等省雨量均在 300mm 以上，其中鄱阳湖水系在 500mm 以上；6 月份主要雨区依然在长江干流以南地区，位置比 5 月份稍往北移，500mm 以上的雨区往西扩展到湖南澧水和洞庭湖区，降水总量较 5 月份增加 7%；7 月份雨区往北推移，降雨中心分布在长江干流以北和淮河流域。当月为汛期各月中雨量最大的一个月。中下游各站 6～7 月份降雨多为同期均值的 1～3 倍，汉口站 7 月份为多年均值的 3.14 倍；8 月份雨区主要在四川盆地、汉水流域；9 月份降雨基本结束。

由于长江中下游雨季提前，洪水发生也比一般年份早。鄱阳湖、洞庭湖水系于 4 月份即进入汛期。5 月份江西、湖南、湖北均出现大到暴雨。长江上游支流乌江、嘉陵江、岷江 5 月下旬相继出现了洪峰，中游城陵矶以下水位迅速上涨。5 月底黄石站超过警戒水位；6 月底汉口超过警戒水位，九江以下全线 6 月中旬已突破了警戒水位，中下游汛情出现全面紧张局面。7 月上中旬，上游地区进入雨季，宜昌站水位和上荆江河段各站水位急剧上涨。7 月 30 日、8 月 2 日宜昌站分别出现 62 600m³/s 和 66 800m³/s 的洪峰，并与中游清江、沮漳河洪峰相遇，使荆江河段连续出现紧张局面，并加剧了城陵矶以下干流河段的防洪形势。中游最重要的控制站汉口，随着中游各支流洪水的出现，5 月中旬起，水位即频频上升，6 月 25 日已超警戒水位（26.3m），7 月份起又因上游洪水的出现，水位继续上涨。7 月 2 日超 1949 年洪水位 27.12m，18 日超 1931 年最高洪水位 28.28m（当年保证水位），8 月 18 日出现洪峰水位 29.73m，创实测最高纪录，相应洪峰流量 76 100m³/s。下游大通站的洪峰水位 16.46m，超过历史最高值 1.66m，最大流量 92 600m³/s。

(2) 1998 年大洪水

1998 年长江发生了自 1954 年以来的又一次全流域性大洪水。从 6 月中旬起，因洞庭湖、鄱阳湖连降暴雨、大暴雨，使长江流量迅速增加。受上游来水和潮汛共同影响，江苏省沿江潮位自 6 月 25 日起全线超过警戒水位。南京站高潮位 7 月 6 日达 9.90m。沿江苏南地区自 6 月 24 日入梅至 7 月 6 日出梅。由于沿江潮位高，内河排水受阻，形成外洪内涝的严峻局面。秦淮河东山站最高水位 10.28m，居历史第三位；滁河晓桥站最高水位达 11.29m，超出警戒水位 1.79m。

7 月下旬至 9 月中旬初，受长江上游干流连续 7 次洪峰及中游支流汇流叠加影响，大通站流量 8 月 2 日最大达 82 300m³/s，仅次于 1954 年洪峰流量，为历史第二位。南京站 7 月 29 日出现最高潮位 10.14m，居历史第二位，在 10.0m 以上持续 17d 之久。镇江站 8 月 24 日出现 8.37m 的高潮位，仅比 1954 年低 1cm，居历史第三位。

(3) 2010 年大洪水

2010 年 7 月 18 日 8 时至 19 日 8 时，长江流域的强降雨主要发生在嘉陵江支流渠江、三峡区间中段、汉江中上游，强度为大到暴雨，局部地区大暴雨；金沙江、乌江、鄱阳湖的沅水、澧水、鄂东北、鄱阳五河、长江下游有小到中雨，局部地区有大雨。长江多条支流发生超历史的最大洪水。嘉陵江流域来水快速增加，渠江上游控制站三汇站 19 日 4 时 30 分出现洪峰水位 266.6m，相应流量 27 700m³/s，比历史最高水位 264.82m 超出 1.78m，超历史最大流量（26 200m³/s）；19 日 8 时罗渡溪站水位 225.61m，比历史最高水位 225.04m 超出 0.57m，流量 25 200m³/s，超历史最大流量（24 700m³/s）。受强降雨影响，汉江安康水库入库流量快速增加，18 日 19 时 50 分出现最大入库流量 25 500m³/s，居建库以来第一位，19 日零时出现最高库水位 329.2m，超汛限水位 4.2m。长江流域的两大巨型水库开始拦蓄洪水。三峡水库库水位从 18 日 14 时 146.32m 转涨，19 日 8 时三峡水库库水位上升至 146.93m，入、出库流量分别为 58 000m³/s、33 900m³/s，其中大通最大流量 65 600m³/s。图 2-8 为大通站典型年份流量过程线。

2.3.4　潮汐和潮流

潮汐现象实质上是一种长周期的波动现象，当波峰传来时便出现高潮，波谷传来时便出现低潮。而潮流是潮波内水质点的运动，运动的轨迹是一个很扁的椭圆。对于前进波，高潮位流速最大，低潮位流速也最大，只是流向相反；对于驻波而言，高潮位和低潮位流速为零，半潮面流速最大。对于多数区域而言，潮波不是单纯的前进波也不是单纯的驻波，潮位和潮流的关系由于地形和摩擦的影响呈现复杂的变化。潮汐现象最显著的特点是有明显的规律性，其变化周期大约为半天或者一天，在一个周期当中，升降、涨落并不是均匀的，而是时快时慢，高潮过后，潮位缓慢下降，降到高、低潮中间时刻附近，下降得最快，然后又减慢，直到发生低潮为止，低潮前后有一段时间，潮位处于停滞状态，这时称作"停潮"。停潮一般有几十分钟，它的中间时刻称作"低潮时"，停潮所具有的高度称作"低潮高"。低潮过后，潮位又缓慢上升，到半潮面附近，上升速度最快，而后又减慢，直到发生高潮为止。这时与低潮前后类似，潮位暂时处于相对平衡状态，潮位不升也不降，这一段时间称为"平潮"。平潮时间一般也有几十分钟，它的中间时刻称作"高潮时"，平潮所达到的高度称作"高潮高"。从低潮时到高潮时这一段时间间隔称作"涨潮时"，两者的相对高度差称作"涨潮潮差"；从高潮时到低潮时这一段时间间隔称作"落潮时"，两者的相对高度差称作"落潮潮差"。涨、落潮潮差的平均值称作一个潮汐周期的平均潮差。两次低潮的高度相差较小，而两次高潮的高度相差比较显著，这种现象称作潮高日不等。潮位涨落的过程两次相邻高潮（或相邻低潮），在高地上不相等，而在时间间隔上也不相等，这种现象称作潮汐周日不等。日不等现象具有复杂的变化，以月球为例，理论上指出，当它的赤纬最大时日不等最显著，而当它穿过赤道时日不等现象消失，事实上往往要比该时刻延迟一段时间。地球上的潮汐现象主要是由太阳、月球对地球各处引力不同所引起的。在半个月中出现一次大潮和一次小潮，这正是太阳和月球引力场共同作用的结果。此外，当地球在近日点附近潮差大，而在远日点附近潮差小，这就是潮汐周年不等现象。其实潮汐每年也都不相等，因为有多种多样的长周期变化，所以还有多年不等现象等。徐六泾潮位过程如图 2-9 所示。

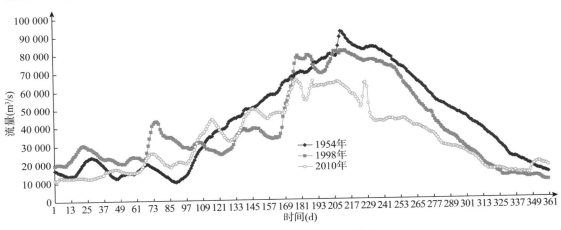

图 2-8　大通站典型年份流量过程线

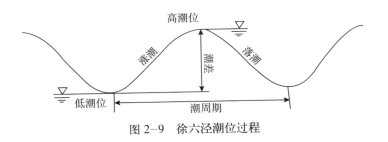

图 2-9　徐六泾潮位过程

河口及感潮河段，地处河流与海洋的过渡地带，径流、潮流两种势力相互消长。由于受潮汐影响，河段内水流出现双向流动及（或）水位产生周期性波动，潮区界、潮流界是反映径流、潮流两大动力系统相互作用变化的重要特征，也是感潮河段区段划分的关键界面。潮流界是指涨潮水流所能到达的上界，其上为单向流，其下为双向流，超过此界，潮流已不再继续往上行进；潮流界以上一段河道虽为单向流，但径流仍受到潮流的顶托，水位随潮汐涨落而产生升降，水位升降的最上游末端，即潮差为零处，称为潮区界。感潮河段就是指受潮汐影响水流出现双向流动及（或）水位产生周期性波动的河段。一般认为枯季潮区界在大通，洪季潮区界位于镇江附近，洪季潮流界位于江阴附近。

长江口为中等强度潮汐河口，该河段潮汐为非正规半日浅海潮，每日两涨两落，且有日潮不等现象，在径流与河床边界条件阻滞下，潮波变形明显，涨落潮历时不对称，涨潮历时短，落潮历时长，潮差沿程递减，落潮历时沿程递增，涨潮历时沿程递减。其潮汐统计特征值如表2-6所示。长江大通~吴淞口沿程潮位特征如图2-10所示。

大通以下沿程各站的潮汐统计特征（85高程）　　　　　　　　　　表2-6

站名 特征值	大通	芜湖	南京	镇江	三江营	江阴	天生港	徐六泾	六滧	连兴港
最高潮位（m）	14.7	10.99	8.31	6.70	6.14	5.28	5.16	4.83	3.72	3.75
最低潮位（m）	1.25	0.23	−0.37	−0.65	−1.10	−1.14	−1.50	−1.56	−1.70	−2.46
平均潮位（m）	6.72	4.64	3.33	2.63	1.95	1.27	0.97	0.77	0.52	0.42
平均潮差（m）	—	0.28	0.51	0.96	1.19	1.69	1.82	2.01	2.30	2.94
最大潮差（m）	—	1.11	1.56	2.32	2.92	3.39	4.01	4.01	4.47	5.60
最小潮差（m）	0	0	0	0	0	0	0	0.02	0.08	0.07

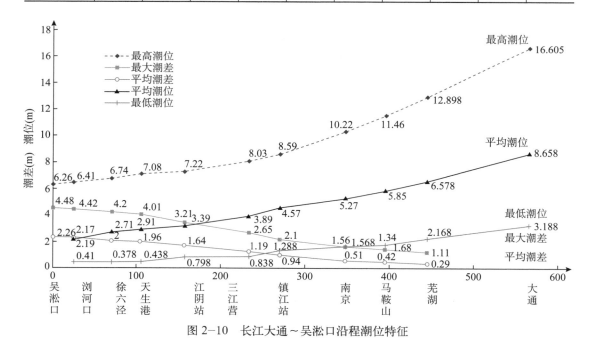

图2-10　长江大通~吴淞口沿程潮位特征

一般认为，大通是潮汐能影响的最远端。大通以下河段受上游径流和下游潮汐的共同影响，越往下游潮汐影响程度越大，反之则径流影响越大。长江大通以下沿程各站最低潮位均出现在枯水期，沿程出现最低潮位期间大通流量均不超过 10 000m³/s，且下游一般都不是天文大潮时段。沿程最高潮位出现的时段一般都是上游大径流、下游天文大潮、风暴潮等"两碰头"或者"三碰头"时段。同时沿程受径流、天文大潮以及风暴潮等影响的程度也存在差异，根据多年月平均潮位年变幅／多年平均潮差的比值可知，南京及其以上是全年径流段，江阴以下为全年潮流段，南京～江阴为过渡潮流段。长江下游感潮河段各站点特征潮位如表 2-7 所示。从表 2-7 可以看出，南京及其以上河段主要是上游大径流的影响，其最高潮位出现在 1954 年 8 月 17 日，上游流量为 92 600m³/s；江阴及其以下河段主要受天文大潮、风暴潮的影响，其最高潮位出现在 1997 年 8 月 19 日，上游流量仅为 45 500m³/s，外海为"9711"风暴潮；南京～江阴潮流过渡段，其最高潮位出现在 1996 年 8 月 1 日，上游流量为 74 500m³/s，，外海为"9608"风暴潮，表明其受径流以及外海潮汐的共同作用。

长江下游感潮河段各站点特征潮位表（吴淞高程）　　表 2-7

站点	最低潮位			最高潮位			形成原因	备注
	潮位值	出现日期	大通流量(m³s)	潮位值	出现日期	大通流量(m³s)		
芜湖	2.14	1959 年 1 月 22 日	7 200	12.87	1954 年 8 月 25 日	92 600	大径流	统计年限：1950～1988 年，1996～1998 年，2003～2010 年
马鞍山	1.82	1959 年 1 月 22 日	7 200	11.41	1954 年 8 月 23 日	92 600	大径流	
南京	1.54	1956 年 1 月 9 日	7 330	10.22	1954 年 8 月 17 日	92 600	大径流	
镇江	1.25	1959 年 1 月 22 日	7 200	8.59	1996 年 8 月 1 日	74 500	径流、风暴潮	
三江营	—	—	—	8.03	1996 年 8 月 1 日	74 500	径流、风暴潮	
江阴	0.86	1959 年 1 月 22 日	7 200	7.22	1997 年 8 月 19 日	45 500	风暴潮、天文大潮	
天生港	0.52	1963 年 1 月 7 日	9 440	7.08	1997 年 8 月 19 日	45 500	风暴潮、天文大潮	
吴淞	—	—	—	6.26	1997 年 8 月 19 日	45 500	风暴潮、天文大潮	

2.4 波浪

三沙河段波浪主要为风成浪。根据徐六泾站实测波浪统计资料（1986～2001 年），冬季平均波高较大，夏季较小。常浪向 ENE 向，频率约为 22.7%，次常浪向 NE 向，频率约 16.2%，强浪向 NE 向。实测最大波高为 1.87m。波高大于 1.5m 的中浪，每年均能出现。

2.5 台风浪及风暴潮

三沙河段位于江阴以下，属受强热带气旋和台风影响频繁的区域，从 1949～1997 年共有 110 次，平均每年 2.24 次，风力一般为 6～8 级，最大达 12 级。徐六泾站前 5 位的最高潮水位均是台风和大潮的共同作用的结果，最高潮位通常出现在台风、天文潮和大径流三者或两者遭遇之时，其中台风影响较大。

(1) 9808 号台风

9608 号台风"贺伯"于 1996 年 7 月 23 日在关岛以东洋面形成，两天以后加强成为台风，此后强度逐渐加强。初期，在强大的副高引导下，台风向偏西方向移动，后来由于进入副高弱点，转向西北方向，并且由于副高的再次加强西伸而恢复了西行路径，并在接近台湾省北部时达到强度的巅峰。此时，刚刚经历过 9607 号台风侵袭的台湾省和福建省也许没有料到，一场更加严峻的考验已经迫在眉睫。此时，农历六月十五的天文大潮正在不祥地逼近，局面更为险恶。7 月 31 日晚 8 点半，9608 号台风在台湾基隆和苏澳之间登陆，登陆时的中心风速达到了 14 级(45m/s)，强台风级别，其台风路径如图 2-11 所示。

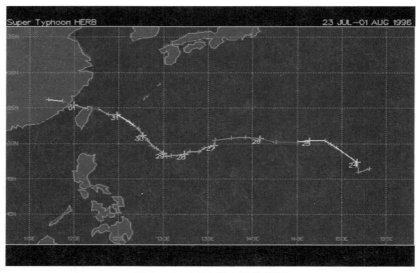

图 2-11　9608 号台风路径图

(2) 9711 号台风

1997 年 Winnie 台风于 8 月 8 日生成于西太平洋 11.2N,158.9E，是全年影响我国最强的登陆台风，它在源地生成后稳定地向西北方向移动，强度也不断加强，至 10 日加强成热带风暴，并于 11 日发展成台风。该台风自始至终移向移速稳定少变，而强度加强迅速，从中心风速 33m/s 很快发展成 60m/s 的特强台风，为全年最强台风之一，维持台风强度达 9d 之多，直到 18 日夜间登陆浙江温岭时中心风速仍有 40m/s，中心气压 960hPa。登陆后穿过浙、皖两省进入山东后分裂成两部分，主中心消失在鲁南，而在鲁中又新生成一个副中心移向东北，穿过渤海湾后又在辽宁营口二次登陆，强度一直维持在风暴级，最后准静止在黑龙江省境内。受其影响，我国东部南起福建北至黑龙江，共有 13 个省(市)普降大雨，尤其是浙江、上海、江苏、山东和辽宁出现大暴雨和特大暴雨并伴有 8~11 级大风，阵风达 12 级，给所经之处造成很大的经济损失，台风登陆前，浙江嵊泗曾出现 31m/s 最大风速，阵风 41m/s，为全年台风影响的极值(热带气旋年鉴，1997)，其台风路径如图 2-12 所示。

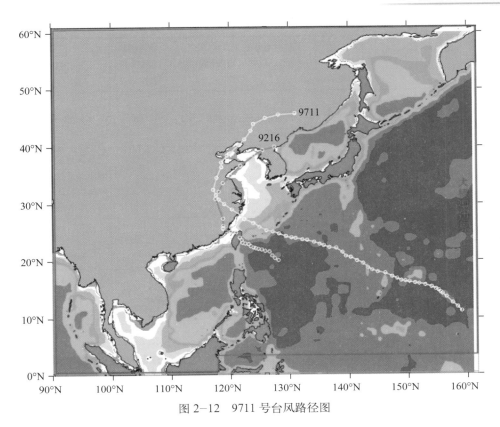

图 2—12　9711 号台风路径图

徐六泾站前 5 位最高潮位统计见表 2—8。

徐六泾站前 5 位最高潮位统计 表 2—8

序位	潮位（m）	年份（年）	出现阴历时间	有无台风及编号	相应大通流量（m³/s）
1	4.83	1997	七月十七	9711 号台风	45 500
2	4.36	1996	六月十七	9608 号台风	72 700
3	4.21	2000	八月初三	0012 号台风	44 000
4	4.00	2002	八月初二	0216 号台风	57 500
5	3.93	1974	七月初三	7413 号台风	46 500

2.6　沿程航道条件

2.6.1　海轮航道

　　大通以下沿线各段航道尺度沿程有所区别，其中江阴以上采用航行基面，江阴以下采用理论最低潮面。南京以上河段，一年中洪季、枯季维护水深有所区别，且洪季维护水深大于枯季维护水深。南京以下各段航道尺度和水深以及相应的保证率见表 2—9。

南京以下长江沿线各段计划航道尺度和水深保证率　　　表2-9

河段	起讫点 (km)	航道长度 (km)	维护标准尺度 (深×宽×弯曲半径) (m)	航道维护水深年保证率 (%)	备注
南京（燕子矶）~ 江阴（鹅鼻嘴）	337~153.9	183.1	10.5×500×1050 （其中和畅洲右汊维护10.5× 200×1050）	98	实际维护水深
其中：太平州捷水道		43.9	3.5×100		实际维护水深，特殊情况难以保证尺度时，将根据实际情况降低航道维护尺度或按实际水深进行维护
鳗鱼沙东槽		12.5	350×100		维护自然水深
仪征捷水道		16.7	4.5×150×1050		实际维护水深
宝塔水道		23	4.5×100×1050		实际维护水深（枯水期水深低于4.5m时，按实际水深公布）
江阴（鹅鼻嘴）~ 荡茜闸	153.9~48.4	105.5	10.5×500×1050 （其中福姜沙南水道维护10.5× 200×1050），其中天生港~荡茜闸12.5×500×1050试运行	98（其中白茆沙水道95%）	理论最低潮面下
其中：福姜沙北水道		34.8	8.0×250×1050		试运行，理论最低潮面下
福姜沙中水道		10.2	4.5×150×1050		实际维护水深
白茆沙北水道		32.3	4.5×150×1050		实际维护水深
荡茜闸~浏河口	48.4~25.4	23	12.5×500×1050	98	理论最低潮面下
北支水道		80	北支口~灵甸港		维护自然水深
			灵甸港~启东引水闸，2.5× 100×1050		理论最低潮面下（水深不足时公布实际水深）
			启东引水闸~三条港，3.0× 100×1050		
			三条港~五仓港，4.0×100× 1050		
			五仓港~戤滧港，5.0×100×1050		
			戤滧港~连兴港，6.0×100×1050		

2.6.2　江轮航道

　　长江南京以下江轮航道主要包括燕子矶~江阴河段内的塔山水道，福姜沙河段的福中水道以及长江南支下段的白茆沙北水道。塔山水道、福中水道以及白茆沙北水道现行维护的实际水深4.5m。长江南京以下河段航道现状布置如图2-13所示。

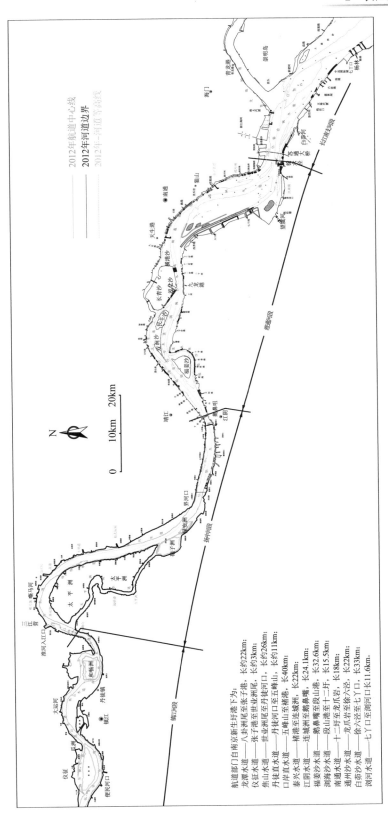

图2-13 长江南京以下河段航道现状布置示意图

航道部门自南京新生圩港下为:
龙潭水道——八卦洲尾至张子港,长约22km;
仪征水道——张子港至世业洲尾,长约3km;
焦山水道——世业洲尾至丹徒河口,长约26km;
丹徒直水道——丹徒河口至五峰山,长约11km;
口岸直水道——五峰山至褚港,长40km;
泰兴水道——褚港至连城洲,长22km;
江阴水道——连城洲至鹅鼻嘴,长24.1km;
福姜沙水道——鹅鼻嘴至段山港,长32.6km;
浏海沙水道——段山港至十二圩,长15.5km;
南通沙水道——十二圩至龙爪岩,长18km;
通州沙水道——龙爪岩至徐六泾,长22km;
白茆沙水道——徐六泾至七丫口,长33km;
浏河口水道——七丫口至浏河口长11.6km。

2.6.3　地方专用航道

长江南京以下江苏段内的地方专用航道主要包括常熟华润、亚太专用航道，营船港专用航道、天生港专用航道以及江都港专用航道等。

（1）常熟华润、亚太专用航道

其水域范围上界为常电2号左右通航浮与常熟6号红浮联线，下界为亚太2号红浮与亚太2号白浮联线。其航道内的航行按照各自靠右的航行规则实行分道航行。

（2）营船港专用航道

其水域范围上界为华阳化工码头上端，下端为19号浮。其航道内的航行按照各自靠右的航行规则实行分道航行。

（3）天生港专用航道

其水域范围上界为横港沙北槽九圩港河口，下界为通吕河口。其航道内的航行按照各自靠右的航行规则实行分道航行。

（4）江都港专用航道

三江营河口至八江口之间的通航水域。其航道内的航行按照各自靠右的航行规则实行分道航行。

2.7　地质及地貌

2.7.1　地质构造

长江口地区位于江南古陆的东北延伸地带，在大地构造上位于扬子准地台的东北边缘。江南古陆具有很大的活动性，震旦纪以来经常垂直升降活动。莫干山地区为古陆轴带，呈北东—南西向延伸。在漫长的地质历史中，长江口地区经历地槽、地台及大陆边缘活动三大发展阶段。晋宁、加里东、燕山、喜马拉雅等地质运动奠定了长江口地区构造和地层分布的基本格局。

元古代晚期的前晋旋回和晋宁旋同为地槽发展阶段，形成了由变质岩系组成地台的褶皱基底。元古代晚期至古生代的加里东旋同为准地台发展阶段，构造层发育齐全，为海相、浅海相连续沉积，并继续沿基底造线，发育成一些舒缓形褶皱。古生代末期至中生代早期的印支旋同使在加里东旋回巾发育的舒缓形向背斜进一步发展成为紧密的复式线形褶皱，并伴生有北东向及北西向断裂构造。中生代的燕山旋回，构造变动和岩浆活动十分活跃，为长江口地区地质构造史上最具特色的发展阶段。晚侏罗世由于中酸性岩浆强烈喷发，形成广布全区的沉积岩系；白垩纪以中酸性岩浆的侵入作用为主，除原有的断裂构造表现为继承性活动外，北北东向断裂形成；晚白垩纪块断运动明显，发育了数个沉积巨厚、相变剧烈、中心向主断裂单向迁移的箕状红色盆地，红盆沉积一直持续到古新世。新生代的喜马拉雅旋回，地壳震荡运动频繁，老构造复活，中生代形成的断陷盆地进一步下陷扩张，早期基本继承了燕山晚期的地质构造特征，在断陷盆地中，继续堆积了以陆相为主的红色碎屑岩及砂、泥松散层。晚第三纪地壳上隆、引张，导致玄武岩浆沿断裂交汇处广泛喷溢。

至第四纪，则表现为缓慢下沉阶段，从而在第三纪末的古地面上堆积了200～400m厚的河湖相、河口三角洲相、海陆交互相松散沉积。150m以下层次主要由河流和湖泊带来的砂和黏土物质交替组成，以陆相沉积为主，150m以上层次主要南滨海河口处海水和河水带来的黏土、砂等物质组成，以滨海河口相沉积为主。长江口地区基岩地层有志留系、侏罗系流纹岩类火山岩、燕山期花岗岩及石英闪长岩，以侏罗系流纹岩类火山岩分布最为广泛。长江口地区地震烈度为Ⅵ度，相应地震动峰值加速度为0.05g。

控制长江口河段的构造线主要取决于该河段的断裂。河口地区的断裂构造比较发育，对长江口河段起主要控制作用的是北东—南西向和近于东西向的断裂，此外尚有北西东南向的断裂。呈北东—南两向的主要有无锡、常熟—庙镇—启东大断裂和苏州—昆山—嘉定—宝山大断裂；呈东西向的主要有崇明—苏州断裂。从较长的时段和较大的空间看，地质构造对河道的走向控制作用明显。从区域构造而言，长江贯穿于扬子准地台中的中新带凹陷，如苏北凹陷；从断裂构造而言，长江口的流路几乎与断裂积压破碎带的方向吻合，主要受北北东和近东两向断裂的控制。虽然大多数断裂被深厚的第四纪沉积物所覆盖，但长江口的总体走向仍然是沿断裂带发育的。

长江三角洲新构造运动沉降区覆盖着深厚的第四纪疏松沉积物。长期以来，在江、湖、海的交互作用下，经历了沉积、冲刷、再沉积的反复作用过程。沉积了150～400m厚的疏松沉积层，由西向东沿程增厚。其沉积物为亚黏土、亚砂土、淤泥质土和粉细砂互层；土层性质主要为灰色、灰褐色和黄包粉细砂及亚黏土。从上至下垂直分布为：

(1)全新世

埋深0～60m，为黄褐色亚黏土土和粉砂、灰色淤泥质黏土和亚黏土夹砂及泥炭层。

(2)新更新世

埋深15～30m，为暗绿色黏土和黄褐色业黏土夹砂。

(3)晚更新世

埋深30～60m，为黄色细砂、粉砂和青灰色细砂；埋深45～75m，为灰色淤泥质、亚黏土夹砂及砂；埋深75～110m，为灰色含砾中砂夹粗砂。底部有砂砾石层；埋深90～135m，由上向下为暗绿色黏土、灰色细粉砂、黄褐包亚黏土灾砂。

(4)中更新世

埋深110～145m。为灰色含砾粗中砂，局部细砂层；埋深145～175m，为黄褐色杂色黏土。

(5)早更新世

埋深175～270m，为灰色粗砂砾石和含砾细中砂夹黏土层；埋深180～300m，为黄褐色、杂色黏土层。

(6)古更新世

埋深270～350m，为黄褐色含砾细中砂。局部黏土层，底部泥砾层；埋深350～400m，为灰绿色、杂色黏土。

2.7.2 地貌形态

长江河口段位于近代江海冲积而成的长江新三角洲上。除少数岛状孤丘外，整个河段地势平坦，一般海拔 2 ~ 5m。地形西高东低。区域内河渠纵横，江中沙洲发育，两岸有河漫滩和防汛大堤。

根据长江口平原地貌的发育过程，可以分为 6 个区：通吕水脊区，启海平原区，马蹄形海积平原区，江口沙洲区，碟缘高地区，滨海新冲积平原区。

(1)通吕水脊区

南通—吕四之间有一狭长的高地，地面高程 5.00m 左右。

(2)启海平原区

在通吕水脊之南，地势较低，土层疏松，盐分较重，为长江河口淤积的产物。

(3)马蹄形海积平原区

西至范公堤，南及沈公堤，北到鲁家汀子，呈马蹄形。该区原为古长江入海的一个海湾，11 世纪范公堤建筑后，逐渐淤积成陆。一般地面高程介于 3.40 ~ 3.50m，整个地面从两向东倾斜。

(4)江口沙洲区

南通以下，为河口主要消能区，泥沙淤积成诸多沙洲，其中以崇明岛为最大。崇明岛近百年来变化的主要特点是南塌北涨。

(5)碟缘高地区

一般地面高程为 4.00 ~ 5.00m，由近代江海共同冲积而成，组成物质较粗。

(6)滨海新冲积平原区

川沙、南汇、奉贤和钦公塘一线以外，为近千年内冲积而成，地势在 4.00 ~ 4.50m，土质沙性高，含盐量大。人民塘外现代海滩部分也在该区范围以内。

2.8 护岸工程

2.8.1 福姜沙河段

20 世纪 70 年代完成福南水道南岸丁坝护岸和抛石护岸，80 年代弯顶一带护岸工程实施后，弯道发展得到控制。

福姜沙北汊靖江段和尚港下 20 世纪 90 年代末进行守护工程，青龙港至如皋港沿岸 20 世纪 90 年代末至 21 世纪初加强了守护。

从 1980 年开始对长青沙头部进行抛石护岸，控制了中汊的发展方向，1995 年开始对中汊又来沙西南部进行了抛石护岸，控制了中汊进口段主流进一步向北偏移。

2010 年年底开始实施了双涧沙护滩工程，2012 年 10 月完工；双涧沙护滩工程的建设，双涧沙沙体得以控制，福姜沙河段整体河势格局趋于稳定。

2.8.2 浏海沙水道

1970 ~ 1974 年，在老海坝~九龙港一带共修建 11 座护岸丁坝，1975 年以后又对其进行了维护和加固，并改用平顺抛石护岸，到 1985 年总共护岸长度约 8km。从 20 世纪 90 年代起又连续实施九龙港至十一圩段的江岸抛石护岸工程，稳定了河势。

2.8.3　通州沙河段

自 1916 年南通沿江进行了一系列保坍工程，稳定了南通江岸。

自 1948 年通州沙东水道再次成为主水道以来，东水道不断发展，分流比增加，北岸受主流顶冲，岸线崩塌后退，在龙爪岩以下进行了一系列丁坝护岸工程。

2012 年 8 月底开始实施太仓至南通深水航道一期工程，对通州沙下段和狼山沙左缘实施守护工程，该工程于 2014 年 7 月进行了交工验收，通白一期工程的建设有效遏制了狼山沙左缘的冲刷西移。

2.8.4　徐六泾河段

徐六泾附近历史上曾实施过修改海塘桩石等护岸工程，加之江岸为抗冲性较强的黏土层，该岸段成为长江主流由北南向西东转折的导流控制段。

2.8.5　白茆沙水道及南支下段

崇明岛头部 1986 年后实施崇明岛丁坝护岸工程。2008 年实施了长江口南北港分汊口新浏河沙护滩堤和南沙头通道限流潜堤工程。

2012 年 8 月底开始实施太仓至南通深水航道一期工程，对白茆沙头部实施守护工程，通白一期工程的建设有效遏制了白茆沙头部冲刷后退的趋势。

2.9　桥梁工程

江阴长江大桥（图 2-14）位于江苏省江阴市黄田港以东 3 200m 的西山，北与靖江市十圩村相望，于 1999 年 10 月建成通车。江阴长江大桥主跨 1 385m（328+1 385+295），桥塔高 190m，为两根钢筋混凝土空心塔柱与三道横梁组成的门式框架结构，重力式锚碇，主梁采用流线型箱梁断面，钢箱梁全宽 36.9m，梁高 3m，桥面宽 29.5m，双向六车道，两侧各设宽 1.8m 的风嘴。江阴长江大桥全线建设总里程为 5.176km，总投资 36.25 亿元。大桥全长 3 071m，索塔高 197m，两根主缆直径为 0.870m，桥面按六车道高速公路标准设计，宽 33.8m，设计行车速度为 100km/h；桥下通航净高为 50m，可满足 5 万吨级轮船通航。

图 2-14　江阴长江大桥

苏通大桥（图 2-15）东距长江入海口 108km，是交通运输部规划的国家高速公路沈阳至海口通道和江苏省公路主骨架的重要组成部分。路线全长 32.4km，主要由跨江大桥和南、北岸接线三部分组成。其中跨江大桥长 8 146m，北接线长约 15.1km，南接线长约 9.2km。跨江大桥由主跨 1 088m 双塔斜拉桥及辅桥和引桥组成。主桥主孔通航净空高 62m，宽 891m，满足 5 万吨级集装箱货轮和 4.8 万吨级船队通航需要。工程于 2003 年 6 月 27 日开工，于 2008 年 6 月 30 日建成通车。

图 2-15 苏通大桥

在建沪通长江铁路大桥（图 2-16），桥梁采用公铁合建，铁路为四线，公路为六车道。正桥主航道桥为两塔五跨斜拉桥方案；天生港航道桥为变高连续钢桁梁方案。沪通铁路大桥总长 11.0km，客运专线桥梁总长 5.838km，四线公铁合建桥梁方案公路桥总长约 5.838 km，主航道桥和辅助航道桥通航净高 62m。沪通铁路长江大桥主航道桥采用双塔五跨，布置为 168+462+1 092+462+168（单位：m），总计 2 352m，其中主跨 1 092m，建成后将超越苏通大桥成为世界第一跨的斜拉桥。沪通长江铁路大桥是一条四线铁路桥，沪通铁路双线，设计时速 250km/h，双线城际铁路，设计时速 200km/h，同时搭载高压电缆过江。

图 2-16 在建沪通长江铁路大桥

3 大通站来水来沙条件分析

大通站是长江潮流界以上最后一个水文站，距离河口约624km，是长江口外海潮汐所能影响的最上界，即潮区界。大通水文站成立于1922年10月，原址位于安徽省铜陵大通镇和悦洲下横港附近，1934年上移至梅埂至今，是长江干流下游水流、泥沙的代表站。本章主要从大通站来水条件、来沙条件、径流量与输沙量关系以及大通站悬沙和底沙级配等方面进行研究，分析其变化的趋势。大通站的资料主要包括1950～2012年的径流量资料以及1953～2012年含沙量资料，其主要来源于长江水文年鉴和实测资料。

3.1 大通站来水条件分析

本节主要采用肯德尔秩相关检验、径流通量的线性趋势回归检验的方法分析大通站径流量的趋势性变化；采用有序类聚分析的方法分析大通站径流量的阶段性变化趋势；利用最大熵谱法分析大通站径流量的周期性变化。

3.1.1 径流量的趋势性变化分析

(1) 径流量的肯德尔秩相关检验

趋势性变化分析方法有多种，肯德尔秩相关检验是其中的一种。此方法的基本要点为（陈显维，1998）：

肯德尔秩统计量：

$$\tau = \frac{4P}{N(N-1)} - 1$$

标准变化量：

$$M = \tau \cdot \sqrt{\frac{9N(N-1)}{2(2N+9)}}$$

式中：P——序列中所有对偶观测值（Q_i，Q_j，$i<j$）中$Q_i<Q_j$出现的次数；

N——序列长度。

对于无趋势序列，$P=N(N-1)/4$；若P接近于$N(N-1)/2$，表示有上升趋势；若P接近于0，则为下降趋势。当N增加时，M很快收敛于标准正态分布。当原假设为该序列无趋势时，一般采用双层检验，在给定显著水平a（一般为$0.01～0.05$）以后，若$|M|<|M|_{a/2}$，接受原假设，即趋势不显著，否则趋势显著。

考虑到三峡水库的蓄水，现采用 1950 ~ 2002 年、1950 ~ 2012 年以及 2003 ~ 2012 年 3 个阶段的年平均径流量以及各阶段逐月平均径流量进行趋势分析。根据肯德尔秩相关检验计算的结果示于表 3-1。

大通站径流量序列的肯德尔秩相关   表 3-1

径流量序列	月份	数据量 N	P	$N(N-1)/4$	$N(N-1)/2$	M
1950 ~ 2002 年	1 月	53	832	689	1 378	2.147
	2 月	53	762	689	1 378	1.096
	3 月	53	762	689	1 378	1.096
	4 月	53	709	689	1 378	0.3
	5 月	53	603	689	1 378	−1.291
	6 月	53	658	689	1 378	−0.465
	7 月	53	837	689	1 378	2.222
	8 月	53	708	689	1 378	0.285
	9 月	53	647	689	1 378	−0.631
	10 月	53	615	689	1 378	−1.111
	11 月	53	630	689	1 378	−0.886
	12 月	53	720	689	1 378	0.465
1950 ~ 2002 年	年均径流	53	725	689	1 378	0.54
径流量序列	月份	数据量 N	P	$N(N-1)/4$	$N(N-1)/2$	M
1950 ~ 2012 年	1 月	63	1 246	976.5	1 953	3.147
	2 月	63	1 165	976.5	1 953	2.201
	3 月	63	1 163	976.5	1 953	2.178
	4 月	63	933	976.5	1 953	−0.508
	5 月	63	841	976.5	1 953	−1.582
	6 月	63	924	976.5	1 953	−0.613
	7 月	63	1 016	976.5	1 953	0.461
	8 月	63	968	976.5	1 953	−0.099
	9 月	63	894	976.5	1 953	−0.963
	10 月	63	752	976.5	1 953	−2.621
	11 月	63	800	976.5	1 953	−2.061
	12 月	63	1 013	976.5	1 953	0.426
1950 ~ 2012 年	年均径流	63	939	976.5	1 953	−0.438
径流量序列	月份	数据量 N	P	$N(N-1)/4$	$N(N-1)/2$	M
2003 ~ 2012 年	1 月	10	30	22.5	45	1.202
	2 月	10	27	22.5	45	0.721
	3 月	10	25	22.5	45	0.401
	4 月	10	23	22.5	45	0.08
	5 月	10	24	22.5	45	0.24
	6 月	10	24	22.5	45	0.24
	7 月	10	21	22.5	45	−0.24
	8 月	10	31	22.5	45	1.362

径流量序列	月份	数据量 N	P	N(N−1)/4	N(N−1)/2	M
2003～2012 年	9 月	10	19	22.5	45	−0.561
	10 月	10	17	22.5	45	−0.881
	11 月	10	28	22.5	45	0.881
	12 月	10	31	22.5	45	1.362
2003～2012 年	年均径流	10	22	22.5	45	−0.08

　　查统计表得：$M_{0.05/2}=1.96$，$M_{0.01/2}=2.576$。可以看出，1950～2002 年径流序列中除 1 月、7 月序列在显著水平 0.05 时拒绝无趋势的假设外，其他无论是年平均序列还是月平均序列，均为 $|M|<M_{0.05/2}\ll M_{0.01/2}$，可以接受无趋势的假设，即认为 1950～2000 年各实测序列中月平均径流没有明显上升或下降趋势。当月平均径流序列延长到 1950～2012 年后，其中 1 月、2 月、3 月、10 月和 11 月序列在显著水平 0.05 时拒绝无趋势的假设，其他月平均序列 $|M|<M_{0.05/2}\ll M_{0.01/2}$，即认为 1950～2012 年各实测序列中洪季各月平均径流没有明显上升或下降趋势，枯季存在一定的变化趋势。

　　上述研究表明，1950～2012 年长序列数据中，期间由于三峡水库的蓄水使得大通洪枯季各月平均径流量有所调整；相对洪季，枯季月平均径流量调整的幅度略大，存在趋势性变化，但大通站年平均径流量的变化较小，无趋势性变化。

　　(2) 径流通量的线性趋势回归检验

　　假设序列具有线性趋势，可以采用线性回归模型进行检验（丁晶等，1988）。其数学模型为 $Q(t)=a+bt+\varepsilon(t)$，由回归分析方法求出参数 a、b 的估计值分别为：

$$\begin{cases} \hat{b}=\dfrac{\displaystyle\sum_{i=1}^{n}(t_i-\bar{t})(Q_i-\bar{Q})}{\displaystyle\sum_{i=1}^{n}(t_i-\bar{t})^2} \\ \hat{a}=\bar{Q}-\hat{b}\bar{t} \end{cases}$$

　　$\hat{b}$ 的方差估计值为：

$$S^2(\hat{b})=\dfrac{S^2}{\displaystyle\sum_{i=1}^{n}(t_i-\bar{t})^2}$$

　　其中：

$$S^2=\dfrac{\displaystyle\sum_{i=1}^{n}(Q_i-\bar{Q})^2-(\hat{b})^2\displaystyle\sum_{i=1}^{n}(t_i-\bar{t})^2}{n-2}$$

$$\bar{Q}=\frac{1}{n}\sum_{i=1}^{n}Q_i，\qquad \bar{t}=\frac{1}{n}\sum_{i=1}^{n}t_i$$

　　在不存在线性趋势的假设下，即当 $b=0$ 时的统计量为：$T=\hat{b}/S(\hat{b})$ 服从自由度 $(n-2)$ 的 t 分布。对于给定的显著水平 a：如 $|T|>t_{a/2}$，则拒绝原假设，认为线性趋势是存在的，

否则接受原假设。

径流线性趋势回归检验结果如表 3-2 所示。查 t 分布表得：当 $N=49$ 时，$t_{0.05/2}=2.01$，$t_{0.01/2}=2.68$；当 $N=59$ 时，$t_{0.05/2}=2.0$，$t_{0.01/2}=2.66$；当 $N=10$ 时，$t_{0.05/2}=2.23$，$t_{0.01/2}=3.17$。

大通站径流量序列的线性趋势回归检验 表 3-2

径流量序列	月份	常数 $a(\text{m}^3/\text{s})$	斜率 b	统计量 t
1950～2002 年	1 月	9 708.98	47.05	1.72
	2 月	10 744.33	27.87	0.98
	3 月	14 072.22	69.61	1.59
	4 月	23 087.42	32.11	0.72
	5 月	36 269.84	−89.48	−1.35
	6 月	41 462.07	−51.91	−0.75
	7 月	45 433.61	189.11	2.17
	8 月	43 051	46.1	0.47
	9 月	40 940.68	−31.32	−0.35
	10 月	35 822.28	−88.63	−1.33
	11 月	24 898.17	−63.99	−1.29
	12 月	13 812.7	17.88	0.58
1950～2002 年	年均径流	28 275.27	8.7	0.24
径流量序列	月份	常数 $a(\text{m}^3/\text{s})$	斜率 b	统计量 t
1950～2012 年	1 月	9 704.23	47.34	2.34
	2 月	10 392.18	45.98	2.11
	3 月	13 779.53	84.25	2.56
	4 月	23 774.65	−3.62	−0.11
	5 月	36 394.34	−96.2	−1.86
	6 月	41 227.79	−41.66	−0.8
	7 月	48 471.19	33.46	0.48
	8 月	44 048.14	−7.31	−0.1
	9 月	41 607.82	−63.91	−0.94
	10 月	37 131.24	−154.43	−3.05
	11 月	25 412.33	−91.32	−2.42
	12 月	13 935.04	10.42	0.46
1950～2012 年	年均径流	28 823.2	−19.75	−0.71
径流量序列	月份	常数 $a(\text{m}^3/\text{s})$	斜率 b	统计量 t
2003～2012 年	1 月	12 342.5	26.92	0.1
	2 月	13 807.43	−0.06	0
	3 月	18 089.46	211.18	0.43
	4 月	20 781.11	238.53	0.49
	5 月	30 209.89	46.35	0.05
	6 月	35 483.56	642.02	0.83
	7 月	43 085.81	212.26	0.21

径流量序列	月份	常数 $a(\text{m}^3/\text{s})$	斜率 b	统计量 t
	8 月	35 932.69	968.9	1.03
	9 月	40 348.22	−655.92	−0.63
2003 ~ 2012 年	10 月	28 830.75	−583.95	−0.87
	11 月	17 078.22	328.38	0.56
	12 月	11 433.98	489.36	1.96
2003 ~ 2012 年	年均径流	25 618.63	160.33	0.36

可以看出，1950 ~ 2002 年资料中，除 7 月之外，其余各序列均不能通过显著水平 0.05 的检验；7 月序列能通过显著水平 0.05 的检验，但不能通过显著水平 0.01 的检验。所以可以认为，1950 ~ 2002 年流量的大部分月平均序列及年平均序列均不存在线性趋势。

资料序列延长到 1950 ~ 2012 年后，其中 1 ~ 3 月、10 月和 11 月序列均能通过显著水平 0.05 的检验，其他月序列不能通过显著水平 0.05 的检验，即认为 1950 ~ 2012 年各实测序列中除了 1 ~ 3 月、10 月和 11 月外，其他月平均径流没有明显上升或下降趋势。

而单纯三峡蓄水后序列（2003 ~ 2012 年）月平均径流序列均不能通过水平 0.05 的检验，表明其不存在趋势性变化；同时 1950 ~ 2002 年、1950 ~ 2012 年以及三峡蓄水后序列（2003 ~ 2012 年）的年平均径流量序列均不能通过显著水平 0.05 的检验，表明各阶段年径流量变化趋势不明显。从图 3-1 可以清楚地看到拟合得到的直线斜率非常小，趋势很不明显。

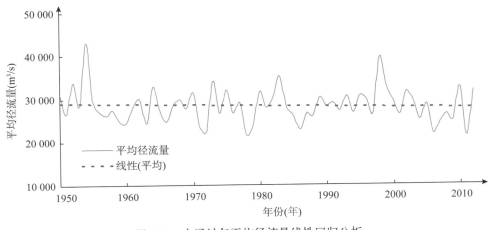

图 3-1 大通站年平均径流量线性回归分析

3.1.2 径流量变化的阶段性分析

所有水文变量的变化有两种基本形式：连续性的渐变和不连续的跳跃。不连续变化现象的特点是突发性，所以人们称不连续的现象为"突变"，即跳跃变化，它反映了水文现象变化的阶段性。

由上节分析可看出，大通年平均径流在 1950 ~ 2012 年的序列里并无下降的趋势，但径流变化是否存在某种程度的阶段性值得进一步的探讨。此次研究利用有序聚类分析法计算式（覃爱基等，1988）对年平均径流序列进行计算，求出跳跃点（即阶段分割点）。

有序类聚分析法是一种统计的估计方法，通过统计分析推估出水文时间序列最可能的突变点，然后结合实际情况进行具体分析。其主要的分割思想是使得同类之间的离差平方和最小，而类与类之间的离差平方和最大。

设可能的突变点为 τ，则突变前后的离差平方和分别为：

$$V_{\tau} = \sum_{i=1}^{\tau} (x_i - \bar{x}_{\tau})^2$$

$$V_{n-\tau} = \sum_{i=\tau+1}^{n} (x_i - \bar{x}_{n-\tau})^2$$

式中：$\bar{x}_{\tau}$、$\bar{x}_{n-\tau}$——分别为 τ 前后两部分的均值。这样总离差的平方和为：

$$S(\tau)=V_{\tau}+V_{n-\tau}$$

那么当 $S=\min\{S(\tau)\}(2 \leqslant \tau \leqslant n-1)$ 时，τ 为最优二分割，即推断为突变点。

通过有序类聚方法的计算分析，$S(\tau) \sim \tau$ 关系如图 3-2 所示。从图中可以看出，1954年处总离差的平方和最小，2003 年处总离差的平方和也相对较小。此次以 1954 年和 2003年为界，可将 1950 ~ 2012 年年平均径流序列分为 3 个阶段（图 3-3）：1950 ~ 1955 年年平均径流的变幅大，平均径流量约为 32 460m³/s；1955 ~ 2002 年年平均径流量约28 000m³/s；2003 ~ 2012 年年平均径流量约 26 200m³/s。

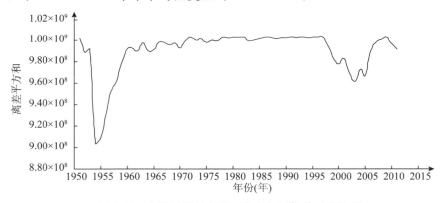

图 3-2　大通径流量离差平方和与时间的对应关系

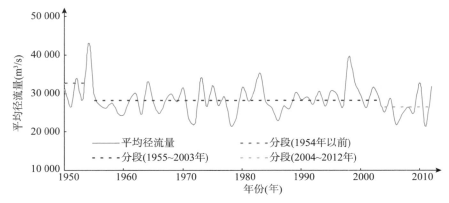

图 3-3　大通站 1950 ~ 2012 年年平均流量阶段分析

对于跳跃点的显著性检验使用秩和检验法，其统计量为：

$$U = \frac{W - \dfrac{n_1(n_1 + n_2 + 1)}{2}}{\sqrt{\dfrac{n_1 n_2(n_1 + n_2 + 1)}{12}}}$$

式中：W——较小容量样本的秩和；

　　　n_1——较小样本的容量；

　　　U——服从正态分布。

计算结果表明 $U_{1955} < U_{0.05/2} < U_{0.01/2}$，$U_{2003} < U_{0.05/2} < U_{0.01/2}$，为此大通径流量阶段性变化不明显。图 3-4 为大通站 1950 ～ 2012 年年平均流量 3 年、5 年滑动分析。

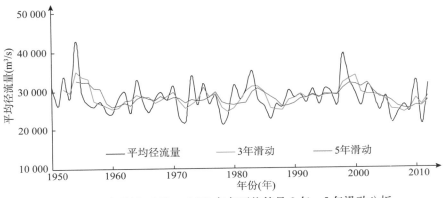

图 3-4　大通站 1950 ～ 2012 年年平均流量 3 年、5 年滑动分析

3.1.3　径流量变化的周期性分析

本节利用最大熵谱法（黄忠恕，1984；缪绵海，1979）分析 1950 ～ 2012 年年平均流量序列资料。最大熵谱分析是建立在最大熵原理基础上的谱分析，它不人为强加任何额外的信息，物理基础牢靠，自然合理，简单快捷，行之有效，克服了传统谱分析方法低分辨率、自相关函数最大时滞的主观选择、展延数据的不现实假定等不足，具有频谱短且光滑、分辨率高等独特优势。

一般来说，如果一个序列相依性越强，那么它的随机性越弱或不确定性越小；反之，相依性越弱，则随机性越强或不确定性越大。一个独立随机（纯随机）序列，是一种"最随机"或"最不确定"的序列。

设 V_f 为序列的方差谱密度，$V_f > 0$，$\left(-\dfrac{1}{2} < f < \dfrac{1}{2}\right)$，则 $H = \int_{-\frac{1}{2}}^{\frac{1}{2}} \log V_f \mathrm{d}f$，为此序列的谱熵。

随机性最强的纯随机序列，其谱熵也最大，也就是说，序列随机性的大小或不确定性的大小与谱熵大小的变化趋势是一样的。因此，谱熵给出了衡量序列随机性或不确定性定量的表达式。

当已知序列的自相关函数见 $\rho_k(=\pm 1$、± 2、$\cdots$、$\pm m)$ 时，则要求满足：

$\int_{-\frac{1}{2}}^{\frac{1}{2}} V_f e^{2i\pi fk} \mathrm{d}f = \rho_k$，但是满足该式 V_f 的可以有很多种选择。最大熵谱估计提供了一个优

化准则来选择 V_f，即应当使所选择 V_f 的估计所对应的序列在满足上式的约束条件下，其随机性最强或不确定性最大或熵谱最大。除了 ρ_k 值之外，其他条件未知，因此除上述约束条件以外的其他任何随机性的约束条件，都会带有主观性。所以，以这样的 V_f 为方差谱密度的序列，它的谱熵应是最大，称该原则为最大熵谱估计原则，又称为最少主观偏见原则。

在约束条件 $\int_{-\frac{1}{2}}^{\frac{1}{2}} V_f e^{2i\pi fk} \mathrm{d}f = \rho_k$ 下，使得熵谱 H 达到最大值，以此作为准则估计的谱，称为最大熵谱。以该原则推导出的最大熵谱为：

$$I_f = \frac{P(k_0)}{\left|1 - \sum_{k=1}^{k_0} B(k_0,k)e^{-2i\pi kf}\right|^2}$$

式中：f——普通频率，$f = \dfrac{1}{T}$；

$\qquad T$——周期长度；

$\qquad i$——虚数；

$\quad \rho(k_0)$——对应于截止阶的 k_0 的残差方差；

$B(k_0,k)$——k_0 阶反射系数。

根据最终预报误差（FPE）准则确定的截止阶为 28，1950～2012 年年平均径流的最大熵谱估计如图 3-5 所示。可以看出周期在 17、8、4 处具有极大值，可以认为年平均流量具有 17 年、8 年、4 年的周期。

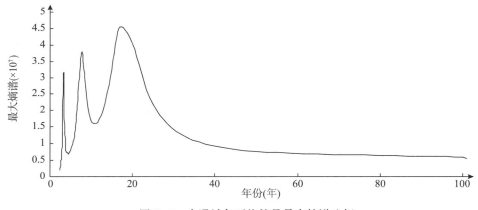

图 3-5 大通站年平均流量最大熵谱分析

3.1.4 大通站峰量比的变化

以大通站年最大日平均流量和同年最大 120 天日平均流量计算大通站峰量比 K 值。1950 年以来大通站多年平均峰量比值为 1.309，最大值为 1.587(1994 年)，最小值为 1.094(1950 年)。

1950 年以来，大通站最大一日平均流量总变化率为 5.28%（图 3-6），最大 120 日平均流量总变化率为 -2.92%（图 3-7），峰量比总的变化率为 9.07%（图 3-8）。对于峰量比的变化，影响因素较多，除了有降雨的大小及时空分布的不同的影响外，在一定程度上也反映了人类活动影响的变化。表 3-3 为大通站不同时段峰量比计算成果，不同时段峰量比的均值还是有一定变化的，其中 20 世纪 50 年代峰量比均值最小，为 1.207，20 世纪 90

年代峰量比均值最大，为 1.423，长江三峡自 2003 年蓄水以来，大通峰量比的均值明显减小。

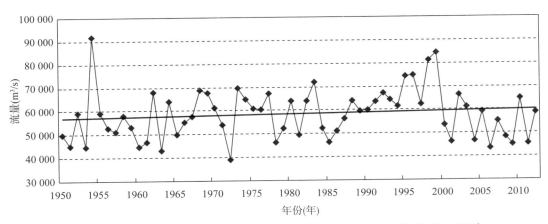

图 3-6　大通 1950 ~ 2012 年最大一日平均流量变化趋势图（变化率为 5.28%）

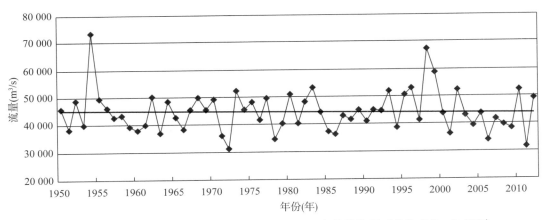

图 3-7　大通 1950 ~ 2012 年最大 120 日平均流量变化趋势图（变化率为 -2.92%）

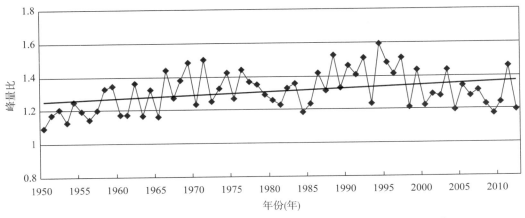

图 3-8　大通 1950 ~ 2012 年峰量比 K 变化趋势图（变化率为 9.07%）

大通站不同时段峰量比计算成果   表 3-3

时　　段	峰量比均值	时　　段	峰量比均值
1950～1959 年	1.207	1950～1962 年	1.214
1960～1969 年	1.293	1963～1972 年	1.322
1970～1979 年	1.346	1973～1982 年	1.328
1980～1989 年	1.316	1983～1992 年	1.372
1990～1999 年	1.423	1993～2002 年	1.365
2000～2012 年	1.280	2003～2012 年	1.285

3.1.5　大通流量与水位的关系

　　本节采用不同年代的实测水文资料建立大通综合流量水位的关系，从图 3-9 可以看出各年份间流量水位的关系变化不大。当流量大于 45 000m³/s 时，相同流量所对应的水位总体表现为略有抬升，且随着流量的增加，水位增加的幅度也有所增加，但最大水位差一般在 0.2m 以内；当流量小于 45 000m³/s 时，相同流量所对应的水位总体表现为略有降低，但幅度很小。

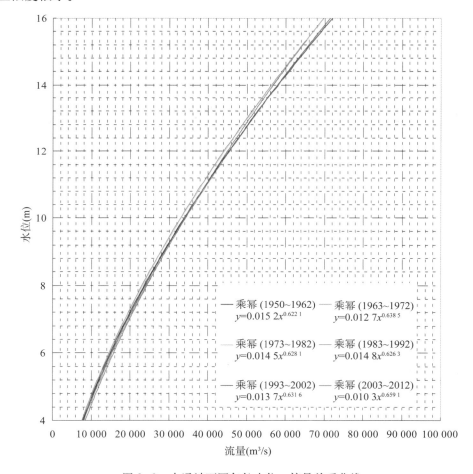

图 3-9　大通站不同年份水位—流量关系曲线

3.2 大通站来沙条件分析

本节主要采用肯德尔秩相关检验、径流通量的线性趋势回归检验的方法来分析大通站输沙量的趋势性变化；采用有序类聚分析法的方法来分析大通站输沙量的阶段行变化趋势；利用最大熵谱法来分析大通站输沙量的周期性变化。

3.2.1 输沙量的趋势性变化分析

与径流的分析相同，同样采用肯德尔秩相关检验和线性趋势回归检验进行输沙率的趋势分析。

（1）输沙率的肯德尔秩相关检验

输沙率序列采用 1953～2012 年资料，计算结果如表 3-4 所示。由 1953～2002 年的统计资料可以看出，1～3 月、7 月以及 9 月的 P 值接近于 $N(N-1)/4$，故可先假设输沙率序列是无趋势的，然后对它进行统计检验。在显著性水平为 0.05 的条件下，1～3 月、7 月以及 9 月的 $|M|<|M|_{0.05/2}$，接受原假设，即输沙率是无趋势的；4～6 月、8 月、10～12 月和年平均输沙率的 $|M|<|M|_{0.05/2}$，拒绝原假设，即它们是有趋势的。在显著性水平为 0.01 时，4 月、5 月、8 月、11 月、12 月和年平均输沙率的 $|M|<|M|_{0.01/2}$，拒绝原假设，即它们是有趋势的；其余情况下接受原假设，即它们是无趋势的。

大通站输沙率序列的肯德尔秩相关检验　　　　表 3-4

输沙率序列	月份	数据量 N	P	N(N-1)/4	N(N-1)/2	M
1953～2002 年	1 月	50	580	612.5	1 225	−0.533
	2 月	50	560	612.5	1 225	−0.861
	3 月	50	610	612.5	1 225	−0.041
	4 月	50	449	612.5	1 225	−2.683
	5 月	50	375	612.5	1 225	−3.897
	6 月	50	458	612.5	1 225	−2.535
	7 月	50	516	612.5	1 225	−1.583
	8 月	50	391	612.5	1 225	−3.634
	9 月	50	508	612.5	1 225	−1.715
	10 月	50	472	612.5	1 225	−2.305
	11 月	50	384	612.5	1 225	−3.749
	12 月	50	447	612.5	1 225	−2.716
1953～2002 年	年均输沙率	50	291	612.5	1 225	−5.275
输沙率序列	月份	数据量 N	P	N(N-1)/4	N(N-1)/2	M
1953～2012 年	1 月	60	854	885	1 770	−0.388
	2 月	60	803	885	1 770	−1.028
	3 月	60	909	885	1 770	0.301
	4 月	60	553	885	1 770	−4.161

输沙率序列	月份	数据量 N	P	N(N−1)/4	N(N−1)/2	M
1953 ~ 2012 年	5 月	60	471	885	1 770	−5.188
	6 月	60	500	885	1 770	−4.825
	7 月	60	538	885	1 770	−4.348
	8 月	60	429	885	1 770	−5.714
	9 月	60	544	885	1 770	−4.273
	10 月	60	487	885	1 770	−4.988
	11 月	60	431	885	1 770	−5.689
	12 月	60	538	885	1 770	−4.348
1953 ~ 2012 年	年均输沙率	60	308	885	1 770	−7.231
输沙率序列	月份	数据量 N	P	N(N−1)/4	N(N−1)/2	M
2003 ~ 2012 年	1 月	10	22	22.5	45	−0.08
	2 月	10	20	22.5	45	−0.401
	3 月	10	22	22.5	45	−0.08
	4 月	10	21	22.5	45	−0.24
	5 月	10	18	22.5	45	−0.721
	6 月	10	21	22.5	45	−0.24
	7 月	10	19	22.5	45	−0.561
	8 月	10	25	22.5	45	0.401
	9 月	10	12	22.5	45	−1.683
	10 月	10	13	22.5	45	−1.522
	11 月	10	23	22.5	45	0.08
	12 月	10	19	22.5	45	−0.561
2003 ~ 2012 年	年均输沙率	10	17	22.5	45	−0.881

输沙率序列采用 1953 ~ 2012 年资料时，统计结果表明 1 ~ 3 月的 P 值接近于 $N(N-1)/4$，故可先假设输沙率序列是无趋势的，在显著性水平为 0.05 的条件下，1 ~ 3 月的 $|M|<|M|_{0.05/2}$，接受原假设，即输沙率是无趋势的；4 ~ 12 月和年平均输沙率的 $|M|<|M|_{0.05/2}$，拒绝原假设，即它们是有趋势的。在显著性水平为 0.01 时，4 ~ 12 月和年平均输沙率的 $|M|<|M|_{0.01/2}$，拒绝原假设，即它们是有趋势的。

（2）输沙率的线性趋势回归检验

本部分主要分成 1953 ~ 2002 年、1953 ~ 2012 年以及 2003 ~ 2012 年三个阶段来进行统计分析。

1953 ~ 2002 年共 50 年，给定显著水平 $a=0.05$，$t_{0.05/2}=2.01$；$a=0.01$，$t_{0.01/2}=2.68$。从表 3-5 中可以看出 1 ~ 3 月序列不能通过显著水平为 0.05 的检验；4 月、7 月、10 月序列能通过显著水平为 0.05 的检验，但不能通过显著水平为 0.01 的检验，即在 0.05 的显著水平下存在线性下降趋势，但在 0.01 的显著水平下不存在线性趋势；5 月、6 月、8 月、

11 月、12 月和年平均输沙率序列既能通过显著水平为 0.05 的检验，又能通过显著水平为
0.01 的检验，故可以认为它们存在显著的下降趋势。

大通站输沙率序列的线性趋势回归检验　　　　　表 3-5

输沙率序列	月份	常数 a(m³/s)	斜率 b	统计量 t
1953～2002 年	1 月	1.19	0	−0.45
	2 月	1.3	−0.01	−1
	3 月	2.26	0	0.18
	4 月	7.55	−0.08	−2.66
	5 月	18.21	−0.26	−4.1
	6 月	22.16	−0.21	−3.12
	7 月	42.42	−0.21	−2.32
	8 月	38.55	−0.3	−3.59
	9 月	31.25	−0.18	−1.81
	10 月	20.3	−0.14	−2.46
	11 月	9.35	−0.1	−4.4
	12 月	3.49	−0.04	−3.4
1953～2002 年	年均输沙率	12.99	−0.11	−6.7
输沙率序列	月份	常数 a(m³/s)	斜率 b	统计量 t
1953～2012 年	1 月	1.2	0	−0.75
	2 月	1.28	−0.01	−1.1
	3 月	2.27	0	0.2
	4 月	7.69	−0.08	−4.15
	5 月	18.07	−0.25	−5.69
	6 月	23.07	−0.26	−5.43
	7 月	47.75	−0.5	−6.38
	8 月	41.56	−0.47	−7.12
	9 月	34.59	−0.36	−4.74
	10 月	22.57	−0.27	−5.93
	11 月	9.75	−0.12	−7.36
	12 月	3.5	−0.04	−4.94
1953～2012 年	年均输沙率	13.84	−0.15	−11.26
输沙率序列	月份	常数 a(m³/s)	斜率 b	统计量 t
2003～2012 年	1 月	1.19	−0.04	−0.88
	2 月	1.49	−0.09	−1.1
	3 月	2.41	−0.01	−0.05

输沙率序列	月份	常数 $a(\mathrm{m^3/s})$	斜率 b	统计量 t
2003～2012 年	4 月	2.5	0.03	0.2
	5 月	4.87	−0.08	−0.3
	6 月	6.09	0.08	0.34
	7 月	13.03	−0.54	−1.09
	8 月	9.98	−0.03	−0.06
	9 月	14.75	−1.1	−2.61
	10 月	6.05	−0.44	−2.42
	11 月	2.43	−0.05	−0.32
	12 月	1.22	0	−0.02
2003～2012 年	年均输沙率	4.62	−0.15	−1.11

1953～2012 年共 60 年，给定显著水平 a=0.05，$t_{0.05/2}$=1.99；a=0.01，$t_{0.01/2}$=2.65。从表 3-5 中可以看出 1～3 月序列不能通过显著水平为 0.05 的检验；剩余月份输沙率和年平均输沙率序列既能通过显著水平为 0.05 的检验，又能通过显著水平为 0.01 的检验，故可以认为它们存在显著的下降趋势。从线性拟合图上（图 3-10）也可清楚地看出这种趋势。

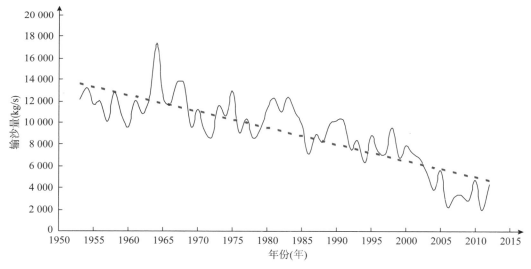

图 3-10　大通站年平均输沙率线性拟合

2003～2012 年共 10 年，给定显著水平 a=0.05，$t_{0.05/2}$=2.23；a=0.01，$t_{0.01/2}$=3.17；从表 3-5 中可以看出，除了 9 月、10 月能通过显著水平为 0.05 的检验外，其他各月输沙率均不能通过显著水平为 0.05 的检验，表明本阶段输沙率变化趋势不明显。

通过以上肯德尔秩相关检验和线性趋势回归分析，可以认为从 20 世纪 50 年代以来流量无显著的趋势变化，而输沙率的下降趋势却比较明显。

3.2.2 输沙量变化的阶段性分析

由上节分析可看出，大通年输沙量在 1953 ～ 2012 年的序列里有下降的趋势，但输沙量不同阶段的变化幅度也有所差异，为此对输沙量的序列利用有序聚类分析方法进行计算，求出跳跃点（即阶段分割点）。

通过有序聚类方法的计算分析，$S(\tau) \sim \tau$ 关系如图 3-11 所示。从图中可以看出，1984 年处总离差的平方和最小，2003 年处总离差的平方和也相对较小。此次以 1984 年和 2003 年为界，可将 1953 ～ 2012 年年平均输沙量序列分为 3 个阶段（图 3-12）：1953 ～ 1984 年年平均输沙量约为 11 412.3kg/s；1985 ～ 2002 年年平均输沙量约为 8 107.1kg/s；2003 ～ 2012 年年平均输沙量约为 3 590.2kg/s。大通站 1953 ～ 2012 年年平均输沙量 3 年、5 年滑动分析见图 3-13。

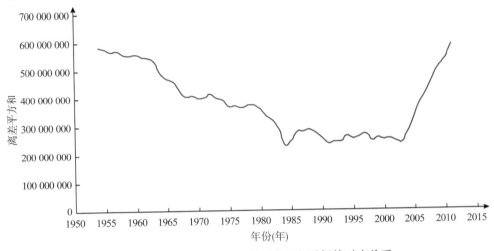

图 3-11　大通径流量离差平方和与时间的对应关系

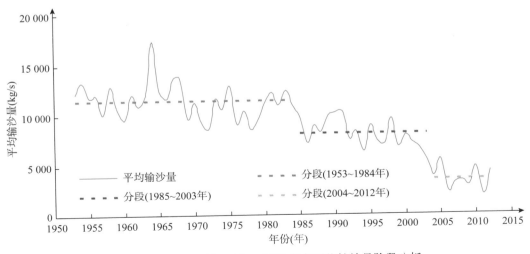

图 3-12　大通站 1953 ～ 2012 年年平均输沙量阶段分析

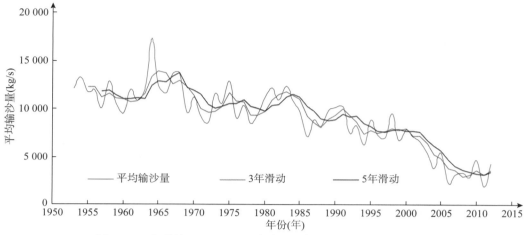

图 3-13   大通站 1953 ~ 2012 年年平均输沙量 3 年、5 年滑动分析

对于跳跃点的显著性检验使用秩和检验法，秩和检验法的统计量为：

$$U = \frac{W - \dfrac{n_1(n_1 + n_2 + 1)}{2}}{\sqrt{\dfrac{n_1 n_2 (n_1 + n_2 + 1)}{12}}}$$

式中：W——较小容量样本的秩和；

n_1——较小样本的容量。

U 服从正态分布。计算结果表明 $U_{0.05/2} < U_{0.01/2} < U_{1984} = -5.86$，$U_{0.05/2} < U_{0.01/2} < U_{2003} = -469$，为此大通输沙量阶段性变化明显。

3.2.3   输沙量变化的周期性分析

由于输沙率序列具有明显的下降趋势，故在进行周期分析时不能简单地根据原序列进行分析，而必须将趋势分量从原序列中分离，然后对分离后得到的序列进行周期分析。根据趋势分析的结果，趋势分量可以由线性回归得到，所以分离趋势分量后的序列即为线性回归后得到的残差序列。本节采用最大熵谱法对比进行分析（图 3-14、图 3-15）。

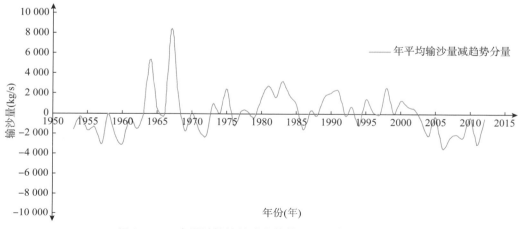

图 3-14   大通站输沙量减去趋势分量后序列年际变化图

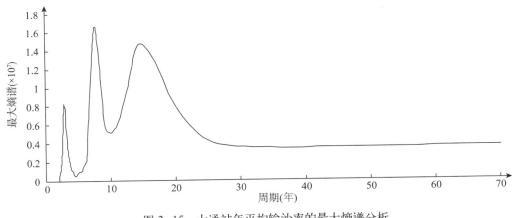

图 3-15　大通站年平均输沙率的最大熵谱分析

年平均输沙率序列的截止阶为 17，在 17、7、3 处出现极值，表现出 17 年、7 年、3 年的周期变化。

3.2.4　径流量与输沙量的关系

输沙量的大小不仅取决于水流的挟沙，而且与边界上游泥沙的补给有关，在饱和输沙的情况下，水流与沙量应能建立较好的相关关系，而在非饱和输沙的情况下，水量与沙量的相关性较差。

图 3-16 为洪枯季全系列以及洪季、枯季分开系列条件下大通站输沙量与径流量的关系图，从图中可以看出大通站悬移质输沙量与径流量的关系受泥沙来源、暴雨强度及历时、洪峰过程、河道冲淤等多种因素影响，点群分散（特别是洪季系列），两者之间没有直接的关系。

而就大通站月径流量与月输沙量而言，其两者呈现一定的指数关系，从图 3-17 可以看出当径流量大于 30 000m³/s 后，点群较为分散，两者相关性较差。

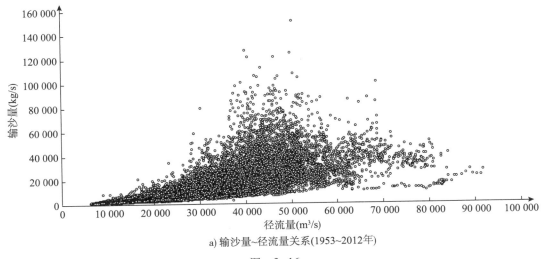

a) 输沙量~径流量关系(1953~2012年)

图　3-16

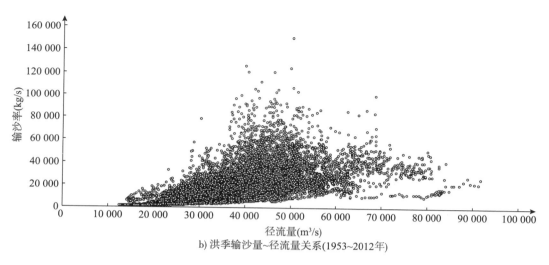

b) 洪季输沙量~径流量关系(1953~2012年)

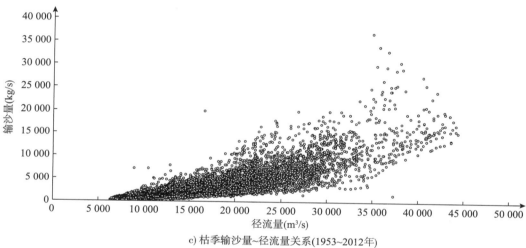

c) 枯季输沙量~径流量关系(1953~2012年)

图 3-16　大通站径流量与输沙量关系（其中缺 1987 ~ 1996 年）

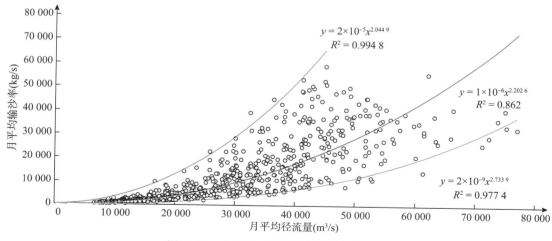

$y = 2×10^{-5}x^{2.044\,9}$
$R^2 = 0.994\,8$

$y = 1×10^{-6}x^{2.202\,6}$
$R^2 = 0.862$

$y = 2×10^{-9}x^{2.733\,9}$
$R^2 = 0.977\,4$

图 3-17　大通站月径流量与月输沙率关系

从大通站月径流量与月输沙率上下包络线可以看出，其分布也符合指数分布。同时也可以看出，当流量为 45 000 ~ 50 000m³/s 时，输沙率达到最大，而这时的流量基本是平滩流量，也表明在平滩流量时造床作用也最大。

方波利用大通站 1977 ~ 1999 年共计 210 个测次的水沙资料，对大通站断面的水沙特征进行了分析，其特征见表 3-6。

大通水文断面河床水流泥沙特征值统计   表 3-6

统计时段	平均水位 (m)	平均流量 (m³/s)	平均流速 (m/s)	过水面积 (m²)	平均水深 (m)	平均河宽 (m)	含沙量 (kg·m⁻³)	输沙率 (t·s⁻¹)
1976 ~ 1985 年汛期	11.81	44 023	1.36	32 343	17.7	1 859	0.94	40.8
1986 ~ 1999 年汛期	12.32	47 710	1.39	33 498	18.1	1 866	0.63	29.8
1976 ~ 1985 年枯期	5.27	11 926	0.55	20 940	12.5	1 706	0.102	1.31
1986 ~ 1999 年枯期	5.47	13 343	0.615	21 730	12.6	1 714	0.103	1.57
1976 ~ 1999 年汛期	12.11	46 130	1.37	33 017	17.9	1 863	0.757	34.4
1976 ~ 1999 年枯期	5.34	12 814	0.61	21 422	12.5	1 711	0.102	1.47

注：汛期资料根据每年 7 ~ 9 月测次成果统计；枯期资料根据每年 1 ~ 3 月测次成果统计。

大通水文测验断面汛期平均水深 17.9m，比枯季平均水深 12.4m 大 5.4m。汛期平均河宽 1 863m，比枯季平均河宽 1 711m 只大 152m（相当于河宽的 8%），应该说大通水文断面河床冲淤基本稳定。

大通站水文测验断面床沙质与冲泄质泥沙的分界粒径 d_c > 0.1mm，占 13.2%；d_c = 0.1mm，占 49.3%；d_c = 0.08 ~ 0.09mm，占 27.2%；d_c = 0.0625 ~ 0.063mm，占 8.0%；d_c = 0.05mm，占 2.3%。

大通站水文测验断面断面水流挟沙力公式为：$S = 0.075 \times \left(\dfrac{v^3}{ghw} \right)^{1.55}$，并有 $S \sim \dfrac{v^3}{ghw}$ 相关系数 R = 0.882，其中 S 是断面平均含沙量，v 为断面平均流速。大通水文断面流挟沙能力关系如图 3-18 所示。

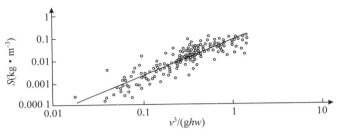

图 3-18　大通水文断面水流挟沙能力关系

3.2.5　大通悬沙、底沙级配变化分析

根据三峡工程建成前（1997 年）、建成初期（2005 年）以及近期（2012 年）的大通站悬沙、底沙的数据来分析三峡建成悬沙、底沙级配的调整变化，不同时期悬沙、底沙级配曲线图如图 3-19 所示。

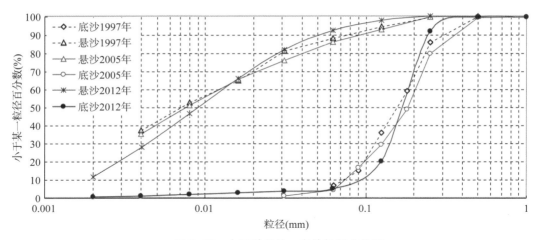

图 3-19 大通站悬沙、底沙级配曲线图

从图中可以看出，三峡工程建成后大通站悬沙的中值粒径呈现略有变粗的趋势，但变化较小；就底沙中值粒径而言，1997 年中值粒径约为 0.14mm，建成后的 2005 年底沙中值粒径约为 0.17mm，2012 年底沙中直粒径约为 0.16mm。

通过大通站悬沙、底沙级配曲线的分析可以看出，随着三峡的蓄水，大量泥沙滞留库区，下游含沙量减小明显，河床呈现冲刷的趋势，大通站悬沙、底沙各组粒径有增大的趋势，泥沙呈现粗化的趋势。

3.3 三峡蓄水后来水来沙变化

3.3.1 大通径流通量、输沙率的趋势性分析

为了更好地分析三峡工程建成后大通水沙条件的趋势性变化，本节对 2003～2012 年的水沙系列进行了分析，大通径流量、输沙量变化趋势见表 3-1、表 3-4。

从 2003～2012 年实测序列可以看出，三峡蓄水后大通站总体径流量没有发生大的调整，呈现随机波动的趋势；洪枯季各月份径流量均没有趋势性变化。相对三峡工程前后大通站输沙量的变化调整，2003～2012 年即三峡蓄水后这一时段输沙率的 $|M|<|M|_{0.05/2}<|M|_{0.01/2}$，即接受原假设，本阶段输沙率趋势性变化较小。

3.3.2 大通站径流量与水位关系

相比三峡水库建成前后大通站水位—流量的关系曲线（图 3-20），两者总体变化趋势基本一致。当流量小于 35 000m³/s 时，三峡蓄水后大通站的水位略低于三峡蓄水前大通站的水位，差值一般在 0.15m 以内；当流量大于 45 000m³/s 后，三峡蓄水后大通站的水位略高于三峡蓄水前大通站的水位，差值一般也在 0.15m 以内；当流量在 35 000～50 000m³/s 之间时，两者水位基本一致。

相比三峡蓄水前后水位、流量关系曲线的变化，表明水位与流量关系 45 000m³/s 左右出

现拐点，这与三沙蓄水后含沙量减小、清水下泄，河槽总体有所刷深有关；且 45 000m³/s 基本接近平滩流量，为此平滩流量以下，随着河槽的刷深，三峡蓄水后的水位总体表现为略有降低；而随着洲滩的开发利用、涉水工程的建设，平滩流量以上断面面积有所减小，三峡蓄水后的水位总体表现为略有抬升。

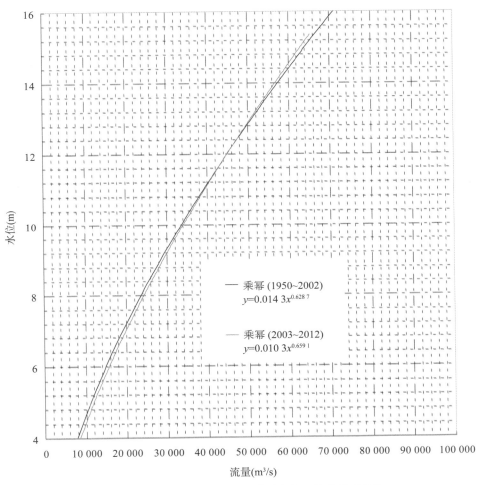

图 3-20　大通站三峡建成前后水位—流量关系曲线

3.3.3　大通站悬沙粒径变化

表 3-7 为长江干流主要水文站中值粒径统计表。宜昌站三峡水库蓄水后悬沙粒径总体变细，中值粒径由蓄水前的 0.008mm，至蓄水后的 0.004mm；而汉口站悬沙中值粒径总体变粗，蓄水前多年平均为 0.01mm，蓄水后多年平均为 0.013mm，这与水库下游河床冲刷有关。大通站悬沙中值粒径蓄水前为 0.009mm，刚蓄水时 2003～2006 年，悬沙变细，平均为 0.008mm。2007 年后有所变粗，2003～2009 年年平均为 0.01mm。由于河床冲淤变化不平衡性，底沙悬沙不断交换，上游来沙粒径变化对下游具有滞后效应，其

响应有一较缓慢过程。由三峡水库下泄泥沙粒径和沿程悬沙粒径变化可看出，河床悬沙粒径主要受河床冲淤变化影响，水动力条件河床悬沙粒径影响较大。

三峡水库蓄水前后大通站的粒径变幅比较小，三峡蓄水后 2003 ～ 2006 年粒径变细，2007 年后粒径变粗，多年平均中值粒径蓄水前后基本不变。虽然近年来由于长江上游来沙的大幅度减小加之三峡水库的拦沙作用，使得宜昌以下各站输沙量大幅减小，但河床沿程冲刷，导致各站粒径大于 0.125mm 的粗颗粒沙量减小幅度明显小于全沙沙量。

从年际变化看枯水年中值粒径较大，如 2011 年；洪水年相对较小，如 2010 年；中水年介于两者之间。多年来总体变化不大。年际变化看洪季相对较细,主要受上游来沙影响；枯季相对较粗，主要受涨潮影响，涨潮使泥沙起动再悬浮，如 2011 年枯季悬沙中值粒径达 0.017 3mm，而洪季仅 0.012 8mm。

长江干流主要水文站中值粒径统计表（单位：mm） 表 3-7

时　间（年）	宜昌	汉口	大通	徐六泾站
蓄水前（1987 ～ 2002 年）多年平均中值粒径	0.008	0.010	0.009	
2003	0.007	0.012	0.010	
2004	0.005	0.019	0.006	
2005	0.005	0.011	0.008	0.010 2
2006	0.003	0.011	0.008	
2007	0.003	0.012	0.013	0.013 3
2008	0.003	0.017	0.012	0.013 2
2009	0.003	0.007	0.010	0.011 2
蓄水后（2003 ～ 2009 年）多年平均中值粒径	0.004	0.013	0.010	0.010 6（2010 年） 0.014 1（2011 年）

3.4　小结

① 大通站来水条件分析表明，大通站径流量没有趋势性、阶段性的变化，只是呈现随机的波动；根据最大熵谱计分析可以看出径流变化的周期在 17、8、4 处具有极大值，可以认为年平均流量具有 17 年、8 年、4 年的周期。

② 大通站来沙条件分析表明，大通站输沙量存在趋势性、阶段性的变化；根据最大熵谱计分析可以看出输沙量变化的周期一般为 17 年、7 年、3 年。

③ 新水沙条件下大通站水沙条件变化分析表明，三峡工程建成后径流量依旧呈现随机波动，而无势性、阶段性的变化；大通站输沙量趋势性、阶段性变化不明显；三峡工程建成后，随着三峡的蓄水，大量泥沙滞留库区，下游含沙量减小明显，河床呈现冲刷的趋势，大通站悬沙、底沙各组粒径有增大的趋势，泥沙呈现粗化的趋势。

4 长江河口段潮波传播特征

本章主要以大通实测径流量、水位以及沿程南京、镇江、江阴、天生港、徐六泾、六效、连兴港以及长江口外实测站点的实测资料为基础，通过实测资料的分析、潮汐调和分析及潮汐预报的方法来研究长江河口段的潮波传播特性。

长江口为径流与潮流相互消涨非常明显的多级分汊沙岛型中等潮汐河口，河口区的潮波受黄海潮波及东海潮波系统共同影响，其中东海潮波系统是主要影响因素。潮波平均周期为 12 小时 25 分，在一个太阴日内具有明显的日潮不等现象，一天之内有两次高潮和两次低潮，相邻两次低潮的高度大致相等，但相邻两次高潮的高度相差较大。潮波沿着河口上溯，受径流及河道地形影响，潮位越往上游越高，潮波能量逐渐削弱，潮波逐渐变形，波前变陡，波后变缓，导致潮差和潮历时沿程发生变化。

4.1 长江河口段潮波特性

4.1.1 三沙河段沿程高低潮位

三沙河段的高低潮位受上游径流、下游潮汐的共同影响，高、低潮位总体呈现自上而下沿程递减的趋势；同时由于分汊、弯道、越滩流及北支涌潮等影响，如皋、青龙港等局部站点高低潮位的变化趋势与相邻站点略有不同。图 4-1、图 4-2 为洪枯季潮位沿程变化。

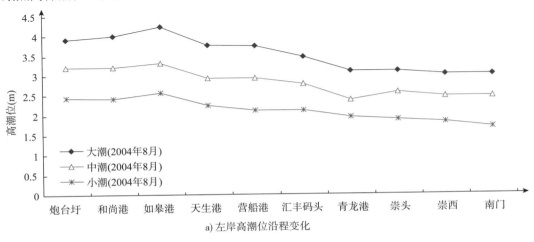

a) 左岸高潮位沿程变化

图 4-1

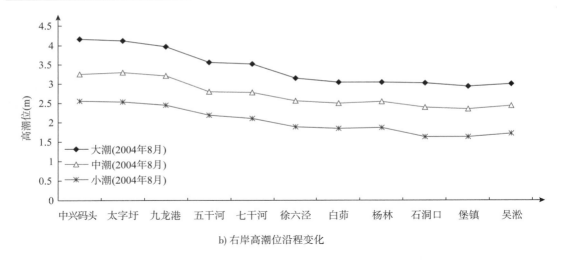

b) 右岸高潮位沿程变化

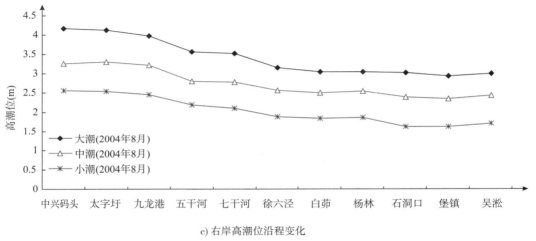

c) 右岸高潮位沿程变化

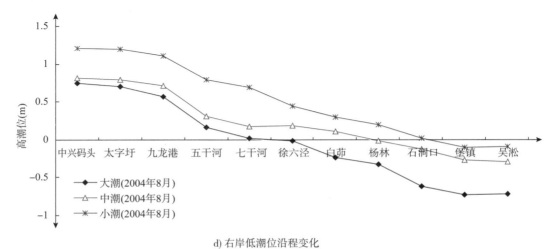

d) 右岸低潮位沿程变化

图 4-1　洪季高、低潮位沿程变化

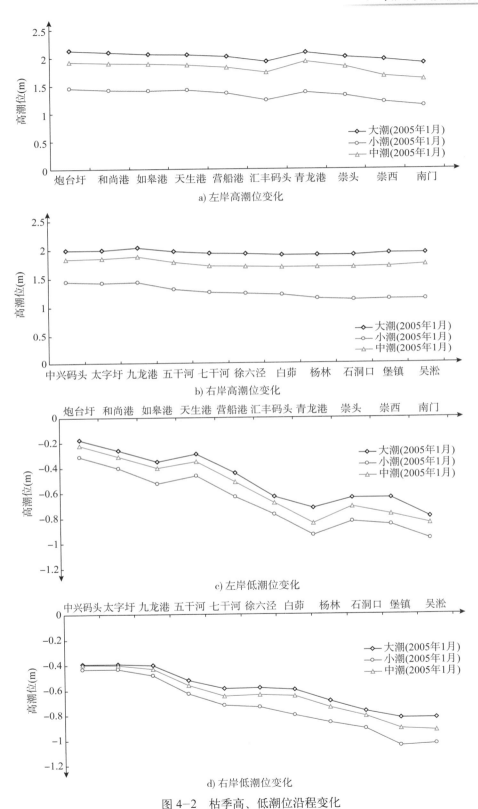

图4-2 枯季高、低潮位沿程变化

从洪枯季潮位沿程潮位变化可以看出，洪季条件下自下而上高、低潮位沿程逐渐增加；枯季条件下，自下而上低潮位沿程逐渐增加，高潮位变化较小。

4.1.2 三沙河段沿程潮波传播

河口段潮波属浅水长波性质，潮波的传播速度为：

$$c = \sqrt{g(H+h)} \pm u \tag{4-1}$$

式中：c——传播速度；

$\quad\quad H$——低潮位下的水深；

$\quad\quad h$——低潮位以上的潮波高度；

$\quad\quad u$——水流流速，涨潮时用"−"，落潮时用"+"。

由上式可知，理论上三沙河段潮波的传播波速 c 与重力加速度 g、水深以及涨落潮流速有关。同时三沙河段沿程水深变化大，受地形变化、沿程阻力以及上游径流的影响，沿程潮波发生变形。为此，潮波的传播速度的计算中应考虑河道断面形态、沿程阻力等多因素的影响。图 4-3、图 4-4 为洪季、枯季吴淞口～江阴沿程潮位过程。

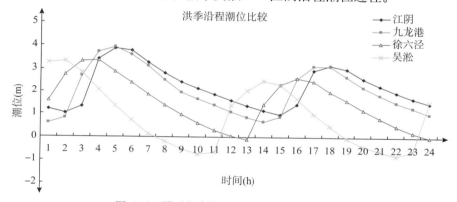

图 4-3　洪季沿程潮位过程（2004 年 8 月）

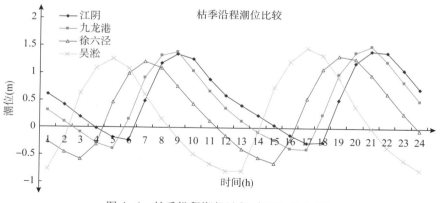

图 4-4　枯季沿程潮位过程（2005 年 1 月）

长江口潮波上溯传播过程中，前进波性质逐渐加强，因此，高潮位流速最小，低潮位流速最大，三沙河段的潮波是前进波为主的混合波。从图中可以看出，洪季条件下沿程高低潮位的变化幅度相对较大，枯季条件下沿程高低潮位的变化幅度相对较小。洪季（大通流量 37 500m³/s）条件下，自肖山～吴淞口这一段潮波传播的平均波速约 11.0m/s；枯季（大通流量 10 500m³/s）条件下，沿程水深相对洪季略有减小，肖山～吴淞口这一段沿程潮波传播速度约 9.12m/s。

4.1.3　三沙河段沿程潮差及历时

（1）潮差及历时

在一个潮汐周期内，相邻高潮位与低潮位间的差值，又称潮幅。潮差大小受引潮力、地形和其他条件的影响，随时间及地点而不同。三沙河段，受径流与河床边界条件阻滞的影响，潮波变形明显，潮差整体呈现自上而下沿程递增的趋势，落潮最大潮差大于涨潮最大潮差，且自上而下潮差有所增加。

如图 4-5、图 4-6 所示，三沙河段自上而下沿程潮差有所增加，江阴站 50% 潮差约 1.7m，天生港站 50% 潮差约 1.9m，徐六泾站 50% 潮差约 2.0m。同时三沙河段涨落潮历时也不对称，总体上落潮历时大于涨潮历时，落潮历时自上而下沿程略有减小，涨潮历时沿程略有增加；多年统计表明：江阴落潮历时 8.9h，涨潮历时 3.5h；天生港落潮历时 8.26h，涨潮历时 4.15h；徐六泾落潮历时 8.08h，涨潮历时 4.17h；杨林落潮历时 8.10h，涨潮历时 4.16h。

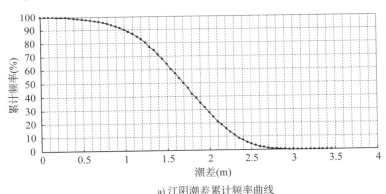

a) 江阴潮差累计频率曲线

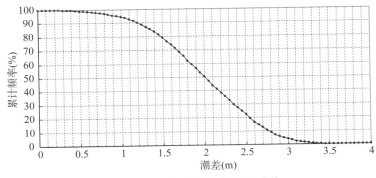

b) 徐六泾潮差累计频率曲线

图 4-5　江阴、徐六泾站潮差累积频率曲线

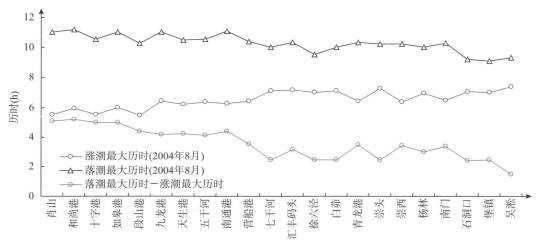

图 4-6　三沙河段沿程涨落潮历时变化

（2）沿程潮差变化

口外潮波在河口段上溯传播过程中，沿程潮差变化主要受口外潮汐大小、河道边界条件、径流顶托等影响。口外潮汐越强，潮流流速越大，摩阻能耗越大，潮差沿程变化越明显，即大潮时潮差沿程递减速度快于小潮。河口河宽、水深、边界走向等边界条件对沿程潮差变化有影响，如河宽水深沿程减小导致潮波能量集中，潮差增大，另外在河道走向变化较大拐弯处，潮波形成反射，导致局部潮差增大。受径流顶托作用，潮差变化与径流量也有关系，洪水期潮差沿程变化一般快于枯水期，且越往上游，径流对潮差变化影响越明显。研究表明，三沙河段潮波在上溯过程中，潮差变化主要与河床沿程阻力及边界条件有关，与上游径流大小关系较小，特别是九龙港以下河段，潮流影响更为显著。

本节试图建立三沙河段大潮条件下沿程潮差计算经验公式，为航道系统整治研究奠定理论基础。以 H_W 代表下游吴淞口站潮差，x 代表测站断面距离江阴鹅鼻嘴的河道深泓长度，$H(x)$ 代表距离 x 处测站断面潮差。利用现场实测 1998 年 8 月洪水（上游径流量约 80 000m^3/s）、2010 年 7 月洪水（上游径流量约 59 000m^3/s）、2004 年 9 月中水（上游径流量约 36 000m^3/s）和 2005 年 1 月枯水（上游径流量约 10 500m^3/s）大潮条件下统计了三沙河段沿程 12 个测站（肖山、和尚港、如皋港、九龙港、天生港、营船港、徐六泾、白茆河口、崇头、杨林、石洞口、吴淞口）涨潮最大潮差，拟合得到沿程大潮涨潮潮差计算经验公式（4-2）、式（4-3），公式计算值与实测值结果如图 4-7 所示，可见公式总体拟合结果良好。

$$H(x) = H_W \times f(x) \times f(Q) \tag{4-2}$$

$$f(x) = 3.09 \times 10^{-6} \times x^2 + 0.001\,236x + 0.777\,4 \tag{4-3}$$

式中：H_W——下游吴淞口站潮差，m；

　　　$f(x)$——二次多项式函数，反映河道边界条件影响，距离 x 单位以 km 计；

　　　$f(Q)$——常系数，反映上游径流对沿程潮差的影响，江阴至九龙港河段可取值 0.90～0.97，九龙港以下河段取值 0.97～1.00，径流量越大、系数取值越小。

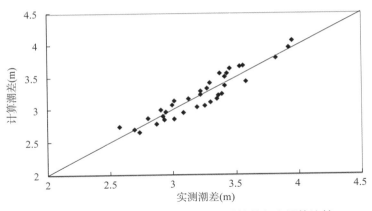

图 4-7   三沙河段沿程潮差公式计算值与实测值比较

4.1.4   三沙河段沿程纵横比降

三沙河段涉及河道长度较长,且受上游径流以及下游潮汐的共同作用,沿程涨落潮时刻是不一致的,为此本书所涉及的涨落潮纵横比降,专指某一区域(涨落潮时刻基本一致)、涨落潮稳定期某一个时刻的水位比值。

三沙河段弯曲多分汊,洲滩、暗沙众多,总体呈现落潮条件下上游水位高于下游水位,纵比降为正值,涨潮条件下上游水位低于下游水位,纵比降为负值,且总体上涨潮纵比降大于落潮纵比降。通过 2004 年 8 月以及 2005 年 1 月三沙河段整体实测水文资料的分析(表 4-1、表 4-2),表明洪季水文条件下(2004 年 8 月),落急期间左岸最大纵比降为 $(0.10 \sim 0.48) \times 10^{-4}$,右岸最大纵比降为 $(0.17 \sim 0.46) \times 10^{-4}$,左岸总体上大于右岸,这是由于左汊为主汊,落潮动力强于右汊,水面比降相应较大;涨潮期间左岸最大纵比降为 $(-0.10 \sim -0.55) \times 10^{-4}$,右岸最大纵比降为 $(-0.23 \sim -0.67) \times 10^{-4}$,左岸小于右岸。从横比降结果来看,福姜沙河段、通州沙河段沿程均存在一定的横比降,落潮期间左岸水位总体高于右岸,而涨潮期间右岸高于左岸,横比降比值为 $(0.15 \sim -0.26) \times 10^{-4}$。

2004 年 8 月三沙河段沿程纵横比降   表 4-1

位置	河　　段	间距 (km)	落潮期间最大纵比降($\times 10^{-4}$)	涨潮期间最大纵比降($\times 10^{-4}$)
左岸	炮台圩~和尚港	14.6	0.28	−0.42
	和尚港~如皋	14.1	0.22	−0.50
	如皋~天生港	22.9	0.23	−0.14
	天生港~南通港	6.9	0.48	−0.55
	南通港~营船港	8.4	0.44	−0.50
	营船港~汇丰码头	10.7	0.10	−0.10
	汇丰码头~崇西	25.4	0.21	−0.51
	崇西~南门	31.8	0.25	−0.42

位置	河 段	间距（km）	落潮期间最大纵比降（×10⁻⁴）	涨潮期间最大纵比降（×10⁻⁴）
右岸	江阴～中兴码头	14.2	0.17	−0.29
	中兴码头～太字圩	14.9	0.19	−0.36
	太字圩～九龙港	10.5	0.17	−0.23
	九龙港～五干河	12.9	0.46	−0.57
	五干河～七干河	13.7	0.23	−0.36
	七干河～徐六泾	15.4	0.18	−0.67
	徐六泾～白茆	10.5	0.36	−0.59
	白茆～杨林	24.5	0.29	−0.46

位置	河段	间距（km）	落潮期间最大横比降（×10⁻⁴）	涨潮期间最大横比降（×10⁻⁴）
左岸～右岸	炮台圩～黄田港	1.6	−0.15	0.17
	如皋～太字圩	7.4	0.17	0.04
	南通港～五干河	8.2	0.13	−0.1
	营船港～七干河	11.2	0.15	−0.2
	汇丰码头～徐六泾	6.6	0.12	−0.26

2005 年 1 月三沙河段沿程纵横比降　　　　　　　　　表 4-2

位置	河段	间距（km）	落潮期间最大纵比降（×10⁻⁴）	涨潮期间最大纵比降（×10⁻⁴）
左岸	炮台圩～和尚港	14.6	0.21	−0.43
	和尚港～如皋	14.1	0.18	−0.24
	如皋～天生港	22.9	0.10	−0.35
	天生港～南通港	6.9	0.42	−0.57
	南通港～营船港	8.4	0.11	−0.40
	营船港～汇丰码头	10.7	0.22	−0.11
	汇丰码头～崇西	25.4	0.19	−0.26
	崇西～南门	31.8	0.26	−0.41
右岸	江阴～中兴码头	14.2	0.11	−0.28
	中兴码头～太字圩	14.9	0.10	−0.23
	太字圩～九龙港	10.5	0.09	−0.12
	九龙港～五干河	12.9	0.28	−0.43
	五干河～七干河	13.7	0.15	−0.32
	七干河～徐六泾	15.4	0.07	−0.53
	徐六泾～白茆	10.5	0.20	−0.41
	白茆～杨林	24.5	0.19	−0.29

位置	河段	间距（km）	落潮期间最大横比降（×10⁻⁴）	涨潮期间最大横比降（×10⁻⁴）
左岸～右岸	炮台圩～黄田港	1.6	0.27	0.31
	如皋～太字圩	7.4	0.08	0.02
	南通港～五干河	8.2	0.1	−0.16
	营船港～七干河	11.2	0.12	−0.14
	汇丰码头～徐六泾	6.6	0.06	−0.24

　　枯季水文条件下 (2005 年 1 月)，落急期间左岸最大纵比降为 $(0.10 \sim 0.42) \times 10^{-4}$，右岸最大纵比降为 $(0.09 \sim 0.28) \times 10^{-4}$，左岸总体上大于右岸；涨潮期间左岸最大纵比降为 $(-0.11 \sim -0.57) \times 10^{-4}$，右岸最大纵比降为 $(-0.12 \sim -0.53) \times 10^{-4}$，左岸小于右岸。福姜沙河段、通州沙河段沿程均存在一定的横比降，落潮期间左岸水位总体高于右岸且横比降一般在 $(0.08 \sim 0.27) \times 10^{-4}$，涨潮期间右岸高于左岸，横比降为 $(-0.14 \sim -0.24) \times 10^{-4}$。

4.1.5　大通径流量与下游潮位的关系

(1) 大通径流量与下游高低潮位的关系

　　长江上游径流河段沿程水位与上游径流量存在较好的相关关系，水位的变化与径流量的变化成线性关系。三沙河段为河口河流段，沿程潮位的变化受上游径流和下游潮汐的共同影响，沿程各站高低潮位与上游径流的相关关系如图 4-8、图 4-9 所示。

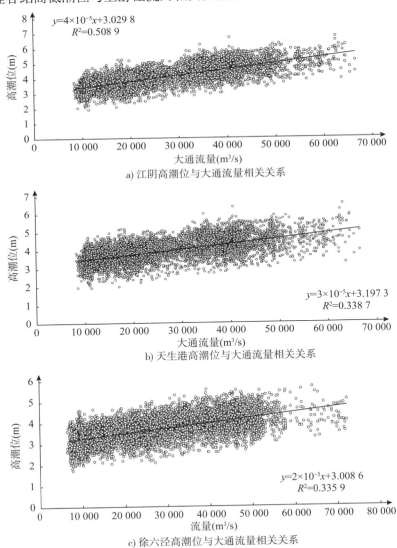

a) 江阴高潮位与大通流量相关关系

b) 天生港高潮位与大通流量相关关系

c) 徐六泾高潮位与大通流量相关关系

图　4-8

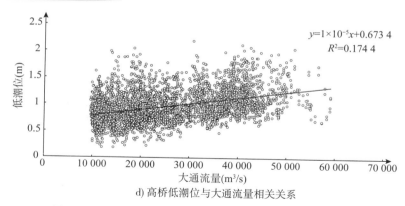

d) 高桥低潮位与大通流量相关关系

图 4-8　大通流量与三沙河段沿程各站高潮位的相关关系

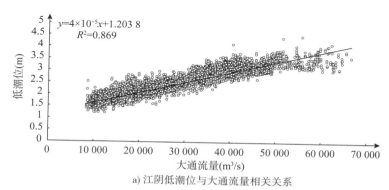

a) 江阴低潮位与大通流量相关关系

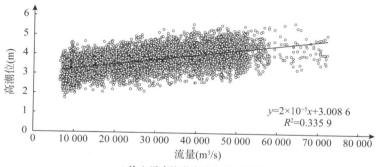

b) 天生港低潮位与大通流量相关关系

c) 徐六泾高潮位与大通流量相关关系

图　4-9

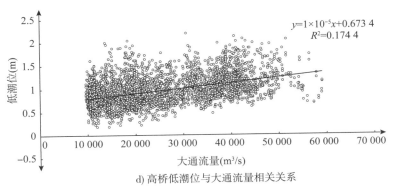

d) 高桥低潮位与大通流量相关关系

图 4-9　大通流量与三沙河段沿程各站低潮位的相关关系

三沙河段自上而下潮汐作用逐渐增强，径流与其潮量比值逐渐减小，径流作用逐渐减弱，大通流量与其高低潮位的相关关系逐渐减弱。潮汐影响弱的地方，上游大通流量与其高低潮位的相关关系较好，反之则相关关系较差。

(2) 大通径流量与下游日、月平均潮位的关系

从大通站日平均径流量与沿程各站日平均潮位以及大通站月平均径流量与月平均潮位的关系（图 4-10、图 4-11）可以看出，无论上游大通日径流量与沿程日平均潮位还是上游大通月径流量与沿程月平均潮位均呈现较好的相关关系。而且大通站径流量的变化对沿程日平均潮位的影响程度沿程存在区别，越往下游、越靠近河口，上游径流量对其影响越来越小。江阴附近其不同径流量下日平均潮位的变幅一般在 2.5m 以内，天生港附近不同流量下日平均潮位的变幅一般在 2.0m 以内，徐六泾附近不同流量下日平均潮位的变幅一般在 1.5m 以内，天生港附近不同流量下日平均潮位的变幅一般在 0.6m 以内。

大通站月平均径流量与下游沿程各站月平均潮位也呈现较好的相关关系，越往下游上游径流对月平均潮位影响程度越弱。江阴附近其不同径流量下月平均潮位的变幅一般在 2.0m 以内，天生港附近不同流量下月平均潮位的变幅一般在 1.75m 以内，徐六泾附近不同流量下月平均潮位的变幅一般在 1.2m 以内，天生港附近不同流量下月平均潮位的变幅一般在 0.5m 以内。

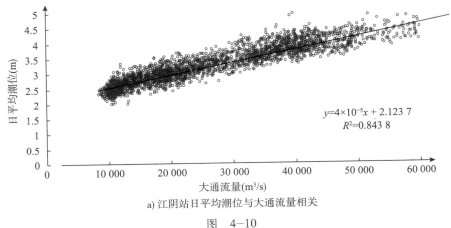

a) 江阴站日平均潮位与大通流量相关

图　4-10

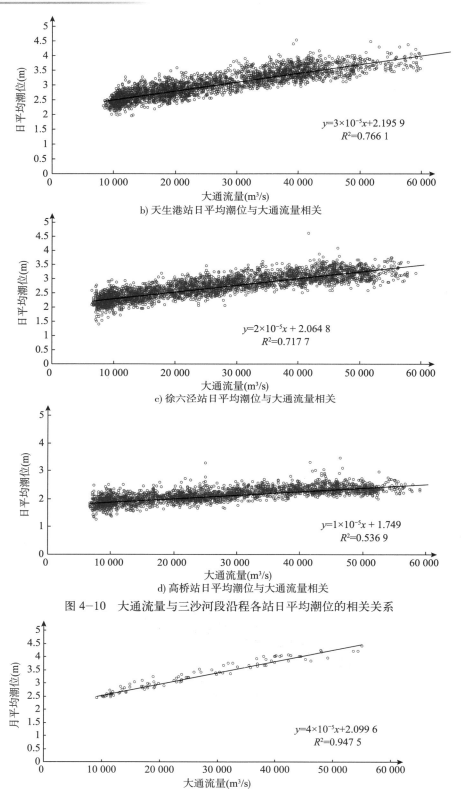

b) 天生港站日平均潮位与大通流量相关

$y=3×10^{-5}x+2.195\ 9$
$R^2=0.766\ 1$

c) 徐六泾站日平均潮位与大通流量相关

$y=2×10^{-5}x+2.064\ 8$
$R^2=0.717\ 7$

d) 高桥站日平均潮位与大通流量相关

$y=1×10^{-5}x+1.749$
$R^2=0.536\ 9$

图 4-10 大通流量与三沙河段沿程各站日平均潮位的相关关系

$y=4×10^{-5}x+2.099\ 6$
$R^2=0.947\ 5$

a) 江阴站月平均潮位与大通流量相关

图 4-11

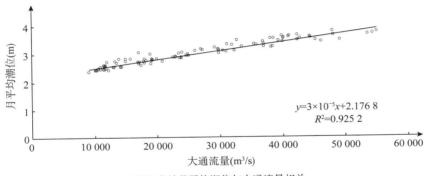

b) 天生港站月平均潮位与大通流量相关

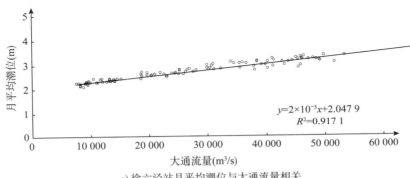

c) 徐六泾站月平均潮位与大通流量相关

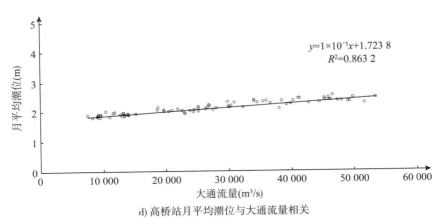

d) 高桥站月平均潮位与大通流量相关

图 4-11　大通流量与三沙河段沿程各站月平均潮位的相关关系

4.1.6　长江口附近潮波特性

（1）长江口附近潮位特性

长江口附近潮波沿着河口上溯，受河床抬升影响，潮位越往上游越高，同时受地形及径流下泄阻力的影响，能量逐渐削弱，潮波逐渐变形，波前变陡，波后变缓，导致潮差和潮时沿程发生变化，潮位与潮流过程线也存在一定的相位差。

长江口门潮波传播方向为 305°，循 SE～NW 方向传入口门。从 1927～1972 年统计资料分析，南、北槽涨潮槽延伸方向为 304°～317°，可见口门附近涨潮槽的延伸方向主要由口外潮波传播方向决定，也即涨潮槽的方向标志着总体潮波的传播方向。长江口潮流在横沙岛以上有固定边界的河段内为往复流，且落潮流速一般大于涨潮流速，在口外海域逐渐向旋转流过渡，旋转方向为顺时针方向。其中，北槽的上段仍以往复流为主，而下段则旋转流性质增强。

（2）长江口附近潮差沿程变化

多年统计资料表明，长江口口门附近中浚站最大潮差为 4.62m，最小潮差为 0.17m，多年平均潮差为 2.66m，潮差最大变幅达 28 倍，月内最大变幅在 10 倍左右。潮差向上游递减，涨潮历时向上游缩短，而落潮历时增长。由于科氏力等因素作用，北岸潮差要比南岸大。据实测资料统计，南港北岸潮差一般要比南岸大 0.04～0.05m。此次根据 1998 年 2 月 11 日～2 月 20 日、2002 年 9 月 17 日～9 月 26 日、2005 年 8 月 15 日～8 月 24 日以及 2007 年 8 月 9 日～8 月 18 日长江口水域的水文测验资料进行分析。

由图 4-12 分析知，绿华山－牛皮礁段潮差增大，是由于河口形状收缩、潮波能量集中造成的。牛皮礁—共青圩附近，河床底摩擦损耗了潮波大量能量，致使潮差急剧减小。共青圩—崇头段潮差先增大后减小，这说明北港至南支的过渡段，浅滩及岸线对潮波的反射作用增强，南支河段河床底摩擦是影响潮波传播的主要因素。

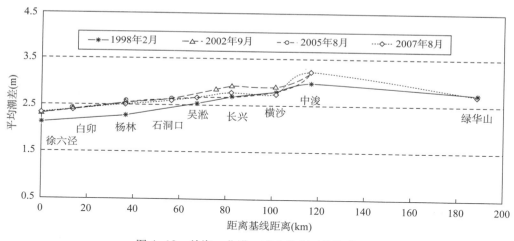

图 4-12 外海－北港－南支北侧平均潮差变化

由图 4-13 分析知，绿华山－中浚段潮差增大，是由于河口形状收缩、潮波能量集中造成的。中浚－崇头段，除横沙站外，潮差沿程减小，这说明南支南港河段河床底摩阻对潮差影响起主导作用。

（3）长江口附近涨落潮历时沿程变化

由图 4-14、图 4-15 分析可知，涨落潮历时比除个别点外，沿程减小。外海涨落潮历时比接近 1，波形较规则接近正弦波，越往河口上游，涨落潮历时比越小，潮波变形越严重。

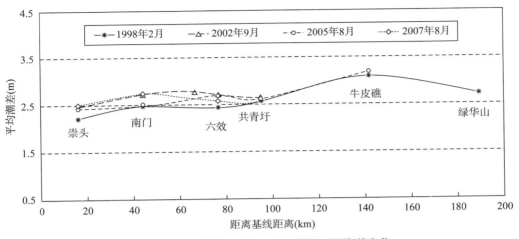

图 4-13 外海-南港-南支南侧平均潮差变化

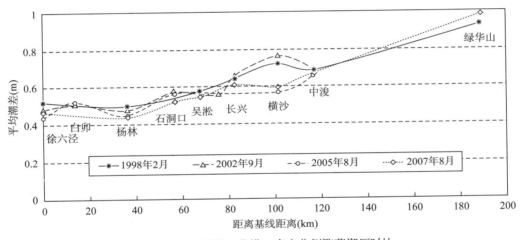

图 4-14 外海-北港-南支北侧涨落潮历时比

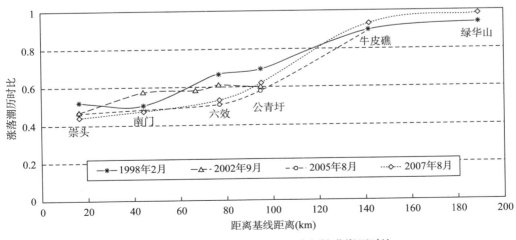

图 4-15 外海-南港-南支南侧涨落潮历时比

4.2 长江河口段的潮位调和分析

4.2.1 调和分析原理

潮汐调和分析的目的是根据潮汐观测资料计算各个分潮的调和常数。

任意一个分潮的表达式可以表示为：

$$\varsigma(t) = fH\cos(\sigma t + V_0 + u) \tag{4-4}$$

式中：$\varsigma(t)$——任意时刻的潮位值；

　　f、u——分别表示月球轨道 18.6 年变化引进来的对平均振幅 H 和相角的订正值；

　　σ——分潮角速度；

　　t——时间；

　　V_0——初相角。

由此看出，$\sigma t+V_0+u=0°$ 时发生高潮。事实上并不是如此，一般要落后一段时间才发生高潮。因此，为了符合实际情况，上式相角中引入一迟角 K'，亦即

$$\varsigma(t) = fH\cos(\sigma t + V_0 + u - K') \tag{4-5}$$

式中：H、K'——分潮的调和常数。

一般来说，它们是由海区的深度、地形、沿岸外形等自然条件决定的。如果海区自然条件相对稳定，那么对不同时期观测资料的分析结果 H、K' 应该基本相同，在这个意义上称之为"常数"。其实，各个海区自然条件是不断地在变化着。特别在河口地区尤为显著，因此分潮调和常数将随之发生改变。

潮汐观测曲线可以看作是由许许多多分潮组合而成的，而观测的潮位值总有一个起算面，因此某一定期间的潮位为：

$$\varsigma(t) = a_0 + \sum_{j=1}^{m} R_j\cos(\sigma_j t - \theta_j) + r(t)$$
$$= a_0 + \sum_{j=1}^{m} (a_j\cos\sigma_j t + b_j\sin\sigma_j t) + r(t) \tag{4-6}$$

式中：a_0——观测期间的平均海面；

　　R_j——分潮振幅；

　　θ_j——分潮初相位；

　　σ_j——分潮角速率；

　　$r(t)$——非天文相位，它泛指水文、气象状况的变化所引起的水位变化，且具有随机的特性，与物理学上的"噪声"相当；

　　$a_j=R_j\cos\theta_j$；

　　$b_j=R_j\sin\theta_j$；

　　m——分潮的个数，是正整数。

4.2.2 调和分析计算

调和分析分潮的选择很重要，相邻分潮角速度之差应大于 $2\pi(\sigma_2-\sigma_1)$。考虑到分析资料时间较短，选择 O_1、K_1、M_2、S_2、M_4 和 MS_4 六个分潮。现有的调和常数计算方法很多，如达尔文法、Doodson 法、福里哀法、最小二乘法等。本文选取较常用的最小二乘法计算潮汐调和常数。

潮位可以表示为：

$$\varsigma^{'}(t) = a_0 + \sum_{j=1}^{m}(a_j\cos\sigma_jt + b_j\sin\sigma_jt) \tag{4-7}$$

用它来逼近实测的潮位 $\zeta(t)$，按最小二乘法原理，必须使

$$D = \int_{\frac{T}{2}}^{\frac{T}{2}}[\varsigma(t)-\varsigma^{'}(t)]^2\mathrm{d}t \tag{4-8}$$

为最小，以此来确定系量 a_j、b_j。若取 369d 的资料作分析，式中 $t=369\times24=8\,856$（h）。将式（4-7）代入式（4-8），得

$$D = \int_{\frac{T}{2}}^{\frac{T}{2}}[\varsigma(t)-a_0+\sum_{j=1}^{m}(a_j\cos\sigma_jt + b_j\sin\sigma_jt)]^2\mathrm{d}t \tag{4-9}$$

求 D 对 a_0、a_j、b_j 的偏导数，且令其等于零。这时下标"i"的项为指定分潮，即所欲求的分潮。于是有：

$$\frac{\partial D}{\partial a_0} = -2\int_{\frac{T}{2}}^{\frac{T}{2}}[\varsigma(t)-a_0+\sum_{j=1}^{m}(a_j\cos\sigma_jt + b_j\sin\sigma_jt)]\mathrm{d}t \tag{4-10}$$

$$\frac{\partial D}{\partial a_i} = -2\int_{\frac{T}{2}}^{\frac{T}{2}}[\varsigma(t)-a_0+\sum_{j=1}^{m}(a_j\cos\sigma_jt + b_j\sin\sigma_jt)]\cos\sigma_it\mathrm{d}t \tag{4-11}$$

$$\frac{\partial D}{\partial b_i} = -2\int_{\frac{T}{2}}^{\frac{T}{2}}[\varsigma(t)-a_0+\sum_{j=1}^{m}(a_j\cos\sigma_jt + b_j\sin\sigma_jt)]\sin\sigma_it\mathrm{d}t \tag{4-12}$$

或者写成：

$$\int_{\frac{T}{2}}^{\frac{T}{2}}\varsigma(t)\mathrm{d}t = \int_{\frac{T}{2}}^{\frac{T}{2}}[a_0+\sum_{j=1}^{m}(a_j\cos\sigma_jt + b_j\sin\sigma_jt)]\mathrm{d}t \tag{4-13}$$

$$\int_{\frac{T}{2}}^{\frac{T}{2}}\varsigma(t)\cos\sigma_it\mathrm{d}t = \int_{\frac{T}{2}}^{\frac{T}{2}}[a_0+\sum_{j=1}^{m}(a_j\cos\sigma_jt + b_j\sin\sigma_jt)]\cos\sigma_it\mathrm{d}t \tag{4-14}$$

$$\int_{\frac{T}{2}}^{\frac{T}{2}}\varsigma(t)\sin\sigma_it = \int_{\frac{T}{2}}^{\frac{T}{2}}[a_0+\sum_{j=1}^{m}(a_j\cos\sigma_jt + b_j\sin\sigma_jt)]\sin\sigma_it\mathrm{d}t \tag{4-15}$$

其中：$i=1,2,\cdots,m$；$j=1,2,\cdots,m$。故得 $2m+1$ 个关系式。

因为：

$$\int_{\frac{T}{2}}^{\frac{T}{2}}\cos\sigma_jt\mathrm{d}t = \frac{2}{\sigma_j}\sin\sigma_j\frac{T}{2}$$

$$\int_{-\frac{T}{2}}^{\frac{T}{2}} \sin\sigma_j t \mathrm{d}t = 0$$

当 $i! = j$ 时，有：

$$\int_{-\frac{T}{2}}^{\frac{T}{2}} \sin\sigma_i t \cos\sigma_j t \mathrm{d}t = -\frac{1}{2}\left[\frac{\cos(\sigma_i-\sigma_j)t}{\sigma_i-\sigma_j} + \frac{\cos(\sigma_i+\sigma_j)t}{\sigma_i+\sigma_j}\right]\Bigg|_{-\frac{T}{2}}^{\frac{T}{2}} = 0 \tag{4-16}$$

$$\int_{-\frac{T}{2}}^{\frac{T}{2}} \cos\sigma_i t \cos\sigma_j t \mathrm{d}t = \frac{\sin(\sigma_i-\sigma_j)\frac{T}{2}}{\sigma_i-\sigma_j} + \frac{\sin(\sigma_i+\sigma_j)\frac{T}{2}}{\sigma_i+\sigma_j} \tag{4-17}$$

$$\int_{-\frac{T}{2}}^{\frac{T}{2}} \sin\sigma_i t \sin\sigma_j t \mathrm{d}t = \frac{\sin(\sigma_i-\sigma_j)\frac{T}{2}}{\sigma_i-\sigma_j} - \frac{\sin(\sigma_i+\sigma_j)\frac{T}{2}}{\sigma_i+\sigma_j} \tag{4-18}$$

将式（4-16）~式（4-18）代入上述方程，当 $j! = i$ 时，有

$$\left.\begin{array}{l} Ta_0 + \sum_{j=1}^{m}\frac{2a_j}{\sigma_j}\sin\sigma_j\frac{T}{2} = \int_{-\frac{T}{2}}^{\frac{T}{2}}\varsigma(t)\mathrm{d}t \\[3mm] \frac{2a_0}{\sigma_i}\sin\sigma_i\frac{T}{2} + \sum_{j=1}^{m}a_j\left[\frac{\sin(\sigma_i-\sigma_j)\frac{T}{2}}{\sigma_i-\sigma_j} + \frac{\sin(\sigma_i+\sigma_j)\frac{T}{2}}{\sigma_i+\sigma_j}\right] = \int_{-\frac{T}{2}}^{\frac{T}{2}}\varsigma(t)\cos\sigma_i t \mathrm{d}t \\[3mm] \sum_{j=1}^{m}b_j\left[\frac{\sin(\sigma_i-\sigma_j)\frac{T}{2}}{\sigma_i-\sigma_j} - \frac{\sin(\sigma_i+\sigma_j)\frac{T}{2}}{\sigma_i+\sigma_j}\right] = \int_{-\frac{T}{2}}^{\frac{T}{2}}\varsigma(t)\sin\sigma_i t \mathrm{d}t \end{array}\right\} \tag{4-19}$$

这些方程的特点是求系量 a_j 时与系量 b_j 无关，反之亦同。其中 F 标 i 为所求的分潮，j 为其他分潮。当 $j=i$ 时，即为所求分潮本身，此时有：

$$\left.\begin{array}{l} \int_{-\frac{T}{2}}^{\frac{T}{2}}\sin\sigma t\cos\sigma t\mathrm{d}t = 0 \\[3mm] \int_{-\frac{T}{2}}^{\frac{T}{2}}\cos^2\sigma t\mathrm{d}t = \frac{T}{2} + \frac{1}{2\sigma}\sin\sigma T \\[3mm] \int_{-\frac{T}{2}}^{\frac{T}{2}}\sin^2\sigma t\mathrm{d}t = \frac{T}{2} - \frac{1}{2\sigma}\sin\sigma T \end{array}\right\} \tag{4-20}$$

若把 $i! = j$ 和 $i=j$ 两种情况统统考虑在内，式（4-19）、式（4-20）各项乘 $T/2$，可得计算系量 a_0、a_j 的 $m+1$ 个方程组：

$$\left.\begin{array}{l} \alpha_{00}a_0 + \alpha_{01}a_1 + \cdots + \alpha_{0m}a_m = \frac{2}{T}\int_{-\frac{T}{2}}^{\frac{T}{2}}\varsigma(t)\mathrm{d}t \\[3mm] \alpha_{10}a_0 + \alpha_{11}a_1 + \cdots + \alpha_{1m}a_m = \frac{2}{T}\int_{-\frac{T}{2}}^{\frac{T}{2}}\varsigma(t)\cos\sigma_1 t\mathrm{d}t \\[3mm] \cdots \\[3mm] \alpha_{m0}a_0 + \alpha_{m1}a_1 + \cdots + \alpha_{mm}a_m = \frac{2}{T}\int_{-\frac{T}{2}}^{\frac{T}{2}}\varsigma(t)\cos\sigma_m t\mathrm{d}t \end{array}\right\} \tag{4-21}$$

其中：$a_{00}=2$，$\alpha_{0j}=2\dfrac{\sin\sigma_j\dfrac{T}{2}}{\sigma_j\dfrac{T}{2}}(j=1,2,\cdots,m)$，$\alpha_{i0}=2\dfrac{\sin\sigma_j\dfrac{T}{2}}{\sigma_j\dfrac{T}{2}}(i=1,2,\cdots,m)$，

$$\alpha_{jj}=1+\dfrac{\sin\sigma_j\dfrac{T}{2}}{\sigma_j\dfrac{T}{2}}(i=j)，\qquad \alpha_{ij}=\dfrac{\sin(\sigma_i-\sigma_j)\dfrac{T}{2}}{(\sigma_i-\sigma_j)\dfrac{T}{2}}+\dfrac{\sin(\sigma_i+\sigma_j)\dfrac{T}{2}}{(\sigma_i+\sigma_j)\dfrac{T}{2}}(i\neq j)。$$

计算系量 b_j 时，只有 m 个方程，即

$$\left.\begin{array}{l}\beta_{11}b_1+\beta_{12}b_2+\cdots+\beta_{1m}b_m=\dfrac{2}{T}\displaystyle\int_{-\frac{T}{2}}^{\frac{T}{2}}\varsigma(t)\sin\sigma_1 t\,\mathrm{d}t\\[2mm]\beta_{21}b_1+\beta_{22}b_2+\cdots+\beta_{2m}b_m=\dfrac{2}{T}\displaystyle\int_{-\frac{T}{2}}^{\frac{T}{2}}\varsigma(t)\sin\sigma_2 t\,\mathrm{d}t\\[1mm]\cdots\\[1mm]\beta_{m1}b_1+\beta_{m2}b_2+\cdots+\beta_{mm}b_m=\dfrac{2}{T}\displaystyle\int_{-\frac{T}{2}}^{\frac{T}{2}}\varsigma(t)\sin\sigma_m t\,\mathrm{d}t\end{array}\right\} \tag{4-22}$$

其中：$\beta_{ij}=\dfrac{\sin(\sigma_i-\sigma_j)\dfrac{T}{2}}{(\sigma_i-\sigma_j)\dfrac{T}{2}}+\dfrac{\sin(\sigma_i+\sigma_j)\dfrac{T}{2}}{(\sigma_i+\sigma_j)\dfrac{T}{2}}(i\neq j)，\qquad \beta_{jj}=1-\dfrac{\sin\sigma_j\dfrac{T}{2}}{\sigma_j\dfrac{T}{2}}(i=j)。$

分别求解式（4-21）、式（4-22），即得 a_0、a_j 和 b_j 的量值。

在电子计算机上，对连续变量求积分，要用离散化的观测值代替。其中 $t=k\Delta t$（步长 Δt 取 1h），于是 $k=-N$、$-N+1$、$\cdots$、0、$\cdots$、$N-1$、N，若取 369 天，则 $T=369\times24=8\,856(\mathrm{h})=2N$，所以 $N=4\,428\mathrm{h}$，为计算方便起见，下面求和时头尾两项各取一半，这从最小二乘法的意义看来，并不失其一般性。

4.2.3　沿程潮汐调和分析

利用潮汐的最小二乘法分析原理，从理论上计算分析三沙河段的潮波特性，研究此河段潮汐的类型以及浅水分潮的影响。潮位性质由潮汐形态数 $F=(H_{K_1}+H_{O_1})/H_{M_2}$（其中 H_{K_1}，H_{O_1} 和 H_{M_2} 为 K_1，O_1 和 M_2 分潮潮高）确定，$F<0.5$ 时为半日潮，$0.5\leqslant F<2.0$ 时为不正规半日潮混合潮，$2.0\leqslant F\leqslant4.0$ 时为日周潮。其中，按浅海分潮大小又把半日潮分为正规半日潮（$H_{M_4}/H_{M_2}<0.04$）和非正规半日潮浅海潮。

研究表明（表4-3），天生港、徐六泾以及高桥等站（$H_{O_1}+H_{K_1}$）$/H_{M_2}$ 比值均小于 0.5，属于半日潮特性，但其浅海分潮 H_{M_4}/H_{M_2} 的比值均大于 0.1，为此三沙河段各站属于不正规半日浅海分潮。同时可以看出三沙河段自下而上浅海分潮比值（H_{M_4}/H_{M_2}）逐渐增加，浅海分潮的影响逐渐加大，且 M_2 分潮振幅自下而上逐渐减小。

三沙河段沿程各站潮汐特性（2009 年资料统计）　　　　　　表 4-3

比值	江阴	天生港	徐六泾	高桥
$(H_{O_1}+H_{K_1})/H_{M_2}$	0.50	0.34	0.31	0.28
H_{M_4}/H_{M_2}	0.13	0.11	0.12	0.12
S_2 分潮振幅	0.48	0.52	0.62	0.71
M_2 分潮振幅	0.56	0.83	0.93	1.12
O_1 分潮振幅	0.11	0.10	0.13	0.14
K_1 分潮振幅	0.17	0.18	0.16	0.17
M_4 分潮振幅	0.072	0.09	0.131	0.158
MS_4 分潮振幅	0.09	0.11	0.11	0.13

4.3　长江河口段潮位的预测预报

目前潮位预报可归纳为系统分析法、水动力模型法、时间序列分析法、潮汐调和分析法几种。

① 潮汐调和分析是以潮汐静力学作为基础，将潮汐现象当成不同频率的潮波叠加，采用调和分析方法计算某一海域的潮汐调和常数。

② 整体预报法是我国自行研制的新方法，与调和法不同，不需要进行调和分离。把太阳和月球合成一个引潮天体，通过对合成天体整体引潮力的计算，直接寻求整体引潮力与实际潮汐和潮流之间的关系，直接预报整体潮汐和潮流。

③ 水动力数值模型预报法是取上游非感潮河段断面流量作为模型上边界条件，取下游径流影响区外潮位过程作为模型下边界条件，建立水动力数学模型。

④ 洪水演进马斯京根法适用于非感潮河段，因为感潮河段的洪水运动受到潮汐影响，此时在流量演算模型中很难直接考虑到潮汐顶托影响，另外，感潮河段的水位流量关系很复杂，在由流量推求水位的过程中会带来较大的误差。

⑤ 数理统计法基于数理统计原理，通过分析过往数据，探寻水文现象的变化规律，借以推估以后的变化趋势，具有快速、高效的特点，比较适用于感潮河段的水位预报。

⑥ 双向波水位演算方法适用于感潮河段水位预报研究中，考虑到感潮河段受到上游径流和下游海洋潮汐顶托的双重影响，而且人们发现采用水动力方法能够较好地对感潮河段水位过程进行模拟，但该方法对预报河段的地形和糙率等资料的要求很高，给预报和模拟工作带来了较大的困难。

⑦ 长江河口段潮位预报及实时校正模型相应水位法是根据洪水波、潮水波的传播时间选择相应的上游水位、下游潮位建立与预报站潮位的回归方程预报潮位，可对上下游边界条件变化做出动态响应，但预见期短。

河口地区水位受上游洪水波和下游潮波的共同影响，如何同时考虑两者的作用是提高预报精度的关键。在外海，根据一年实测逐时潮位资料的调和分析，就可进行正常天气条件下的潮位预报，且具有较高精度。但在河口地区，由于逐年上游的径流在总量和过程上均存在差异，根据某一年的潮位资料所得调和常数，只能反映该年的径流情况，以此推算其他年份的潮位，必然未能考虑到推算年的径流条件变化而带来的误差。因此，充分考虑调和分析与潮位推算年的径流差异，找出径流量和调和常数之间的相关关系，从而提高潮位预报精度。

目前，普遍采用的调和分析仍是一百年前达尔文（Darwin）和杜德森（Doodson）等人提出的方法为基础进行，算法上也基本沿袭最小二乘法原理而展开，如逐次回归法等。尽管观测设施和计算手段更为先进，使得分析结果更趋精细和便捷，但对原始样本（即实测值）必要的前期工作（包括平滑、舍弃、缺损处理和录入）更繁杂，要求也更高。即使一次中期（以 30 天计）资料，按间隔 1 小时的常规算法处理，也有 721 个样本值；若长期（1年以上）资料或样本间隔更短，则工作量更加巨大。鉴于这些问题，本节采用高低潮位实测资料进行潮位分析和预报的算法，可以减少样本数多于三分之二，而且易处理局部样本的缺损，并且预报精度与常规算法基本一致。

4.3.1　潮汐调和分析方法

根据潮汐理论可知，海洋中的潮汐主要是由月球和太阳对地球的引潮力所致。所谓调和分析，就是把月球等天体引起的复杂的潮汐现象，分离成由许多假想天体相对于地球作匀速圆周运动而产生的潮汐（即分潮）之和。即对某一潮位站，在任意 t 时刻的超高 $h(t)$ 可表示为：

$$h(t) = H_0 + \sum_{k=1}^{M} f_k H_k \cos[\sigma_k t + (V_0 + U)_k - g_k] \tag{4-23}$$

式中：H_0——平均海平面；

f_k——节点因子；

σ_k——分潮角速度；

$(V_0 + U)_k$——分潮初相位；

H_k、g_k——分潮调和常数。

从理论上说分潮的个数可以是无限个，但实际分析计算时只取有限个，此研究中选取 Q_1、O_1、P_1、K_1、N_2、M_2、S_2、K_2、M_4、M_{S4}、M_6 共 11 个分潮。

在实际计算过程中，我们将式（4-23）改写为：

$$h(t) = A_0 + \sum_{k=1}^{M} (A_k \cos \sigma_k t + B_k \sin \sigma_k t) \tag{4-24}$$

式中：$A_0 = H_0$；

$A_k = f_k H_k \cos[g_k - (V_0 + U)_k]$；

$B_k = f_k H_k \sin[g_k - (V_0 + U)_k]$；

M——分潮个数。

这样，求调和常数 H_k、g_k 就等价于求 A_k、B_k。

若用式（4-24）去逼近 t_i 时刻的样本值 h_i（$i=1$、2、…、N，N 为样本总数），按最小二乘法原理，对总体样本必须使：

$$\Delta = \frac{1}{N} \sum_{i=1}^{N} [h(t_i) - h_i]^2 \tag{4-25}$$

为最小。

一般 $N > M+1$，为此令 $\dfrac{\partial \Delta}{\partial A_0} = \dfrac{\partial \Delta}{\partial A_k} = \dfrac{\partial \Delta}{\partial B_k} = 0$ $(k=1、2、\cdots、M)$，从而得出由 $2M+1$ 个未知量构成的线性方程组。由此计算出 A_0、A_k、$B_k(k=1,2,\cdots,M)$，进而可知各分潮的调和常数。

我们针对高低潮样本值拟合曲线除满足式（4-25）的条件外，还必须使：

$$\Delta' = \frac{1}{N}\sum_{i=1}^{N}[h'(t_i)-0]^2 \tag{4-26}$$

为最小，其中 $h'(t_i)$ 是 $h(t)$ 在 t_i 时刻的导数值。而式（4-25）、式（4-26）同时为最小的充要条件是：

$$\Delta + \Delta' = \frac{1}{N}\sum_{i=1}^{N}\{[h(t_i)-h_i]^2 + h'^2(t_i)\} \tag{4-27}$$

为最小。

依最小二乘法原理生成的线性方程组为（设 $\sigma_0=0$）：

$$\begin{cases} a_{i0}A_0 + \sum_{j=1}^{N}(a_{ij}A_j + b_{ij}B_j) = e_i \\ c_{k0}A_0 + \sum_{j=1}^{M}(c_{kj}A_j + d_{kj}B_j) = f_k \end{cases} \quad (i=0,1,2,\cdots,M, k=1,2,\cdots,M) \tag{4-28}$$

其中：

$$a_{ij} = \frac{1}{N}\sum_{l=1}^{N}[\cos(\sigma_i t_l)\cos(\sigma_j t_l) + \sigma_i \sigma_j \sin(\sigma_i t_l)\sin(\sigma_j t_l)]$$

$$b_{ij} = \frac{1}{N}\sum_{l=1}^{N}[\cos(\sigma_i t_l)\cos(\sigma_j t_l) - \sigma_i \sigma_j \sin(\sigma_i t_l)\sin(\sigma_j t_l)]$$

$$c_{kj}=b_{jk}$$

$$d_{kj} = \frac{1}{N}\sum_{l=1}^{N}[\sin(\sigma_k t_l)\sin(\sigma_j t_l) + \sigma_k \sigma_j \cos(\sigma_k t_l)\cos(\sigma_j t_l)]$$

$$e_i = \frac{1}{N}\sum_{l=1}^{N}[h_l \cos(\sigma_i t_l)]$$

$$f_k = \frac{1}{N}\sum_{l=1}^{N}[h_l \sin(\sigma_k t_l)]$$

由方程组（4-28）可知，其系数矩阵是对称的，本节采用列主消元法进行求解。

4.3.2 潮汐河口水位调和分析方法

海域潮汐调和常数包括分潮振幅 H_k 和迟角 g_k（可由 4.3.1 节中 A_k 和 B_k 的表达式来表达）。但在感潮河段中由于潮波不仅受外海潮汐的作用，而且还受到上游径流的顶托作用，因此，在感潮河段中潮波各分潮的调和常数不再是"常数"，其与径流之间存在一定的关系，假设两者间的关系为多项式关系，将式（4-24）中的 A_k 和 B_k 分别表示为式（4-29）和式（4-30）：

$$A_k(Q) = a_{k0} + a_{k1}Q + a_{k2}Q^2 + \cdots + a_{kn}Q^n + \cdots \tag{4-29}$$

$$B_k(Q) = b_{k0} + b_{k1}Q + b_{k2}Q^2 + \cdots + b_{kn}Q^n + \cdots \tag{4-30}$$

式中：Q——潮汐河口上游水文站（如长江口的大通站）的径流量。

仍然应用最小二乘法原理建立方程组，并结合列主消元法进行求解。

为了较全面地反映河口径潮相互作用，选取了 49 个天文潮，利用各站实测资料对其进行调和分析，确定了各站基本调和常数和因径潮相互作用而派生的附加调和常数。各水文站的水位预报模型可统一写成：

$$h(t) = H_{00} + \sum_{k=1}^{49} f_k H_{k0} \cos[\sigma_k t + (V_0 + U)_k - g_{k0}] +$$

$$Q(t)\left\{ H_{01} + \sum_{k=1}^{M} f_k H_{k1} \cos[\sigma_k t + (V_0 + U)_k - g_{k1}] \right\}$$

在各站之间的沿程水位，可由调和常数依线性插值得到近似的调和常数，用上式进行预报，其中江阴站、徐六泾站 2003 年、2004 年水位预报与实测比较如图 4-16 ~ 图 4-19 所示。

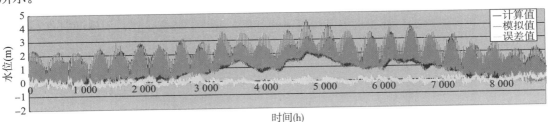

图 4-16　江阴站 2003 年水位过程分析图

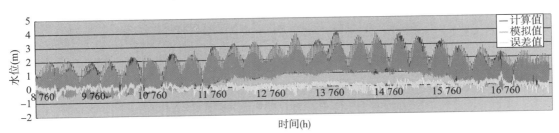

图 4-17　江阴站 2004 年水位过程验证图

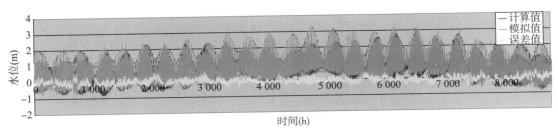

图 4-18　徐六泾站 2003 年水位过程分析图

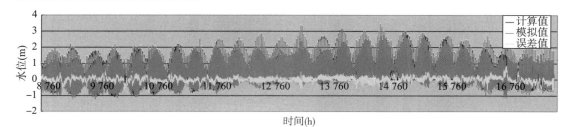

图 4-19 六泾站 2004 年水位过程验证图

4.4 长江河口段理论最低潮面

海图所载水深的起算面，又称海图基准面。水深测量通常在随时升降的水面上进行，因此不同时刻测量同一点的水深是不相同的，这个差数随各地的潮差大小而不同，在一些海域十分明显。为了修正测得水深中的潮高，必须确定一个起算面，把不同时刻测得的某点水深归算到这个面上，这个面称为深度基准面。深度基准面通常取在当地多年平均海面下深度为 L 的位置（图 4-20）。求算深度基准面的原则是，既要保证舰船航行安全，又要考虑航道利用率。由于各国求 L 值的方法有别，因此采用的深度基准面也不相同。江阴站以下绝大部分站点现行的理论最低潮面均为 20 世纪 60 ~ 70 年代的成果。随着时间的推移、上游三峡等工程的建设和流域水土保持工作的开展，长江河口段的流域来水来沙条件发生了一定的变化；且随着长江沿程涉水工程的建设，使得长江河口段的水动力及河床冲淤发生了相应的变化。这些变化在一定程度上引起了该水域潮汐特征值的变化，使得理论最低潮面也发生相应的调整。

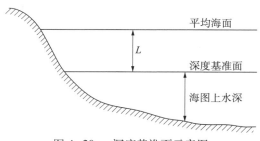

图 4-20 深度基准面示意图

（1）可能最低潮面

$Z_0 = 1.2(M_2 + S_2 + K_2)$，是法国海图取用的深度基面。

（2）大潮平均低潮面

是取一年中每个月大潮期间的最低的低潮位的平均值。

（3）印度大潮低潮面

$Z_0 = (M_2 + S_2 + K_1 + O_1)$，是英国、日本、印度、丹麦、智利等国家作为深度基准面。

（4）平均大潮低潮面

$Z_0 = (M_2 + S_2)$，适用于正规半日潮且潮差大的海区。

(5)英国海军部海图深度基准面

$Z_0=1.1(M_2+S_2)$，20世纪60年代末，采用"最低天文潮面"。

(6)美国海图深度基准面

在东海岸：取平均低潮面，$Z_0=M_2$；在西海岸：取平均低低潮面，$Z_0=M_1(K_1+O_1)$ $\cos45°$。

(7)理论最低潮面

1956年以前，我国采用略最低低潮面、平均大潮低潮面等，1956年后统一采用（苏联）弗拉基米尔斯的"理论深度基准面"，即以8个主要分潮组合的最低天文潮面。

海平面是海的平均高度，指在某一时刻假设没有潮汐、波浪、海涌或其他扰动因素引起的海面波动，海洋所能保持的水平面。其高度系利用人工水尺和验潮仪长期观测而得。它是确定山高水深的起算面，高度向上计算，深度向下计算。对于计算的深度来说，由于海洋潮位的升降，海面大约有一半的时间是低于平均海平面，因此以海平面向下计算的深度约有一半时间事实上没有那么深。为了保证航海的安全和便于船只航行的计划安排，海图上标明的深度是从所谓"海图深度基面"向下计算，关于海图深度基准面的确定主要有可能的最低低潮面、大潮平均潮面、略最低潮面、平均大潮低潮面、英国海军军部海图深度基准面以及美国海图深度基准面等几种计算方法。1956年以后，我国主要采用"理论深度基准面"，它主要是8个主要分潮（M_2，S_2，N_2，K_2，K_1，O_1，P_1，Q_1）组合的最低天文潮面[25]。

设以平均海面作为起算的潮高公式为：

$$\zeta = (fh)_{M_2}\cos\left[\sigma_{M_2}t+(V_0+u)_{M_2}-g_{M_2}\right]+\cdots+(fh)_{Q_1}\cos\left[\sigma_{Q_1}t+(V_0+u)_{Q_1}-g_{Q_1}\right] \quad (4-31)$$

上式取 M_2、S_2、N_2、K_2、K_1、O_1、P_1、Q_1 8个分潮，求其最高、低潮面，很明显它与交点因子 f 的选取有密切关系。

为了书写方便，令

$$(fh)_{M_2}=M_2,\cdots,(fh)_{Q_1}=Q_1$$

$$\left[\sigma_{M_2}t+(V_0+u)_{M_2}-g_{M_2}\right]=\varphi_{M_2},\cdots,\left[\sigma_{Q_1}t+(V_0+u)_{Q_1}-g_{Q_1}\right]=\varphi_{Q_1}$$

把式（4-31）改写成：

$$\zeta = M_2\cos\left[\varphi_{M_2}\right]+S_2\cos\left[\varphi_{S_2}\right]+N_2\cos\left[\varphi_{N_2}\right]+K_2\cos\left[\varphi_{K_2}\right]+K_1\cos\left[\varphi_{K_1}\right]+$$
$$O_1\cos\left[\varphi_{O_1}\right]+P_1\cos\left[\varphi_{P_1}\right]+\cdots \quad (4-32)$$

根据平衡潮相角展开公式：

$$\varphi_{M_2}=2t+2h-2s-g_{M_2},\quad \varphi_{S_2}=2t-g_{S_2},\quad \varphi_{O_1}=t+h-2s+270°-g_{O_1}$$

$$\varphi_{P_1}=t-h+270-g_{P_1},\quad \varphi_{N_2}=2t+2h-3s+p-g_{N_2},\quad \varphi_{K_2}=t+2h+90-g_{K_2}$$

$$\varphi_{Q_1}=t+h-3s+p+270-g_{Q_1},\quad \varphi_{K_1}=t+h+90-g_{K_1}$$

因为

$$\varphi_{M_2} - \varphi_{O1} = \varphi_{K_1} + (g_{K_1} + g_{O_1} - g_{M_2}) = \varphi_{K_1} + \alpha_1 = \tau_1$$

$$\varphi_{S_2} - \varphi_{P_1} = \varphi_{K_1} + (g_{K_1} + g_{P_1} - g_{S_2}) = \varphi_{K_1} + \alpha_2 = \tau_2$$

$$\varphi_{N_2} - \varphi_{Q_1} = \varphi_{K_1} + (g_{K_1} + g_{Q_1} - g_{N_2}) = \varphi_{K_1} + \alpha_3 = \tau_3$$

$$\varphi_{K_2} = 2\varphi_{K_1} + (2g_{K_1} - 180 - g_{K_2}) = 2\varphi_{K_1} + \alpha_4 = \tau_4$$

所以 $\varphi_{O_1} = \varphi_{M_2} - \tau_1$，$\varphi_{P_1} = \varphi_{S_2} - \tau_2$，$\varphi_{Q_1} = \varphi_{N_2} - \tau_3$，于是式（4−32）可以写成：

$$\zeta = K_1 \cos\varphi_{K_1} + K_2 \cos(2\varphi_{K_1} + \alpha_4) + M_2 \cos\varphi_{M_2} + O_1 \cos(\varphi_{M_2} - \tau_1) + \\ S_2 \cos\varphi_{S_2} + P_1 \cos(\varphi_{S_2} - \tau_2) + N_2 \cos\varphi_{N_2} + Q_1 \cos(\varphi_{N_2} - \tau_3) \tag{4−33}$$

上式后 6 项可分为 3 组，其中每一组可组合成一个风潮的形式，即：

$$A\cos\varphi + B_1 \cos(\varphi - \tau) = A\cos\varphi + B\cos\varphi\cos\tau + B\sin\varphi\sin\tau$$

$$= (A + B\cos\tau)\cos\varphi + B\sin\varphi\sin\tau = R\cos\varepsilon\cos\varphi + R\sin\varphi\sin\tau$$

$$= R\cos(\varphi - \varepsilon)$$

其中，令 $(A + B\cos\tau) = R\cos\varepsilon, B\sin\tau = R\sin\varepsilon$，所以

$$R = \sqrt{A^2 + B^2 + 2AB\cos\tau}, \tan\varepsilon = \frac{B\sin\tau}{A + B\cos\tau}$$

这样可以将式（4−33）改写成：

$$\zeta = K_1 \cos\varphi_{K_1} + K_2 \cos(2\varphi_{K_1} + \alpha_4) + R_1 \cos(\varphi_{M_2} - \varepsilon_1) + R_2 \cos(\varphi_{S_2} - \varepsilon_2) + \cdots$$

其中：

$$R_1 = \sqrt{M_2{}^2 + O_1{}^2 + 2M_2 O_1 \cos\tau_1}, \tan\varepsilon_1 = \frac{O_1 \sin\tau_1}{M_2 + O_1 \cos\tau_1}$$

$$R_2 = \sqrt{S_2{}^2 + P_1{}^2 + 2S_2 P_1 \cos\tau_2}, \tan\varepsilon_2 = \frac{P_1 \sin\tau_2}{S_2 + P_1 \cos\tau_2}$$

$$R_3 = \sqrt{N_2{}^2 + Q_1{}^2 + 2N_2 Q_1 \cos\tau_3}, \tan\varepsilon_3 = \frac{Q_1 \sin\tau_3}{N_2 + Q_1 \cos\tau_3}$$

欲使得 ζ 为极值，必须使

$\cos(\varphi_{M_2} - \varepsilon_1) = \pm 1$，即 $\varphi_{M_2} = \varepsilon_1, \varphi_{M_2} = \varepsilon_1 + 180°$；

$\cos(\varphi_{S_2} - \varepsilon_2) = \pm 1$，即 $\varphi_{S_2} = \varepsilon_2, \varphi_{S_2} = \varepsilon_2 + 180°$；

$\cos(\varphi_{N_2} - \varepsilon_3) = \pm 1$，即 $\varphi_{N_2} = \varepsilon_3, \varphi_{N_2} = \varepsilon_3 + 180°$。

亦即，最低值为：

$$L = K_1 \cos\varphi_{K_1} + K_2 \cos(2\varphi_{K_1} + \alpha_4) - (R_1 + R_2 + R_3) \tag{4−34}$$

在江阴、天生港、徐六泾、白茆河口各站的实测高低潮位以及吴淞口数模

计算值调和分析的基础上，利用调和常数进行理论最低潮面的计算并对其进行归化，

各站数值见表 4−4（吴淞基面）。

江阴及江阴以下各站理论基面值（吴淞基面，m） 表 4-4

站名	现行基面（m）	资料年限	理论最低潮面（m）	差值（m）
江阴	1.11	2003～2010 年	1.27	0.16
天生港	0.67	2003～2010 年	0.94	0.27
徐六径	0.52	2005～2011 年	0.85	0.33
白茆河口	0.48	2004～2010 年	0.73	0.25
吴淞口	0.0	1993～2011 年	0.20	0.20
中浚	−0.49	1993～2011 年	−0.29	0.20

从计算值可以看出，随着水情、工情以及外海海平面上升等因素的影响，江阴站以下沿程各站的理论最低潮面数值较现行的理论最低潮面有所抬升，抬升幅度一般在 0.15～0.35m。研究表明，利用现行的基面来确定的航道设计水深有一定富余水深可用，利用现行的基面所测量的海图、地形图以及研究成果是可以用的，现行的基面可用于航道整治工程的应用研究。

4.5 小结

① 长江口为径流与潮流相互消涨非常明显的多级分汊沙岛型中等潮汐河口，潮波平均周期为 12 小时 25 分，在一个太阴日内具有明显的日潮不等现象。潮波沿着河口上溯，受径流及河道地形影响，潮位越往上游越高，潮波能量逐渐削弱，潮波逐渐变形，波前变陡，波后变缓，导致潮差和潮历时沿程发生变化，潮差、涨潮历时自下游往上游沿程减小。

② 研究表明，天生港、徐六泾以及高桥等站 $(H_{O_1}+H_{K_1})/H_{M_2}$ 比值均小于 0.5，属于半日潮特性，但其浅海分潮 H_{M_4}/H_{M_2} 的比值均大于 0.05，为此三沙河段各站属于不正规半日浅海分潮；同时三沙河段自下而上浅海分潮比值（H_{M_4}/H_{M_2}）逐渐增加，浅海分潮的影响逐渐加大，且 M_2 分潮振幅自下而上逐渐减小。

③ 基于最小二乘法的原理，对沿程各站实测潮位资料进行调和分析，得出了有关潮位、流量的基本调和常数和因径潮相互作用而派生的附加调和常数，并以此建立上游径流量与潮汐调和常数的相关关系，得出了水位预报的表达式：

$$h(t) = H_{00} + \sum_{k=1}^{49} f_k H_{k0} \cos[\sigma_k t + (V_0+U)_k - g_{k0}] +$$
$$Q(t)\left\{ H_{01} + \sum_{k=1}^{M} f_k H_{k1} \cos[\sigma_k t + (V_0+U)_k - g_{k1}] \right\}$$

以此来进行预报，预报误差满足规范要求。

④ 研究表明，随着水情、工情以及外海海平面上升等因素的影响，江阴站以下沿程各站的理论最低潮面数值较现行的理论最低潮面有所抬升，抬升幅度一般在 0.15～0.35m。利用现行的基面来确定的航道设计水深有一定富余水深可用，利用现行的基面所测量的海图、地形图以及研究成果是可以用的。

5 长江河口段潮流运动时空分布特征

5.1 流速的平面分布特征

5.1.1 沿程各断面主槽涨落潮最大流速分析

上游大通流量约 10 500m³/s、下游吴淞口涨潮最大潮差约 2.80m 的枯季大潮（2005 年 1 月）水文条件下三沙河段整体呈现往复流（图 5-1、图 5-2）。肖山断面主槽落潮最大流速一般在 0.8m/s、涨潮最大流速约 0.6m/s；和尚港断面主槽落潮最大流速一般在 0.8m/s、涨潮最大流速约 0.55m/s；如皋中汊主槽落潮最大流速约 0.82m/s、涨潮最大流速约 0.7m/s；浏海沙断面主槽落潮最大流速一般在 0.85m/s、涨潮最大流速约 0.7m/s；九龙港断面主槽落潮最大流速约 1.15m/s、涨潮最大流速约 1.1m/s；通州沙东水道进口断面主槽落潮最大流速一般在 0.8m/s、涨潮最大流速约 0.75m/s；狼山沙东水道断面主槽落潮最大流速一般在 0.8m/s、涨潮最大流速约 0.75m/s；狼山沙西水道断面主槽落潮最大流速月 0.48m/s、涨潮最大流速约 0.60m/s；徐六泾断面主槽落潮最大流速约 1.15m/s、涨潮最大流速约 1.10m/s；白茆沙南水道断面主槽落潮最大流速约 1.12m/s、涨潮流最大速流速 1.15m/s。

上游大通流量约 37 500m³/s、下游吴淞口涨潮最大潮差约 3.61m 的洪季大潮（2004 年 8 月）水文条件下三沙河段整体呈现往复流（图 5-3、图 5-4）。肖山断面主槽落潮最大流速一般在 1.5m/s、涨潮最大流速约 0.55m/s；和尚港断面主槽落潮最大流速一般在 1.43m/s、涨潮最大流速约 0.6m/s；如皋中汊主槽落潮最大流速一般在 1.8m/s、局部超过 2.5m/s；涨潮最大流速约 0.70m/s；浏海沙断面主槽落潮最大流速一般在 1.65m/s、涨潮最大流速约 1.05m/s；九龙港断面主槽落潮最大流速一般在 1.9m/s、涨潮最大流速约 1.2m/s；通州沙东水道进口断面主槽落潮最大流速一般在 1.25m/s、涨潮最大流速约 0.85m/s；狼山沙东水道断面主槽落潮最大流速一般在 1.5m/s、涨潮最大流速约 1.25m/s；狼山沙西水道断面主槽落潮最大流速一般在 1.1m/s、涨潮最大流速约 1.05m/s；徐六泾断面主槽落潮最大流速一般在 1.70m/s、涨潮最大流速约 1.56m/s；白茆沙南水道断面主槽落潮最大流速一般在 1.53m/s、涨潮最大流速约 1.12m/s。

上游大通流量约 59 500m³/s、下游六潋站大潮涨潮最大潮差约 3.41m 的洪季大潮水文条件下，肖山、和尚港、如皋中汊附近主槽断面基本无涨潮流；通州沙东水道进口主槽涨潮流约 0.15m/s，边滩一般在 0.5m/s，狼山沙东水道主槽涨潮流最大流速一般在 0.6m/s 以内。三沙河段总体呈现落潮为主的态势。

图 5-5、图 5-6 分别为洪季大潮水文条件及 98 大洪水条件下通州沙、白茆沙河段涨落潮最大流速分布图。

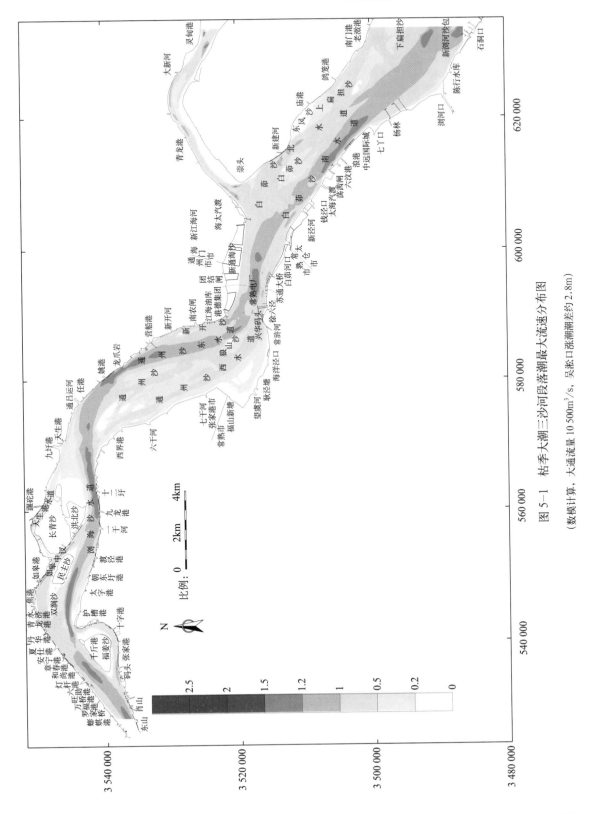

图 5-1 枯季大潮三沙河段落潮最大流速分布图

(数模计算，大通流量 10 500m³/s，吴淞口涨潮潮差约 2.8m)

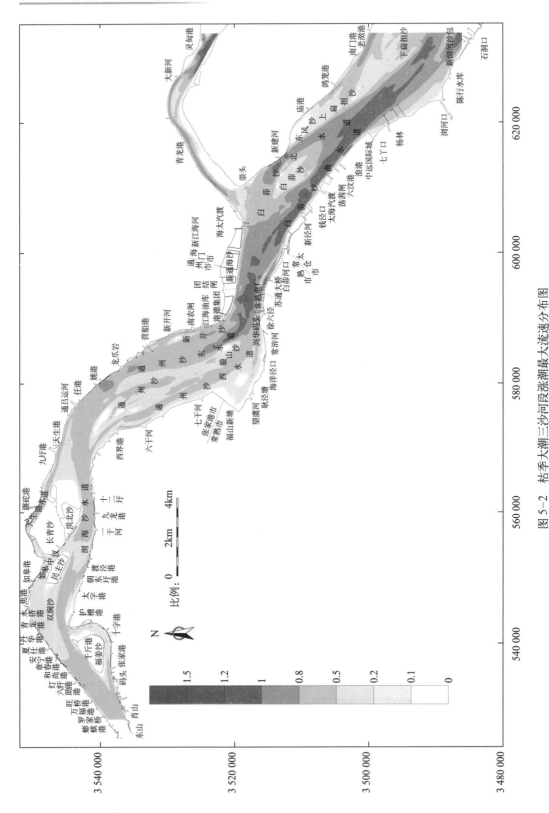

图 5-2　枯季大潮三沙河段涨潮最大流速分布图

（数模计算，大通流量 10 500m³/s，吴淞口涨潮潮差约 2.8m）

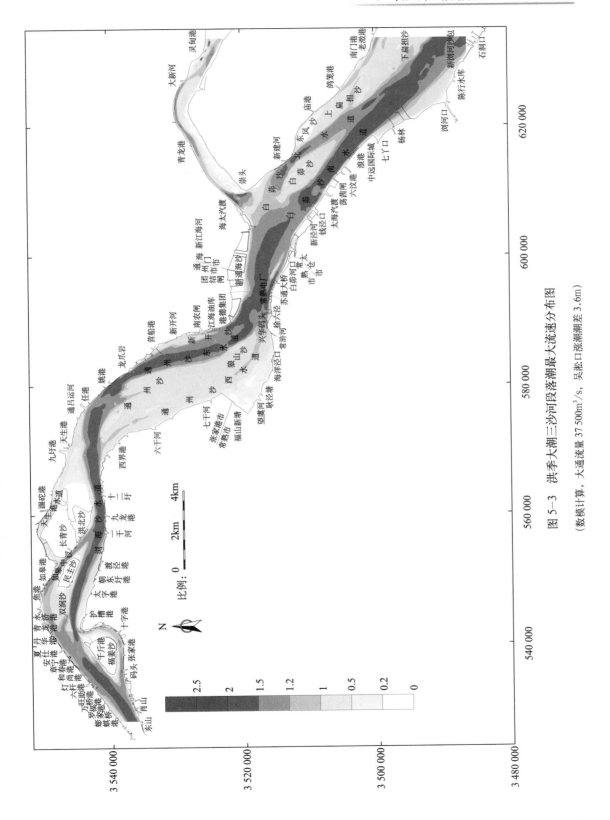

图 5-3　洪季大潮三沙河段落潮最大流速分布图

（数模计算，大通流量 37 500m³/s，吴淞口张潮潮差 3.6m）

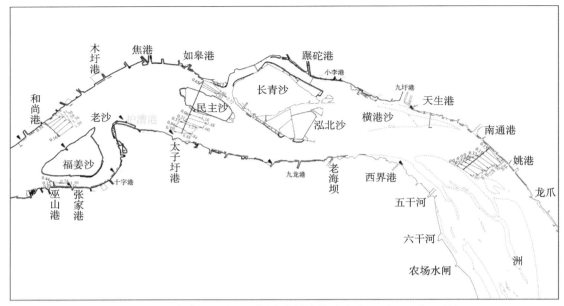

图 5-4　洪季大潮福姜沙河段涨落潮最大流速分布图（2010 年 7 月）

（实测，大通流量 59 500m³/s，吴淞口涨潮潮差约 3.6m）

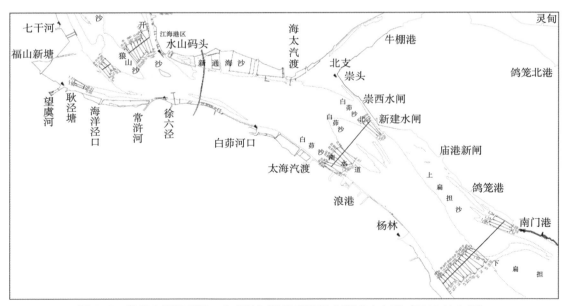

图 5-5　洪季大潮通州沙、白茆沙河段涨落潮最大流速分布图（2010 年 7 月）

（实测，大通流量 59 500m³/s，吴淞口涨潮潮差约 3.6m）

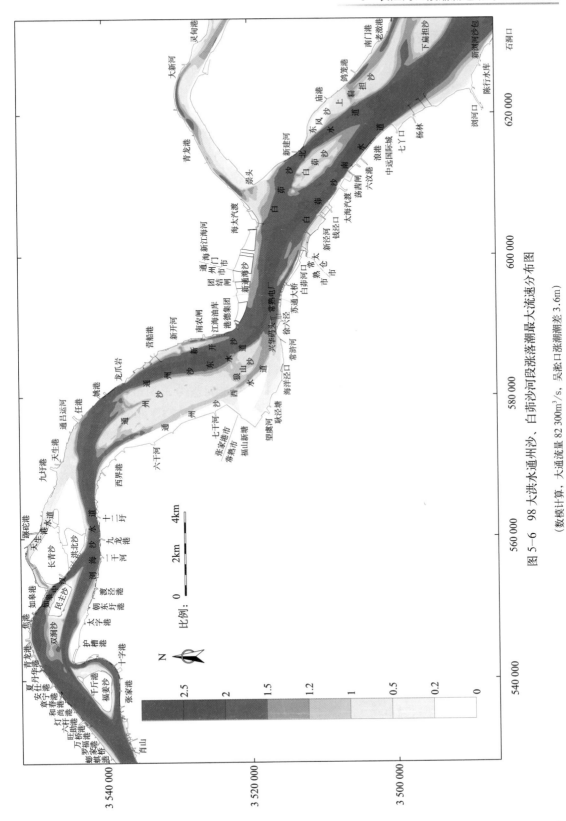

图 5-6 98大洪水通州沙、白茆沙河段涨落潮最大流速分布图

(数模计算，大通流量 82 300m³/s，吴淞口涨潮潮差 3.6m)

5.1.2 沿程各断面主槽涨落潮平均流速分析

三沙河段水流总体呈往复流运动,但随着上游流量的不同涨潮流所能上溯的位置将有所区别。如图 5-7、图 5-8 所示,为枯季大潮三沙河段落朝、涨潮平均流速分布图。

上游大通流量约 10 500m³/s、下游吴淞口涨潮最大潮差约 2.80m 的枯季大潮(2005 年 1 月)水文条件下,肖山断面主槽落潮平均流速一般为 0.6m/s、涨潮流速约 0.34m/s;和尚港断面主槽落潮平均流速一般为 0.55m/s、涨潮流速约 0.32m/s;如皋中汊主槽落潮平均流速一般为 0.6m/s、涨潮流速约 0.4m/s;浏海沙水道断面主槽落潮平均流速一般为 0.6m/s、涨潮流速约 0.4m/s,边滩涨潮流大于落潮,落潮/涨潮比值约 0.55;九龙港断面主槽落潮平均流速一般为 0.7m/s、涨潮流速约 0.6m/s;通州沙东水道进口断面主槽落潮平均流速一般为 0.65m/s、涨潮流速约 0.53m/s;狼山沙东水道断面主槽落潮平均流速一般为 0.65m/s、涨潮流速约 0.63m/s;狼山沙西水道断面主槽落潮平均流速一般为 0.35m/s、涨潮流速约 0.5m/s;徐六泾断面主槽落潮平均流速一般为 0.9m/s、涨潮流速约 0.89m/s;白茆沙南水道断面主槽落潮平均流速一般为 0.9m/s、涨潮平均流速约 0.84m/s,两侧边滩涨潮流强于落潮流;白茆沙北水道主槽落潮流速大于涨潮,边滩则相反;下游石化断面主槽落潮平均流速一般为 0.69m/s、涨潮流速约 0.73m/s。

上游大通流量约 37 500m³/s、下游吴淞口涨潮最大潮差约 3.61m 的洪季大潮(2004 年 8 月)水文条件下,肖山断面主槽落潮平均流速一般为 1.2m/s、涨潮流速约 0.35m/s,落潮/涨潮流速比值约 3.42;和尚港断面主槽落潮平均流速一般为 1.23m/s、涨潮流速约 0.38m/s;如皋中汊主槽落潮平均流速一般为 1.5m/s、涨潮流速约 0.35m/s;如皋右汊断面主槽落潮平均流速一般为 1.3m/s、涨潮流速约 0.6m/s,边滩涨潮流大于落潮;九龙港断面主槽落潮平均流速一般为 1.3m/s、涨潮流速约 0.8m/s;通州沙东水道进口断面主槽落潮平均流速一般为 1.05m/s、涨潮流速约 0.53m/s;狼山沙东水道断面主槽落潮平均流速一般为 1.02m/s、涨潮流速约 0.73m/s;狼山沙西水道断面主槽落潮平均流速一般为 0.81m/s、涨潮流速约 0.63m/s,边滩涨潮流速大于落潮流速;徐六泾断面主槽落潮平均流速一般为 1.32m/s、涨潮流速约 0.90m/s,且该断面左侧滩面一般涨潮流大于落潮流;白茆沙南水道断面主槽落潮平均流速一般为 1.23m/s、涨潮流速约 0.94m/s;下游石化断面主槽落潮平均流速一般为 1.10m/s、涨潮流速约 0.65m/s。

上游大通流量约 59 500m³/s、下游六滧站大潮涨潮最大潮差约 3.41m 的洪季大潮水文条件下,肖山、和尚港、如皋中汊断面无涨潮流,如皋右汊主槽几乎无涨潮流,边滩涨潮平均流速一般为 0.15~0.3m/s;通州沙东水道进口主槽涨潮流很小,狼山沙东水道主槽落潮平均流速一般为 1.11m/s、涨潮流速约 0.45m/s;白茆沙南北水道落潮平均流速均大于涨潮平均流速。

小潮条件下,三沙河段沿程涨落潮流速均有所减小,且随着上游大通径流量的增加,三沙河段内涨潮流速逐渐减少。

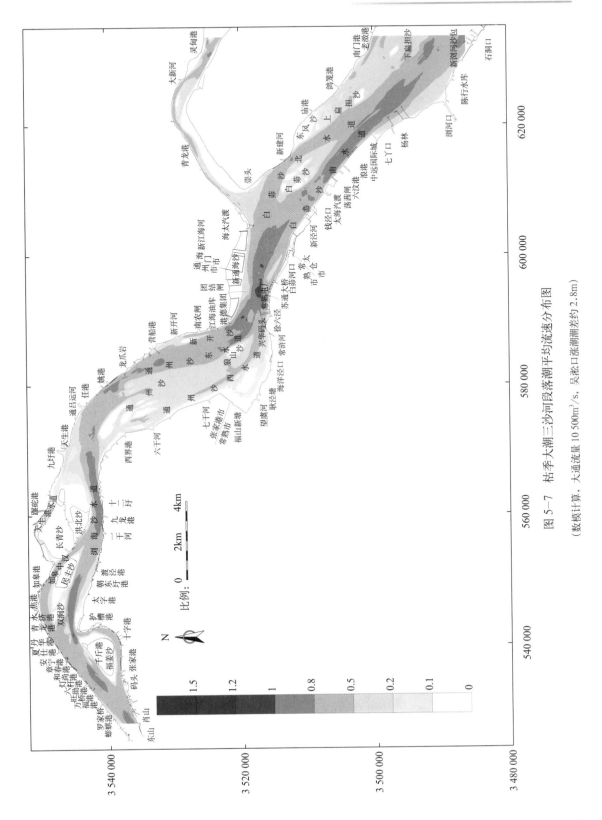

图 5-7 枯季大潮三沙河段落潮平均流速分布图
(数模计算,大通流量 10 500 m³/s,吴淞口张潮潮差约 2.8 m)

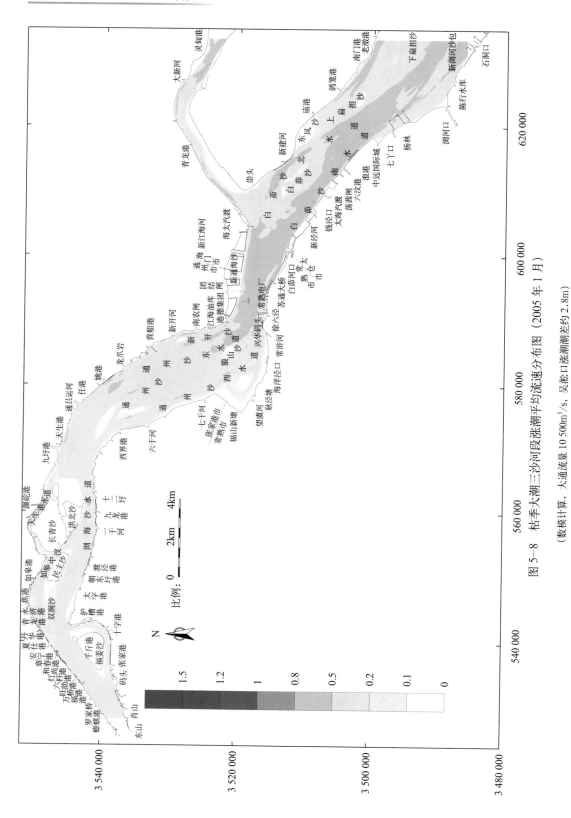

图 5-8 枯季大潮三沙河段涨潮平均流速分布图（2005 年 1 月）

（数模计算，大通流量 10 500m³/s，吴淞口涨潮潮差约 2.8m）

综上所述，上游流量约为 10 000m³/s、下游为中等偏大潮条件下，三沙河段整体流态成往复流，徐六泾以上主槽落潮平均流速均大于涨潮平均流速，而通州沙西水道、浏海沙水道边滩、徐六泾断面左侧边滩等涨潮平均流速均大于落潮平均流速，白茆沙北水道及其石化下断面主槽落潮平均流速小于涨潮平流速，涨潮动力较强。

上游流量约为 37 500m³/s（稍大于平均流量）、下游为中等偏大潮条件下，三沙河段整体流态成往复流，各段面主槽落潮平均流速均大于涨潮平均流速，但浏海沙断面右侧边滩涨潮动力较强，涨潮平均流速大于落潮平均流速。

当上游径流约 60 000m³/s、下游为中等偏大潮条件下，九龙港以上涨潮流较弱，如皋中汊及其以上福北水道内均无涨潮流，浏海沙水道边滩有涨潮流存在但其强度较弱，整个三沙河段落潮流占优势。

图 5-9、图 5-10 分别为洪季大潮三沙河段落潮平均流速以及姜沙河段涨落潮最大流速分布图。图 5-11、图 5-12 分别为洪季大潮及 98 大洪水条件下通州沙、白茆沙河段涨落潮最大流速分布图。

5.1.3 沿程各断面主槽涨落潮流速周期变化及其余流

从主槽江阴、九龙港、徐六泾以及石化下 4 站流速过程（图 5-13）可以看出，沿程自上而下落潮时间略有减小，但变幅不明显。从流态可以看出，总体呈现往复流的态势，但随着上游径流量的增加，径流作用进一步显现，特别是下游小潮条件下，江阴、九龙港等区域仅出现落潮流。

由于三沙河段潮波是兼有驻波和前进波混合特性，涨落潮最大流速并不发生在最高、最低潮位时刻，其落潮最大流速一般在中潮位附近，涨潮最大流速一般在高潮位后约 1～2h。为此会出现涨潮涨潮流以及潮位过程已是涨潮阶段而流速仍处于落潮的涨潮落潮流；同样也有落潮落潮流以及潮位过程已是落潮阶段而流速仍处于涨潮的落潮涨潮流。

所谓余流是指从实际海流总矢量中除去纯潮流后所剩下的部分。海上实测的水流，包括周期性潮流和余流两部分，其流速矢端的迹线远较单纯的周期性旋转潮流和往复潮流复杂。通过潮流的调和分析，可将周期性的全日周潮流、半日周潮流，从海流总矢量中分离出来，余下的部分即为余流。余流一般包括漂流（风海流）、密度流、径流等。在长江下游三沙河段一般以径流为主。表 5-1 为 2004 年 8 月以及 2005 年 1 月实测洪、枯季沿程主要断面主槽测点的余流流速及其流向。

从表中数据可以看出，三沙河段沿程余流主要以径流为主，余流的大小与上游的径流量、下游的潮汐有关。各测点余流大小均呈现自表层向底层减小的趋势，各层流向变化幅度自上游往下游逐渐增加。

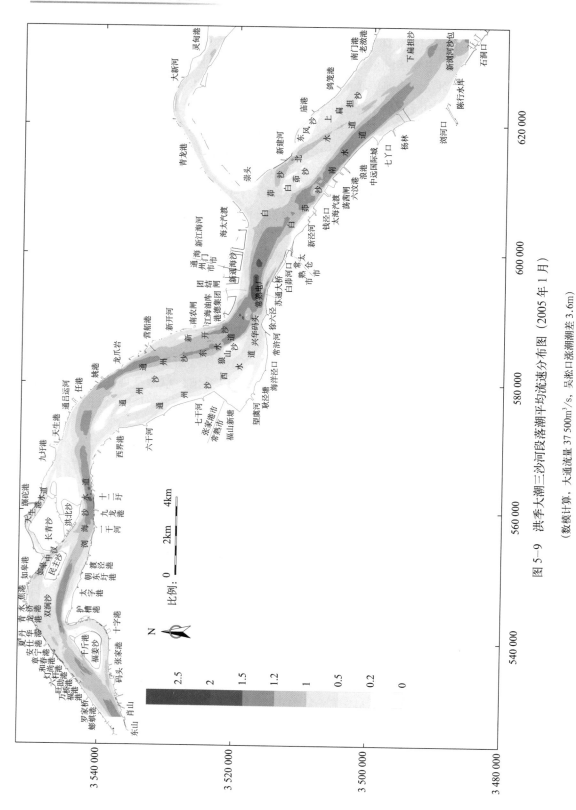

图 5-9 洪季大潮三沙河段落潮平均流速分布图（2005 年 1 月）

（数模计算，大通流量 37 500m³/s，吴淞口张潮潮差 3.6m）

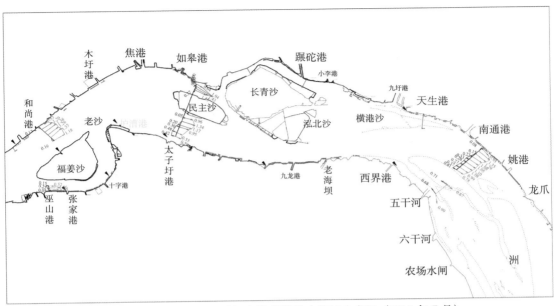

图 5-10　洪季大潮福姜沙河段涨落潮最大流速分布图（2010 年 7 月）

（实测，大通流量 59 500m³/s，吴淞口涨潮潮差约 3.6m）

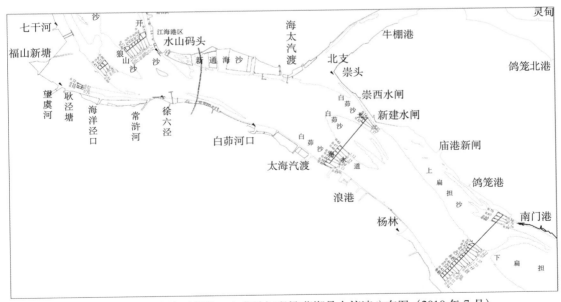

图 5-11　洪季大潮通州沙、白茆沙河段涨落潮最大流速分布图（2010 年 7 月）

（实测，大通流量 59 500m³/s，吴淞口涨潮潮差约 3.6m）

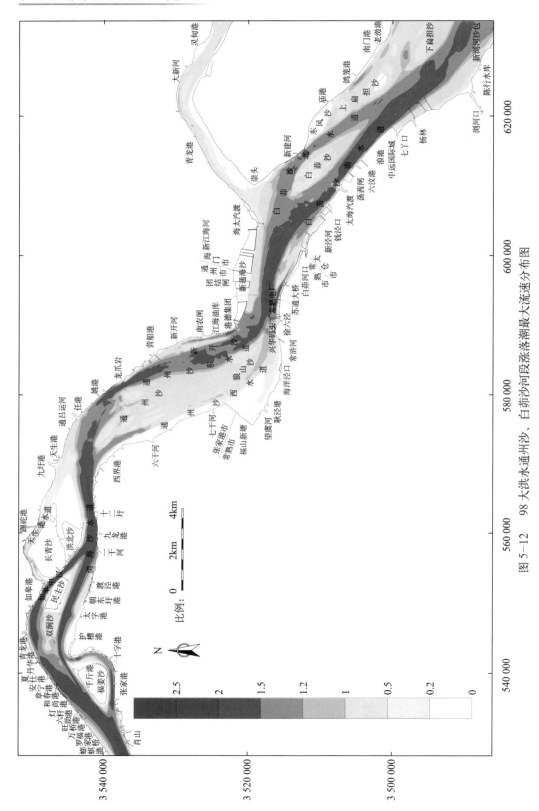

图5－12　98大洪水通州沙、白茆沙河段涨落潮最大流速分布图

（数模计算，大通流量82 300m³/s，吴淞口涨潮潮差3.6m）

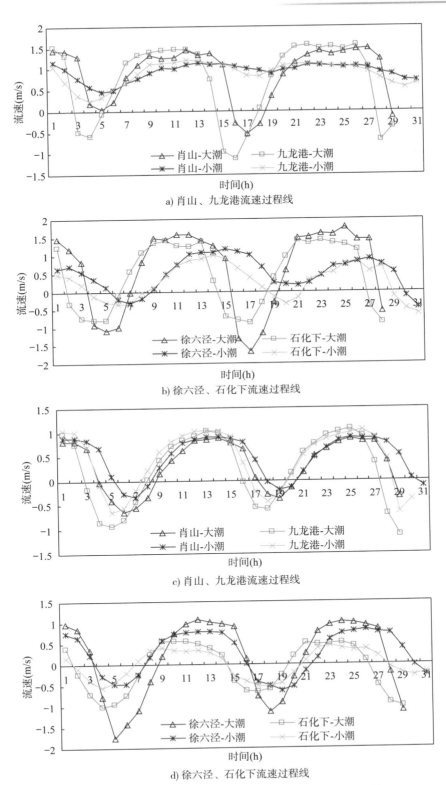

a) 肖山、九龙港流速过程线

b) 徐六泾、石化下流速过程线

c) 肖山、九龙港流速过程线

d) 徐六泾、石化下流速过程线

图 5-13　洪、枯季流速过程比较（上为洪季、下为枯季）

洪、枯季实测各段面主槽测点余流流速及流向（2004.8） 表 5-1

位置	大通流量（m³/s）	类别	洪季大潮各测点余流流速（cm/s）和流向（°）					
			表层	0.2H	0.4H	0.6H	0.8H	底层
肖山	35 400	流速	106.86	105.92	97.8	89.94	74.48	53.03
		流向	57.94	56.26	55.82	56.17	55.71	55.19
九龙港	35 400	流速	87.34	88.69	85.14	80.68	71.15	51.34
		流向	89.55	89.7	88.94	87.37	84.3	83.38
徐六泾	36 000	流速	93.35	91.96	91.65	79.12	69.52	50.731
		流向	101.71	96.58	94.85	93.2	84.91	81.67
白茆沙南水道	36 000	流速	44.04	48.73	42.08	23.56	12.82	7.56
		流向	92.57	99.58	99.9	100.94	109.32	110.59
位置	大通流量（m³/s）	类别	枯季大潮各测点余流流速（cm/s）和流向（°）					
			表层	0.2H	0.4H	0.6H	0.8H	底层
肖山	10 600	流速	34.65	32.88	32.31	29.35	27.73	20.3
		流向	59.59	61.88	58.25	59.65	57.87	57.11
九龙港	10 600	流速	30.29	30.76	30.47	28.12	25.57	18.44
		流向	95.86	95.16	90.18	87.9	84.26	79.4
徐六泾	12 000	流速	36.42	36.91	34.31	34.14	29.54	21.26
		流向	104.5	100.4	92.77	83.57	76.62	74.97
白茆沙南水道	12 000	流速	20.62	19.52	13.42	2.6	9.054	8.038
		流向	78.33	85.44	75.9	166.57	226.8	215.17

5.2 流速的垂线分布特征

河道中流速垂线的分布规律，是研究许多河床动力学问题的关键。根据 Prandtl 的长度理论，明渠紊流流速垂线分布可表示为对数分布，其公式为：

$$u_{max} - u = \frac{u_*}{\kappa} \ln\left(\frac{h}{y}\right)$$

式中：u_{max}——水面最大流速；

u——距河底 y 时的流速；

u_*——水流摩阻流速；

κ——卡门常数，可取 $\kappa = 0.4$；

h——水深。

Coles 提出表面区尾流函数，对对数分布进行了修正。指数分布形式运用也较为广泛，一般形式为：$\dfrac{u}{u_{max}} = \left(\dfrac{y}{h}\right)^m$。

惠遇甲、陈永宽分别给不同河段指数 m 的取值和合理的应用范围。程年生认为指数分布是对数分布的一次近似，在理论上还是统一的。

除此之外还有椭圆、抛物线等分布形式。巴森提出第一个椭圆经验分布公式。卡拉乌舍夫简化为：

$$u = u_0 \sqrt{1 - p\left(\frac{y}{h}\right)^2}$$

式中：　$p = \dfrac{M_u{}^2}{C_{u0}{}^2}$；

$\qquad M = 0.7C + 6$；

$\qquad C$——谢才系数。

河口地区，流速垂向分布一般有两种形态，Ⅰ型流速分布为自水底至水面流速呈单调递增状态，Ⅱ型流速分布为复合状态，如图 5-14 所示。一个潮周期内，大部分时刻流速垂向分布服从Ⅰ型。

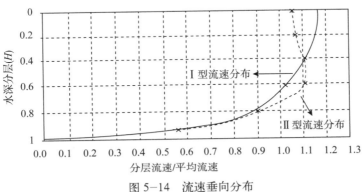

图 5-14　流速垂向分布

而长江三沙河段受上游径流和外海潮汐的共同作用，沿程涨落急、涨落憩不同时段呈现不同的垂线分布特征，总体而言涨落急时刻基本满足对数分布，涨落憩时段垂线分布较乱。三沙河段沿程各测点分层流速随时间的变化见图 5-15。

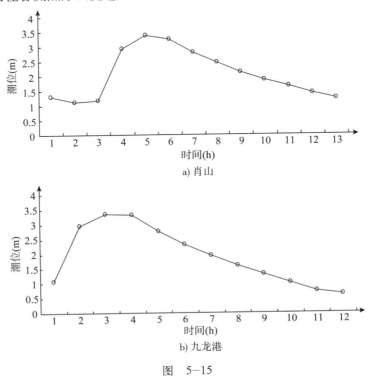

a) 肖山

b) 九龙港

图　5-15

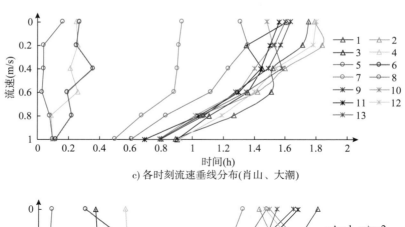

c) 各时刻流速垂线分布(肖山、大潮)

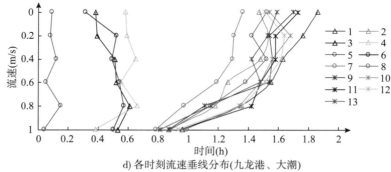

d) 各时刻流速垂线分布(九龙港、大潮)

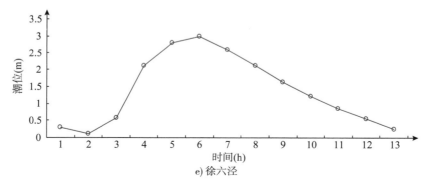

e) 徐六泾

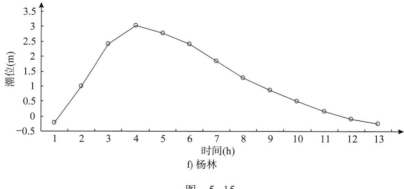

f) 杨林

图 5—15

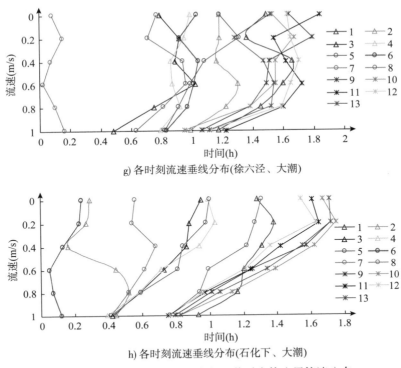

g) 各时刻流速垂线分布(徐六泾、大潮)

h) 各时刻流速垂线分布(石化下、大潮)

图 5-15 三沙河段实测潮位及其对应的分层流速分布

从肖山、九龙港、徐六泾以及南支下段主槽内分层流速的变化可以看出,其流速垂线分布规律不同时刻呈现不同的分布特征。在落潮稳定期,主槽内流速基本呈现上大下小的规律,而在涨落潮转流期及涨潮初期流速垂线分布相对较乱,表层、底层及中间各层流速并未呈现上大下小的趋势。

三沙河段各测点不同区域、不同测点、不同时段流速垂线分布如图 5-16 所示。从图中可以看出涨急、落急、涨憩、落憩等不同时段,各区段流速的垂线分布呈现不同的特点。

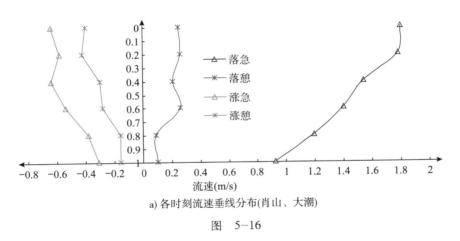

a) 各时刻流速垂线分布(肖山、大潮)

图 5-16

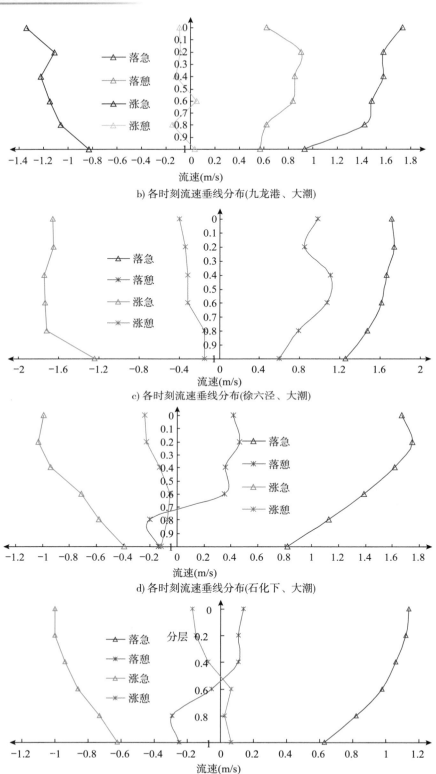

b) 各时刻流速垂线分布(九龙港、大潮)

c) 各时刻流速垂线分布(徐六泾、大潮)

d) 各时刻流速垂线分布(石化下、大潮)

e) 各时刻流速垂线分布(青龙港、小潮)

图 5—16

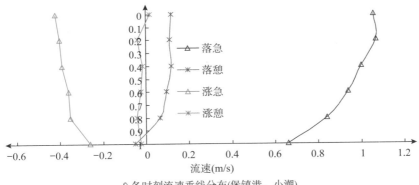

f) 各时刻流速垂线分布(堡镇港、小潮)

图 5-16 沿程各测点不同时段流速垂线分布

从图中可以看出,在洪季大潮条件下,江阴处径流作用相对较强,潮汐作用相对较弱,落急、落憩以及涨急、涨憩等不同时段的流速基本满足对数分布;九龙港、徐六泾附近,随着下游潮汐影响程度的增加,涨憩、落憩时刻的垂线流速分布基本不满足对数分布,涨落急时刻基本满足对数分布;而石化下、堡镇以及青龙港附近,随着下游潮汐动力的增加,涨憩、落憩时刻的垂线流速分布不满足对数分布,同时涨憩、落憩等时段出现表层与近底层流速方向相反的状态,即表层落潮、近底层涨潮,或者表层涨潮、近底层落潮的不同分布。

从上述站点主槽内分层流速的变化可以看出,其流速垂线分布规律不同时刻、不同区域呈现不同的分布特征。在基本无潮汐影响的区域的区域,流速基本满足对数分布;在径流、潮汐共同作用的河口河流段,涨、落潮稳定期,主槽内流速基本呈现上大下小的规律,而在涨落潮转流期及涨潮初期流速垂线分布相对较乱,表层、底层及中间各层流速并未呈现上大下小的趋势;而在河口段以及口外,随着上游径流作用的减弱,涨、落潮稳定期,主槽内流速基本呈现上大下小的规律,而在涨落潮转流期以及涨潮初期流速垂线分布相对较乱,表层与近底层时而出现流向相反的特征。

5.3 沿程涨落潮特征

5.3.1 沿程涨落潮动力轴线

所谓动力轴线是河流沿程各断面最大水流动量点的连线。三沙河段受径流和潮汐的共同作用,同时受上游径流的影响本河段涨落潮动力轴线也存在一定的差异。同时柯氏力对涨落潮流路也存在一定的影响,柯氏力也称科里奥利力,是对旋转体系中进行直线运动的质点由于惯性相对于旋转体系产生的直线运动的偏移的一种描述,其科里奥利力来自于物体运动所具有的惯性。在北半球,柯氏力加速度偏向涨落潮流速的右侧,其与涨落潮流速以及所处的纬度有关。就三沙河段而言,落潮条件下柯氏力加速度偏南,涨潮条件下柯氏力加速度偏北,涨落潮流路也相应有所调整。图 5-17、图 5-18 为洪季、枯季涨落潮动力轴线的对比图。从图中可以看出,由于洪季、枯季上游径流量的差异,相比枯季水文条件下的动力轴线，洪季条件下落潮动力轴线偏向福姜沙一侧，如皋中汊下泄水流顶冲九龙港的位置较枯季有所下移，表现出大水取直、小水坐弯的水利特性。

正是由于大水取直、小水坐弯的水利特性，枯季水文条件下经过九龙港节点挑流后的水流偏向横港沙一侧，较洪季水文条件下水流经九龙港挑流后进入南通水道的顶冲点位置有所上提，通州沙、狼山沙东水道内落潮主动力轴线坐弯、偏向沙体一侧，洪季落潮主动力轴线则顺直偏向新开沙一侧；水流出徐六泾节点后，枯季水文条件下落潮主动力轴线出苏通大桥主通航孔后更加北偏，白茆沙南北水道落潮主流分汊点较洪季略有下移，白茆沙南水道内落潮主动力较洪季更靠近南侧。

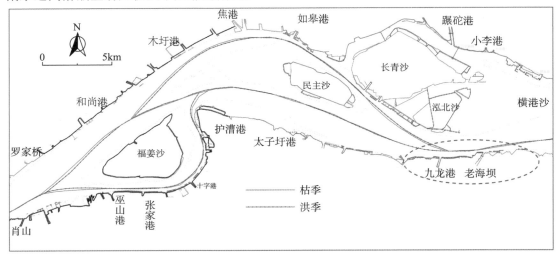

图 5-17　洪季、枯季落潮动力轴线比较图

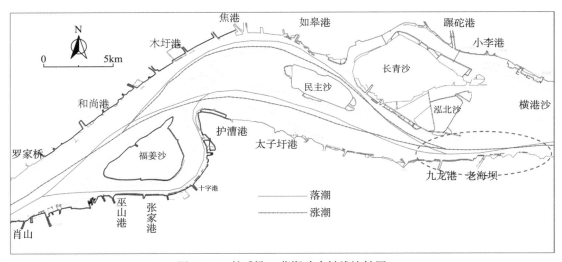

图 5-18　枯季涨、落潮动力轴线比较图

洪季、枯季涨落潮主动力轴线分布如图 5-19、图 5-20 所示，从图中可以看出白茆沙南北水道涨潮主动力轴线的交汇点较落潮主动力轴线的分汊点有所上提，白茆沙南水道内涨潮主动力轴线更贴近南侧；涨潮条件下，主流出苏通大桥主通航孔后，一支分汊进入新

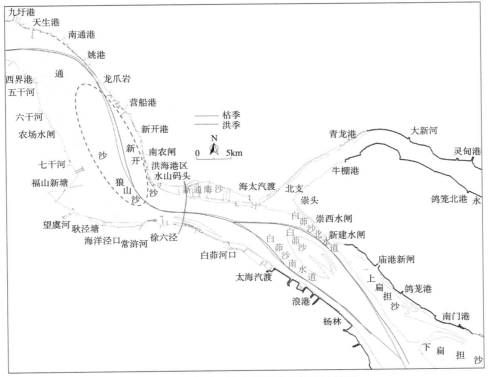

图 5-19　洪季、枯季落潮动力轴线比较图

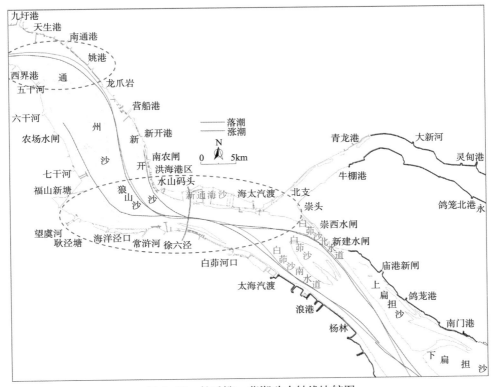

图 5-20　枯季涨、落潮动力轴线比较图

开沙夹槽，一支分汊进入通州沙西水道，还有一支进入狼山沙东水道，同时在通州沙、狼山沙东水道主槽内、姚港～横港沙尾部一线、福姜沙水道内均出现涨落潮分离现象；三沙河段这种沿程不同水文条件下落潮动力的差异、涨落潮动力轴线的分离的特性是形成本河段内洲滩众多、主支汊并存的主要因素之一。

5.3.2　边滩涨落潮特性分析

长江水流周期性的落潮、涨潮运动，其伴随着水体动能与重力势能间的转化。相对于边滩，主槽内涨落急时段流速大于边滩流速、水流惯性大，后涨后落，边滩则呈现先涨先落的特性。福北水道内、白茆沙南水道、通州沙东西水道内均存在边滩先涨先落的现象（图5-21～图5-23）。

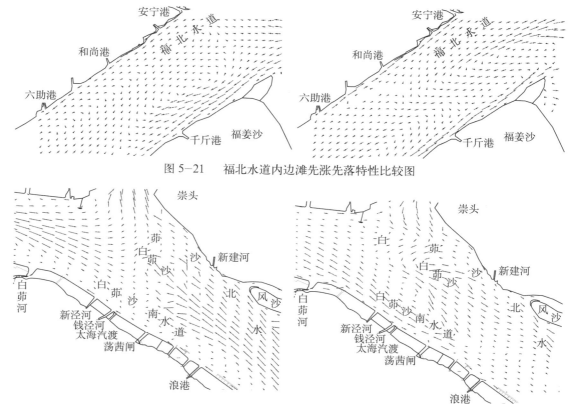

图5-21　福北水道内边滩先涨先落特性比较图

图5-22　白茆沙南水道内边滩先涨先落特性比较图

由于通州沙河道宽阔，东西水道之间涨落潮流存在约0.5h的相位差。根据以往的测验成果分析可知，通州沙东水道落急流速出现在低潮位之前约1h，而涨急出现在高潮位之前约1h；通州沙滩面、西水道、中水道涨落急流速均出现在中潮位附近。由图5-21可以看到，当通州沙东水道还处于落潮时，通州沙西水道及其滩地上则出现了涨潮流；当通州沙东水道还处于涨潮时，通州沙西水道及其滩地上则出现了落潮流，也正是由于涨落潮时间的不一致使得涨落潮的初期通州沙滩面上流态较为复杂且出现半旋转流的特性。

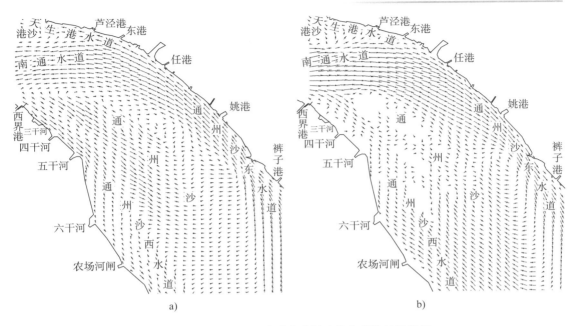

a)   b)

图 5-23 通州沙东西水道内边滩先涨先落特性比较图

5.3.3 长江潮流界初探

涨潮波进入河口后，在其传播过程中，由于下泄河水的阻碍和河床的摩擦，潮流能量逐渐消耗,涨潮时流速越来越慢,潮差越来越小,在涨潮流消失的地方(即潮水停止倒灌处)，称为潮流界。在潮流界以上,河水受潮水顶托,潮波仍可影响一定距离,在潮差为零的地方，称为潮区界。潮区界和潮流界的位置，随径流和潮势力的消长而变动。潮区界离河口口门的远近,取决于潮差的大小、河流径流强弱、河底坡度及河口的几何形态等因素的不同组合。南美洲亚马孙河口的潮波，可上溯 1 400 多 km；中国黄河口的潮波，只上溯 20 ～ 30km。

长江受上游径流和外海潮汐因素的共同影响，其涨潮流所能上溯到达的位置也随着两者强弱对比而发生相应的调整。此次研究利用二维潮流数学模型，对上游枯水流量 16 800m³/s、平均流量 28 700m³/s、97 风暴潮流量 45 500m³/s、洪季造床流量 56 800m³/s、大洪水流量 82 300m³/s 等不同流量,对应下游不同潮型(15%、50% 以及 85% 不同频率潮差)条件下涨潮流所能上溯的位置进行了对比研究，图 5-24 为 2012 年 12 月实测大小潮一个周期内沿程涨落潮量变化。

本节对于不同径流量、不同频率潮差下涨潮流所能上溯的位置也进行了初步研究,不同条件下潮流界位置见表 5-2。研究表明，长江枯水期的潮区界，可达离口门 640km 的安徽大通，但在洪水期只能达镇江附近。常年枯水流量（16 800m³/s）、外海 85% 频率潮差条件下潮流界位置可达仪征附近，50% 频率潮差条件下潮流界位置可达焦山附近，15% 频率潮差条件下潮流界位置可达五峰山附近；2003 年实测最小流量（8 380m³/s）条件下，潮流界最上端可达南京下关附近；特大洪水流量（82 300m³/s）条件下、85% 频率潮差条件下可达营船港附近，50% 频率潮差条件下可达徐六泾附近，15% 频率潮差条件下可达白茆河口附近。进一步分析可认识到：在常年洪水和枯水及中等潮汐强度的情况下，洪水潮流界在江阴～九龙港一带，枯水潮流界在仪征～镇江一带，特大洪水流量（82 300m³/s）条件下，潮流界一般在营船港～白茆河口一带。

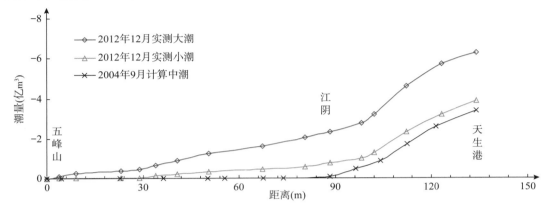

图 5-24　2012 年 12 月实测大小潮一个周期内沿程涨落潮量变化

不同条件下潮流界位置比较　　　　表 5-2

流量（m³/s）　　潮型	15%（潮差）	50%（潮差）	85%（潮差）
16 800	五峰山	焦山	仪征
28 700	江阴	禄安洲	五峰山
45 000	九龙港	江阴	禄安洲
56 800	徐六泾	九龙港	焦港
82 300	白茆河口	徐六泾	营船港

5.4　典型断面潮量与径流、潮差关系

从实测资料分析来看，涨落潮潮量自上游往下游逐步增加，涨潮潮量沿程变化梯度大于落潮潮量变化梯度。另外，此河段涨落潮潮量变化受潮汐影响较大，见表 5-3，枯季上游径流量在 1 万 m³/s 左右时，徐六泾站大潮落潮流量平均可达 4 万 m³/s，最大流量可达 6～8 万 m³/s，大潮涨潮平均可达 4 万 m³/s，涨潮最大流量可达 8 万 m³/s；洪季径流量在 4 万 m³/s 左右，大中潮落潮最大流量可达 10 万 m³/s 以上，落潮平均流量可达 8 万 m³/s 左右。三沙河段流量明显大于上游径流河段，枯季大潮条件下涨落潮流量明显大于上游径流。

徐六泾断面近年来实测涨落潮流量统计　　　　表 5-3

测量日期或试验水文条件	上游径流流量（m³/s）	潮型	涨潮平均（m³/s）	落潮平均（m³/s）	涨潮总量（万 m³）	落潮总量（万 m³）
2004 年 9 月	39 200 左右	大潮	67 100	84 400	179 000	517 300
		中潮	32 500	63 900	77 080	414 500
		小潮	9 865	51 367	17 370	191 200

续上表

测量日期或 试验水文条件	上游径流流量 （m³/s）	潮型	涨潮平均 （m³/s）	落潮平均 （m³/s）	涨潮总量 （万 m³）	落潮总量 （万 m³）
2005 年 1 月	11 000 左右	大潮	48 500	47 500	162 100	260 100
		中潮	41 900	47 400	130 100	273 400
		小潮	25 700	37 900	86 200	234 300
2007 年 7 月	43 000 左右	大潮	45 100	78 800	104 300	514 700
2010 年 7 月	64 000 左右	大潮	50 250	121 000	121 200	857 750
		小潮	12 700	78 100	15 800	648 500

5.4.1 江阴站断面潮量特征相关分析

由以往实测资料（表 5-4、表 5-5）分析可知，落潮最大流量与上游流量 Q、江阴站涨潮最大潮差 H 呈正比列关系，而涨潮最大流量与上游流量 Q 呈反比、江阴站涨潮最大潮差 H 呈正比关系，因此拟合了涨落潮最大流量与其相关关系，相关关系如图 5-25 所示，同时对江阴站一个周期的涨落潮量与上游径流量、平均潮差等建立相关关系，如图 5-26 所示。

江阴站断面实测涨落潮最大流量成果 表 5-4

测验日期	上游流量 Q （m³/s）	江阴站涨潮 最大潮差 H(m)	涨潮最大流量 （×10⁴m³/s）	落潮最大流量 （×10⁴m³/s）
2004 年 9 月大潮	37 500	2.85	2.54	5.9
2004 年 9 月中潮	35 500	2.12	0.22	5.47
2004 年 9 月小潮	35 000	1.13	0	4.59
2005 年 1 月大潮	10 500	1.97	2.53	3.14
2005 年 1 月中潮	10 000	2.18	2.92	3.55
2005 年 1 月小潮	12 500	1.58	1.46	3.38

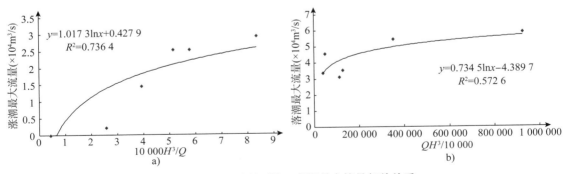

图 5-25　江阴站断面涨、落潮最大流量相关关系

从江阴站涨落潮最大流量以及涨落潮流量与上游径流量、下游潮差的相关关系可以看出，其相关关系较好，相关关系一般在 0.7 ~ 0.8。

江阴站断面实测涨落潮流量成果   表 5-5

测验日期	上游流量 Q (m³/s)	江阴站涨潮 平均潮差 H (m)	涨潮潮量 (×10⁸m³)	落潮潮量 (×10⁸m³)
2004 年 9 月大潮	37 500	2.59	1.94	33.49
2004 年 9 月中潮	35 500	2.06	0	32.54
2004 年 9 月小潮	35 000	1.69	0	36.26
2005 年 1 月大潮	10 500	1.74	3.94	13.03
2005 年 1 月中潮	10 000	1.93	4.08	15.76
2005 年 1 月小潮	12 500	1.56	1.83	16.14

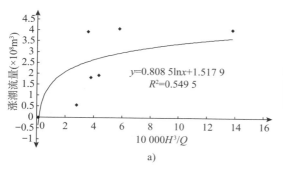
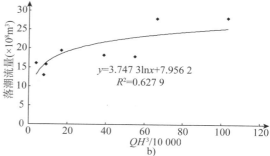

图 5-26 江阴站断面涨、落潮流量相关关系

5.4.2 九龙港站断面潮量特征相关分析

由以往实测资料分析可知,九龙港站断面涨落潮最大流量与潮量综合分析成果分别见表 5-6、表 5-7。由表分析可知,落潮最大流量与上游流量 Q、九龙港站涨潮最大潮差 H 呈正比例关系,而涨潮最大流量与上游流量 Q 呈反比、九龙港站涨潮最大潮差 H 呈正比关系。涨落潮最大流量与其相关关系如图 5-27 所示;落潮潮量与上游流量 Q、九龙港站涨潮平均潮差 H 的相关关系如图 5-28 所示,由图可见两个公式拟合效果均较好,相关系数均达 0.8 以上。

九龙港断面实测涨落潮最大流量成果   表 5-6

测验日期	上游流量 Q (m³/s)	九龙港涨潮 最大潮差 H(m)	涨潮流量 (×10⁴m³/s)	落潮流量 (×10⁴m³/s)
2004 年 9 月大潮	37 500	3.40	4.83	6.76
2004 年 9 月中潮	35 500	2.50	2.58	6.00
2004 年 9 月小潮	35 000	1.34	0.00	5.00
2005 年 1 月大潮	10 500	2.45	4.70	3.90
2005 年 1 月中潮	10 000	2.21	4.60	4.30
2005 年 1 月小潮	12 500	1.71	2.70	4.00
2012 年 3 月大潮	16 500	2.66	4.62	5.79
2012 年 3 月中潮	20 400	2.35	2.48	5.89
2012 年 3 月小潮	30 500	1.44	0.17	5.13

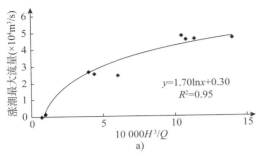 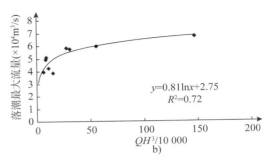

图 5-27 九龙港断面最大涨、落潮流量相关关系

九龙港站断面实测涨落潮潮量成果   表 5-7

测验日期	上游流量 Q （m³/s）	九龙港站涨潮 平均潮差 H (m)	涨潮潮量 （×10⁸m³）	落潮潮量 （×10⁸m³）
2004 年 9 月大潮	37 500	3.01	5.66	35.75
2004 年 9 月中潮	35 500	2.43	2.17	32.70
2004 年 9 月小潮	35 000	1.34	0.00	27.39
2005 年 1 月大潮	10 500	2.17	6.68	17.90
2005 年 1 月中潮	10 000	1.98	6.91	18.41
2005 年 1 月小潮	12 500	1.77	3.64	18.08
2012 年 3 月大潮	16 500	2.63	7.57	25.29
2012 年 3 月中潮	20 400	2.24	2.81	29.10
2012 年 3 月小潮	30 500	1.66	0.00	30.12

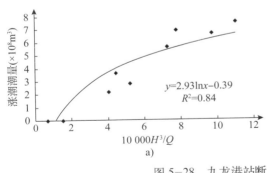 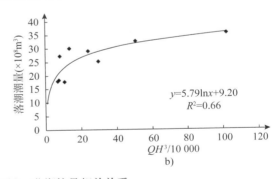

图 5-28 九龙港站断面涨、落潮流量相关关系

5.4.3 徐六泾站断面潮量特征相关分析

由以往实测资料（表 5-8、表 5-9）分析可知，落潮最大流量与上游流量 Q、徐六泾站涨潮最大潮差 H 呈正比列关系，而涨潮最大流量与上游流量 Q 呈反比、徐六泾站涨潮最大潮差 H 呈正比关系，涨落潮最大流量与其相关关系如图 5-29 所示；落潮潮量与上游流量 Q、徐六泾站涨潮平均潮差 H 的相关关系如图 5-30 所示，由图可见两个公式拟合效果均较好，相关系数均达 0.9 以上。

徐六泾站断面实测涨落潮最大流量成果 表 5-8

测验日期	上游流量 Q (m^3/s)	徐六泾站涨潮 最大潮差 H(m)	涨潮最大流量 ($\times 10^4 m^3/s$)	落潮最大流量 ($\times 10^4 m^3/s$)
2004 年 9 月大潮	37 500	3.11	10.9	10.4
2004 年 9 月中潮	35 500	2.23	6.0	8.7
2004 年 9 月小潮	35 000	1.29	2.0	7.3
2005 年 1 月大潮	10 500	2.49	9.0	6.4
2005 年 1 月中潮	10 000	2.17	7.5	6.3
2005 年 1 月小潮	12 500	1.59	4.1	5.0
2010 年 4 月大潮	23 500	2.49	8.3	8.6
2010 年 4 月中潮	19 000	1.74	5.0	7.0
2010 年 4 月小潮	20 000	1.15	2.8	5.9
2010 年 7 月大潮	59 000	3.02	7.8	11.1
2010 年 7 月小潮	65 000	1.49	0.1	8.7
2011 年 10 月大潮	21 000	2.71	10.5	7.9
2011 年 10 月中潮	25 000	2.11	6.7	7.4
2011 年 10 月小潮	27 000	1.88	4.9	7.0
2012 年 3 月大潮	16 500	2.83	9.42	7.72
2012 年 3 月中潮	20 400	2.44	6.41	7.89
2012 年 3 月小潮	30 500	1.51	2.61	6.81

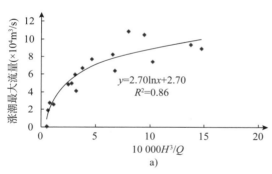 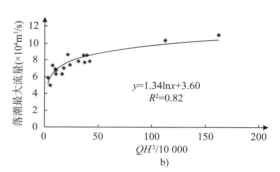

图 5-29 徐六泾站涨、落潮最大流量相关关系分析

徐六泾站断面实测涨落潮潮量成果 表 5-9

测验日期	上游流量 Q (m^3/s)	徐六泾涨潮 平均潮差 H (m)	涨潮潮量 ($\times 10^8 m^3$)	落潮潮量 ($\times 10^8 m^3$)
2004 年 9 月大潮	37 500	3.01	17.90	51.73
2004 年 9 月中潮	35 500	1.92	7.71	41.45
2004 年 9 月小潮	35 000	1.14	1.74	19.12
2005 年 1 月大潮	10 500	2.18	16.21	26.01
2005 年 1 月中潮	10 000	1.98	13.01	27.34
2005 年 1 月小潮	12 500	1.43	8.62	23.43
2010 年 4 月大潮	23 500	2.36	11.32	39.14

测验日期	上游流量 Q (m^3/s)	徐六泾涨潮平均潮差 H (m)	涨潮潮量 ($\times 10^8 m^3$)	落潮潮量 ($\times 10^8 m^3$)
2010 年 4 月中潮	19 000	1.69	11.76	32.71
2010 年 4 月小潮	20 000	1.13	3.81	24.12
2010 年 7 月大潮	59 000	2.60	6.44	58.34
2010 年 7 月小潮	65 000	1.33	0.44	51.15
2011 年 10 月大潮	21 000	2.56	18.39	36.46
2011 年 10 月中潮	25 000	1.95	11.79	30.88
2011 年 10 月小潮	27 000	1.35	5.62	30.99
2012 年 3 月大潮	16 500	2.75	18.74	36.95
2012 年 3 月中潮	20 400	2.32	12.00	39.74
2012 年 3 月小潮	30 500	1.09	2.18	34.98

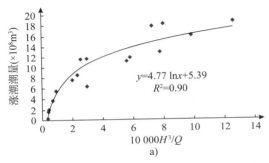
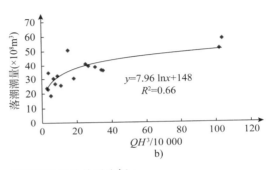

图 5-30　徐六泾站涨、落潮潮量相关关系分析

5.4.4　沿程落潮流量计算分析

三沙河段沿程断面落潮流量呈逐步增加变化规律,建立了沿程落潮平均流量计算方法,为航道整治参数分析确定奠定理论基础。

以 Q_J 代表上游径流流量,H 代表下游长江口六滧站潮差,x 代表流量断面距离江阴鹅鼻嘴的河道深泓长度,$Q_{LC}(x)$ 代表距离 x 处断面落潮平均流量。在河床形态相对稳定条件下,三沙河段沿程落潮平均流量近似满足关系式(5-1),其中 $F(Q_J)$ 代表上游径流对落潮平均流量的影响项,$G(H,Q_J,x)$ 代表下游潮汐对落潮平均流量的影响项,由于沿程涨潮流强弱受上游径流影响,因此下游潮汐影响项中需加入上游径流影响因子。

$$Q_{LC}(x) = F(Q_J) + G(H,Q_J,x) \tag{5-1}$$

考虑到潮汐影响项大小与下游潮差呈正正比、与径流呈反比,通过变量分解,简化得到关系式(5-2)。

$$Q_{LC}(x) = Q_J + g(x) \times 10\ 000H/Q_J \tag{5-2}$$

利用实测资料拟合发现,如图 5-31、图 5-32 所示,函数 $g_1(x)$ 可以写成多项式形式:

$$Q_{LC}(x) = Q_J + (ax^2 + bx + c) \times 10\ 000H/Q_J \tag{5-3}$$

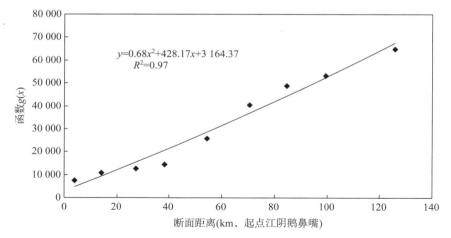

图 5-31　2004 年 9 月实测大潮函数 $g(x)$ 相关分析

（上游径流 37 500m³/s，下游六滧站潮差 3.6m）

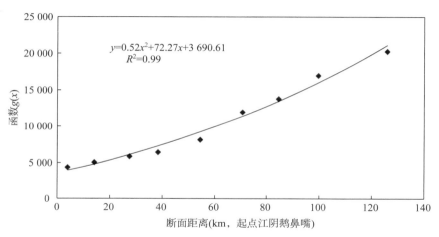

图 5-32　2005 年 1 月实测大潮函数 $g(x)$ 相关分析

（上游径流 10 500m³/s，下游六滧站潮差 2.8m）

公式计算与实测结果比较如图 5-33 所示。

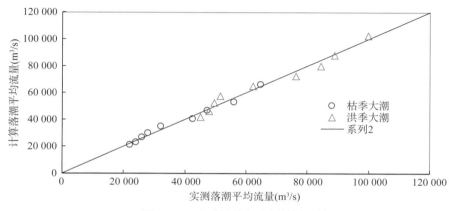

图 5-33　公式计算与实测结果比较

研究表明，不同径潮组合作用下，拟合公式 $g(x)$ 中常系数并不一样。为便于实际使用，利用数模研究成果，拟合分别给出了洪季大潮（上游来水 56 800m³/s，下游潮差 3.25m）、平均流量大潮（上游来水 28 700m³/s，下游潮差 3.25m）、枯季大潮（上游来水 16 500m³/s，下游潮差 3.25m）水文条件下落潮平均流量计算经验公式。

洪季大潮：

$$Q_{LC}(x) = Q_J + (5.66x^2 + 129.71x + 3\,773.16) \times 10\,000H/Q_J$$

平均流量大潮：

$$Q_{LC}(x) = Q_J + (2.23x^2 + 272.59x + 3\,849.52) \times 10\,000H/Q_J$$

枯季大潮：

$$Q_{LC}(x) = Q_J + (2.12x^2 + 36.30x + 4\,012.11) \times 10\,000H/Q_J$$

其中，距离 x 单位为 km；潮差 H 单位为 m；流量单位为 m³/s。

5.5 潮流准调和分析

水平流动的方向叫流向，记作 θ，通常向北为 0°，向东为 90°，向南为 180°，向西为 270°；流动速度称为流速，记作 w。为分析方便，常常把她们分解为向北和向东的分量，分别较北分量和东分量，记作 u 和 v：

$$\begin{cases} u = w\cos\theta \\ v = w\sin\theta \end{cases}$$

与潮汐一样，潮流也可以表示为许多分潮之和：

$$u = U_0 + \sum_i U_i \cos(\upsilon_i - \xi_i) = U_0 + \sum_i U_i \cos(\sigma_i t + \upsilon_{0i} - \xi_i) \tag{5-4}$$

$$v = V_0 + \sum_i V_i \cos(\upsilon_i - \eta_i) = V_0 + \sum_i V_i \cos(\sigma_i t + \upsilon_{0i} - \eta_i) \tag{5-5}$$

式中：U_0、V_0——欧拉余流；

U_i、ξ_i——北分量的调和常数；

V_i、η_i——东分量的调和常数。

潮流的准调和分析一般针对的是只有几天的潮流观测资料进行分析，由于互相分离的分潮之间的最小频率间隔和观测时段的长度有关，所以观测时段不够长时只能将周期相近的分潮合并入该群最大的一个分潮中去，但这一项的角频率和振幅不再是常量，而是随时间作缓慢地变化，称之为准调和分潮。一般地考虑周期为全日的 K_1、O_1 和周期为半日 M_2、S_2 以及 1/4 周日的 M_4、MS_4 共 6 个合成"分潮"。准调和常数的计算方法，观测资料在 3 周日以上的情况下一般采用最小二乘法。准调和分析的精度除了跟资料的长短有关外，还与观测资料的时间有关，所以需要注意良好天文日期的选取。

根据上述原理，此次研究结合三沙河段几次短期实测潮流资料进行准调和分析。潮流类型以主要全日分潮流 K_1 和 O_1 的椭圆长半轴之和与主要半日分潮流 M_2 椭圆长半轴之比即 $(W_{K_1} + W_{O_1})/W_{M_2}$ 作为判据进行分类，同时为了分析三沙河段浅海分潮流的大小与作用，将四分之一日主要浅海分潮流 W_{M_4} 与主要半日分潮流 W_{M_2} 的椭圆长半轴之比作为判据。如表 5-10 所示。

三沙河段沿程潮流特性 表 5-10

位置	表 层		中 层 (0.6H)		底 层	
	$(W_{K_1} + W_{O_1})/W_{M_2}$	W_{M_4}/W_{M_2}	$(W_{K_1} + W_{O_1})/W_{M_2}$	W_{M_4}/W_{M_2}	$(W_{K_1} + W_{O_1})/W_{M_2}$	W_{M_4}/W_{M_2}
肖山	0.47	0.31	0.46	0.28	0.53	0.32
九龙港	0.44	0.34	0.38	0.3	0.44	0.37
徐六泾	0.38	0.22	0.41	0.23	0.38	0.24
白茆沙南水道	0.34	0.18	0.4	0.15	0.43	0.2

从《海港水文规范》（JTS 145-2—2013）的判别标准可知，三沙河段各站的判据 $(W_{K_1} + W_{O_1})/W_{M_2}$ 均小于 0.50（除肖山底层），故工程河段的潮流属规则半日潮流的类型，但其比值 W_{M_4}/W_{M_2} 为 0.18 ~ 0.37，均大于 0.04，表明三沙河段浅海分潮流具有较大的比重，因此三沙河段潮流性质应归属为非正规半日浅海潮流的类型。

表 5-11 ~ 表 5-15 为三沙河段各测点分潮特性。

洪季肖山测点分潮特性 表 5-11

位置	肖山（表层）						肖山（0.4H）					
	O_1	K_1	M_2	S_2	M_4	MS_4	O_1	K_1	M_2	S_2	M_4	MS_4
W——长轴	12.3	13.8	55.8	26.2	15.5	17.4	10.9	12.9	51.7	23.7	14.6	15.1
k——椭圆率	−0.07	−0.04	0.02	0.03	0.05	−0.11	0.04	0.1	0.02	0.07	0.01	0.01
θ——长轴方向	237	63	238	239	58	58	239	54	237	235	59	59
τ(h)	12	4.4	3.5	5.2	0.2	1	11.9	4.1	3.4	5.1	0.2	0.9

位置	肖山（0.6H）						肖山（底层）					
	O_1	K_1	M_2	S_2	M_4	MS_4	O_1	K_1	M_2	S_2	M_4	MS_4
W——长轴	9.8	11.7	45.1	22.1	14.6	15.4	6.6	7.8	27.1	14.8	8.7	8.6
k——椭圆率	0.19	0.02	−0.02	0.03	0.08	0.02	−0.04	−0.02	0.02	0.02	0.1	−0.01
θ——长轴方向	55	63	236	234	51	56	71	49	236	226	61	57
τ(h)	0.4	3.8	3.4	5.2	0.2	0.9	0	3.2	3.3	5.2	0.1	0.9

洪季九龙港测点分潮特性 表 5-12

位置	九龙港（表层）						九龙港（0.4H）					
	O_1	K_1	M_2	S_2	M_4	MS_4	O_1	K_1	M_2	S_2	M_4	MS_4
W——长轴	15	18.7	76.4	35.2	25.7	21	12.2	16.7	75.2	35.6	22.4	21.3
k——椭圆率	0.24	0.01	0.01	−0.05	0.04	−0.07	0.09	−0.08	0	−0.02	0.09	−0.05
θ——长轴方向	261	96	273	272	275	92	266	93	272	270	272	271
τ(h)	10.5	2.7	2.4	4.2	2.1	0.1	10.5	2.7	2.3	4.1	2.1	3

位置	九龙港（0.6H）						九龙港（底层）					
	O_1	K_1	M_2	S_2	M_4	MS_4	O_1	K_1	M_2	S_2	M_4	MS_4
W——长轴	10.9	16.5	70.5	32.5	21.3	21.3	8.3	11	43.6	21.6	16.2	12.3
k——椭圆率	0.11	−0.02	0.02	−0.03	0.03	0.01	0.01	0.03	0.03	0	−0.01	0.05
θ——长轴方向	271	89	272	271	273	270	268	84	268	271	277	271
τ(h)	11	2.6	2.3	4.1	2	2.9	10.7	2.2	2.2	4	2	2.8

洪季徐六泾测点分潮特性　　　　　　　　　　表 5−13

位置	徐六泾（表层）						徐六泾（0.4H）					
	O_1	K_1	M_2	S_2	M_4	MS_4	O_1	K_1	M_2	S_2	M_4	MS_4
W——长轴	14.3	20.7	92.9	42	20.8	20.1	12.3	24.3	88.2	38.6	20.3	21.1
k——椭圆率	−0.26	0.16	−0.03	−0.05	0.07	−0.2	−0.11	0.14	−0.02	−0.01	0.01	−0.12
θ——长轴方向	276	82	276	277	253	271	264	75	269	266	267	266
τ(h)	8.6	1	1.2	2.9	0.6	1.6	7.7	1.3	1.2	2.8	0.4	1.6

位置	徐六泾（0.6H）						徐六泾（底层）					
	O_1	K_1	M_2	S_2	M_4	MS_4	O_1	K_1	M_2	S_2	M_4	MS_4
W——长轴	9.1	21.9	82.4	36.6	19.5	25.3	8.6	11.7	54.9	24.1	9.6	13.2
k——椭圆率	−0.12	0.07	−0.01	0.04	0.21	−0.14	−0.1	0.04	0	−0.03	−0.11	0.04
θ——长轴方向	246	75	268	268	256	265	273	72	264	266	271	269
τ(h)	6.2	1.8	1.1	2.7	0.5	1.6	8.8	1.5	1	2.5	0.6	1.7

洪季白茆沙南水道测点分潮特性　　　　　　　　　　表 5−14

位置	白茆沙南水道（表层）						白茆沙南水道（0.4H）					
	O_1	K_1	M_2	S_2	M_4	MS_4	O_1	K_1	M_2	S_2	M_4	MS_4
W——长轴	15	17.1	94.2	46.3	16.6	21.7	14.8	22.4	91.8	44.3	14	19.7
k——椭圆率	−0.29	0.02	0.06	−0.02	0.18	0.05	0.03	−0.07	−0.02	0	0.07	0.07
θ——长轴方向	314	308	317	313	304	315	307	319	318	316	309	311
τ(h)	8.3	11	0.6	2.4	0.2	1	8.1	11.5	0.6	2.3	0.2	1

位置	白茆沙南水道（0.6H）						白茆沙南水道（底层）					
	O_1	K_1	M_2	S_2	M_4	MS_4	O_1	K_1	M_2	S_2	M_4	MS_4
W——长轴	14.5	21.4	84.1	38.4	14.1	19.7	10.9	11.9	53.6	22.9	10.9	11.9
k——椭圆率	−0.06	0.07	0.01	−0.04	0.13	0.08	−0.3	0.29	0.05	0.1	0.3	0.2
θ——长轴方向	304	315	316	316	291	316	297	306	314	314	295	298
τ(h)	7.9	11.6	0.5	2.3	0.2	1.1	7.6	10.4	0.4	2	0.4	0.9

通州沙中水道测点分潮特性 表 5-15

位置	通州沙中水道（表层）						通州沙中水道（0.4H）					
	O_1	K_1	M_2	S_2	M_4	MS_4	O_1	K_1	M_2	S_2	M_4	MS_4
W——长轴	2.942	4.364	30.177	14.562	10.026	6.47	2.789	4.768	30.228	14.279	10.186	6.32
k——椭圆率	−0.34	−0.42	−0.49	−0.54	−0.47	−0.3	−0.53	−0.47	−0.5	−0.56	−0.47	−0.28
θ——长轴方向	310	326	322	327	338	324	318	329	323	330	340	324
τ(h)	7.3	11.7	1	2.8	1.3	2.2	8.2	11.8	1	2.8	1.3	2.1

位置	通州沙中水道（0.6H）						通州沙中水道（底层）					
	O_1	K_1	M_2	S_2	M_4	MS_4	O_1	K_1	M_2	S_2	M_4	MS_4
W——长轴	2.915	3.915	27.966	13.771	9.029	5.764	1.9	2.901	19.443	9.28	6.415	3.771
k——椭圆率	−0.4	−0.52	−0.49	−0.52	−0.45	−0.32	−0.39	−0.68	−0.51	−0.56	−0.48	−0.29
θ——长轴方向	323	146	323	330	336	325	324	151	323	333	335	329
τ(h)	7.9	0.1	1.1	2.8	1.2	2.2	8.1	0.2	1.1	3	1.2	2.1

潮流运动形式一般可分为旋转流和往复流两种。在半日潮流占主导地位的测区，潮流运动的形式可用 M_2 分潮流的椭圆率 K 值来表述，K 值越大，潮流运动的旋转流形态就越强；反之，则往复流的性质越明显。潮流的旋转方向是以 K 值的正负来表征，正值为逆时针的左旋，负值为顺时针的右旋。一般认为，K 值大于 0.25 时，潮流流向具有较强的旋转性分布，潮流运动可视为旋转流，当 K 值小于 0.25 时，其流向变化主要集中在涨、落潮流的两个方向上，潮流运动形式具有往复流的特征。通过三沙河段沿程各站点实测流速的准调和分析，表明三沙河段潮流的运动主要以往复流运动。通州沙中水道附近 M_2 分潮的椭圆率 K 均大于 0.25，且为负值，因此该区域潮流运动以顺时针旋转的旋转流为主。而之所以产生旋转流，主要与主支汊起涨起落时间不一致、两岸存在横比降、主支汊之间依附着大片边滩图 5-34 福姜沙河段断面流速分布以及弯道特性等因素有关。

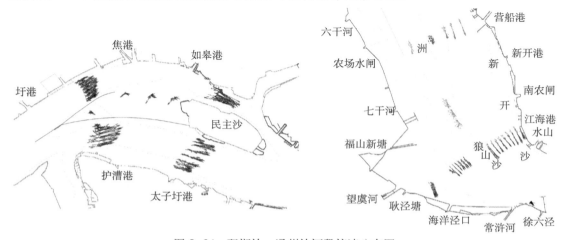

图 5-34 双涧沙、通州沙河段流速分布图

通州沙、白茆沙河段总体上呈现往复流的流态。由于通州沙东西水道涨落潮时间以及滩面流的作用，通州沙中水道呈现顺时针旋转流，这与先前准调和分析的结论是一致的。

5.6 水体输运机制

Bowden(1963)、Hansen(1965)、Fischer(1972)、Dyer(1974，1988)、Uncles(1985a，1985b)等先后发展了物质输运的计算公式，并对其机理进行了探讨，本次研究是在以往研究的基础上研究探讨长江三沙河段沿程各段面的水体输运机制。

5.6.1 流速的分解

以往的分析在垂向上皆用绝对水深，但从河口实际调查的层次来看，采用相对水深无疑更为直接，且定义明确。下面便按此选择并比照以往的分解方法推导之。

取 y 为断面横向坐标，t 为时间，z_1 为侧层水深，$h(y,t)$ 为测站总水深。那么，相对水深 $z=z_1/h(y,t), 0 \leqslant z \leqslant 1$。从而，如瞬时流速便可记为 $u(y,z,t)$。为以下叙述方便，记 $\frac{1}{T}\int_0^T (\ ) \mathrm{d}t$ 为 $(\bar{\ })$；$\frac{1}{a}\int_0^B \int_0^1 (\ )h(y,t)\mathrm{d}y\mathrm{d}z$ 为 $(\ )_a$。它们分别代表潮周期平均和断面面积平均。其中，T 指潮周期，a 是瞬时断面面积，B 为断面水面宽度。

若不计流速脉动项，流速 $u(y,z,t)$ 可分解成断面面积平均项及其偏差项，即

$$u(y,z,t)=u_a(t)+u_d(y,z,t) \tag{5-6}$$

$u_a(t)$ 及 $u_d(y,z,t)$ 又各可分解为潮平均及潮变化项：

$$u_a(t)=\bar{u}_a+U_a(t) \tag{5-7}$$

$$u_d(y,z,t)=\bar{u}_d(y,z)+U_d(y,z,t) \tag{5-8}$$

从而可以得出：$\bar{U}_a=0$ 及 $\bar{U}_d(y,z)=0$。从相对水深来看，上式各项的物理含义是明确而肯定的。若用绝对水深，相应项 $\bar{u}_d$ 的深度变化就是 $0-\bar{h}$，而 U_d 则为 $0-h(t)$。这样，在 $\bar{h} \geqslant z_1 > h$ 时，就会出现 $u(y,z,t)$ 为零而 $\bar{u}_d(y,z_1)$ 和 $U_d(y,z_1,t)$ 不为零的现象。显然它会导致流速分解表达式物理意义的含混不清。

由式（5-6）~式（5-8）得净环流表示式为

$$\bar{u}(y,z)=\bar{u}_a+\bar{u}_d(y,z) \tag{5-9}$$

最后 $\bar{u}_d(y,z)$ 和 $U_d(y,z,t)$ 还可视为横向和垂向偏差（切变）项之和，也就是

$$\left.\begin{array}{l}\bar{u}_d(y,z)=\bar{u}_t(y)+\bar{u}_v(y,z) \\ U_d(y,z,t)=U_t(y,t)+U_v(y,z,t)\end{array}\right\} \tag{5-10}$$

下文中把 $\bar{u}_t$、$\bar{u}_v$ 一律称为断面横向及垂向环流。综合以上各式得：

$$u = \overline{u}_a + U_a(t) + \overline{u}_t(y) + \overline{u}_v(y,z) + U_t(y,t) + U_v(y,z,t) \tag{5-11}$$

上式右边各项按下式计算：

$$\left.\begin{array}{l} \overline{u}_a = \dfrac{1}{T}\displaystyle\int_0^T u_a(t)\mathrm{d}t \\[3mm] U_a(t) = u_a(t) - \overline{u}_a \\[3mm] \overline{u}_t(y) = \displaystyle\int_0^1 \overline{u}_d(y,z)\mathrm{d}z \\[3mm] \overline{u}_v(y,z) = \overline{u}_d(y,z) - \overline{u}_t(y) \\[3mm] U_t(y,t) = \displaystyle\int_0^1 U_d(y,z,t)\mathrm{d}z \\[3mm] U_v(y,z,t) = U_d(y,z,t) - U_t(y,t) \end{array}\right\} \tag{5-12}$$

计算时仅需将式（5-12）中 u、U 改为 s、S 即可。

5.6.2　水体及物质的断面输运公式

由于潮振荡影响，过水断面随潮相变化甚大。据计算，可选断面其最大、最小断面积之差竟占各断面平均面积的 $1/3 \sim 2/3$，其波动之大可想而知；若还注意到潮波变形对断面积变化的影响，那断面传输计算中考虑断面积的潮变化就十分必要了。为此，将横面积视为潮周期平均与潮起伏之和，即：

$$a(t) = \overline{a} + A(t) \tag{5-13}$$

沿断面法向的潮周期平均水体输运量为：

$$Q = \int_0^B h\mathrm{d}y \int_0^1 u\mathrm{d}z = (\overline{a}+A)(\overline{u}_a+U_a) + (\overline{a}+A)(\overline{u}_d+U_d)$$

由于 $U_a = U_d = (\overline{u}_d + U_d)_a = 0$，所以有：

$$Q = \overline{au}_a + \overline{A}U_a \tag{5-14}$$

式中，右边第一项为平均流项；第二项为潮波与潮流相关项，又称斯托克斯漂流，一般与涨潮方向一致，它反映潮波具有前进波性质的强弱。这两项之和为河流向海洋的净输运量，在单一河道，Q 即淡水输运量。

从 2004 年 8 月实测大小潮可以看出，三沙河段内主槽的平均流项均是由径流所引起的，方向与落潮流向基本一致。各测点的斯托克斯漂流指向上游，它具有加强上溯流和消减下泄流的作用。自上游肖山往下，潮汐作用越加明显，径流作用减弱，从而使得下游的斯托克斯效应强于上游。三沙河段沿程各断面潮周期平均净输水量是非潮汐运动的平均流项以及斯托克斯漂流效应的共同作用的结果（表 5-16）。三沙河段内沿程河段潮周期平均净输水量基本与平均流项大小、方向相对应，而北支在某些潮型条件下有所变化；由于北支下游特殊的地形以及潮汐等作用，斯托克斯漂流较强，北支口断面潮周期平均净输水量与斯托克斯漂流方向一致。

三沙河段沿程各段面潮周期平均计算结果（单位：m³/s）　　表 5-16

位置	大　潮			小　潮		
	水体输运量	平均流项	斯托克斯漂流	水体输运量	平均流项	斯托克斯漂流
肖山	38 325	39 493	−1 168	41 555	41 688	−133
福姜沙左汊	28 760	30 177	−1 417	35 784	35 955	−172
福姜沙右汊	8 734	9 115	−381	10 876	10 923	−47
如皋中汊	15 878	16 422	−544	12 447	12 494	−47
浏海沙水道	29 056	30 722	−1 666	36 918	37 081	−163
九龙港	41 715	43 050	−1 336	46 466	46 615	−149
狼山沙左汊	31 266	35 001	−3 735	31 430	31 892	−462
狼山沙右汊	5 835	7 529	−1 694	8 838	9 031	−193
徐六泾	47 483	50 708	−3 226	34 411	34 721	−310
北支口	−1 219	609	−1 828	1 349	1 618	−269
白帽衫北水道	20 267	21 855	−1 588	13 080	13 290	−210
白茆沙南水道	34 139	38 512	−4 374	27 275	27 908	−633

5.7 典型断面潮量预报

对于潮流量预报，同样采用了潮位预报的调和分析原理，考虑上游径流的影响建立预报模型。同样选取了 49 个天文潮，利用实测资料对进行调和分析，确定了各站基本调和常数和因径潮相互作用而派生的附加调和常数。

各站水文断面的流量预报模型可统一写成：

$$q(t) = Q_{00} + \sum_{k=1}^{49} f_k Q_{k0} \cos[\sigma_k t + (V_0 + U)_k - q_{k0}] +$$

$$Q(t) \left\{ Q_{01} + \sum_{k=1}^{M} f_k Q_{k1} \cos[\sigma_k t + (V_0 + U)_k - q_{k1}] \right\} \tag{5-15}$$

在各站之间的沿程断面流量过程，可由调和常数依线性插值得到近似的调和常数，再用式(5-15)进行预报，其中江阴站、徐六泾站 2003 年、2004 年断面流量预报见图 5-35 ～ 图 5-38。

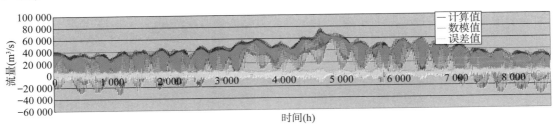

图 5-35　江阴站断面 2003 年流量过程验证图

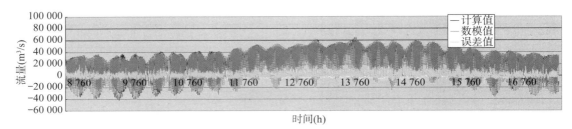

图 5-36　江阴站断面 2004 年流量过程验证图

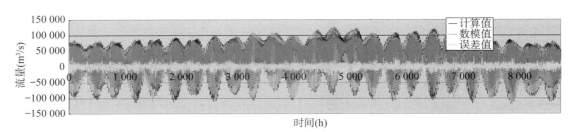

图 5-37　徐六泾站断面 2003 年流量过程验证图

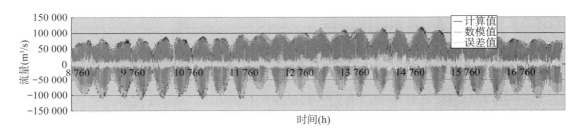

图 5-38　徐六泾站断面 2004 年流量过程验证图

5.8　小结

①　研究表明，上游流量约 10 000m³/s、下游为中等偏大潮条件下，三沙河段整体流态成往复流，徐六泾站以上主槽落潮平均流速均大于涨潮平均流速，而通州沙西水道、如皋右汊边滩、徐六泾断面左侧边滩等涨潮平均流速均大于落潮流速，白茆沙北水道及其石化下断面主槽落潮平均流速小于涨潮流速，涨潮动力较强。上游流量约 37 500m³/s、下游为中等偏大潮条件下，三沙河段整体流态成往复流，各段面主槽落潮平均流速均大于涨潮平均流速，边滩涨潮动力较强。上游径流约 60 000m³/s、下游为中等偏大潮条件下，九龙港以上涨潮流较弱，仅在浏海沙水道边滩及福南出口等区域出现涨潮流，如皋中汊、福北水道内、江阴水道内均无涨潮流。

②　由于主支汊动力的差异，三沙河段深槽内水流惯性大，后涨后落，滩及洲滩水流先涨先落，同时出现涨落潮主动力轴线分离现象；天生港水道进口、北支口（青龙港附近）出现涨潮的汇潮点。

③　在常年洪水和枯水及中等潮汐强度的情况下，洪水潮流界在江阴～九龙港一带，

枯水潮流界在仪征～镇江一带，特大洪水流量（82 300m³/s）条件下，潮流界一般在营船港～白茆河口一带。

④ 水体输运研究表明，三沙河段内主槽的平均流项均是由径流所引起的，方向与落潮流向基本一致。各测点的斯托克斯漂流指向上游，它具有加强上溯流和消减下泄流的作用。自上游肖山往下，潮汐作用越加明显，径流作用减弱，从而使得下游的斯托克斯效应强于上游。三沙河段沿程各断面潮周期平均净输水量是非潮汐运动的平均流项以及斯托克斯漂流效应共同作用的结果。三沙河段内沿程河段潮周期平均净输水量基本与平均流项大小、方向相对应，而北支在某些潮型条件下有所变化。

⑤ 基于最小二乘法的原理，对沿程各站实测潮位资料进行调和分析，得出了有关潮位、流量的基本调和常数和因径潮相互作用而派生的附加调和常数，并以此建立上游径流量与潮汐调和常数的相关关系，得出了水位、流量预报的表达式：

$$q(t) = Q_{00} + \sum_{k=1}^{49} f_k Q_{k0} \cos[\sigma_k t + (V_0 + U)_k - q_{k0}] +$$
$$Q(t)\left\{ Q_{01} + \sum_{k=1}^{M} f_k Q_{k1} \cos[\sigma_k t + (V_0 + U)_k - q_{k1}] \right\}$$

预报误差满足规范要求。

6 长江河口段泥沙分布及运动特征

水流与河床的交互作用是通过泥沙运动来体现的，挟带泥沙的水流在一种情况下，通过泥沙的淤积，使河床抬高；在另一种情况下，通过泥沙的冲刷使河床降低。泥沙有时是河床的组成部分，有时是水流的组成部分，作为水流的组成部分即悬沙含沙量，表现在含沙量大小及悬沙粒径组成。含沙量即为单位水体积泥沙质量 kg/m^3，泥沙粒径一般以 mm 表示，泥沙粒径分布曲线反映泥沙粒径大小、范围、不均匀程度及不同粒径范围泥沙质量百分数等。根据悬沙中泥沙与床面交换情况，悬沙又可以分为冲泻质与造床质。

悬沙含沙量的时空分布主要表现为：
① 河道沿程滩槽含沙量平面分布；
② 河道沿程滩槽含沙量垂线变化；
③ 一年中洪枯季悬沙含沙量的变化；
④ 某个时间段大中小潮悬沙含沙量的周期变化。

悬沙以及底沙中值粒径的时空分布主要表现为：
① 悬沙、底沙中值粒径的沿程平面分布；
② 悬沙、底沙中值粒径的年际年内变化特征；
③ 悬沙、底沙中值粒径大中小潮周期变化。

本章在悬沙、底沙中值粒径时空分布、含沙量时空变化等认识的基础上，结合泥沙起动流速规律、分界粒径等来分析三沙河段泥沙时空分布及输移特性。

6.1 长江河口段水体含沙量的时空分布

6.1.1 含沙量潮周期性变化分析

（1）测点含沙量潮周期变化

一个全潮过程潮位对应为两涨两落，流速一个全潮过程对应为两个涨潮峰和两个落潮峰，而含沙量峰值变化并非与之相对应，一般流速大含沙量高，但含沙量的变化滞后于流速变化。大流速是泥沙由沉降再悬浮，出现新的峰值，而涨憩、落憩阶段由于水流紊动作用，具有明显的三维特性。在一个全潮过程中，由于流速变化、水流紊动作用及泥沙沉降、悬浮及含沙量变化较流速变化的滞后性的原因，在一个全潮过程中，含沙量可能出现多次峰谷变化见图6-1。

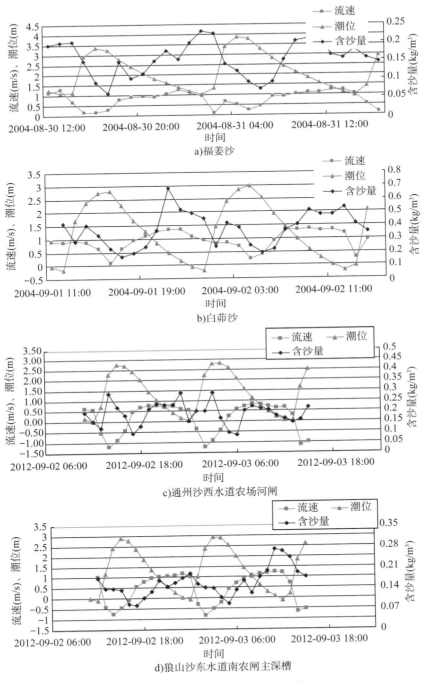

a)福姜沙

b)白茆沙

c)通州沙西水道农场河闸

d)狼山沙东水道南农闸主深槽

图6-1 涨落潮含沙量过程曲线

(2)测点含沙量大中小潮变化

由大中小潮含沙量变化过程线（图6-2）可见，大潮含沙量明显大于小潮，大潮含沙量变化幅度较大，小潮含沙量变化幅度小。在相同上游径流条件下，大潮涨落潮动力明显大于小潮有关，从而使得大潮含沙量总体大于小潮含沙量。

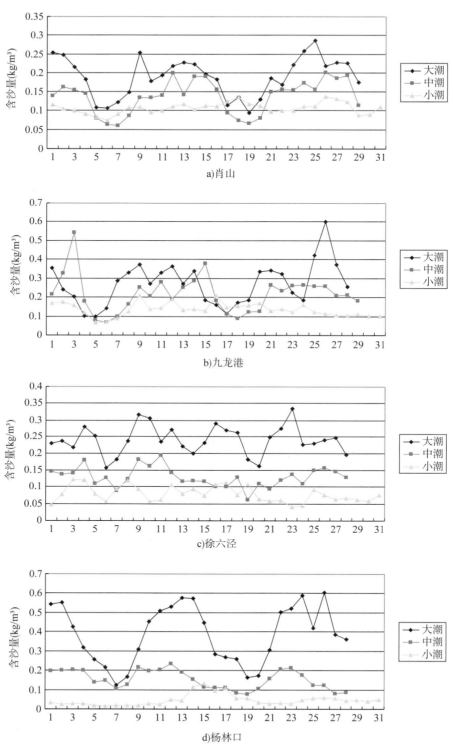

图 6-2　大中小潮含沙量变化过程（2004 年 9 月）

6.1.2　含沙量沿垂线分布

（1）沿程各测点含沙量垂线分布

为了分析长江河口段一个周期内各测点含沙量垂线分布，为此选取了主槽内各测点涨急、落急、涨憩以及落憩时段含沙量垂线分布进行分析，见图6-3。从图可以看出，转流时段含沙量垂线分布相对较乱，出现上层、底层小，中间大的趋势，涨落潮稳定期含沙量垂线分布相对稳定，呈现表层小、底层大的态势。

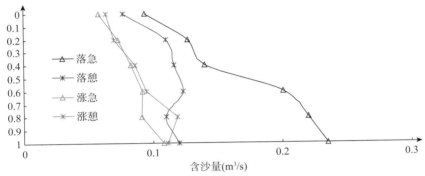

a) 各时刻含沙量垂线分布(肖山、大潮)

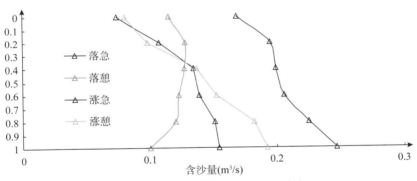

b) 各时刻含沙量垂线分布(九龙港、大潮)

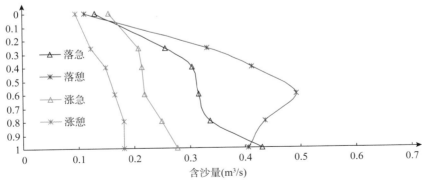

c) 各时刻含沙量垂线分布(徐六泾、大潮)

图　6-3

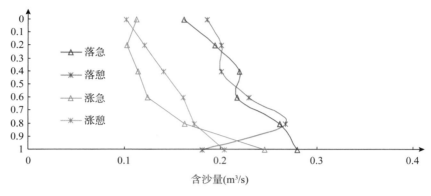

d) 各时刻含沙量垂线分布(石化下、大潮)

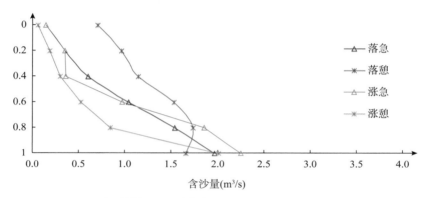

e) 各时刻含沙量垂线分布(长江口航道出口CS4、大潮)

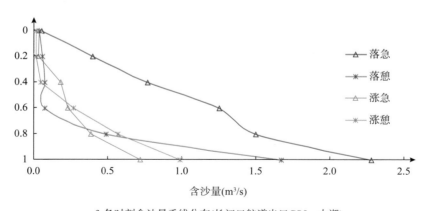

f) 各时刻含沙量垂线分布(长江口航道出口CS5、大潮)

图6-3　长江三沙河段沿程主槽含沙量垂线分布变化

　　图6-4为一个潮周期内长江三沙河段各垂线分层含沙量变化过程。图6-5为三沙河段沿程主槽、主要汊道含沙量垂线分布周期变化。

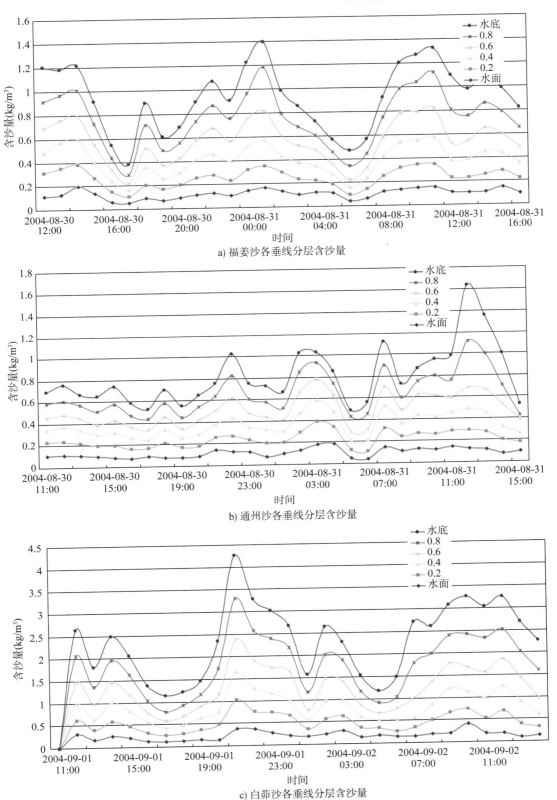

a) 福姜沙各垂线分层含沙量

b) 通州沙各垂线分层含沙量

c) 白茆沙各垂线分层含沙量

图 6-4　一个潮周期内长江三沙河段各垂线分层含沙量变化过程

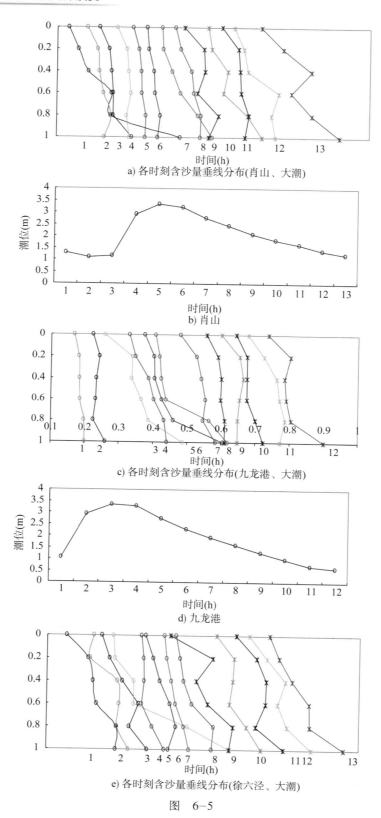

a) 各时刻含沙量垂线分布(肖山、大潮)

b) 肖山

c) 各时刻含沙量垂线分布(九龙港、大潮)

d) 九龙港

e) 各时刻含沙量垂线分布(徐六泾、大潮)

图 6-5

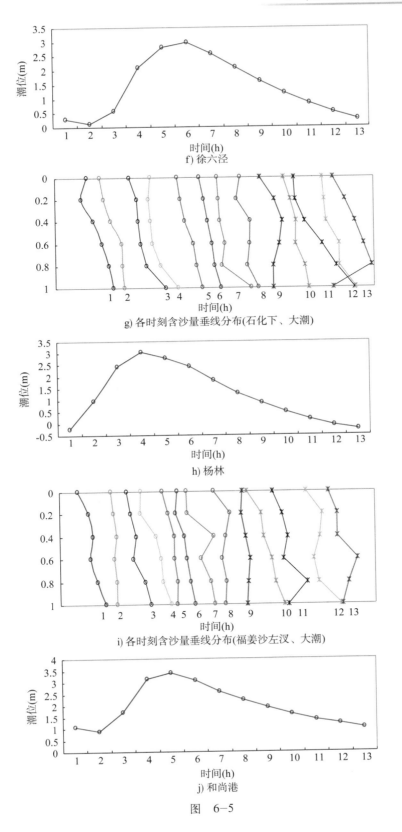

f) 徐六泾

g) 各时刻含沙量垂线分布(石化下、大潮)

h) 杨林

i) 各时刻含沙量垂线分布(福姜沙左汊、大潮)

j) 和尚港

图 6-5

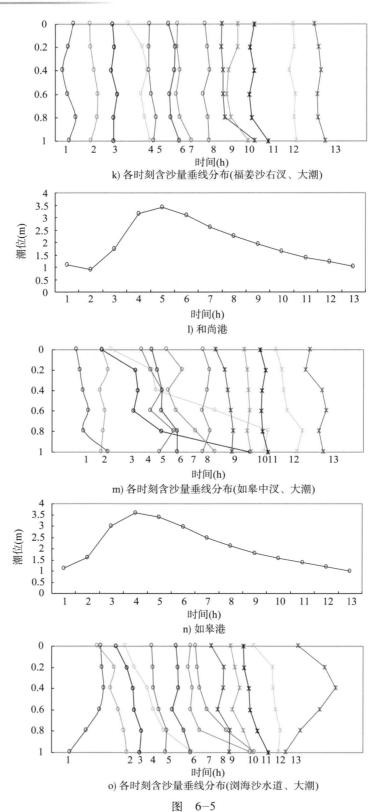

k) 各时刻含沙量垂线分布(福姜沙右汊、大潮)

l) 和尚港

m) 各时刻含沙量垂线分布(如皋中汊、大潮)

n) 如皋港

o) 各时刻含沙量垂线分布(浏海沙水道、大潮)

图 6-5

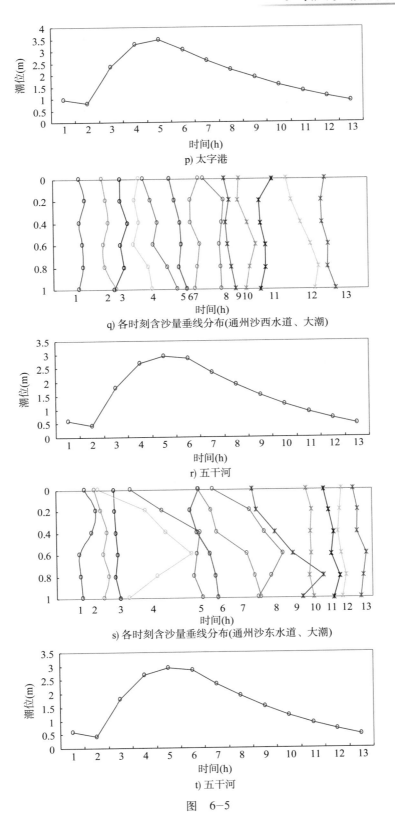

p) 太字港

q) 各时刻含沙量垂线分布(通州沙西水道、大潮)

r) 五干河

s) 各时刻含沙量垂线分布(通州沙东水道、大潮)

t) 五干河

图 6-5

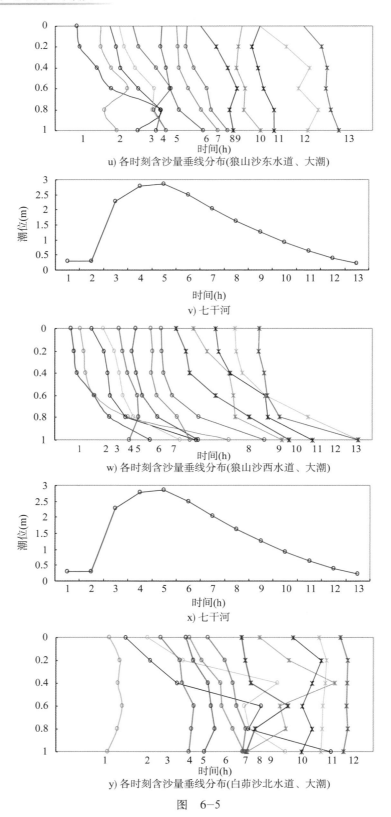

u) 各时刻含沙量垂线分布(狼山沙东水道、大潮)

v) 七干河

w) 各时刻含沙量垂线分布(狼山沙西水道、大潮)

x) 七干河

y) 各时刻含沙量垂线分布(白茆沙北水道、大潮)

图 6—5

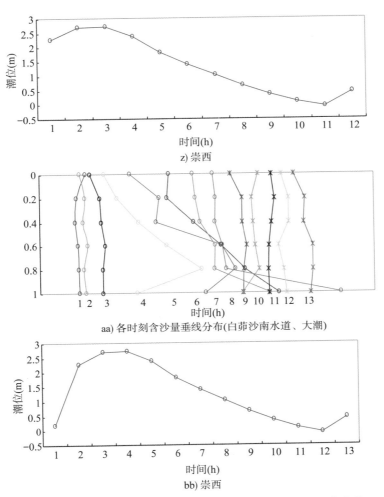

z) 崇西

aa) 各时刻含沙量垂线分布(白茆沙南水道、大潮)

bb) 崇西

图6-5　三沙河段沿程主槽、主要汊道含沙量垂线分布周期变化

(2) 近底含沙量分布

上述研究表明，含沙量呈现表层小，底层大的特点。本次根据2012年3月坐底系统所实测大、中和小潮近底含沙量变化（图6-6），可以得出以下几点认识：

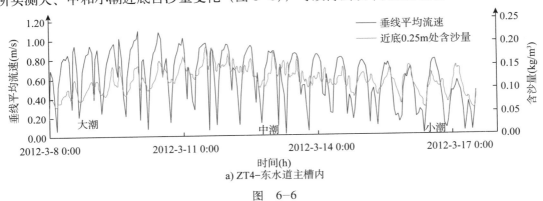

a) ZT4-东水道主槽内

图　6-6

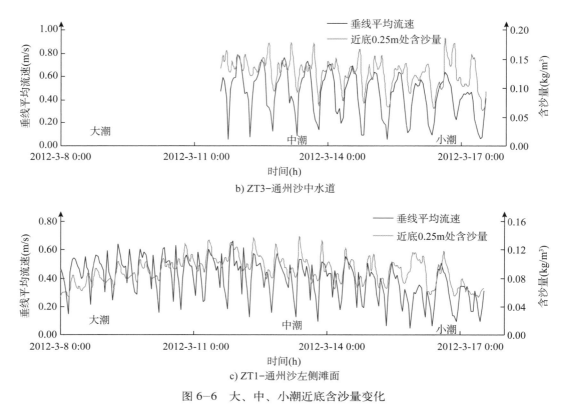

b) ZT3-通州沙中水道

c) ZT1-通州沙左侧滩面

图6-6　大、中、小潮近底含沙量变化

① 通州沙河段底部未测到高浓度含沙量水体，底部最大含沙量在 $0.25kg/m^3$ 以内。

② 从连续分布过程来看，含沙量变化过程滞后于水动力变化过程，中潮时含沙量达到最大，这是因为泥沙悬扬与沉降需要一定的时间和相对稳定的动力条件。

③ 从滩槽动力和含沙量变化来看，主槽动力强于中水道和滩面，主槽含沙量略大于中水道、中水道略大于滩面，这就表明含沙量大小与动力条件具有相关性。

（3）落潮稳定期含沙量垂线分布规律

以往实测资料表明，含沙量一般底层大于表层，总体上呈现上层含沙量小于下层。大潮底层含沙量一般是表层含沙量的 2～3 倍，小潮条件下底层一般是表层的 1.5～2 倍，但个别测点相差较大。当底沙含沙量明显比表层大，可能与河床底沙运动有关，底沙冲刷悬浮，含沙量剧增，有时涨潮冲刷导致，有时由于落潮冲刷导致。大中小潮有时存在差别，主要是大中小潮冲刷部位不一致及大潮冲刷后泥沙悬浮到沉降有一定时间过程，呈滞后效应。

设参考点 $y=a$ 处的含沙量已知，为 S_a，由此可确定积分常数，从而得低含沙量条件下，含沙量垂线分布规律为：

$$\frac{S}{S_a} = \left(\frac{h-y}{y} \cdot \frac{a}{h-a} \right)^z \tag{6-1}$$

其中指数 z 用下式表示

$$Z = \frac{\omega}{\kappa u_*} \tag{6-2}$$

式（6-1）是劳斯（H·Rouse）1937年提出，因此又称劳斯方程。指数 Z 决定了悬移质含沙量沿水深分布的均匀程度。图6-7为 $a=0.05h$ 时，按照式（6-1）所得到的悬移质含沙量沿垂线的相对分布 S/S_a，其中纵坐标表示某点在参考点 a 以上的相对高度。由图可见，Z 越小，悬移质分布越均匀；反之 Z 越大则分布越不均匀。

指数 Z 是一无因次数，又称为"悬浮指标"。它反映了重力作用与紊动扩散作用的相互对比关系，其中重力作用通过 ω 来表达，紊动作用通过 κu_* 来表达。Z 越大，则重力作用相对越强，紊动作用难以把泥沙扩散到水体表面，悬移质将聚集在离床面不远处，于是在相对平衡情况下，含沙量垂线分布就越不均匀；反之，Z 越小，紊动作用相对越强，在相对平衡状态下，含沙量垂线分布就越均匀。

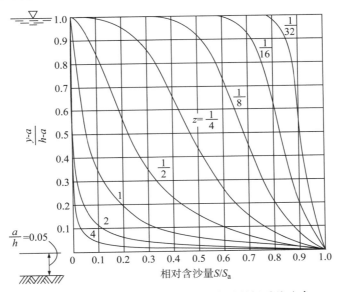

图6-7 扩散理论的悬移质相对含沙量沿垂线分布

为了分析工程河段含沙量垂线分布特性，本次研究采用经典 Rouse 指数公式（6-1）计算结果和实测分层含沙量相比较。三沙河段主槽含沙量垂线分布比较见图6-8，由图可知，工程河段涨落潮稳定期含沙量垂线分布总体基本符合 Rouse 指数公式分布形式，呈现上小下大的分布规律，滩面及转流等符合性较差。

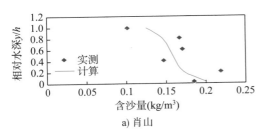

a) 肖山

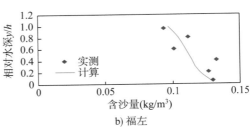

b) 福左

图 6-8

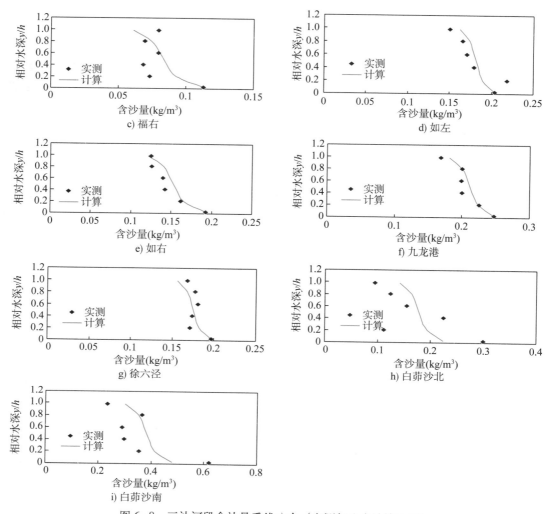

图 6-8　三沙河段含沙量垂线分布（实测与公式计算比较）

$$\frac{S_y}{S_a} = \left(\frac{h-y}{y} \cdot \frac{a}{h-a}\right)^z \qquad (6-3)$$

式中：Z——悬浮指数，反映了重力作用与紊动扩散作用的相互对比关系，$Z = \dfrac{\omega}{\kappa u_*}$；

ω——泥沙沉速；

κ——卡门常数，取 0.4；

u_*——摩阻流速；

h——水深；

a——参考点位置处水深；

S_a——参考点含沙量；

S_y——水深 y 处含沙量。

在落急、落憩、涨急、涨憩过程中含沙量沿程垂线总体分布为底部大于上部。

6.1.3 三沙河段含沙量平面分布

（1）采用遥感技术分析水体表层含沙量

① 表层水体含沙量反演理论。

本节选择 TM 影像 4 波段作为泥沙遥感定量反演的波段，研究区域为长江流域河口段水域，其性质上与长江河口水域具有同源性，定量反演精度上能够满足相关要求。因此，主要选择已较为成熟运用的模型进行表层悬浮泥沙浓度的反演工作。

由于研究区域位于长江口河口段地区，在模型的选择上，主要选择了何青等改进的 Gordon 公式的长江口模式，所选取公式如下：

$$S = \frac{x}{(0.097\,51 - 0.110\,5 \cdot x) \cdot 10^{-2}} \tag{6-4}$$

式中：S——水体表层泥沙浓度；

x——TM 影像 4 波段的遥感反射率。

② 含沙量空间分布特性。

图 6-9 表明，从长江下游三沙河段到长江口，水体表层泥沙浓度逐渐增大，尤其是从长江口南支徐六泾开始到河口河段，水体表层泥沙浓度达到最大。在近三沙沙体岸线水域表现出较周围水域不同的高泥沙浓度，造成这种现象的原因主要是受潮汐影响，径潮流共同作用，泥沙浓度发生改变。

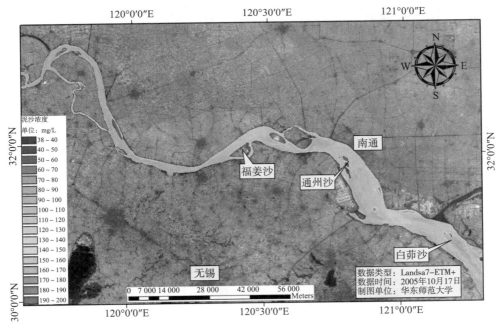

图 6-9　研究区域悬浮泥沙浓度空间分布图（2005 年 10 月 17 日）

③ 含沙量年内变化特性。

长江流域在径流量上存在明显的年内季节性差异，每年 11 月到次年的四月为枯季，这个时期内径流量明显减少，含沙量随之减少（图 6-10）。每年的 5 ~ 10 月，长江流域由于降水导致径流量明显增大,含沙量随之增加(图6-11)。通过多年份的枯季和洪季时间内水体表层泥沙浓度的对比,发现枯季的水体表层泥沙浓度普遍比洪季的水体表层泥沙浓度小。造成这种年内差异的原因是由于洪季期间,径流量大,水流冲刷河床,大量的径流带动河床沉积泥沙上浮,造成洪季内表层泥沙浓度增大。洪季期间,整个长江流域的气候处于多雨阶段,大量的降水加大了长江支流与干流的地表径流量,对地表产生了较大冲刷作用,为长江流域带来了大量的泥沙等悬浮颗粒物,造成洪季内长江流域水体表层泥沙浓度大于枯季。

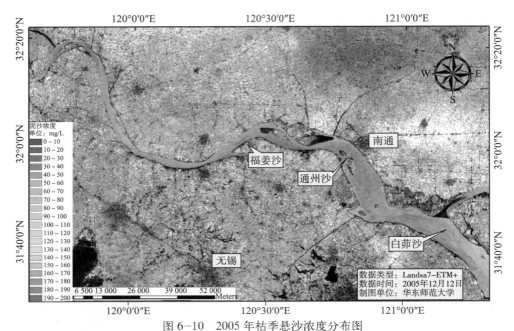

图6-10 2005年枯季悬沙浓度分布图

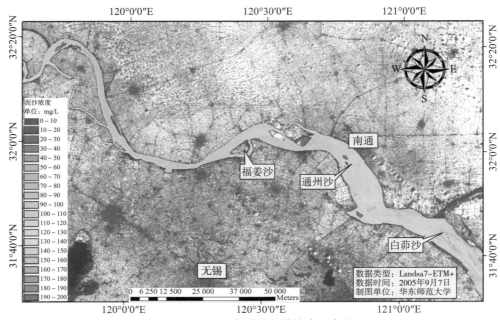

图6-11 2005年洪季悬沙浓度分布图

　　福姜沙水道在洪季时福姜沙左汊水道高浓度泥沙的水域面积较之枯季要增大许多。福南水道的泥沙浓度也相应有所升高，其原因与径流量密切相关。洪季期间，长江上游大量的径流下泄，携带大量泥沙，增大的水动力条件扰动河床底部泥沙，造成表层泥沙在洪季较之枯季有较大的提高。

　　通州沙水道与福姜沙水道表现出类似现象，河道内泥沙浓度在洪季时期较之枯季时期有较大的提高。通州沙水道沙体附近水域的泥沙浓度一直保持较高水平，在枯季与洪季都未有太大变化。在高潮位时期，通州沙沙体大部分沉入水底，一定程度上对周围泥沙浓度造成影响。

　　白茆沙水道（即长江口南支）位于长江流域的入海口水域，作为主要水沙通道，在枯季与洪季，由于长江在枯季与洪季的输沙量差异巨大，白茆沙水道的泥沙浓度也表现出明显差异。

　　总体上看，洪季时期的河道水体整体泥沙浓度较之于枯季的河道水表泥沙浓度，有明显的升高，主要是由于径流量的不同造成，径流量越大，河道的泥沙浓度越大；径流量越小，河道泥沙浓度越小。

　　④　含沙量年际变化特性。

　　从整体上看，研究区内水体泥沙浓度多年来呈现下降态势。造成泥沙浓度的年际变化量呈减少的情况主要因为人类活动的影响。长江自上游到入海口，河道水利工程众多，典型的如三峡工程、挖沙工程和南水北调工程等。

　　三峡水库自2003年运行开始及第一期、第二期蓄水以来，入库悬浮泥沙的64%、83%被拦截在库区内，尽管在下游径流冲刷补偿了部分悬浮泥沙，但是，在第一期、第二期蓄水的过程中，宜昌站悬浮泥沙通量仍然下降了62%、82%，大量的悬浮泥沙被大坝拦在库区内，导致下游的悬浮泥沙通量明显减少。

　　20世纪80年代，长江上游对于水土的保持重视不足，对于上游森林的砍伐较为严重，使得长江流域的水土流失现象十分明显。近年来，可持续发展的理念加深，对于上游水土的保持更加重视，这也造成流域内的水体含沙量减少。

　　⑤　含沙量变化原因分析。

　　通过对1983年、1995年、2005年、2010年的遥感影像进行水体表层泥沙反演分析（图6-12～图6-15），发现河道内悬浮泥沙浓度发生变化。空间分布上存在自上游而下，河道内水体表层悬浮泥沙浓度逐步增大的总体趋势。同时近河岸沙体水域存在高浊度的高悬浮泥沙浓度的区域。年内变化上遵循"多水多沙，少水少沙"的原则，河道内泥沙浓度受到枯季与洪季径流量不同的影响，枯季的水体表层悬浮泥沙浓度小于洪季时期。年际变化上则主要受到人类活动影响，导致河道内水体悬浮泥沙浓度降低。

　　影响河道内水体表层悬浮泥沙浓度的主要自然因素有水动力条件与上游来沙量。水体的流速与所能携带的悬浮泥沙浓度呈正相关，即越强的水动力条件，其所能携带的悬浮泥沙越多，同时，较强的水动力条件冲刷河床及岸滩，带来更多的悬浮泥沙，使得具有较强水动力条件的水体的表层悬浮浓度更高。上游来沙量作为悬浮泥沙的主要来源，其来沙量与水体表层悬浮泥沙浓度存在直接关联。

受上游三峡大坝工程以及中上游水体保持工程等大型水利工程影响，长江下游三沙河段的水体表层悬浮泥沙浓度在时间分布上呈逐年降低的态势，长江口进入东海的输沙量也因此减少。在未来的几年内，在不出现河势的巨大改变的情况下，三沙河段的泥沙浓度将继续呈现降低的状态。

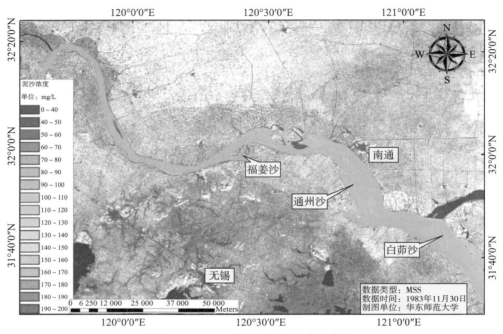

图 6-12　1983 年枯季悬沙浓度分布图

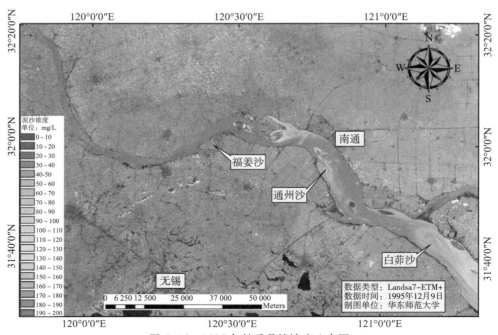

图 6-13　1995 年枯季悬沙浓度分布图

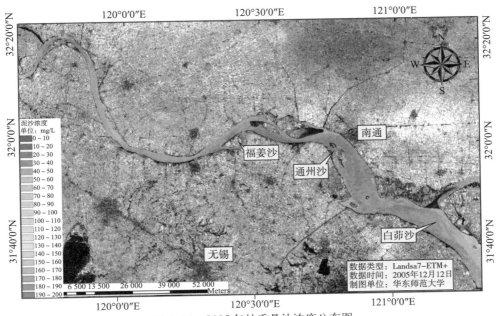

图 6-14　2005 年枯季悬沙浓度分布图

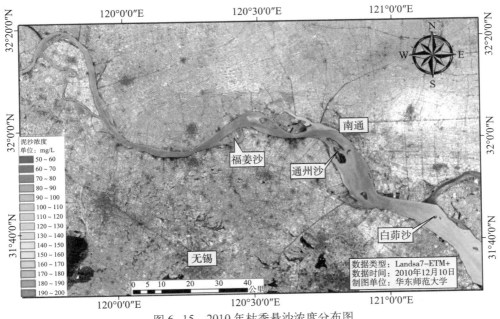

图 6-15　2010 年枯季悬沙浓度分布图

（2）近年三沙河段实测含沙量平面分布

近年对三沙河段进行了多次水文泥沙及地形测量，本节主要分析三峡水库蓄水后新水沙条件下三沙河段含沙量的平面分布。含沙量分布主要与汊道动力条件有关，其包括涨潮动力与落潮动力，另外与河道河型条件、河道水深、进出口主支汊水深条件也有一定关系。

福姜沙汊道左汊动力强于右汊，且左汊深槽与上游深槽连接较顺，左汊进口水深大于右汊，所以，左汊分沙比大于分流比，反之右汊分流比大于分沙比。

如皋中汊分沙比的变化受双涧沙头部前水动力条件影响，当主流偏北时，上游来沙主要通过福北水道下泄，由于双涧沙较高，表面低含沙水流经双涧沙进入浏海沙水道，进入如皋中汊水流含沙量相对较高，出现如皋中汊含沙量大于浏海沙水道。当双涧沙头部前主流偏南时，福中进口水深增加，福北进口淤浅，泥沙更多由福中水道进入浏海沙水道，如皋中汊分沙比相应有所减小。

天生港水道涨潮动力较强，大中潮情况下涨潮含沙量大于落潮含沙量。通州沙西水道大潮涨潮含沙量一般大于落潮含沙量，涨潮时河底部泥沙更易起动，而落潮时进口段水浅，浏海沙水道表面水流进入通州沙西水道，含沙量相对较小。即西水道进口水深明显小于南通水道进口水深。福山水道含沙量一般小于狼山沙东西水道，新开沙夹槽受涨潮泥沙上溯的影响，涨潮含沙量一般大于狼山沙东水道主槽。徐六泾断面落潮时含沙量滩槽变化不大，涨潮时新通海沙一侧含沙量一般大于主槽。南支含沙量一般小于北支，南支白茆沙北水道含沙量大于南水道。三沙河段洪季落潮平均含沙量平面分布见图6-16，三沙河段枯季平均涨落潮含沙量见图6-17、图6-18。落潮主槽或主泓含沙量较大，涨潮时边滩或支汊可能含沙量较大。落潮时主槽及主汊深泓流速较大，而边滩及支汊流速较小。而涨潮时，洲滩流速相对较大，且洲滩水深较浅，涨潮流速变化幅度较大，洲滩泥沙易起动。

三沙河段属于长江河口段，含沙量与上游流域来沙以及外海来沙相关。三峡水库蓄水后上游来沙含沙量明显减小，下游含沙量也相应减小。洪、枯季含沙量变化见表6-1（洪季为2004年9月资料，枯季为2005年1月资料）。总体上，洪季含沙量大于枯季含沙量，这与洪季上游来沙量一般较大，且洪季水动力大于枯季有关。洪季含沙量一般为枯季的2～3倍，落潮条件下洪枯季比值较涨潮条件下比值略大。洪季大潮涨落潮0.2～0.3kg/m³。

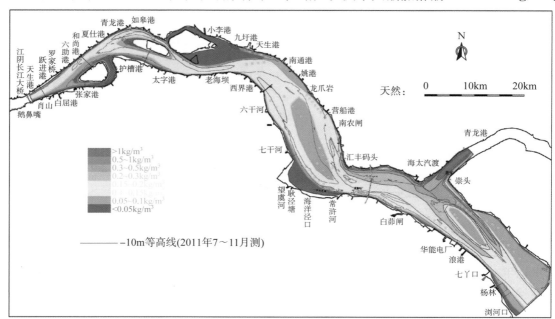

图6-16　2004年9月大潮落潮含沙量平面分布图

138

北支口洪季涨潮测点最大含沙量可达 3kg/m³，落潮条件下北支口最大含沙量达 2kg/m³。枯季含沙量一般在 0.04～0.2kg/m³，北支口含沙量相对较大，最大可达 0.5kg/m³ 以上。就三沙河段沿程含沙量分布而言，由于外海来沙的影响，总体上上游含沙量略小于下游含沙量，徐六泾以下河段总体略大于澄通河段含沙量。

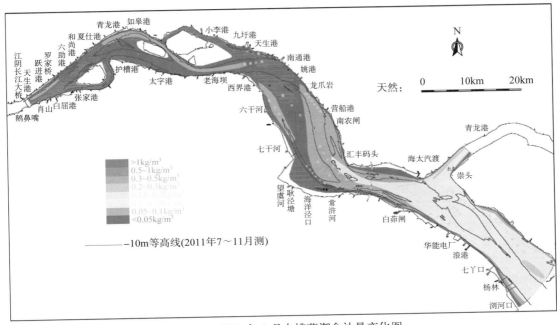

图 6-17　2005 年 1 月大槽落潮含沙量变化图

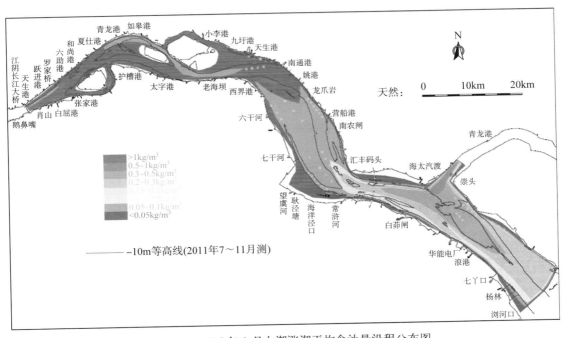

图 6-18　2005 年 1 月大潮涨潮平均含沙量沿程分布图

洪、枯季大潮断面上垂线潮段平均含沙量平均值比较（单位：kg/m³）　表 6-1

断面名称	涨潮		洪／枯	落潮		洪／枯
	洪季	枯季		洪季	枯季	
肖山	0.106	0.037	2.8	0.155	0.042	3.7
福姜沙左汊	0.119	0.036	3.3	0.144	0.034	4.2
福姜沙右汊	0.081	0.033	2.5	0.087	0.039	2.2
如皋中汊	0.262	0.061	4.3	0.204	0.061	3.3
浏海沙水道	0.112	0.042	2.7	0.129	0.044	2.9
九龙港	0.187	0.065	2.9	0.230	0.055	4.2
通州沙东水道	0.157	0.042	3.7	0.145	0.035	4.1
通州沙西水道	0.329	0.065	5.1	0.204	0.044	4.7
狼山沙	0.182	0.058	3.2	0.175	0.054	3.2
徐六泾	0.237	0.113	2.1	0.223	0.076	2.9
金泾塘	0.189	0.108	1.8	0.161	0.094	1.7
北支口	2.385	0.744	3.2	1.020	0.194	5.3
白茆沙北水道	0.462	0.232	2.0	0.381	0.176	2.2
白茆沙南水道	0.290	0.169	1.7	0.291	0.135	2.2
杨林口	0.334	0.175	1.9	0.359	0.172	2.1

　　综上所述，涨落潮含沙量与上游流域来沙以及外海来沙有关系；同时含沙量大小与潮流动力也有关，含沙量大潮一般大于小潮；各汊道涨落潮含沙量与各汊道的潮动力特性有关，天生港水道、福山水道等以涨潮流为主的通道，涨潮含沙量大于落潮含沙量。落潮通州沙东水道含沙量一般略大于西水道。新开沙夹槽含沙量与狼山沙东水道含沙量相差不大。福山水道含沙量小于狼山沙东西水道。北支含沙量大于南支，白茆沙北水道含沙量大于白茆沙南水道，最大含沙量一般出现在北支。底层含沙量大于表层，大潮底层含沙量一般是表层含沙量的 2～3 倍，小潮分层含沙量，底层一般是表层的 1.5～2 倍。在一个全潮过程中，由于流速变化、水流紊动作用及泥沙沉降、悬浮及含沙量变化较流速变化的滞后性的原因，在一个全潮过程中，含沙量可能出现多次峰谷变化。

6.2　长江河口段悬沙粒径分布

6.2.1　悬沙粒径大中小潮变化

　　悬沙中值粒径枯季大潮一般大于小潮，而洪季大中小潮相差不大。主要是洪季受上游来沙影响较大，而枯季受涨潮影响，涨落潮来沙交换、泥沙悬浮三维特性明显。三沙河段沿程各断面大、中、小潮中值粒径见图 6-19。

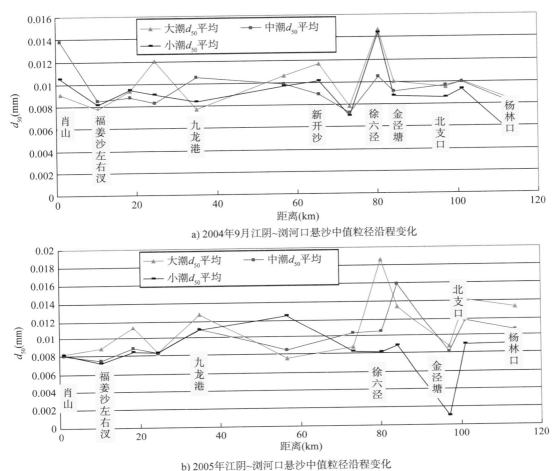

a) 2004年9月江阴~浏河口悬沙中值粒径沿程变化

b) 2005年江阴~浏河口悬沙中值粒径沿程变化

图 6-19　三沙河段沿程各断面悬沙大、中、小潮中值粒径

测点涨急、涨憩、落急、落憩悬沙中值粒径级配曲线见图 6-20，落憩时最大，其主要是泥沙悬浮、落淤迟后于水动力变化。

大潮悬沙中值粒径总体大于小潮，大潮悬沙中值粒径在 0.09 ~ 0.14mm，而小潮悬沙中值粒径在 0.006 ~ 0.011mm，但个别测点存在小潮悬沙中值粒径大于大潮悬沙中值粒径，大中小潮悬沙级配曲线见图 6-21。

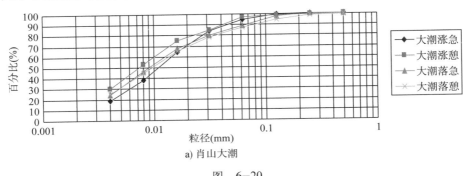

a) 肖山大潮

图　6-20

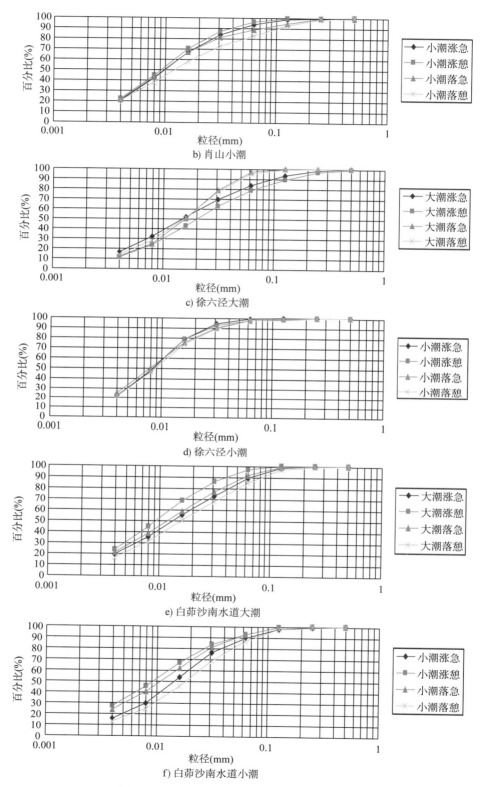

b) 肖山小潮

c) 徐六泾大潮

d) 徐六泾小潮

e) 白茆沙南水道大潮

f) 白茆沙南水道小潮

图 6-20　测点涨落潮悬沙中值粒径级配曲线

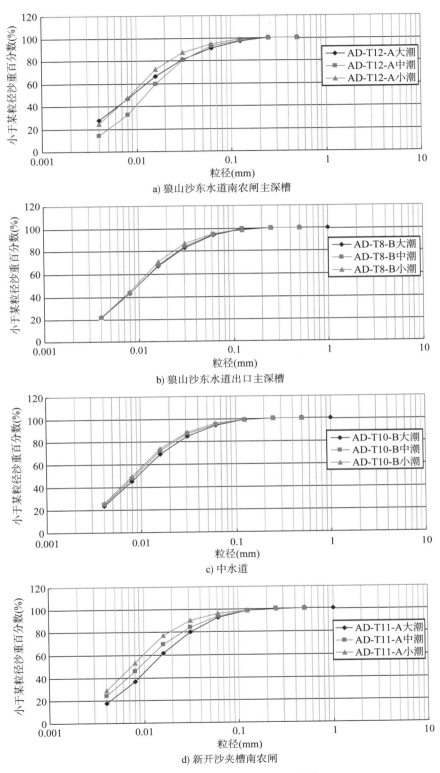

a) 狼山沙东水道南农闸主深槽

b) 狼山沙东水道出口主深槽

c) 中水道

d) 新开沙夹槽南农闸

图 6-21 大中小潮悬沙级配曲线

6.2.2　悬沙粒径分层变化

悬沙粒径垂线分布总体为底层大于表层，泥沙颗粒比重大于1，无动力作用泥沙将下沉，颗粒越大，下沉速度越快，底部泥沙粒径一般大于表层，如通州沙西水道悬沙垂线平均中值粒径在0.009mm，底层中值粒径达0.011mm，表层0.008mm，新开沙夹槽悬沙表面中值粒径在0.008mm，底层0.012mm，北支口悬沙中值粒径表层在0.007mm，底层在0.01mm左右，见图6-22。综上所述，底层悬沙粒径总体大于表层悬沙粒径。

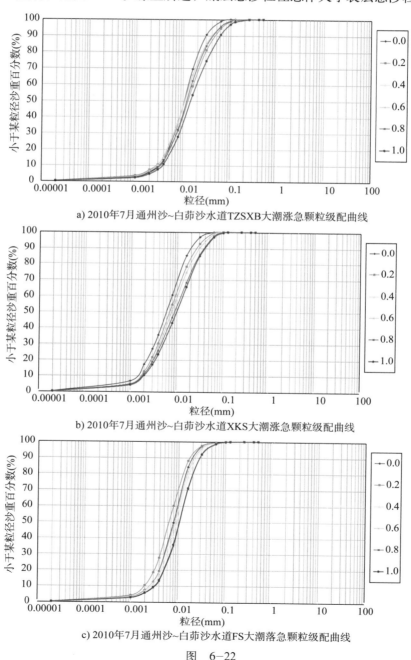

a) 2010年7月通州沙~白茆沙水道TZSXB大潮涨急颗粒级配曲线

b) 2010年7月通州沙~白茆沙水道XKS大潮涨急颗粒级配曲线

c) 2010年7月通州沙~白茆沙水道FS大潮落急颗粒级配曲线

图　6-22

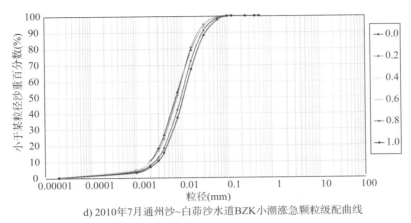

d) 2010年7月通州沙~白茆沙水道BZK小潮涨急颗粒级配曲线

图 6-22　断面大潮涨落急级配曲线图

6.2.3　悬沙中值粒径平面分布

　　三沙河段悬沙基本为粉沙，粒径 0.004 ~ 0.063mm 的平均含量在 90% 以上。三沙河段悬沙中值粒径一般在 0.005 ~ 0.02mm，平均中值粒径约 0.01mm，由于底沙冲刷悬扬等原因，局部区域、个别测点中值粒径较大在 0.03 ~ 0.05mm。悬移质粒径物质组成分析表明，悬沙中沙粒（0.062 ~ 2mm）含量在 2% ~ 5%，粉沙平均含量在 69% ~ 75%，黏粒含量（< 0.004mm）在 25% 左右，见图 6-23。

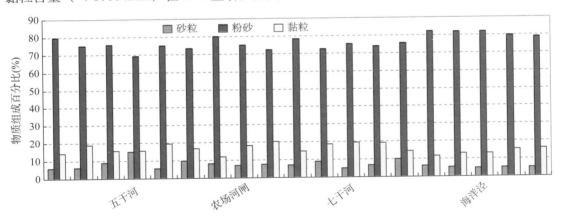

图 6-23　澄通河段各垂线悬移质粒径物质组成分布图（2010 年 4 月）

　　悬沙中值粒径洪、枯季比较，通州沙以上洪季一般大于枯季，通州沙以下洪季一般小于枯季，见图 6-24 ~ 图 6-27。

　　洪季大潮三沙河段悬沙中值粒径总体为上游小于下游，即福姜沙河段小于下游通州沙、白茆沙河段。天生港水道悬沙中值粒径小于浏海沙水道，西水道下段、福山水道小于通州沙东水道。枯季大潮浏海沙水道悬沙中值粒径大于天生港水道，通州沙西水道、福山水道悬沙中值粒径小于通州沙东水道及狼山沙东水道，徐六泾河段由于涨落潮流速都较大，悬沙中值粒径大于上下游。洪季小潮悬沙中值粒径通州沙、白茆沙河段小于大潮，福姜沙河段小潮略大于大潮悬沙中值粒径。小潮三沙河段悬沙中值粒径上下游相差不明显，即福姜沙河段与通州沙、白茆沙河段主槽或主汊悬沙中值粒径无明显差异。其中福南水道、通州沙西水道、白茆沙南水道相对较小。枯季小潮悬沙中值粒径福姜沙河段略小于通州沙、白茆沙河段。

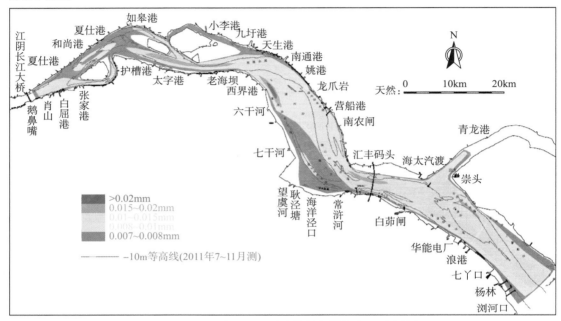

图 6-24　2004 年 9 月悬沙中值粒径等值线图（大潮）

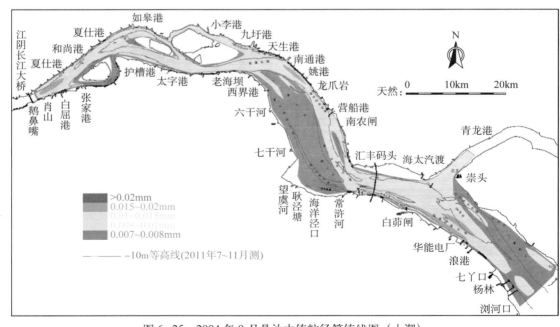

图 6-25　2004 年 9 月悬沙中值粒径等值线图（小潮）

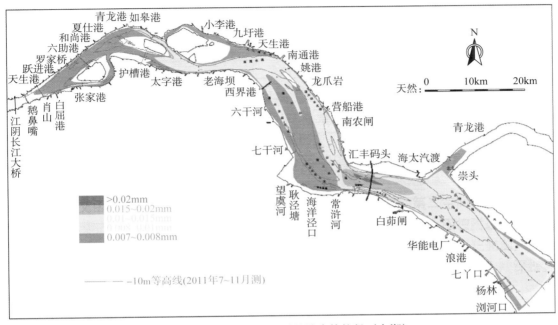

图 6-26 2005 年 1 月枯季悬沙中值粒径（大潮）

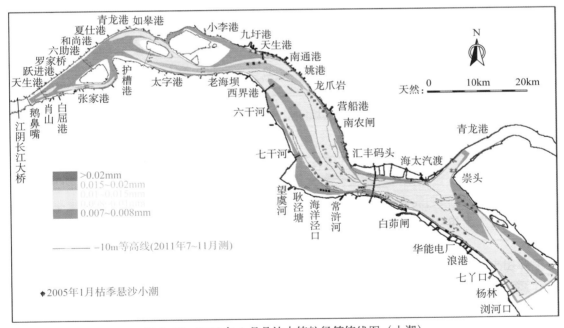

图 6-27 2005 年 1 月悬沙中值粒径等值线图（小潮）

6.2.4 悬沙沙粒径年际变化

三沙河段悬沙粒径多年来总体无明显趋势性变化，但受上游径流影响及下游潮汐影响，洪枯季大小潮会有所变化，洪水年、中水年、枯水年也有所不同。

实测资料分析表明，悬沙中细沙、粉沙及黏粒含量多年来总体变化不大。2004 年 9 月与 2012 年 9 月实测悬沙粒径分析见表 6-2、表 6-3，2004 年 9 月大潮细沙含量较多，达 11.4%，而中小潮仅 4%～5%；黏粒小潮较多，达 26.6%，而大潮仅 18.3%。2012 年 9 月大潮细沙含量大于小潮，其中小潮含黏粒最大达 26.5%。从细沙、粉沙、黏粒含量变化看，2004 年 9 月与 2012 年 9 月相差不大，在 1% 以内。

2004 年 9 月悬沙中细沙、粉沙、黏粒所占百分比（单位：%）　　　表 6-2

潮　型 \ 粒　径	0.062～2mm 砂粒	0.062～0.004mm 粉沙	小于 0.004mm 黏粒
大潮	11.40	68.30	18.30
中潮	4.30	71.80	23.90
小潮	5.18	68.20	26.60
平均	7.00	69.40	23.60

2012 年 9 月悬沙中细沙、粉沙、黏粒所占百分比（单位：%）　　　表 6-3

潮　型 \ 粒　径	0.062～2mm 砂粒	0.062～0.004mm 粉沙	小于 0.004mm 黏粒
大潮	6.90	68.50	24.60
中潮	6.60	71.70	21.70
小潮	4.70	68.80	26.50
平均	6.10	69.70	24.20

6.3　长江河口段底沙粒径分布

6.3.1　泥沙的粒配曲线及有关特征值

河流中的泥沙并不是均匀一致的，而是由大小不等的颗粒所组成。通常采用的办法是，通过颗粒分析求出沙样中各粒径级的重量，或小于不同粒径的总重量，绘制沙样粒配曲线。这种粒配曲线通常都画在半对数坐标纸上，横坐标表示泥沙粒径，纵坐标表示小于某粒径的泥沙在总沙样中所占的重量百分比。横坐标之所以采用对数坐标，主要是因为天然泥沙粒径变化范围甚广，这样做可避免图幅过大。

从粒配曲线上，对于某一特定粒径，可以查出小于这个粒径的泥沙在总沙样中所占的重量百分比，通常均以查到的百分数作为下角标附注在粒径 d 的下面，来表示这些粒径的特征，其中 d_{50} 是一个十分重要的特征粒径，称为中值粒径，它是在粒配曲线上与纵坐标 50% 相应的粒径，在全部沙样中，大于或小于这一粒径的泥沙在重量上刚好相等。

如果沙样不符合或者不完全符合正态分布，较准确的求平均粒径的方法为，把一个沙样按粒径大小分成若干组，定出每组上下界粒径 d_{max} 及 d_{min}，以及这一组泥沙在整个沙样中所占重量百分比 P_i，然后求出各组泥沙的平均粒径 $d_i [d_i=(d_{max}+d_{min})/2$ 或 $d_i=(d_{max}+d_{min}+\sqrt{d_{max}d_{min}})/3]$，再用加权平均的方法求出整个沙样的平均粒径 d_{pj}。如令分组数目为 n，则沙样的平均粒径应为：

$$d_{pj}=\sum_{1}^{n} p_i d_i \tag{6-5}$$

对于同一个沙样，由于分组的方式和数目不同，得出的平均粒径 d_{pj} 的数值也不一定完全相同。

关于沙样的均匀程度，对于一般河流泥沙来说，采用如下形式的非均匀系数或称拣选系数

$$\varphi=\sqrt{\frac{d_{75}}{d_{25}}} \tag{6-6}$$

来表示沙样的非均匀程度是比较合适的，非均匀系数等于 1，则沙样均匀；越大于 1，则越不均匀。

河床泥沙是水流与地表及河床长期作用形成，底沙粒径大小反映河床可动性，泥沙最小起动流速粒径一般在 0.1～0.2mm 之间，而河床泥沙粒径一般在这一范围内，可见河床可动性较大。悬沙级配反映与底沙水沙交换情况，悬沙中有多少与底沙相同粒径的泥沙，即悬沙分为冲泻质与床沙质，床沙质为悬沙中造床泥沙。径流河段悬沙变化基本与径流变化一致，是洪枯季变化。潮流河段河道放宽，来水来沙更为复杂，悬沙粒径、含沙量及底沙随时空分布复杂多变。

三沙河段主槽底沙主要为细沙，$d>0.03$mm 一般在 95% 以上，基本不含黏土，近岸边滩及洲滩等底沙为粉沙，中值粒径在 0.02～0.1mm，粉沙含沙量一般在 50% 以上，黏土质粉沙中值粒径一般在 0.02mm 以下，黏土含量在 20% 左右，粉沙含量在 70% 左右，细沙含量一般不足 10%，床沙总体变化为上游较下游为粗，下游较细。

福姜沙河段底沙中值粒径平均在 0.18mm 左右，通州沙东水道徐六泾主槽主槽底沙中值粒径平均在 0.15mm 左右。通州沙上底沙粒径较小，某些测点底沙级配与悬沙相差不大，最小中值粒径在 0.01～0.02mm。白茆沙河段底沙中值粒径平均在 0.13～0.14mm。

一般 $d_{50}=0.15$mm 以上泥沙不均匀系数为 2～5，d_{50} 粒径在 0.1mm 左右，不均匀系数为 5～10，d_{50} 在 0.01～0.1mm，不均匀系数一般在 10 以上。三沙河段底沙级配曲线见图 6-28～图 6-30。

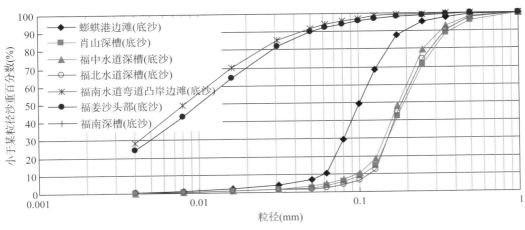

图 6-28 福姜沙河段颗粒级配曲线（底沙）

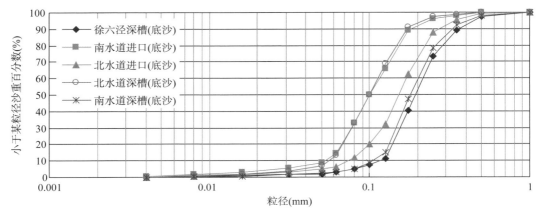

图 6-29　通州沙河段颗粒级配曲线（底沙）

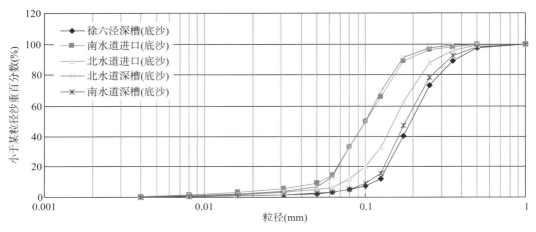

图 6-30　白茆沙河段颗粒级配曲线（底沙）

6.3.2　底沙粒径平面分布

三沙河段由于河床沿程水动力条件差异，汊道之间、滩槽之间水动力条件差异，河床冲淤变化悬沙底沙泥沙交换等，各汊道河床泥沙粒径存在差异，滩槽之间底沙粗细不同，上下游各河段之间底沙存在差异，不同时段底沙粒径有所不同。

据多年实测资料分析表明三沙河段底沙粒径沿程分布滩槽分布及主支汊分布规律多年来变化不大，底沙中值粒径沿程总体分布如下：

福姜沙河段鼻嘴至福姜沙分汊前主槽中值粒径在 0.2 ~ 0.25mm，靠左岸边滩底沙中值粒径在 0.1 ~ 0.15mm。福姜沙左汊，主槽及左岸水流顶冲冲刷部位底沙中值粒径在 0.2mm 左右，最大可达 0.25mm。六助港至和尚港沿岸中值粒径在 0.1 ~ 0.15mm。福南水道靠右岸深槽底沙中值粒径在 0.2mm 左右，靠左岸边滩底质中值粒径在 0.01 ~ 0.1mm。其弯道凸岸边滩中值粒径一般在 0.1mm 以下。位于福北水道泥沙中值粒径在 0.15 ~ 0.25mm，双涧沙头部及窜沟底沙相对较粗，高滩较细。焦港以下如皋中汊底沙一般在 0.1 ~ 0.2mm 之间。

浏海沙水道民主沙左侧及太字圩下深槽中值粒径在 0.2mm 左右，太字圩凸岸边滩底沙中值粒径一般在 0.03～0.1mm 之间。渡泾港夹槽及夹槽外沙埂一般在 0.05～0.1mm，老海坝以下至南通水道姚港下主槽中值粒径一般在 0.2mm 左右，靠泓北沙、横港沙一侧中值粒径一般在 0.01～0.1mm。天生港水道底质中值粒径一般在 0.01～0.1mm，仅出口段局部在 0.1mm 以上，横港沙浅滩中值粒径一般在 0.01～0.05mm。新开沙夹槽内一般 d_{50}=0.1～0.15mm，新开沙浅滩底沙中值粒径一般在 0.02～0.05mm，狼山沙东水道深槽内一般在 0.1～0.2mm。东水道内心滩底沙中值粒径一般在 0.1mm 以下。

通州沙上窜沟内 d_{50}=0.1～0.2mm，通州沙～狼山沙浅滩 d_{50} 一般在 0.02～0.05mm。西水道进口至五干河附近深槽内 d_{50} 一般在 0.15～0.2mm，六干河浅区在 0.02mm 左右，农场水闸附近深槽 d_{50} 在 0.1mm 左右。七干河附近在 0.1～0.2mm。福山水道常浒河深槽中值粒径在 0.15mm 左右，福山水道海洋泾附近底沙中值粒径在 0.01～0.03mm。

徐六泾河段新通海沙 −10m 处前沿中值粒径在 0.2mm 左右，而南岸侧白茆小沙及其夹槽内一般在 0.02～0.1mm。南水道进口 d_{50} 在 0.1～0.2mm，北水道进口 d_{50} 在 0.02～0.05mm，白茆沙上 d_{50} 一般在 0.01～0.1mm，窜沟内局部在 0.15mm 左右，白茆沙尾部 d_{50} 在 0.1～0.2mm。南水道深槽一般在 0.1～0.15mm，北水道深槽一般在 0.1mm 左右。由于河床冲淤变化，白茆沙南北水道主槽底沙经常出现中值粒径小于 0.05mm 的情况，2004 洪季底沙中值粒径平面分布见图 6-31，2011 年洪季底沙中值粒径平面分布见图 6-32。

一般情况下，大、中、小潮河床底质中值粒径值差别不大，个别点可能由于河床短期内冲淤变化导致泥沙的冲刷和淤积的变化，底沙粒径相差较大。总的来说，深槽底沙中值粒径大于浅滩，主汊大于支汊。

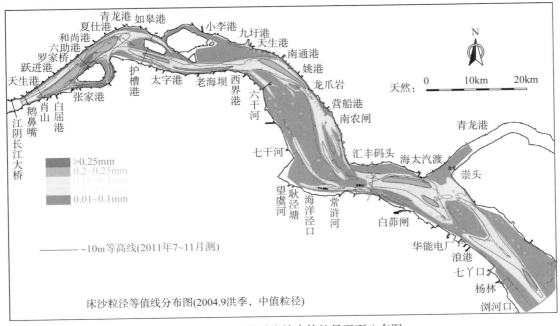

图 6-31　2004 洪季底沙中值粒径平面分布图

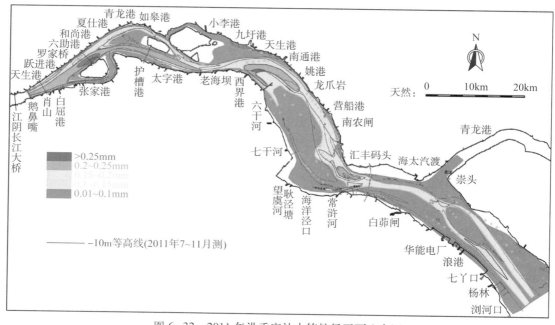

图 6-32　2011 年洪季底沙中值粒径平面分布图

6.4　输沙特性分析

为了分析三沙河段沿程典型断面水沙输运机制，为此对沿程各断面潮周期的平均输运量进行统计分析。

6.4.1　长江河口段水沙输运机制

流速 u 可分解为：

$$u = \bar{u}_a + U_a(t) + \bar{u}_t(y) + \bar{u}_v(y,z) + U_t(y,t) + U_v(y,z,t)$$

和流速一样，某物质浓度 $S(y,z,t)$ 可类似地分解为：

$$S = \bar{S}_a + S_a(t) + \bar{S}_t(y) + \bar{S}_v(y,z) + S_t(y,t) + S_v(y,z,t)$$

于是，物质沿断面法向的潮周期平均输运量为：

$$F = \int_0^B h(y,t)\mathrm{d}y \int_0^1 u(y,z,t)\cdot s(y,z,t)\mathrm{d}z$$

将流速 u 和物质浓度 S 两分解式代入上式，经整理后得式（6-7）

$$F = \underset{T_1}{\overline{a\,\bar{u}_a\bar{S}_a}} + \underset{T_2}{\overline{\bar{S}_a\,\overline{AU_a}}} + \underset{T_3}{\overline{\bar{u}_a\,\overline{AS_a}}} + \underset{T_4}{\overline{a\,\overline{U_a}\,\bar{S}_a}} + \underset{T_5}{\overline{\overline{AU_a}\,S_a}} + \underset{T_6}{\overline{a(\bar{u}_t\bar{S}_t)_a}}$$

$$+ \underset{T_7}{\overline{a(\bar{u}_v\bar{S}_v)_a}} + \underset{T_8}{\overline{a(U_tS_t)_a}} + \underset{T_9}{\overline{a(U_vS_v)_a}} + \underset{T_{10}}{\overline{a(\bar{u}_tS_t)_a}} + \underset{T_{11}}{\overline{a(\bar{u}_vS_v)_a}}$$

$$+ \underset{T_{12}}{\overline{a(U_t\bar{S}_t)_a}} + \underset{T_{13}}{\overline{a(U_v\bar{S}_v)_a}} \tag{6-7}$$

式中，T_1 表示平均流引起的输运项；T_2 是潮波与潮流相关项，即斯托克斯漂流效应（Stokes Drift）；T_3 为断面积与物质的潮变动相关项；T_4 是物质与流的潮变动关系项，Fischer（1976）认为它是岸凼（Side Embayments）、汉道和河道凹部所致的陷捕（Trapping）效应产生的输运。对长江口而言，也许汉道、浅滩效应更重要；T_5 为断面积、流和物质的三阶相互关系项；T_6、T_7 各为横向、垂向环流的贡献；T_8、T_9 各表示横向和垂向的潮振荡切变作用；T_{10} 至 T_{13} 是环流和振荡切变的其他各种相互关系项，这四项在上述作者的模式中是没有的。看来，这并非定义不同所致。但是，从我们计算的结果来看，$T_{10} \sim T_{12}$ 确很小，可忽略，而 T_{13} 则较重要。还有必要提出的是，上式中除 T_1、T_2 外，余者各项对弥散均有不同程度的贡献。表6-4、表6-5为洪季大潮、枯大潮三沙河段沿程各段面潮周期平均泥沙输运量。

大潮悬移质各项输运量（单位：kg/s）　　　　　表6-4

位置	悬移质潮周期各项输运量（大潮）												
	T_1	T_2	T_3	T_4	T_5	T_6	T_7	T_8	T_9	T_{10}	T_{11}	T_{12}	T_{13}
肖山	5 716.7	−169.0	−53.6	887.6	19.4	69.8	−212.4	10.1	−25.5	0.2	1.1	2.7	5.8
福姜沙左汊	4 234.4	−198.8	−49.0	481.5	13.6	36.9	−121.4	3.9	−24.6	−3.2	1.0	0.8	4.9
福姜沙右汊	819.9	−34.3	−6.1	67.7	1.2	−13.2	−6.6	−1.9	3.6	0.4	−0.2	0.3	0.2
如皋中汊	3 425.0	−113.4	1.7	−189.4	−21.8	−85.7	−62.9	−61.6	13.8	3.4	−1.5	4.9	1.5
浏海沙水道	4 158.5	−225.5	−20.5	324.4	1.0	103.6	−60.2	−18.6	13.7	−0.3	−0.8	−7.6	3.0
九龙港	8 328.6	−258.4	−41.7	930.9	13.8	53.6	−149.8	−29.0	9.4	1.0	0.2	6.7	5.2
狼山沙左汊	5 835.2	−622.8	−33.3	200.0	−48.5	−2.6	−183.1	11.5	33.4	−0.4	−3.7	−0.2	20.8
狼山沙右汊	1 412.5	−317.9	−19.2	278.7	−7.5	8.9	−85.6	4.2	−62.9	−0.5	2.0	−1.9	21.6
徐六泾	11 715.8	−745.3	−28.2	−136.4	−14.5	−255.6	−154.6	172.6	76.6	2.7	−1.5	−10.8	11.5
北支口	917.5	−2 753.5	130.3	−5 869.5	−987.9	83.9	−126.0	65.7	635.8	−11.4	−24.7	−20.5	262.0
白帽衫北水道	8 168.5	−593.6	−12.9	−456.9	−49.8	−174.2	−167.5	28.0	65.1	−2.7	−2.8	24.1	10.5
白茆沙南水道	10 527.8	−1 195.6	−60.1	673.2	−129.4	56.0	−459.7	−103.0	0.7	14.1	3.0	57.0	48.2

小潮悬移质各项输运量（单位：kg/s）　　　　　表6-5

位置	悬移质潮周期各项输运量（小潮）												
	T_1	T_2	T_3	T_4	T_5	T_6	T_7	T_8	T_9	T_{10}	T_{11}	T_{12}	T_{13}
肖山	4 204.4	−13.4	−6.7	71.0	1.3	3.4	−133.7	1.6	−4.9	−0.1	0.4	0.0	0.3
福姜沙左汊	3 863.4	−18.5	−0.9	47.2	0.2	15.4	−51.4	9.2	−3.1	0.3	0.1	−0.1	0.3
福姜沙右汊	696.5	−3.0	−0.8	7.1	0.2	−7.0	−1.2	0.1	0.5	0.0	0.0	0.0	0.0
如皋中汊	1 386.9	−5.2	−3.6	42.7	0.9	4.9	−6.8	4.1	0.3	0.3	−0.1	0.0	0.0
浏海沙水道	3 597.1	−15.8	−9.7	25.6	0.7	162.6	−39.7	−9.4	6.3	−0.4	0.1	−1.5	0.2
九龙港	6 037.9	−19.3	−4.4	108.3	1.9	−30.1	−75.2	2.5	1.4	0.7	0.0	0.0	0.2
狼山沙左汊	2 173.5	−31.5	−14.0	159.9	6.4	−2.9	−22.4	12.9	−1.2	−0.4	0.0	0.2	0.4
狼山沙右汊	428.4	−9.2	−0.9	11.5	0.7	−0.8	−5.5	−0.3	−0.9	0.0	0.0	0.2	0.1
徐六泾	2 681.6	−23.9	−6.6	6.3	−3.4	−36.5	−28.4	15.1	−9.0	0.0	0.0	0.6	0.3
北支口	148.7	−24.7	−4.4	51.2	−5.7	0.0	−4.9	−0.7	−2.4	0.0	0.0	0.0	0.0
白帽衫北水道	736.0	−11.6	−5.7	206.3	−1.0	1.5	−8.5	−0.7	0.6	0.1	0.0	−0.1	0.1
白茆沙南水道	1 290.6	−29.3	−8.6	305.6	−1.8	−59.2	−25.6	−15.0	−9.4	1.9	0.1	2.0	0.5

从计算可以看出，影响悬移质输运的因子是众多的，其主要影响因子是平均流引起的输运项（T_1）、斯托克斯传输项（T_2）和流、悬移质含沙量的潮起伏相关项（T_4），其次是T_3、T_5、T_6、T_7、T_8、T_9、T_{13}等项的贡献，T_{10}、T_{11}、T_{12}均很小。

其中平均流引起的输运项（T_1）和斯托克斯传输项（T_2）的性质与水体输运的性质一致。T_3、T_4、T_5为潮弥散项，他们反映了断面平均的潮起伏对泥沙输运的贡献；$T_3 \sim T_{13}$为环流及振荡切变弥散项。

6.4.2 断面流量与输沙量

三沙河段河床输沙有涨潮输沙和落潮输沙，分析涨落潮平均流量与涨落潮平均输沙量关系。图 6-33 为涨落潮流量与输沙量关系，由图可知断面流量与输沙量总体呈三次方曲线变化，福姜沙河段相关性相对较好，断面点较集中于曲线附近；九龙港以下断面点相对较散乱，由图 6-33 可看出江阴肖山断面当流量在 3 万 m³/s 以下时含沙量较小，九龙港断面流量在 4 万 m³/s 以下时含沙量较小，4 万 m³/s 以上含沙量增加明显，徐六泾断面在 6 万 m³/s 以下时含沙量较小，6 万 m³/s 以上含沙量增加较明显。其中红色点为涨潮流量及输沙量，由图可见涨潮流量与输沙量规律与落潮规律基本一致。就整个三沙河段来说，涨落潮平均输沙量与涨落潮平均潮量的关系总体也呈三次方曲线变化。

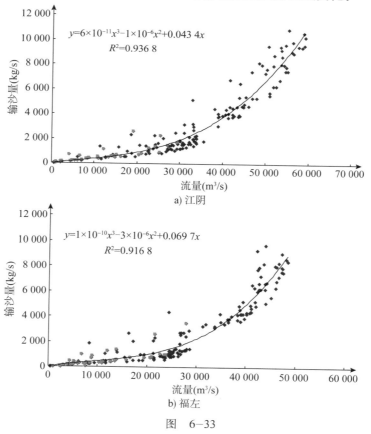

图 6-33

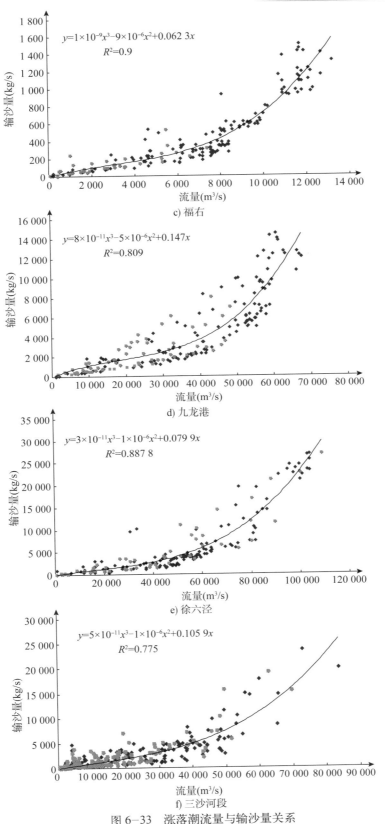

图 6-33　涨落潮流量与输沙量关系

6.4.3 涨落潮输沙量沿程变化

河床各断面近年来实测大潮输沙量见图 6-34、图 6-35。工程河段泥沙来源除上游来沙外，还有海域来沙、北支倒灌泥沙，近年北支洪枯多次出现水沙倒灌。三沙河段落潮输沙量一般大于涨潮输沙量，洪季大于枯季。

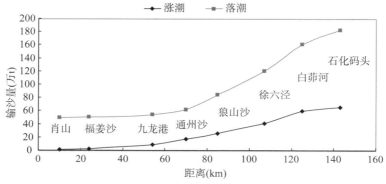

图 6-34　断面涨落潮输沙量（2004 年 9 月）

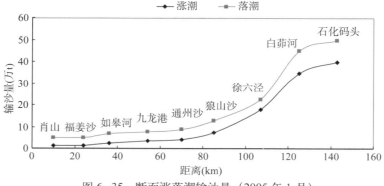

图 6-35　断面涨落潮输沙量（2005 年 1 月）

各断面近年来大潮输沙量见表 6-6。同一断面涨潮输沙量一般小于落潮输沙量，但不同断面涨潮输沙量可能大于落潮输沙量，据 2005 年 1 月实测资料，九龙港大潮落潮输沙量为 8.1 万 t，而北支涨潮输沙就达 9.08 万 t，石化码头断面达 38.8 万 t，远大于九龙港落潮输沙量。

各断面近年来大潮输沙量（单位：万 t）　　　　　　　　　　　　　　　表 6-6

断面	2004 年 9 月			2005 年 1 月			2007 年 7 月			2010 年 7 月		
	涨潮输沙量	落潮输沙量	净输沙量	涨潮输沙量	落潮输沙量	净输沙量	涨潮输沙量	落潮输沙量	净输沙量	涨潮输沙量	落潮输沙量	净输沙量
新开沙夹槽	3.2	9.3	6.1	0.55	0.89	0.35	1.78	4.85	3.08	0.6	5.6	5
狼山沙东水道	15.1	55.5	40.4	5.06	8.3	3.24	12.2	81.1	6.9	6.6	109	102.4
狼山沙西水道	8.4	23.1	14.6	2.05	3.3	1.25	5.71	23.1	17.1	4.8	27.1	22.3
徐六泾	37.8	121	83.2	18.8	20.5	1.7	20.2	101	80.8	—	—	—
白茆河	—	—	—	—	—	—	27.9	154	126.1	—	—	—
北支口	65.7	28.1	−37.6	9.1	1.6	−7.5	13.9	14.9	1	13.5	23	9.5
白茆沙北水道	24.1	71.7	47.6	14.3	19.6	5.3	9.7	74.7	65.1	2.1	95.8	93.7
白茆沙南水道	42.1	89	46.9	21.7	27.2	5.5	27.7	120	92.3	13.2	83.6	70.4

洪季涨潮输沙量较小，枯季大、中潮涨潮输沙量一般可达落潮输沙量的 20%～80%。据 2011 年 10 月测量资料分析，通州沙水道西界港附近涨潮输沙量为落潮输沙量的 30%～50%。徐六泾附近涨潮输沙量为落潮输沙量的 50%～60%。杨林附近涨潮输沙量为落潮输沙量的 60%～70%。由于涨落潮断面含沙量分布不一致，支汊及洲滩涨潮输沙量可能大于落潮输沙量，如北支、福山水道等。为此对于涉及支汊演变及影响或某些洲滩的变化需考虑涨潮来沙因素等。

枯季大潮通州沙自上而下涨潮输沙量约为落潮输沙量的 30%～50%，而洪季大潮涨潮输沙量仅为落潮输沙量的 5%～20%，洪季小潮基本无涨潮输沙。

2005 年 1 月，枯季大潮徐六泾涨潮输沙约为落潮的 90%，北支水沙倒灌涨潮时落潮的 790%，白茆沙沙中断面涨潮约为落潮的 36/46.8=77%，石化码头下（杨林口）扁担沙涨潮输沙量大于落潮输沙量，南支主槽涨潮输沙量小于落潮输沙量。

大中潮北支口涨潮输沙大于落潮输沙量，扁担沙涨潮输沙大于落潮输沙量。小潮落潮输沙量大于涨潮输沙量，但徐六泾断面涨潮输沙量仍达落潮输沙量 36.7%，北支口小潮涨潮输沙量达落潮的 90.7%，白茆沙中断面 44%，石化码头下 6.14/11.87=51.7%，由此可见，大中小潮输沙量变化较大，徐六泾以下小潮涨潮输沙量约为落潮的 30% 左右。大潮涨潮输沙量为落潮的 70%～90%，可见枯季大潮条件下，涨潮输沙对河床冲淤影响不可忽视。另外大潮北支倒灌沙量也较大，对北支口附近河床冲淤带来影响。

6.5 三沙河段含沙量与流速关系分析

水流挟沙能力是指在一定的水流泥沙及边界条件下，单位水体所能够挟带和输送泥沙的数量。关于水流挟沙能力的研究始于 Gilbert 的水槽输沙实验，其后几十年间国内外许多学者对河道水流挟沙能力展开了广泛研究并取得长足的进展，已有许多理论的（如扩散理论、重力理论等）和经验的公式，其中典型代表有 Einstein、维里坎诺夫 (1958)、张瑞瑾、Bagnold、杨志达和窦国仁等的工作。这些公式中，一般包含了如下三类因素：①水力因素，以水深平均流速 (V) 或能坡 (J) 等表示；②河流形态和边界特性因素，以水力半径 (R) 或水深 (D)、河道糙率（曼宁系数 n 或谢才系数 C）等表示；③悬移质泥沙沉降因素，以粒径 (d) 或沉速 (ω) 等表示。

对明渠或河流恒定水流，单位时间单位床面的水柱所提供的能量 E_p 为：

$$E_p = \int_0^D \gamma u J \mathrm{d}z = \gamma u D \frac{1}{D} \int_0^D u \mathrm{d}z = \gamma J D V \tag{6-8}$$

式中：γ——水的重度；

　　　D——水深；

　　　J——水流能坡；

　　　V——水柱平均流速。

水流能量 E_p 主要消耗于三个方面：输送推移质、悬浮悬移质和克服水流阻力。设单位时间悬浮悬移质所消耗的水流能量为

$$E_s = e_s(1 - e_b)E_p \tag{6-9}$$

式中：e_b——水流维持推移质运动的能量损失；

e_s——水流悬浮悬移质的效率系数。

根据悬移质对水流的致紊作用的观点，水流含沙量 S 越大，e_s 越大，一般可写为（E_0 为无因次系数；$p>0$）

$$e_s = e_0(S / \gamma_s)^p \qquad (6-10)$$

单位时间内水流悬浮一定数量泥沙不沉所需的能量 W 为（窦国仁等，1995）：$W=W_s\omega$，其中

$$W_s = (1-\gamma / \gamma_s)DS \qquad (6-11)$$

根据能量平衡原理，单位时间水流悬浮悬移质所消耗的能量 E_s 等于其悬浮一定数量泥沙不沉所需的能量 M 即：

$$e_s(1-e_b)\gamma DJV = W_s\omega \qquad (6-12)$$

在河床处于不冲不淤的平衡状态下，s 即认为是水流挟沙力，以 S_* 表示之。利用谢才公式 $V=C(RJ)^{0.5}$（对浅水流动一般取 $R=D$），并令 $m=1/(1-p)$，由式（6-12）得（K 为综合系数）

$$S_* = \gamma_s \left[\frac{e_0(1-e_b)gr}{(\gamma_s - \gamma)C^2}\right]^m \left(\frac{V^3}{gD\omega}\right)^m = K\left(\frac{V^3}{gD\omega}\right)^m \qquad (6-13)$$

式（6-13）是恒定水流挟沙力公式的一般形式，表明水流挟沙 S_* 与 $\frac{V^3}{gD\omega}$ 成正比，其中单位时间的概念显得并不重要；但在河口水域，由于受周期性潮流的非恒定作用及其径流的影响，式（6-13）只代表某一单位时间内的水流挟沙能力，考虑到潮流的周期性及涨、落潮的根本区别，一般需要确定涨、落潮的平均水流挟沙能力。为此，应用公式 $C=D^{1/6}/n^2$，对式（6-13）进行半潮（即涨潮或落潮）平均，并假定 ω、n、e_0、e_b 在半潮平均意义上是常数，则可得半潮平均水流挟沙能力，即（T 是潮流周期）

$$\overline{S_*} = \frac{2}{T}\int_0^{T/2} S_*\mathrm{d}t = \gamma_s\left[\frac{e_0(1-e_b)n^2\gamma}{(\gamma_s-\gamma)\omega}\right]^m \left[\frac{2}{T}\int_0^{T/2}\left(\frac{V^3}{D^{4/3}}\right)^m \mathrm{d}t\right] \qquad (6-14)$$

由于 $D=h+\eta(t)$ 是时间的函数 [h 是静水深，$\eta(t)$ 是水位波动]，且分别就涨潮或落潮而言可假定 $V>0$，应用数学分析中的第一中值定理，当 $0 \leqslant \zeta \leqslant T/2$ 时，有：

$$\overline{S_*} = \gamma_s\left[\frac{e_0(1-e_b)n^2\gamma}{(\gamma_s-\gamma)\omega h^{4/3}}\right]^m \frac{1}{[1+\eta(\xi)/h]^{4/3}}\left(\frac{2}{T}\int_0^{T/2}V^{3m}\mathrm{d}t\right) \qquad (6-15)$$

设 $\frac{2}{T}\int_0^{T/2}V^{3m}\mathrm{d}t = \alpha\overline{V}^{3m}$，$\eta(\zeta)=\beta\Delta H$，其中 α、β 由现场观测确定系数，ΔH 为河口潮差，进一步可得：

$$\overline{S_*} = \gamma_s\left[\frac{e_0(1-e_b)\gamma}{(\gamma_s-\gamma)\omega h^{4/3}}\right]^m \frac{\alpha}{[1+\beta\Delta H/h]^{4/3}}\left(\frac{n^2\overline{V}^3}{\omega h^{4/3}}\right)^m \qquad (6-16)$$

由于影响系数 e_0、e_b 和 α 等的因素及其变化极为复杂，目前要研究清楚尚有困难，为此引入综合系数 K（一般根据实测资料确定），应用近似公式 $[1+\beta\Delta H/h]^{-4/3} \approx (1-_\Delta H/h)^l$，其中 $l=4m\beta/3$，故式（6-16）具有如下形式

$$\overline{S_*} = \gamma_s K \left(\frac{n^2 \overline{V}^3}{\overline{\omega} h^{4/3}} \right)^m \left(1 - \frac{\Delta H}{h} \right)^l \tag{6-17}$$

式 (6-17) 即为根据水流能量平衡原理建立的河口水流挟沙力公式。

从式 (6-17) 的推导中可以看出：对恒定水流，$\Delta H=0$，挟沙力公式 (6-17) 的实质就是张瑞谨公式，即可表示为式 (6-13) 的形式，表明水流挟沙力 S_* 与 $V^3/(gd\omega)$ 成正比；对潮汐河口水流的周期性运动，水位与流速存在一定的相位差，潮差对水流挟沙力的影响是不可忽视的。事实上，有些河口的挟沙力公式已经考虑了潮差这一潮汐河口特有的水力因素。

$$S_* = f \left(\frac{V^2}{gh}, \frac{V}{\omega}, 1 - \frac{\Delta H}{h} \right)$$

国内用得较多的张瑞瑾公式就是将上述两者的乘积建立关系，式中 $\frac{V^2}{gh}$ 为水流的佛汝德数的平方，$\frac{V}{\omega}$ 代表泥沙的相对重力作用，公式的物理意义比较明确，即水流挟沙能力是水流动力与泥沙重力的相互作用。为此本次研究对 $S_* \sim \frac{V^2}{gh}$，$S_* \sim \frac{V}{\omega}$，$S_* \sim 1 - \frac{\Delta H}{h}$，$S_* \sim \frac{V^3}{gh\omega}$ 等相关关系进行了研究。图 6-36 ～图 6-39 为落潮、涨潮条件下各相关关系。

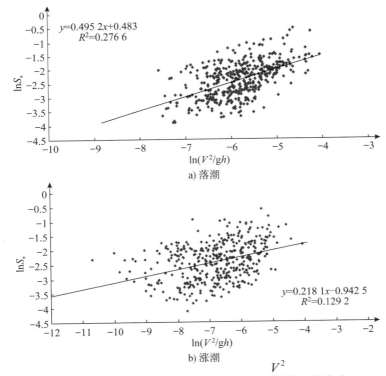

图 6-36　对数坐标下涨落潮 $\ln S_* \sim \ln \frac{V^2}{gh}$ 的相关关系

从图 6-37 可以看出，$S_* \sim V^2/gh$ 存在一定的关系，但其相关关系一般；从图 6-38 可以看出其挟沙力与重力作用存在一定的关系，但其相关关系一般，且落潮相关关系好于涨潮条件下的相关关系。从图 6-39 看出，含沙量与潮差关系不明显。

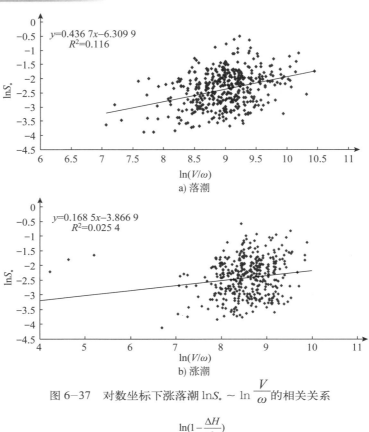

图6-37　对数坐标下涨落潮 $\ln S_* \sim \ln \dfrac{V}{\omega}$ 的相关关系

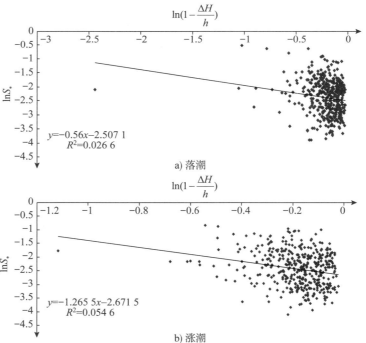

图6-38　对数坐标下涨落潮 $\ln S_* \sim \ln(1 - \dfrac{\Delta H}{h})$ 的相关关系

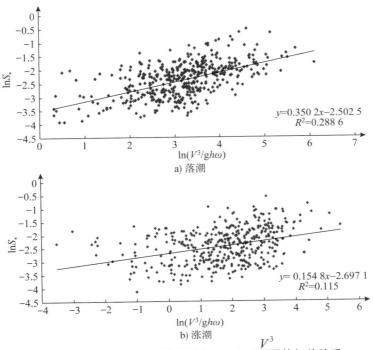

图 6-39 对数坐标下涨落潮 $\ln S_* \sim \ln \dfrac{V^3}{gh\omega}$ 的相关关系

从图中可以看出，$\ln(S_* \sim \dfrac{V^3}{gh\omega})$ 的相关关系较前面两种 $\ln(S_* \sim \dfrac{V^2}{gh})$、$\ln(S_* \sim \dfrac{V}{\omega})$ 的关系稍好，且落潮好于涨潮。

同时由于三沙河段沿程受上游径流和下游潮汐的影响程度不一样，为此本次将三沙河段分成江阴～九龙港（上段）、九龙港～徐六泾（中段）以及徐六泾以下（下段）三个区域分别统计涨落潮条件下挟沙力的关系，见图 6-40～图 6-41。

将三沙河段分成江阴～九龙港、九龙港～徐六泾以及徐六泾以下三个区域分别统计，表明各区段仍满足 $S_* = k(\dfrac{V^3}{ghw})^m$ 的形式，且具有较好的相关性，且落潮相关性上游好于下游，涨潮条件下相关性下游好于上游。其中落潮条件下 k 约为 0.03，m 一般为 1.1～1.5；涨潮条件下 k 约 0.05，m 一般为 0.3～0.8。

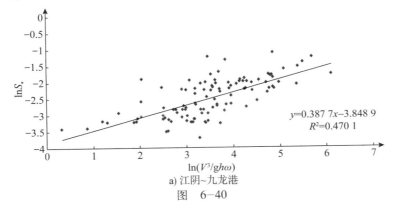

a) 江阴~九龙港

图 6-40

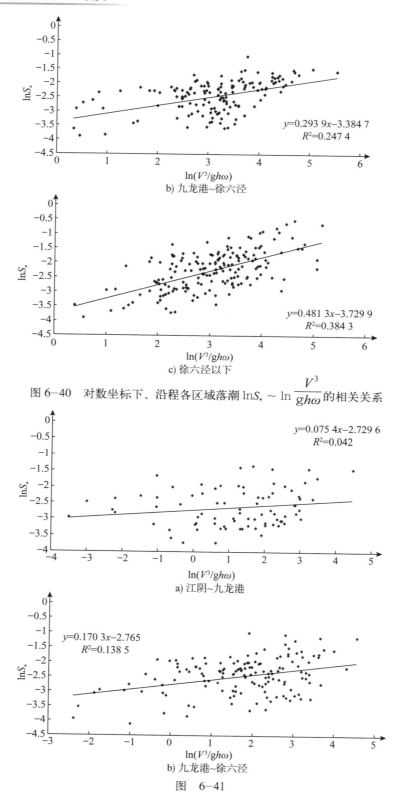

b) 九龙港~徐六泾

c) 徐六泾以下

图 6-40　对数坐标下、沿程各区域落潮 $\ln S_* \sim \ln \dfrac{V^3}{gh\omega}$ 的相关关系

a) 江阴~九龙港

b) 九龙港~徐六泾

图　6-41

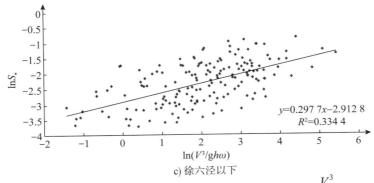

c) 徐六泾以下

图 6-41 对数坐标下、沿程各区域涨潮 $\ln S_* \sim \ln \dfrac{V^3}{gh\omega}$ 的相关关系

6.6 泥沙起动流速规律的研究

泥沙起动流速公式较多，泥沙粒径不同，起动流速公式不同。粗沙及卵石等大颗粒泥沙起动流速公式形式基本一致。而细粉沙起动流速公式形式各有差异，其颗粒间存在黏性，公式中分成黏性项和非黏性项，起动流速与粒径 d 呈多项式关系而非幂指数关系。在模型试验中，模型沙与原型沙运动规律难以用统一公式来描述。为此对泥沙起动流速进行研究，要求原体沙与模型沙能用同一条起动公式计算。

6.6.1 泥沙起动剪力判据方程推导

根据河床上泥沙开始运动时，作用力的平衡条件，可得下列方程式：

$$C_x \rho V_d^2 \alpha_3 d^2 = f\left[\alpha_1(\rho_s - \rho)gd^3 - C_y\rho V_d^2 d^2\right] \tag{6-18}$$

式中：V_d——$y=d$ 处的水流速度；

$\quad d$ ——泥沙粒径；

$\quad C_x$ ——迎面绕流系数；

$\quad C_y$ ——上举力绕流系数；

α_1、α_3 ——泥沙颗粒形状参数；

$\quad f$ ——颗粒间摩阻系数。

整理后，可得：

$$\frac{V_d^2}{\left(\dfrac{\rho_s}{\rho}-1\right)gd} = \frac{f\alpha_1}{\alpha_3(C_x+C_y)} \tag{6-19}$$

令 $V_d=\eta V_*$，代入式（6-19），得：

$$\frac{V_*^2}{\left(\dfrac{\rho_s}{\rho}-1\right)gd} = \frac{f\alpha_1}{\alpha_3\eta^2(C_x+C_y)} \tag{6-20}$$

根据现代流体力学结论，式中

$$\eta = f\left(\frac{V_* d}{\nu}\right) \qquad (6-21)$$

根据现有对圆筒及圆球绕流特性的研究，C_x 与 C_y 的变化曲线与颗粒沉速的绕流阻力系数 C_D 本质上是一样的，区别在于河床泥沙颗粒上只有一面受到绕流的作用，是不对称的，因此可设：

$$C_x = k_1 C_D, C_y = k_2 C_D \qquad (6-22)$$

$$C_D = \frac{4}{3}\left(\frac{\rho_s}{\rho} - 1\right)\frac{gd}{\omega^2} \qquad (6-23)$$

式中：ω——泥沙颗粒沉速；

k_1、k_2——与河底泥沙排列有关的系数，对于均匀沙，可假定为常系数。

因此，式（6-21）应综合为：

$$\frac{V_*^2}{\frac{\rho_s - \rho}{\rho}gd} = f(C_D, \frac{V_* d}{\nu}) \qquad (6-24)$$

由此可见，著名的 Shield's 曲线为

$$\frac{V^2}{\frac{\rho_s - \rho}{\rho}gd} = f(\frac{V_* d}{\nu}) \qquad (6-25)$$

遗漏了一个因子 C_D。

但式（6-24）为一个三因子关系式，较难进行试验成果的综合，因此必须设法简化变量。

为此，将式（6-10）等式左右各乘以 $3C_D/4$ 并与式（6-23）联立，则可得：

$$\frac{V_*}{\omega} = \sqrt{\frac{f\alpha_1 \frac{3}{4}}{\alpha_3 \eta^2 (k_1 + k_2)}} \qquad (6-26)$$

式（6-26）中的 f，α_1，α_3，k_1，k_2 均为与河底泥沙特性有关的常数系数，而根据现有流体力学理论

$$\eta = f(\frac{V_* d}{\nu})$$

因此，可得：

$$\frac{V_*}{\omega} = f(\frac{V_* d}{\nu}) \qquad (6-27)$$

在泥沙起动时，剪力雷诺数可化为：

$$\frac{V_{*0} d}{\nu} = \frac{\sqrt{\frac{\rho_s - }{\rho}gd}}{\nu}d = \frac{\sqrt{\frac{\rho_s - }{\rho}g}}{\nu}d^{\frac{3}{2}}$$

令

$$\Phi = \left(\frac{V_{*0} d}{\nu}\right)^{\frac{2}{3}} = \frac{\left(\frac{\rho_s}{\rho} - 1\right)^{\frac{1}{3}}g^{\frac{1}{3}}d}{\nu^{\frac{2}{3}}} \qquad (6-28)$$

代入式（6-27）得：

$$\frac{V_*}{\omega}=f(\varphi) \tag{6-29}$$

式中，φ 称为粒径判据，系沙玉清教授在 20 世纪 40 年代以另一种方式独立提出的，50 年代在国外渗流研究及泥沙研究中始有应用。实际上此判据即相似性力学中的伽利略判据 $Ga=gL^3/v^2$ 的发展，当取 L 为 d，并配以 $(\rho_s-\rho)/\rho$ 时，即得 $Ga^{1/3}=\varphi$。

式（6-29）的具体函数形式，可由系统试验确定。

6.6.2 泥沙起动剪力半经验公式之确定

关于采用相似判据 V_*/ω 于分析泥沙起动流速资料，前人已有成果，但本文则首次从理论上推导出来，证明了其正确性；同时配合引进了粒径判据 φ 来代替 V_*d/v，使得出的关系式，免除了试算之繁。在搜集了国内外几家泥沙起动的系统试验资料后，点绘了相似判据 V_*/ω 与 φ 值之间的关系曲线，见图 6-42。

由图 6-42 可见，全部资料落在一条曲线，泥沙颗粒由细到粗呈下降趋势，最后趋近一常数 0.185。表明 V_*/ω 及 φ 确可作为泥沙起动现象的合适的两个相似判据。

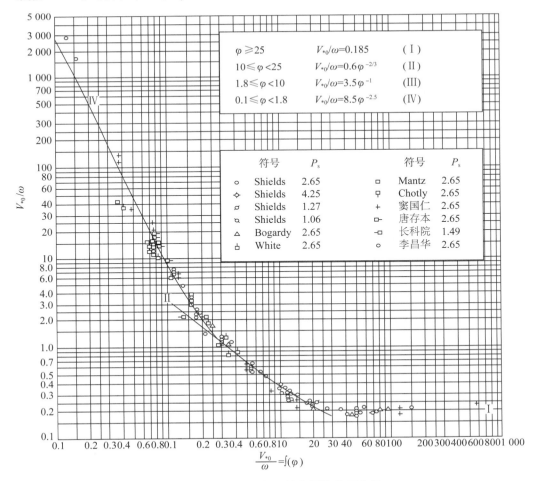

图 6-42 V_*/ω 与 φ 值之间的关系曲线

根据这条曲线，就能进行从淤泥粉细沙到砾卵石的模型沙粒径的计算，具体方法如下：

由于 $V_{*0} = \dfrac{V_0}{7.14\left(\dfrac{H}{d_{95}}\right)^{\frac{1}{6}}}$，故

$$\frac{V_{*0}}{\omega} = \frac{V_0}{7.14\left(\dfrac{H}{d_{95}}\right)^{\frac{1}{6}}\omega} \qquad (6-30)$$

利用上式及图 6-42 曲线 $V_*/\omega = f(\varphi)$ 就能进行模型沙的计算。

曲线 $V_*/\omega = f(\varphi)$ 即泥沙的起动规律，故将曲线分段求出其以切力速度 V_* 表示的近似公式如下：

$$\varphi \geqslant 25 \qquad \frac{V_{*0}}{\omega} = 0.185 \qquad (6-31)$$

$$10 \leqslant \varphi < 25 \qquad \frac{V_{*0}}{\omega} = 1.6\varphi^{-\frac{2}{3}} \qquad (6-32)$$

$$1.8 \leqslant \varphi < 10 \qquad \frac{V_{*0}}{\omega} = 3.5\varphi^{-1} \qquad (6-33)$$

$$0.1 \leqslant \varphi < 1.8 \qquad \frac{V_{*0}}{\omega} = 8.5\varphi^{-2.5} \qquad (6-34)$$

式中：ω——泥沙沉速，cm/s，按沙玉清公式确定。

将式 $V_{*0} = \dfrac{V_0}{7.14\left(\dfrac{H}{d_{95}}\right)^{\frac{1}{6}}}$ 代入上述各式，整理之，得相应的泥沙起动流速公式如下：

$\varphi \geqslant 25$（$d > 1$mm，天然沙）时，

$$V_0 = 1.32\left(\frac{H}{d_{95}}\right)^{\frac{1}{6}}\omega \qquad \text{(cm/s)} \qquad (6-35)$$

$10 \leqslant \varphi \leqslant 25$（$0.4$mm $\leqslant d \leqslant 1$mm，天然沙）时，

$$V_0 = 0.32\left(\frac{H}{d_{95}}\right)^{\frac{1}{6}}\frac{\omega}{\left(\dfrac{\rho_s}{\rho}-1^{\frac{2}{9}}d^{\frac{2}{3}}\right)} \qquad \text{(cm/s)} \qquad (6-36)$$

$1.8 \leqslant \varphi \leqslant 10$（$0.07$mm $\leqslant d \leqslant 0.4$mm，天然沙）时，

$$V_0 = 0.12\left(\frac{H}{d_{95}}\right)^{\frac{1}{6}}\frac{\omega}{\left(\dfrac{\rho_s}{\rho}-1^{\frac{1}{3}}d\right)} \qquad \text{(cm/s)} \qquad (6-37)$$

$0.1 \leqslant \varphi \leqslant 1.8$（$0.004$mm $\leqslant d \leqslant 0.07$mm，天然沙）时，

$$V_0 = 0.93 \times 10^{-4}\left(\frac{H}{d_{95}}\right)^{\frac{1}{6}}\frac{\omega}{\left(\dfrac{\rho_s}{\rho}-1^{\frac{5}{6}}d^{\frac{5}{2}}\right)} \qquad \text{(cm/s)} \qquad (6-38)$$

或代入层流区沉速规律后，得：

$$V_0 = 0.38\left(\frac{H}{d_{95}}\right)^{\frac{1}{6}}\frac{\left(\frac{\rho_s}{\rho}-1\right)^{\frac{1}{6}}}{\sqrt{d}} \quad (cm/s)$$

(6-39)

式中：ω——泥沙沉速，cm/s，按沙玉清公式确定。

将起动流速公式按粒径大小分成四个公式，但连接处不顺，公式中采用d_{95}，确定d_{95}误差相对较大，此公式计算河床泥沙起动流速相对偏小。

6.7　三沙河段造床泥沙分界粒径

河道中悬沙细颗粒泥沙大都随水流而下，不与河床底沙发生交换，不参与造床作用，其不参与造床作用的泥沙为冲泻质，而沿程悬沙和底沙不断发生交换，参与造床部分的悬沙为床沙质。悬沙中冲泻质与床沙质的分界粒径同一河段沿程不同，各汊道存在差异，洪枯季存在不同。

6.7.1　常见的几种分界粒径计算方法

（1）固定百分比法

以床沙级配中最细的5%的粒径d_5（也有依经验取10%）作为划分床沙质和冲泻质的临界粒径。

（2）拐点法

如果在床沙级配曲线右端10%的范围内，出现了比较明显的拐点，就以拐点处的粒径作为临界粒径。当无明显拐点可采用固定百分比法，即取曲线上纵坐标5%（或10%）相应的粒径作为临界粒径d_{c0}，见图6-43，但此方法不是很严格。

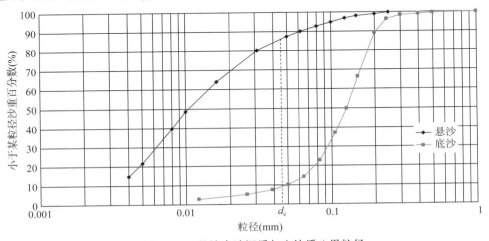

图6-43　悬沙中冲泻质与床沙质分界粒径

（3）公切线法

把床沙和悬移质级配曲线上下叠绘在一起，通过这两条曲线的相邻部分大体上画一条公切线，这条线与横坐标的交点处的粒径即可作为临界粒径。

（4）最大曲率点法

拐点法所谓的拐点，实际上是指床沙级配曲线下端的最大曲率点。先找出表征床沙级配曲线的函数关系式，再用数学方法计算最大曲率最大点。

（5）按泥沙起动、止动水流条件的划分

当床沙不能起动且运动中的泥沙又不能止动时，对应的那一部分粒径的泥沙即为冲泻质，否则为床沙质。用起动摩阻流速和止动摩阻流速表示对应的水流条件，再根据泥沙起动摩阻流速公式和止动摩阻流速公式就可反算分界粒径。

（6）基于"自动悬浮"理论的方法

基于能量的角度考虑，当水流中存在悬移质的时候，一方面增加了水流的势能，另一方面把泥沙从河底带起，使之悬浮在一定高度，又需要从紊动中提供一定的动能。这种理论模式过于简单，在实践中与部分实验结果有出入。

（7）基于分形理论的划分

运用分形理论，对沉积物粒度分布的分形特征进行分析，用粒度分布无标度区分区临界粒径作为分界粒径。

（8）基于水流结构分析的划分

局部各向同行涡体决定分界粒径的大小，沉速小于或等于各向同性涡体运转速度的泥沙属于冲泻质，否则为冲泻质。

在生产实践中还是以拐点法与固定百分比法相结合起来居多，因为该方法简单、合理。但是缺点也很明显，就是主观因素的影响过大，而且受床沙取样点的影响十分大，有时候并非能取到可以反映河段床沙特性的样本。其他有些方法的计算结果与实际情况有出入，有些过于复杂不宜在工程实践中运用，还有的方法基础还不完善。

6.7.2　三沙河段分界粒径计算

三沙河段悬沙中冲泻质与河床质的分界粒径基于水流结构分析的方法计算，该方法认为充分跟随各向同性涡团运动的颗粒为冲泻质颗粒，理由是能够为各向同性涡团所挟带的颗粒在垂线上分布特别均匀，与床沙交换的概率很小。本次采用运动学条件作为两者分界条件，得到：

对于水深不大的一般河流：

$$d_c = 1.276 \frac{v^{\frac{5}{8}}}{\sqrt{g}} \left(\frac{u_*^3}{\kappa h} \right)^{\frac{1}{8}}$$

水深较大的河流：

$$d_c = 3.3 \frac{v^{\frac{5}{8}}}{\sqrt{g}} \left(\frac{u_*^3}{\kappa h} \right)^{\frac{1}{8}}$$

式中：$u_* = \dfrac{n\sqrt{g}V}{h^{\frac{1}{6}}}$；

h——断面平均水深；

κ——卡门常数，取 0.4；

v——运动黏度，取水温为 15℃时的运动黏度。

此处对于水深条件的判断是指水流是否趋于各向同性状态（表现为流速梯度很小），根据断面流速沿垂线的分布情况，计算河段都可作为深水来处理。

表 6-7 为三沙河段洪枯季沿程分界粒径计算表。

三沙河段洪枯季沿程分界粒径计算　　　　　　　　　　　表 6-7

断面	2004 年洪季					2005 年枯季				
	平均流速 u(m/s)	平均水深 h(m)	u_*(m/s)	d_c (mm)	悬移质中造床质含量百分比(%)	平均流速 u(m/s)	平均水深 h(m)	u_*(m/s)	d_c (mm)	悬移质中造床质含量百分比(%)
肖山	0.9	20.53	0.034	0.044	14.1	0.53	20.25	0.02	0.036	8.9
福左	0.83	13.09	0.034	0.046	9.2	0.46	11.96	0.019	0.038	9.4
福右	0.84	20.62	0.032	0.043	8.5	0.46	19.76	0.017	0.034	19
如皋左	1	18.1	0.039	0.047	8.3	0.53	18.06	0.02	0.037	11.5
如皋右	0.78	19.22	0.03	0.042	8.7	0.47	18	0.018	0.035	11.7
九龙港	0.98	29.35	0.035	0.043	9.9	0.66	28.8	0.024	0.037	12.7
通洲沙东水道	0.7	16.14	0.028	0.042	10.4	0.55	15.08	0.022	0.039	10.5
通洲沙西水道	0.68	7.41	0.02	0.041	15.2	0.42	7.09	0.015	0.037	12.1
狼山沙东	0.67	11.88	0.028	0.044	10.8	0.54	10.93	0.023	0.041	13.7
狼山沙西	0.52	8.27	0.023	0.043	4	0.44	7.05	0.02	0.041	13.1
徐六泾	0.72	19.29	0.028	0.041	12.5	0.61	18.81	0.023	0.039	10.8
白茆沙北	0.71	20.65	0.027	0.04	9.2	0.62	22.42	0.023	0.038	13.5
白茆沙南	0.64	19.48	0.025	0.039	12.9	0.58	20.35	0.022	0.037	11.6

据以上计算悬沙中冲泻质与床沙质的分界粒径一般在 0.04～0.34mm 之间，福姜沙河段分界粒径洪季略大于枯季而通州沙白茆沙河段洪枯季相差不大。

7 长江河口段滩槽水沙交换特性及其影响研究

7.1 滩槽水沙交换研究现状

7.1.1 滩槽水沙交换研究进展

滩槽水沙交换属于河流泥沙工程领域学术前沿问题，国内外已有部分研究学者通过现场实测资料分析、室内试验、数模计算等手段对滩槽水沙交换机理、交换模式等进行了初步探讨研究。滩槽泥沙交换是影响复式河槽地形冲淤变化的重要因素，基于实测资料分析和模型试验研究是了解滩槽泥沙交换过程最直接的手段。

1947年，г·в·热列兹那可夫最早在模型试验中研究分析了漫滩水流流速分布情况，发现漫滩时主槽流速减小的现象，并指出滩槽水面流速差随流量的增加而减小，随滩地宽度的增加而增加。Knight 等利用试验资料研究了漫滩水流的流量分配、边界剪切应力分布、表观剪切应力和断面平均流速等问题，并归纳出断面平均流速的经验关系式。Tominaga 等通过水槽试验研究了漫滩水流的三维紊动结构，利用激光多普勒流速仪测量了二次流、流速横向分布、边壁剪切应力、雷诺应力、紊动应力和紊动强度等，获得了大量较详细的试验数据。Kanhu 等通过水槽试验研究了带有泛滥平原的蜿蜒性河道主槽与滩地水量交换问题，通过五个无量纲参数形成代表滩地总切应力百分数方程，计算了滩地过流量占断面总过流量的比值，计算结果与实测结果吻合较好。

曲少军等通过实测资料分析，阐明黄河下游宽河道在持续萎缩的情况下漫滩洪水仍具有较强的淤滩刷槽的行洪特点，指出漫滩洪水造成的滩地淤积主要来自于滩槽水流泥沙的横向交换。唐寅德应用协方差分析结果揭示淤泥质海滩泥沙输移的两种形式：以横向为主的泥沙输移形式，以垂向和横向掺混交换并存的泥沙交换输移形式。前者反映出潮流作用下泥沙的运移，相应的海滩发生淤积；后者是波浪和潮流作用下泥沙的交换输移形式，相应的海滩发生侵蚀。恽才兴的研究表明长江口南槽具有特殊的动力地貌条件，滩槽之间的水体和泥沙交换频繁，特别是大风天气航道拦门沙的淤浅常受两侧边滩的影响，在实测输水输沙的分析基础上提出了南槽—南汇边滩的滩槽泥沙交换的模式。朱慧芳对长江口的切变锋进行现场观察和滩、槽同步水文资料分析，简述了长江口切变锋发生的部位和基本特性，提出了切变锋引起的滩、槽泥沙呈现螺旋形交换的特点。张国安等研究表明风浪对浅滩泥沙的掀动作用和滩槽间泥沙交换是造成北槽河段高含沙区含沙量增加的主要动力因素，滩槽泥沙交换及输移途径取决于滩槽间流场变化。楼飞等对长江口深水航道一期工程实施后的滩槽泥沙交换情况以及在自然与工程双重影响下的沉积物分布情况进行了讨论，深水航道治理工程的实施使工程段内航槽泥沙粒径粗化，两侧滩地和工程段下游泥沙中值粒径变细，反映了在工程实施后滩槽泥沙交换的变化。陈立等根据游荡型河段概化模型试验成果，分析了漫滩高含沙水流滩、槽间水沙交换的主要形式，论述了滩、槽间泥沙的交换过程，指出了这种交换的单向性，认为正是由于滩、槽水沙的交换，滩地才不断淤高，滩唇得以形成，高含沙洪水期间才会出现水位异常升高的现象，以及高含沙水流才能沿程调整变化。侯志军等根据黄河下游漫滩洪水演进的特点，分析了滩槽水沙交换的基本模式和淤滩刷槽机理，结果表明：滩槽水沙交换分为条形滩区交换模式和三角形滩区交换模式两种；滩地淤积比与漫滩系数呈正相关关系，减少来沙量和增大洪峰流量皆可获得较好的淤滩刷槽效果。李九发等运用有关沙波观测资料以及河床表层沉积物和历年河口水文、地形资料，采用水文学、沉积学与泥沙运动力学相结合的研究方法，探讨分析了长江河口底沙的运移规律，结果表明长江河口底沙运动非常频繁，一般有单颗粒滚动、跳跃、沙波及沙体推移等形式；在沙质床面上沙波发育良好，其形成、发展和消失与潮差和落潮流速有一定的相关性，因受涨、落潮流改造，沙波难于得到充分发展；沙体推移为长江河口底沙运动的主要形式，推移量很大，有时甚至能使滩槽移位，迫使航道改线。金镠等研究长江口滩槽泥沙交换对北槽深水航道影响分析中指出滩槽横向水体高浓度悬沙输运引起的回淤可能是造成航道中段集中回淤的重要原因之一。夏云峰、徐华、吴道文等利用实测水沙资料对通州沙河段的沿程滩槽水沙交换问题进行了较为深入的研究，理清了通州沙河段沿程主槽、滩地、窜沟及支汊内水沙交换过程，为深水航道工程方案设计优化提供了关键技术支撑。以上分析可见，国内外对具有出水沙洲分汊河型下，主支汊水沙特性进行了较多研究，但对具有水下暗沙下的河段内部主支汊间的水沙交换特性及其对邻近航道条件的影响的研究还处于起步阶段，滩面水沙观测资料甚少，有待开展深入研究。

7.1.2 滩槽水沙交换模式研究

结合国内外现有研究成果和三沙河段滩槽水沙运动特点，河口段滩槽水沙交换主要存在以下几种交换模式：

① 水位升高后水流漫滩斜向运动引起的水沙交换；
② 滩槽交界面水动力紊动扩散引起的水沙交换；
③ 弯道惯性力引起的水沙交换；
④ 涨落潮转流和潮泵效应引起的水沙交换，各种交换模式示意见图7-1。

三沙河段平面形态总体呈藕节状河道，弯曲多分汊，汊道众多、滩槽交错，滩槽水沙交换较为频繁。三沙河段自上而下河宽总体逐步展宽，河段内汊道和沙洲众多，其中高潮淹没、低潮局部出水的沙洲主要有双涧沙、通州沙、狼山沙、新开沙、铁黄沙、白茆沙等，受径潮流共同作用，这些沙洲大都处于不稳定状态。另外，三沙河段河道宽阔，最大河床达10km以上，涨落潮期间由于两岸之间存在水位差，因此汊道与汊道、汊道与洲滩之间存在水量、沙量交换，增加了河道治理和航道建设的难度。为此，结合现场实测水沙资料

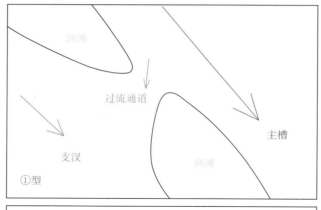

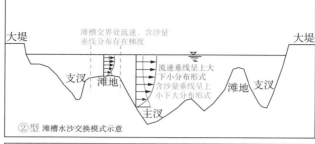

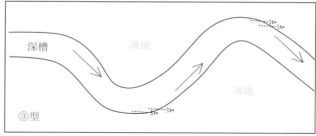

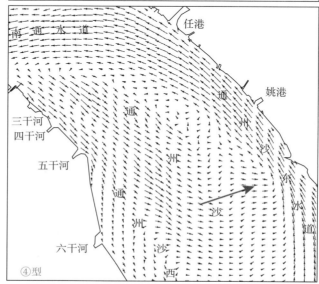

图 7-1　滩槽水沙交换模式

和模型研究成果，重点研究了双涧沙、通州沙和白茆沙滩槽水沙交换的基本规律，阐述了滩槽水沙交换的机理及其对滩槽稳定的影响。

7.2　福姜沙河段滩槽水沙交换特征

7.2.1　双涧沙沙体越滩流成因分析

福姜沙河段自江阴以下江面逐步展宽，江面宽度由江阴处 1.3km 放宽至肖山处 3km 左右，江面展宽后动力减弱，福姜沙左汊河道内左岸雅桥港以下出现近岸低边滩、江中出现双涧沙沙体。左岸低边滩处于不稳定状态，易受水流切割后以沙包形式向下游输移，直接影响下游港区正常运营。双涧沙越滩流成因如下：

①　滩槽发育模式，即双涧沙沙体将福姜沙左汊分为福中水道和福北水道，而福北水道自左岸章春港以下过水面积逐步减小（福北水道 +1m 以下过流断面面积由章春港处的 27 000m²，至焦港附近减小为 16 000m²，减小了约 41%），相应过流能力逐步减弱；

②　河道形态，双涧沙沙体处于弯道段，落潮期间夏仕港~护漕港存在横比降，因此落潮期间部分水流由福北水道漫过双涧沙滩面进入浏海沙水道，见图 7-2。涨潮期间漫滩流方向与落潮越滩流相反。

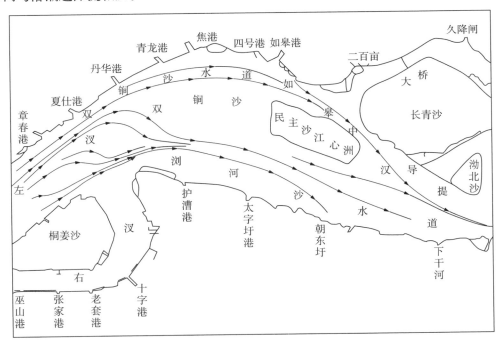

图 7-2　2005 年 1 月实测双涧沙表面水流迹线

7.2.2　双涧沙沙体越滩流分布规律研究

利用平面二维水流数模研究平台计算了不同地形边界条件（1999 年 1 月、2004 年 9 月、

2009 年 5 月、2011 年 7 月四个年份）和洪枯季不同水文条件下滩槽水流交换规律及其变化，其中 2011 年 7 月考虑认为双涧沙守护工程已经实施完工。双涧沙沙体自安宁港以下涨落潮期间沿程均存在越滩水流，落潮时越滩水流方向主要是自左岸向右岸，即福北水道部分水流漫滩进入浏海沙水道，而涨潮时方向相反。为了便于统计沿程滩面漫滩流分布及其近年变化，将滩面分为 6 个区段：*AB*、*BC*、*CD*、*DE*、*EF*、*FG*，长度分别为 1.15km，1.90km，0.97km，2.20km，2.81km，2.05km，见图 7-3。各区段越滩流分流比统计见表 7-1～表 7-3。越滩流正负定义：落潮时福北水道越滩进入浏海沙水道为正，反之为负；涨潮时浏海沙水道进入福北水道为正，反之为负。

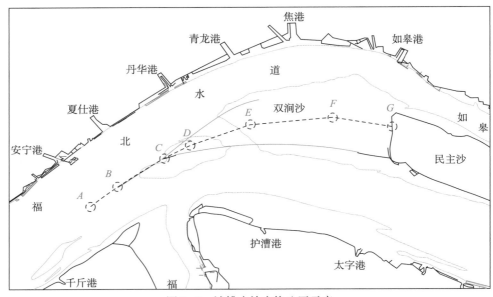

图 7-3　滩槽水沙交换分区示意

由表可见，洪季条件下落潮越滩流分流比为 18%～27%，2011 年最小，枯季落潮越滩流分流略大于洪季；枯季涨潮越滩流分流比为 10%～22%，洪季时双涧沙河段涨潮流较弱，主槽基本无涨潮流，因此未统计洪季涨潮越滩流。

各区段洪季落潮越滩流统计　　　　　　　　　　　　　表 7-1

区段	长度 (km)	1999 年		2004 年		2009 年		2011 年	
		越滩流 (%)	每公里越滩流 (%)	越滩流 (%)	每公里越滩流 (%)	越滩流 (%)	每公里越滩流 (%)	越滩流 (%)	每公里越滩流 (%)
AB	1.15	3.5	3.0	3.1	2.7	4.1	3.6	5.5	4.8
BC	1.89	4.7	2.5	4.6	2.4	2.4	1.3	5.8	3.1
CD	0.97	2.5	2.6	3.5	3.6	2.3	2.4	2.3	2.4
DE	2.2	5.1	2.3	7.9	3.6	10.4	4.7	3.3	1.5
EF	2.81	7.3	2.6	3.4	1.2	3.7	1.3	1.8	0.6
FG	2.05	1.6	0.8	2.6	1.3	3.7	1.8	-0.6	-0.3
合计	11.1	24.7	13.8	25.1	14.8	26.6	15.1	18.1	12.1

各区段枯季落潮越滩流统计　　　　　　　　　　　　　　　表 7-2

区段	长度 (km)	1999 年		2004 年		2009 年		2011 年	
		越滩流 (%)	每公里越滩流 (%)	越滩流 (%)	每公里越滩流 (%)	越滩流 (%)	每公里越滩流 (%)	越滩流 (%)	每公里越滩流 (%)
AB	1.15	4.2	3.7	3.8	3.3	5.0	4.3	7.7	6.7
BC	1.89	6.5	3.4	6.5	3.4	3.6	1.9	10.6	5.6
CD	0.97	3.7	3.8	4.4	4.5	2.4	2.5	0.6	0.6
DE	2.2	7.0	3.2	12.9	5.9	12.2	5.5	−0.1	0.0
EF	2.81	6.0	2.1	0.5	0.2	1.1	0.4	0.5	0.2
FG	2.05	0.4	0.2	0.1	0.0	−0.2	−0.1	−0.8	−0.4
合计	11.1	27.8	16.4	28.2	17.4	24.1	14.6	18.5	12.7

各区段枯季涨潮越滩流统计　　　　　　　　　　　　　　　表 7-3

区段	长度 (km)	1999 年		2004 年		2009 年		2011 年	
		越滩流 (%)	每公里越滩流 (%)	越滩流 (%)	每公里越滩流 (%)	越滩流 (%)	每公里越滩流 (%)	越滩流 (%)	每公里越滩流 (%)
AB	1.15	5.4	4.7	6.6	5.7	6.1	5.3	7.9	6.9
BC	1.89	9.2	4.9	8.2	4.3	4.4	2.3	5.6	3.0
CD	0.97	2.2	2.3	4.8	4.9	4.2	4.3	0.3	0.3
DE	2.2	1.8	0.8	4.9	2.2	7.3	3.3	1.8	0.8
EF	2.81	3.6	1.3	−3.3	−1.2	−1.9	−0.7	−2.6	−0.9
FG	2.05	−1.0	−0.5	1.0	0.5	−0.3	−0.1	−2.4	−1.2
合计	11.1	21.2	13.4	22.2	16.6	19.8	14.5	10.6	8.9

（1）洪枯季越滩流分布比较

由图 7-4 可见，2004 年 9 月地形下丹华港以上枯季落潮越滩流分流比大于洪季，而丹华港以下枯季小于洪季，主要原因是洪季时水位升高后，落潮越滩流位置下移，越滩流强度重新分配，高滩处越滩强度增大。从图 7-4 也可见相似的分布变化规律，只不过不同地形边界条件下洪枯季越滩流强弱分界位置有所调整，2011 年 7 月地形下双涧沙守护工程已实施，加之安宁港对开处双涧沙沙体窜沟冲开，所以越滩流洪枯季对比强弱分界位置相应有所前移（图 7-5）。

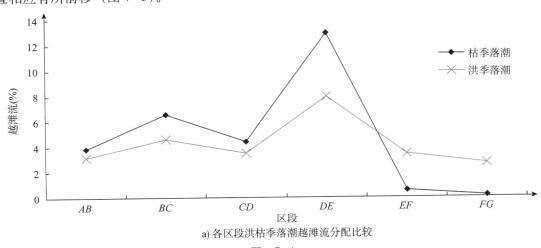

a) 各区段洪枯季落潮越滩流分配比较

图　7-4

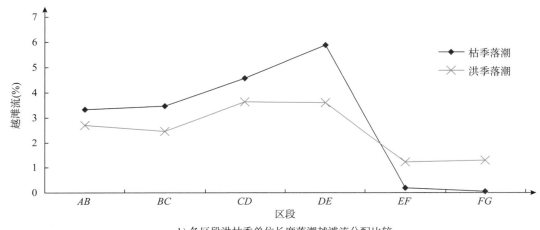

b) 各区段洪枯季单位长度落潮越滩流分配比较

图 7-4   2004 年 9 月地形下洪枯季落潮越滩流比较

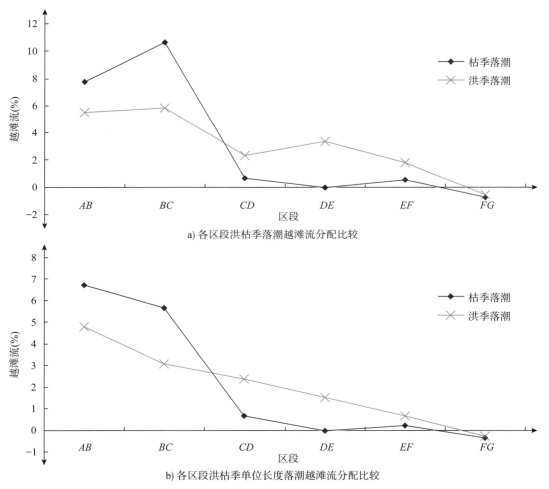

a) 各区段洪枯季落潮越滩流分配比较

b) 各区段洪枯季单位长度落潮越滩流分配比较

图 7-5   2011 年 7 月地形下洪枯季落潮越滩流比较

（2）不同地形边界条件下越滩流分布变化比较

不同地形条件下洪枯季越滩流分配比较见图 7-6～图 7-8。由图可见，1999 年地形条件下落潮越滩流主要集中分布于青龙港与焦港对开滩面附近，随着双涧沙沙头上潜发育等变化，2004 年越滩流最大强度位置上移至丹华港窜沟附近，2011 年双涧沙守护工程实施后，受南北潜堤工程限流影响，夏仕港以下滩面越滩流明显减小，最大越滩流分布位置位于安宁港至夏仕港对开滩面。枯季落潮越滩流分布变化规律与洪季落潮相似。涨潮时越滩流主要集中于夏仕港与丹华港之间，2011 年双涧沙守护工程实施后，越滩流减小至实施前的一半左右，越滩流分布位置有所前移趋势。

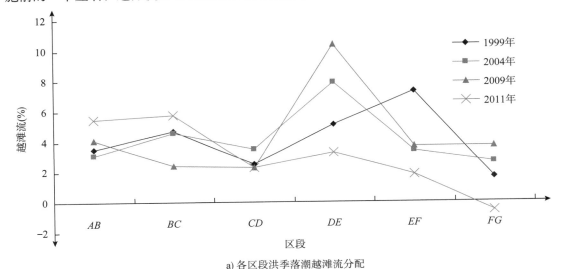

a) 各区段洪季落潮越滩流分配

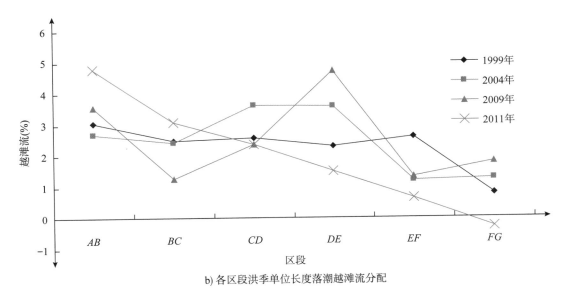

b) 各区段洪季单位长度落潮越滩流分配

图 7-6 不同地形条件下各区段洪季落潮越滩流分配比较

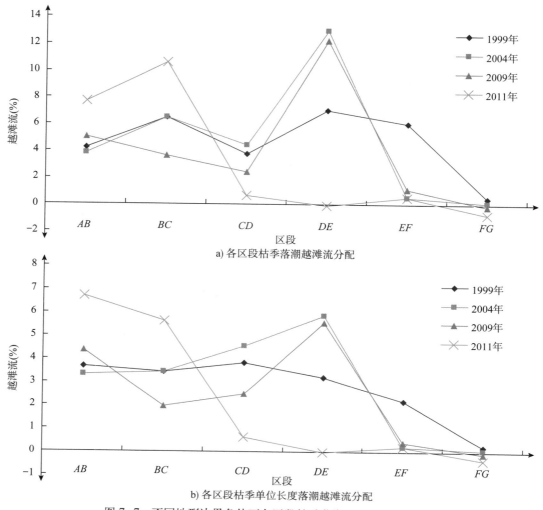

a) 各区段枯季落潮越滩流分配

b) 各区段枯季单位长度落潮越滩流分配

图 7-7 不同地形边界条件下各区段枯季落潮越滩流分配比较

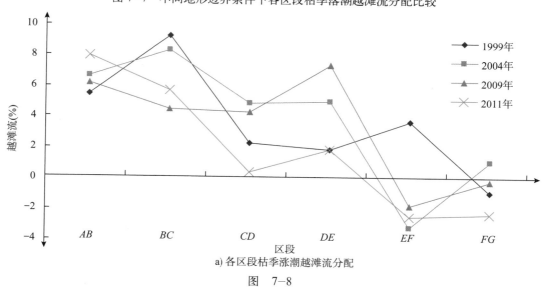

a) 各区段枯季涨潮越滩流分配

图 7-8

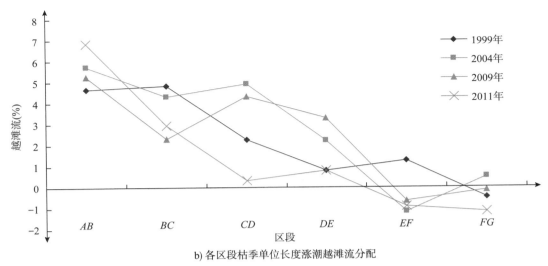

b) 各区段枯季单位长度涨潮越滩流分配

图 7-8 不同地形条件下各区段枯季涨潮越滩流分配比较

7.2.3 双涧沙滩槽水沙交换对滩槽稳定影响

综上所述，落潮时受福北水道章春港以下过流能力的逐步减弱影响，进入福北水道的水量沿程逐步越过双涧沙滩面进入浏海沙水道，涨潮时浏海沙水道涨潮流逐步越过双涧沙进入福北水道。越滩流的大小和强度分布主要与上游来水、双涧沙沙体地形条件等有关。大水越滩流位置下移，小水越滩流位置上提；双涧沙守护工程实施后，局部阻力增大，工程区上游产生壅水，导致越滩流位置前移。过大强度越滩流的存在不利于双涧沙滩面稳定，冲刷输移的泥沙不利于临近航道水深条件的维护。实测分析资料反映双涧沙滩面窜沟的形成和发展主要与滩面越滩流作用有关。因此，航道治理研究中将重点关注如何形成优良的福姜沙河段分流形势，以使福南、福中和福北三汊均能满足有关通航要求。

7.3 通州沙河段滩槽水沙交换特征

7.3.1 通州沙滩槽水沙交换成因分析

通州沙河段江面宽阔，沙洲较多，高潮淹没、低潮出水的沙洲主要有通州沙、狼山沙、新开沙和铁黄沙，其中通州沙沙体面积最为庞大，长约 22km，最宽处约 6km，−5m 线以上沙体面积约 80km²。通州沙沙体上存在多个大小不等的串沟，其中较大窜沟有两个，分别位于通州沙左侧东水道姚港对开位置和右侧西水道五干河对开位置。

涨落潮期间通州沙滩面与东西水道之间存在水沙交换，另外通州沙与狼山沙之间的中水道附近水沙交换量也较大，新开沙与东水道之间也存在的一定的水沙交换。分析认为水量交换产生原因主要与以下因素有关：

① 河道平面形态，通州沙及其进出口河段平面形态呈反"S"形，滩槽沿程必然存在一定的水沙交换；

② 滩槽模式和水动力特征，即通州沙呈顺直微弯长条形，滩面窜沟发育，河床上高下低，头部以下滩面过水面积逐步增大，至中部六干河至七干河附近滩面过水面积比最大，约占整个断面过水面积的 20%，滩地与主槽之间沿程需要进行水量交换调整。涨潮时水位高于落潮，滩面过流面积比增大，滩面涨潮分流高于落潮分流。

7.3.2 通州沙滩槽水沙交换规律分析

通州沙河段滩槽水沙交换问题主要依据 2012 年 9 月和 3 月洪枯季实测水沙资料进行分析研究。枯季期间上游来水约 16 500m³/s，洪季期间上游来水约 45 900m³/s。枯季测验时通州沙西水道整治潜堤工程尚未实施，而洪季时工程已基本实施完成。

（1）枯季滩槽水沙交换规律

由图 7-9 和 7-10 可见，落潮时通州沙河段进口东西水道落潮分流比分别为 92.7%、7.3%，通州沙左侧窜沟分流比约 4.6%，右侧窜沟分流比约 3.2%，至营船港断面东水道、滩面、西水道落潮分流比分别为 79%、13%、8%；通州沙中水道往西水道落潮分流比为 5%～6%，狼山沙东西水道和福山水道落潮分流比分别为 73%、25%、2%。涨潮时狼山沙

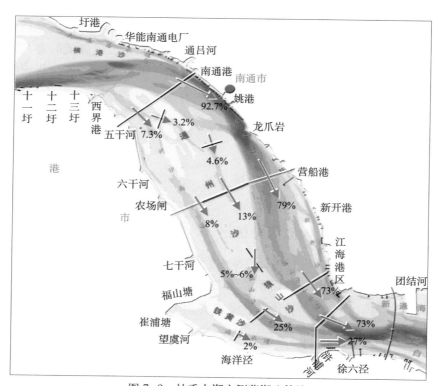

图 7-9　枯季大潮实测落潮分流比

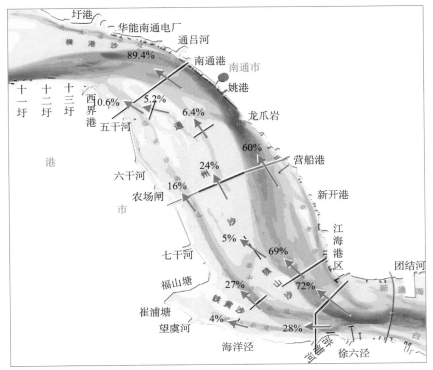

图 7-10　枯季大潮实测涨潮分流比

东西水道和福山水道涨潮分流比分别为 69%、27%、4%，中水道附近东水道往通州沙滩面的分流比为 4%～6%，至营船港断面东水道、滩面、西水道涨潮分流比分别为 60%、24%、16%；通州沙左侧窜沟分流比约 6.4%，右侧窜沟分流比约 5.2%；通州沙河段进口东西水道涨潮分流比分别为 89.4%、10.6%。通州沙河段水流主要呈往复流运动，而中水道附近出现顺时针半旋转流，根据三沙河段水沙特性研究成果，产生这种现象的主要原因是东西水道起涨起落时间不一致、南北两岸存在横比降、主支汊之间依附着宽洲滩以及弯道特性等因素有关。以上分析可见，涨落潮期间通州沙狼山沙滩面与东西水道沿程存在较大水量交换，分流形势十分复杂。

　　大潮涨落潮分沙比见图 7-11、图 7-12，大潮全潮过程各断面输沙量见表 7-4。由表可见，除了天生港水道和福山水道以外，其他断面落潮输沙量均大于涨潮输沙量，即净泄沙量为正。通州沙左侧窜沟落潮输沙量约是涨潮的 2 倍，而右侧窜沟涨落潮输沙量相差不大。分沙过程比分流更为复杂。主要原因是本河段泥沙输运过程为非平衡输沙，断面之间泥沙存在落淤或起悬过程，这与水流运动守恒过程是不一样的。对断面涨落潮分沙进行比较，东水道落潮分沙基本大于涨潮分沙，西水道与之相反，滩面涨潮分沙明显大于落潮分沙，这与分流比的分配有一定的关联。

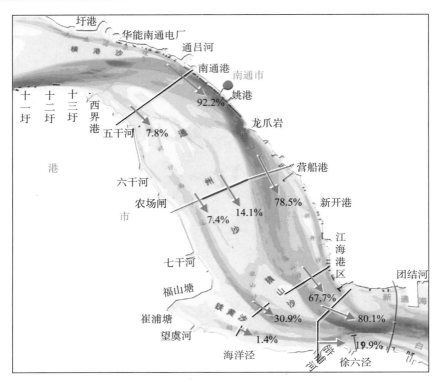

图 7-11　枯季大潮落潮分沙比

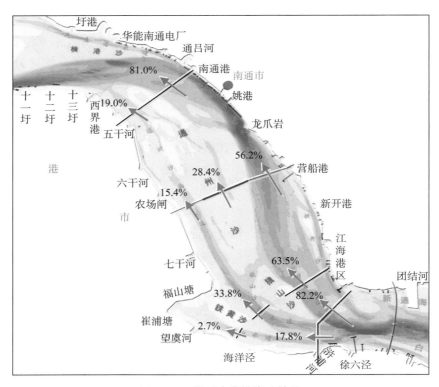

图 7-12　枯季大潮涨潮分沙比

枯季大潮全潮过程各断面输沙量　　　表 7-4

断 面 名 称		全潮输沙量 (t)		
		涨潮	落潮	净泄沙量
碾砣港	TSG3	-8 210	7 280	-925
九龙港	JLG4	-89 800	258 000	168 000
任港	TZSZ5	-59 800	216 000	157 000
五干河	TZSY6	-14 000	18 200	4 280
右侧串沟	TZSC7	-7 920	8 070	146
左侧串沟	TZSC8	-6 190	11 900	5 750
营船港	YCG9	-61 800	221 000	159 000
营船港与农场水闸间	滩面	-31 200	39 700	8 430
农场水闸	NCH10	-17 000	20 700	3 750
狼山沙东水道	LSSD12	-107 000	216 000	109 000
狼山沙西水道	LSSX13	-57 000	122 000	64 800
福山水道	FS14	-4 610	4 500	-104
通常汽渡	TCQD15	-123 000	244 000	121 000
常浒河	CXH16	-26 600	60 500	33 900

（2）洪枯季滩槽水沙交换规律比较

洪季大潮落潮分流比见图 7-13，分沙比见图 7-14，沿程各断面输沙量见表 7-5。洪枯季分流对比可见，通州沙西水道进口洪季分流比略大于枯季约 0.4%，一般来说，支汊洪季分流比大于枯季，主要原因是洪季时水位高于枯季，随着水位升高，支汊阻力相对减小，过流能力相对增强。左侧窜沟洪季分流比为 3.95%，而枯季分流比 4.6%，这与通州沙西水道整治通州沙潜堤工程实施有关联。营船港滩面洪枯季分流比均为 13% 左右，而农场闸西水道分流比减小约 1.4%。通州沙中水道洪季分流比大于枯季分流比，相应东水道分流比有所增加。洪枯季滩槽分沙对比可见，一般来说支汊和滩面洪季分沙比大于枯季，主槽洪季分沙比小于枯季。洪枯季断面输沙量来看，洪季输沙量一般是枯季的 3 ~ 6 倍，这主要与洪季潮量、含沙量均比枯季大有关。

洪季大潮全潮过程各断面输沙量　　　表 7-5

断 面 名 称		全潮输沙量 (t)		
		涨潮	落潮	净泄沙量
通州沙东水道	AD-T1	-53 300	544 000	491 000
通州沙西水道	AD-T2	-30 000	56 400	26 500
通州沙左侧窜沟	TZSC8	-12 700	30 900	18 200
营船港	AD-T3	-46 400	547 000	501 000
营船港与南农闸	滩面	-59 000	125 000	66 300
农场水闸	AD-T4	-45 900	54 200	8 260
狼山沙东水道	AD-T5	-132 000	586 000	454 000
狼山沙西水道	AD-T6	-57 000	223 000	166 000
福山水道	AD-T7	-21 200	8 470	-12 800
通常汽渡	AD-T8	-193 000	800 000	607 000
常浒河	AD-T9	-71 300	226 000	155 000

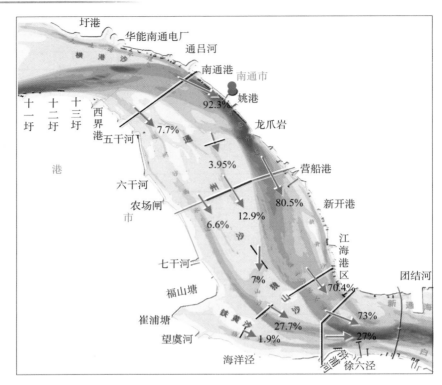

图 7-13　洪季大潮实测落潮分流比

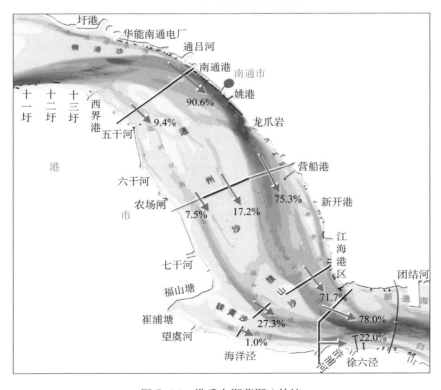

图 7-14　洪季大潮落潮分沙比

7.3.3　洪枯季中水道附近滩槽水沙交换量计算分析

通州沙东水道碍航浅区主要位于中水道右侧，中水道附近潜堤高程直接影响东水道与滩面的水沙交换量，进而影响航道整治效果。为分析中水道附近滩槽水沙交换量，布置了AD–T11测流断面，断面长2.9km，见图7–15。洪枯季中水道水沙交换过程图7–16、图7–17和表7–6。可见，在一个潮汐过程中，通州沙中水道附近洪枯季水流主要均为东水道往滩面分流分沙，水沙交换量最大时刻出现在低潮位附近，此时潮位约0m，最大流量可达12 000m³/s，最大输沙量可达2 000t/s。洪季滩槽水沙交换量大于枯季。

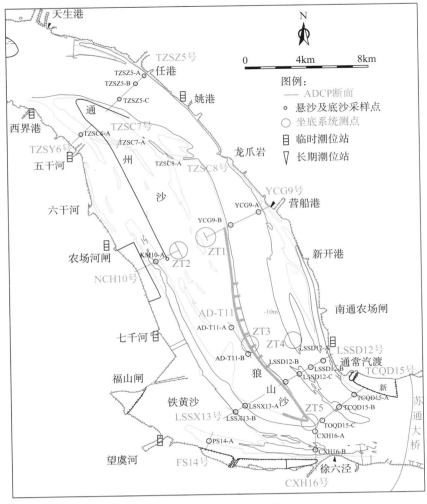

图7–15　水文测验布置

中水道附近一个全潮过程水沙交换量　　　　表7–6

水文条件	东水道流入滩面		滩面流入东水道	
	水量（×10⁸m³）	沙量（×10⁴t）	水量（×10⁸m³）	沙量（×10⁴t）
枯季大潮	1.76	1.13	0.39	1.71
洪季大潮	2.33	3.47	0.21	3.94

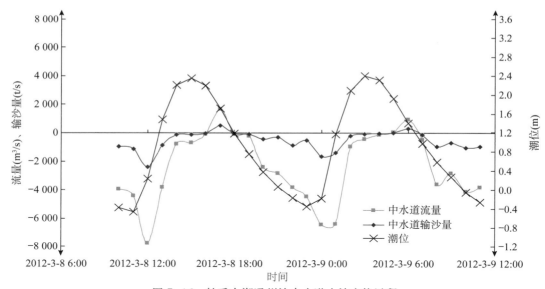

图 7-16　枯季大潮通州沙中水道水沙交换过程

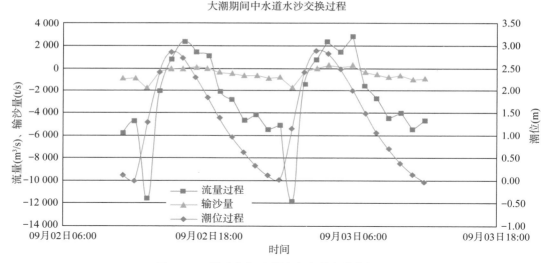

图 7-17　洪季大潮通州沙中水道水沙交换过程

(流量正负定义：东水道进入中水道为负，反之为正)

7.3.4　不同潜堤高程拦截水沙理论分析

根据相关研究成果，本河段流速垂线分布总体符合对数分布规律，含沙量垂线分布基本符合 Rouse 分布规律。

流速垂线分布采用对数公式（7-1）：

$$\frac{u_{\max} - u}{u_*} = \frac{1}{\kappa} \ln \frac{y}{y_0} \tag{7-1}$$

式中：$u_{\max}$——最大流速，可取表面流速；

　　u——水深为 y 时的流速；

　　u_*——摩阻流速；

　　κ——卡门常数，可取 $\kappa=0.4$；

　　y_0——水深 h。

含沙量垂线分布采用 Rouse 公式（7-2）：

$$\frac{S_y}{S_a} = \left(\frac{h-y}{y} \cdot \frac{a}{h-a} \right)^z \qquad (7-2)$$

式中：Z——悬浮指数，反映了重力作用与紊动扩散作用的相互对比关系；

　　h——水深；

　　a——参考点位置处水深，取 $0.05h$；

　　S_a——参考点含沙量；

　　S_y——水深 y 处含沙量。

不同堤顶高程下过流率计算公式（7-3）：

$$w_1 = \frac{\int_z^h u\mathrm{d}y}{\int_0^h u\mathrm{d}y} \qquad (7-3)$$

式中：u——不同水深处流速；

　　h——水深；

　　z——堤顶高程。

不同堤顶高程下过沙率计算公式（7-4）：

$$w_2 = \frac{\int_z^h us\mathrm{d}y}{\int_0^h us\mathrm{d}y} \qquad (7-4)$$

式中：u——不同水深处流速；

　　s——不同水深处含沙量；

　　h——水深；

　　z——建筑物堤顶高程。

　　计算了不同堤顶高程过流量百分比见图 7-18。由图可见,堤高与水深比值分别为 0.8、0.6、0.4、0.2 时, 过流率 W_1 分别为 23%、45%、67%、87%, 堤身越高过流率越低。由图可见, 理论公式计算过流率与实测计算结果较为接近, 也证明了工程河段流速分布呈对数分布结论的合理性。

　　计算了不同堤高过沙量百分比见图 7-19。由图可见, 堤高与水深比值分别为 0.8、0.6、0.4、0.2 时, 过沙率 W_1 分别为 11%、28%、49%、75%。堤高与水深比值一样时, 过水率大于过沙率。另外, 随着堤身抬高, 两者的差值在逐步缩小。主要原因是流速分布呈"上大、下小"分布, 沙量呈"上小、下大"分布, 且含沙量垂线变化梯度大于流速变化梯度。

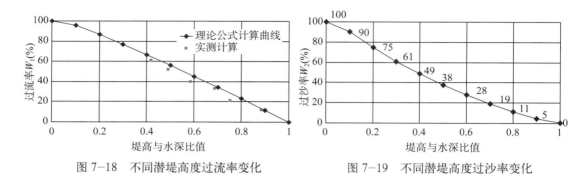

图 7-18　不同潜堤高度过流率变化　　　　图 7-19　不同潜堤高度过沙率变化

7.3.5　通州沙滩槽水沙交换对滩槽稳定影响

通州沙中水道涨落潮期间均存在一定的槽向滩水沙交换量，而通州沙碛航浅滩恰好位于中水道进口附近，深水航道一期工程将通过潜堤工程拦截滩槽水沙交换量，有助于主航道动力增强。通州沙滩面左侧窜沟近年总体处于发展趋势，目前分流比约4%，该窜沟发展不利于通州沙滩面稳定。新开沙沙体尾部窜沟近年冲开，窜沟分流分沙加大，不利于局部河势稳定和狼山沙东水道航道条件发展，建议予以关注。

根据上述潜堤拦截水沙分析成果，中水道附近不同潜堤高度拦截水沙率计算结果见表 7-7。由表可见，整治水位下，潜堤高程 0m、-1m、-2m 的拦截水量分别为80.6%、62.1%、44.0%；拦截沙量分别为91.1%、78.2%、62.3%。航道工程初步方案中水道过渡段潜堤长度为 2km，高程由 -2m 渐变至 0m。为了减小东水道往滩面的水沙交换量，增强主水道碛航段航槽动力，建议过渡段潜堤长度向上游延长，高程可适当抬高。工程优化方案过渡段潜堤长度由 2km 增加至 6km,高程由 -2m 渐变至 0m,堤身高度相对有所抬高，该研究成果已被设计单位采纳应用。

不同潜堤高程拦截水沙量计算　　　　　　　　　　　表 7-7

计算水位（m）		河床高程（m）	潜堤高程（m）	拦截水量（%）	拦截沙量（%）
平均高潮位	+2.1	-5	0	65.8	81.0
			-1	50.6	68.0
			-2	36.0	53.2
整治水位	+1.0	-5	0	80.6	91.1
			-1	62.1	78.2
			-2	44.0	62.3
平均低潮位	-0.3	-5	0	100.0	100.0
			-1	82.7	92.1
			-2	59.3	77.4

7.4　白茆沙河段滩槽水沙交换特征

7.4.1　白茆沙滩槽水沙交换成因分析

白茆沙是河道中间的一块马蹄形心滩，长约 9.6km，最宽处宽约 3.7km，平面面积约 22km²。白茆沙沙体尾部存在两个涨潮流作用为主的窜沟，见图 7–20，近年来窜沟呈向上发展的不利变化趋势。白茆沙滩面与南北水道产生水沙交换的原因是白茆沙滩面上高下低，沿程过水断面面积比例至华能电厂附近达到最大，约占整个断面过水面积的 13.6%，滩地与主槽沿程需要进行水量交换调整。

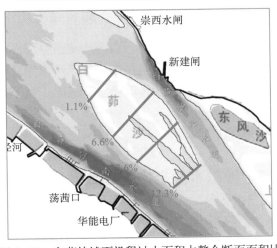

图 7–20 白茆沙滩面沿程过水面积占整个断面面积比

7.4.2 白茆沙滩槽水沙交换过程研究

白茆沙滩面沿程水量交换利用平面二维水流数模研究平台计算了洪季落潮（上游来水约 60 000m³/s）期间和枯季涨潮（上游来水约 16 800m³/s）期间滩面沿程水量交换问题，计算地形采用 2010 年 3 月近期实测地形。

洪季落潮期间白茆沙滩面沿程水量交换见图 7–21。由图可见，白茆沙头部至华能电厂对开位置，南北水道水流均向白茆沙滩面分流，其中北水道约 2.7%，南水道约 3.6%，华能电厂以下滩面又各有 0.4% 和 0.2% 的少量水流汇入南、北水道，约 5.8% 的水流沿滩面而下。枯季涨潮期间白茆沙滩面沿程水量交换见图 7–22。由图可见，白茆沙尾部附近滩面分流约占 12.4%，至华能电厂期间南北水道各有 1.5% 和 0.7% 的水量汇入滩面，华能电厂以上滩面流逐步汇入南水水道，汇入南水道的约占 10.8%，汇入北水道的约 3.8%。洪枯季涨落潮对比发现，均在华能电厂附近滩面流量达到最大，这与滩面沿程过水面积的变化规律是一致的。落潮滩面分流约占 6.3%，涨潮滩面分流约占 14.6%，涨潮分流明显大于落潮。

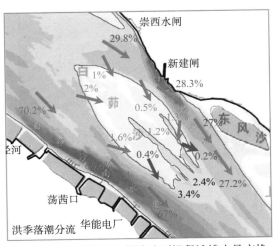

图 7–21 洪季落潮白茆沙滩面沿程滩槽水量交换

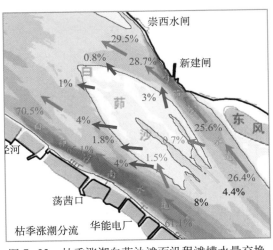

图 7–22 枯季涨潮白茆沙滩面沿程滩槽水量交换

7.4.3 白茆沙滩槽水沙交换对滩槽稳定影响

综合以上分析可见，白茆沙滩面分流形势不如双涧沙、通州沙分流那么复杂，滩面水沙交换量也较小，但是白茆沙尾部两窜沟发展需要关注，适时加以控制，过大的滩槽水沙交换不利于白茆沙沙体的稳定，进而不利于周边河势和航道条件的稳定。深水航道一期工程将对白茆沙头部实施守护工程，有利于白茆沙分汊河段河势的稳定。今后需要重点关注涨潮流对白茆沙沙体稳定的影响。

7.5 滩槽水沙交换三维数模计算分析

本节利用采用三维、自由表面、非结构有限体积流场－泥沙耦合模型，模型垂向采用 sigma 坐标系。水流模块采用 Boussinesq 近似和静压假定的三维原始方程，该模块基于现有模型 FVCOM 进行改进，采用双方程紊流闭合模型求解涡粘系数。泥沙模块基于 FVCOM 中泥沙模型 FVCOM-SED 进行改进，可以指定各种泥沙的粒径、密度、沉降速度、临界启动应力等。

7.5.1 滩槽交界面水沙分布研究

图 7-23 ~ 图 7-25 给出了几个典型滩槽区域在洪季大潮落潮时的表、底层流场分布情况，在福南水道末端受弯曲地形的影响，表层流向与底层流向存在夹角，底层水流流向

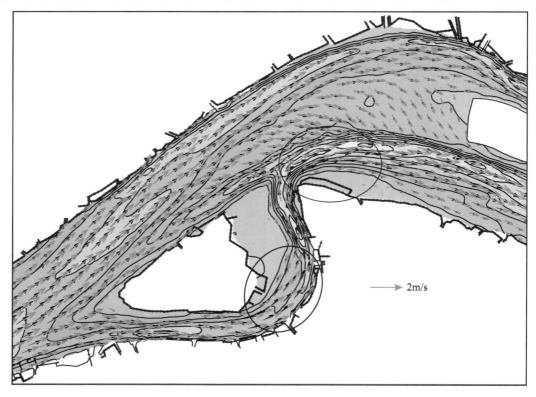

图 7-23　滩槽附近表底层流速分布（一）

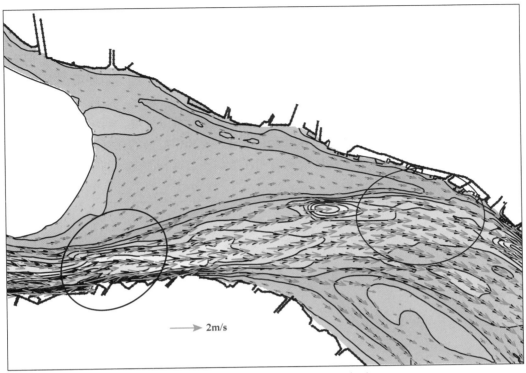

图 7-24 滩槽附近表底层流速分布（二）

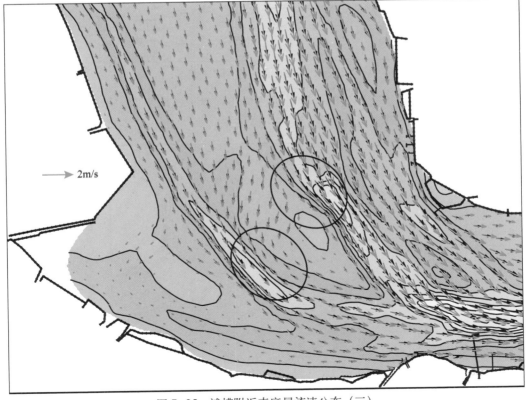

图 7-25 滩槽附近表底层流速分布（三）

偏向福姜沙下游浅滩，这种流向差异也是导致福姜沙下游浅滩淤涨，而深槽向南岸贴近的原因。在福南水道与福中水道水流交汇区域水流较强，与该区域的水深较深相适应，虽然有一部分水体从福北水道越过双涧沙滩面汇入福中水道，但滩槽交界处的底层流向仍沿着水道主轴线方向，这也是航槽水深得以维持的因素之一。同样原因，也使得浏海沙水道的航槽贴向南岸。

图 7-26 给出了狼山沙水道窜沟附近的潮流矢量图，可以发现，两侧通道内水流基本呈现往复流的形态，在窜沟及滩槽交界附近，水流表现为带旋转的往复流，且表底层水流在特定时刻流向存在一定差异，这些现象表明在狼山沙与通州沙之间的窜沟若不开展整治工程，窜沟将有进一步发育的趋势。

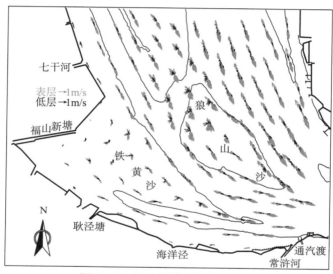

图 7-26 狼山沙附近潮流矢量图

为了进一步认识滩槽交界处的含沙量垂线分布规律，选取了通州沙及狼山沙周围的两个断面 AA′、BB′ 进行研究，其位置如图 7-27 所示。

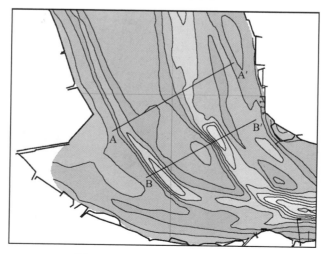

图 7-27 滩槽交界附近断面位置

洪季大潮涨潮时，断面 AA' 的垂向含沙量如图 7-28 所示，可以发现在通州沙沙体上泥沙浓度约 0.20kg/m^3，在两侧的通州沙西水道以及通州沙东水道内底部含沙量约 0.15kg/m^3，通州沙西水道内底部含沙量浓度略低于通州沙东水道内底部含沙量浓度，在通州沙与两侧航槽的交界处底部泥沙浓度变化不大，泥沙浓度自水底向水面方向逐渐递减。

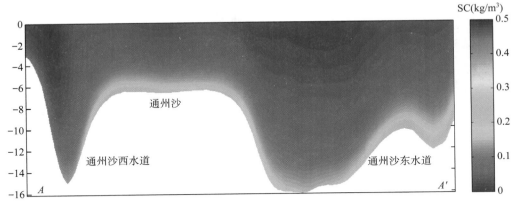

图 7-28　断面 AA' 涨潮含沙量断面分布（洪季）

落潮时断面 AA' 的垂向含沙量如图 7-29 所示，通州沙沙体上泥沙浓度约 0.20kg/m^3，通州沙西水道内底部含沙量浓度为 0.24kg/m^3，远低于通州沙东水道内底部含沙量浓度 0.49kg/m^3，在通州沙与东水道之间的滩槽过渡段，坡面上的泥沙浓度相对较高，在坡面中部泥沙浓度约 0.35kg/m^3。通州沙西水道与通州沙之间的滩槽过渡段泥沙浓度相对较小，其浓度约 0.20kg/m^3，这与通州沙浅滩上的底部泥沙浓度相近。

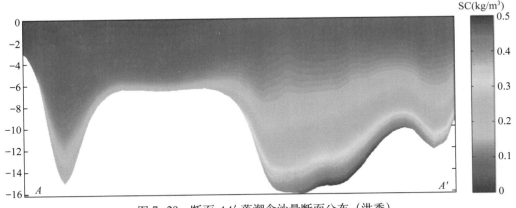

图 7-29　断面 AA' 落潮含沙量断面分布（洪季）

洪季大潮涨潮时，断面 BB' 的垂向含沙量如图 7-30 所示，在狼山沙浅滩靠近狼山沙西水道一侧滩面上的泥沙浓度相对较高，局部最大值约 0.35kg/m^3，狼山沙西水道内水体含沙量相对较低，底部含沙量最大值为 0.15kg/m^3，狼山沙东水道内水体含沙量较西水道内含沙量略高，底部含沙量最大值为 0.25kg/m^3。

落潮时断面 BB' 的垂向含沙量如图 7-31 所示，狼山沙沙体上泥沙浓度相对较低，约 0.15kg/m^3，狼山沙西水道内底部含沙量浓度为 0.30kg/m^3，低于狼山沙东水道内底部含沙量浓度 0.50kg/m^3，在狼山沙与东水道之间的滩槽过渡段，整个坡面上的泥沙浓度均较高，其泥沙浓度约 $0.50kg/m^3$，但其底部高浓度区厚度较薄。狼山沙西水道与狼山沙之间的滩槽过渡段泥沙浓度相对较小，其浓度约 $0.18kg/m^3$。

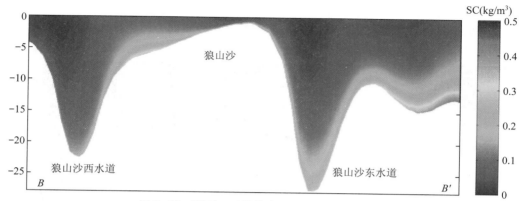

图 7-30　断面 BB' 涨潮含沙量断面分布（洪季）

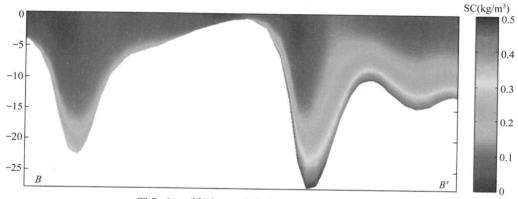

图 7-31　断面 BB' 落潮含沙量断面分布（洪季）

　　枯季大潮，对比与洪季大潮涨、落潮时断面 AA'，BB' 的含沙量分布情况可以发现（图 7-32 ～ 7-35），断面的泥沙分布规律较为接近，只是含沙量浓度较洪季时整体偏低，落潮时近底部最大含沙量最大值约 $0.2kg/m^3$。

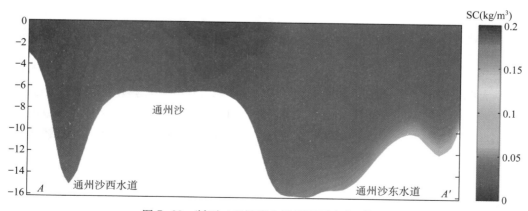

图 7-32　断面 AA' 涨潮含沙量断面分布（枯季）

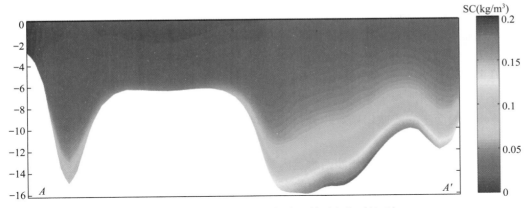

图 7-33　断面 *AA′* 落潮含沙量断面分布（枯季）

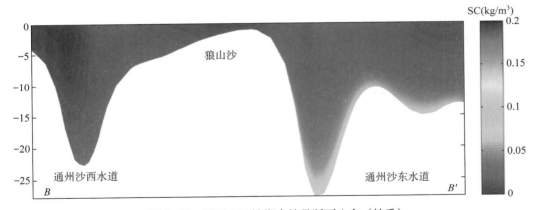

图 7-34　断面 *BB′* 涨潮含沙量断面分布（枯季）

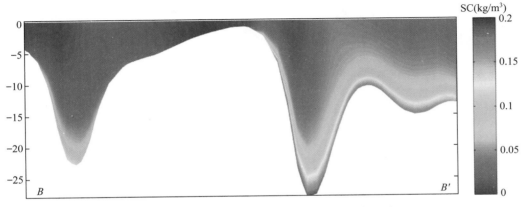

图 7-35　断面 *BB′* 落潮含沙量断面分布（枯季）

7.5.2 滩槽垂向分层动力分布研究

选取了三个断面 AA'、BB'、CC' 处的垂向分层流速进行涨落潮过程中滩槽分层流速、流向分布规律研究，断面位置分别见图 7-27 及图 7-44，洪枯季大潮滩槽附近的垂向流速分布见图 7-36 ～图 7-43，三个断面处的沿断面方向的横向流速矢量分布见图 7-45 ～图 7-50。从断面 AA' 沿剖面方向的横向流速分布来看（图 7-45、图 7-46），洪季大潮涨潮时水流流向为从通州沙西水道向东水道方向运动，而在落潮过程中横向水流流向相反，涨落潮时通州沙滩面上的流速均相对较大，涨潮期间的横向流速强度小于落潮期间的横向流速强度。

断面 BB' 处涨潮期间在通州沙西水道内横向水流向远离狼山沙滩面方向运动，在狼山沙滩面上水流向两侧输移，其中在狼山沙东侧浅滩上水流强度最大，在狼山沙与通州沙东水道滩槽交界附近，水流沿滩面向东水道内运动，而水道内整体横向水流指向狼山沙滩面方向，主水道航槽内横向流速强度较弱。落潮时，通州沙东、西水道内的横向流速均指向东侧，与西水道的东向水流在狼山沙西测滩肩附近交汇，在交汇区域水流变缓，这也是导致这一区域的泥沙浓度相对较高的原因。

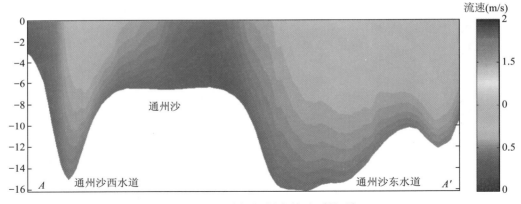

图 7-36 断面一涨急流速（枯季）

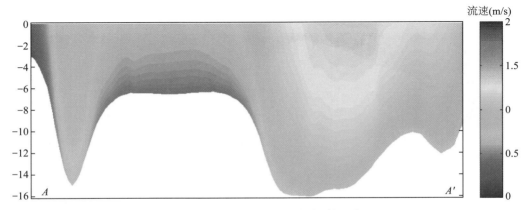

图 7-37 断面一落急流速（枯季）

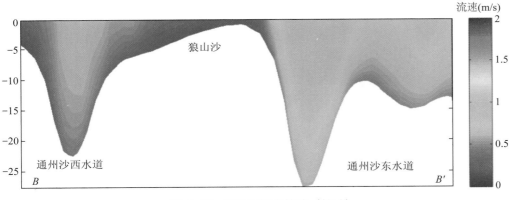

图 7-38 断面二涨急流速（枯季）

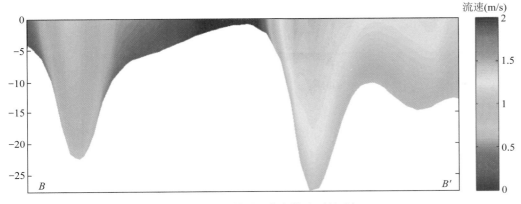

图 7-39 断面二落急流速（枯季）

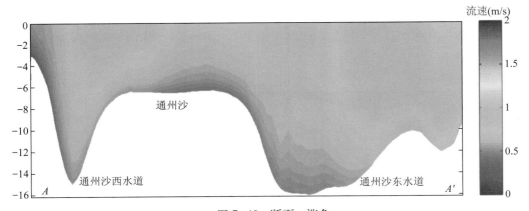

图 7-40 断面一涨急

断面 CC' 洪季大潮涨潮时在靠近福姜沙南岸的深槽内存在一下顺时针的回流，以约 −10m 河床高程为界，在靠近浅滩一侧横向水流向浅滩方向运动。落潮时的横向水流的运动形态与涨潮时相似。

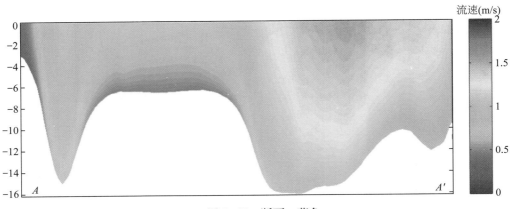

图7-41 断面一落急

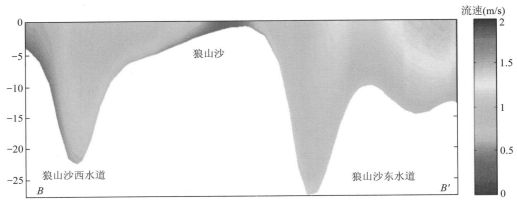

图7-42 断面二涨急（洪季）

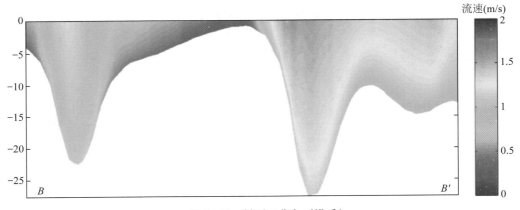

图7-43 断面二落急（洪季）

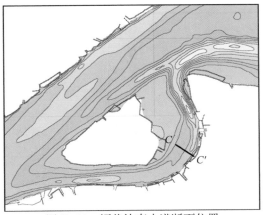

图 7-44　福姜沙南水道断面位置

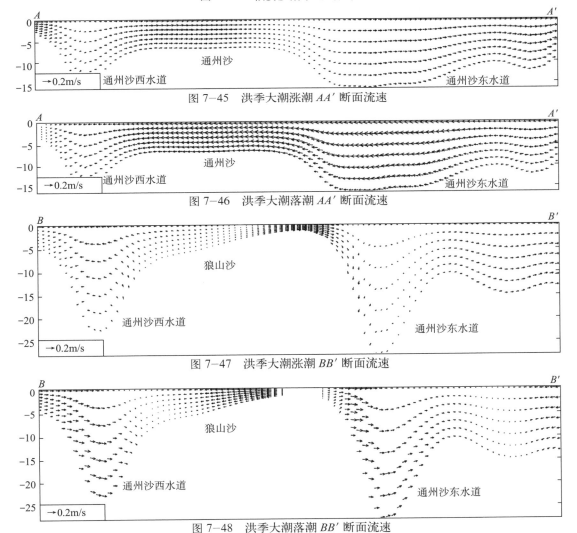

图 7-45　洪季大潮涨潮 AA' 断面流速

图 7-46　洪季大潮落潮 AA' 断面流速

图 7-47　洪季大潮涨潮 BB' 断面流速

图 7-48　洪季大潮落潮 BB' 断面流速

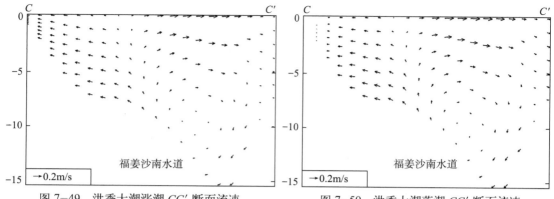

图 7-49 洪季大潮涨潮 CC' 断面流速   图 7-50 洪季大潮落潮 CC' 断面流速

7.5.3 滩槽水沙交换量分析

为了解滩槽交界处的水沙交换过程，选取了图 7-51 中 E、W 两个点，分别位于通州沙与留山沙滩槽交界处，洪季、枯季两个点位处的水位、单宽流量、单宽泥沙通量如图 7-52 ~ 图 7-55 所示，图中单宽流量、泥沙量的正值代表滩向槽方向的输运，而负值代表槽向滩方向的输运。

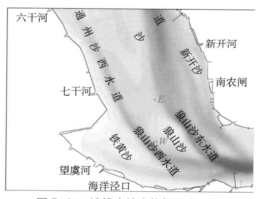

图 7-51 滩槽水沙交换提取点位置

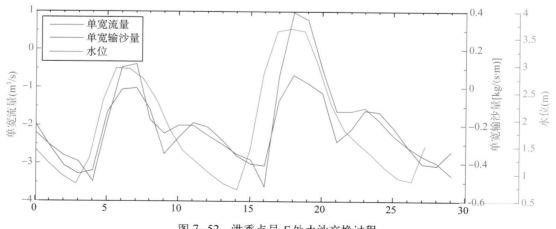

图 7-52 洪季点号 E 处水沙交换过程

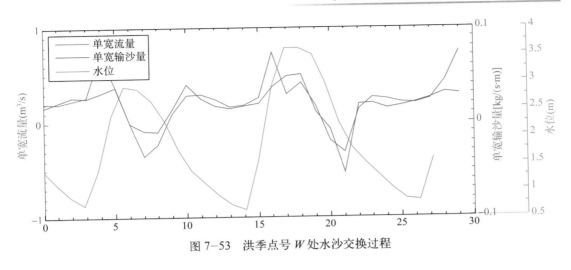

图 7-53 洪季点号 W 处水沙交换过程

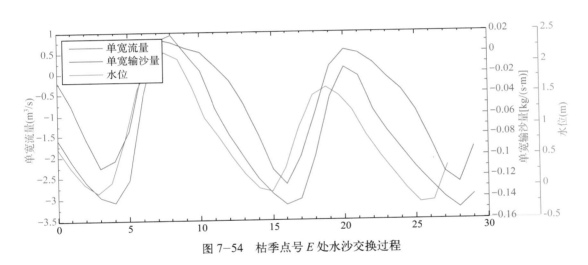

图 7-54 枯季点号 E 处水沙交换过程

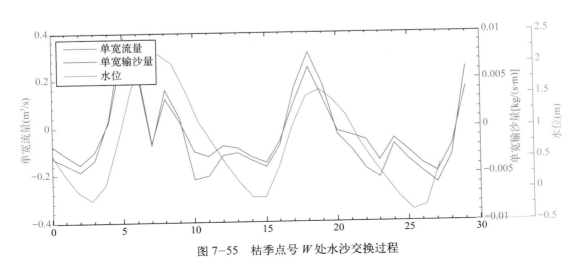

图 7-55 枯季点号 W 处水沙交换过程

洪季大潮时，通州沙滩槽交界上（E 点）的单宽流量、输沙过程线与相位基本一致，与水位过程线存在 $1 \sim 2h$ 的相位差，向滩方向的输沙占主导，其中向滩方向量大单宽输沙量约 $0.5kg/(s \cdot m)$，发生于低潮位后 $1 \sim 2h$，随着水位升高，向滩方向的输沙量渐减。狼山沙滩槽交界上（W 点）的单宽流量、输沙过程线与相位基本一致，滩向槽、槽向滩的单宽泥沙通量均相对较小，最大约 $0.05kg/(s \cdot m)$，滩向槽最大单宽输沙量发生于高水位前 $1 \sim 2h$，槽向滩最大单宽输沙量发生于高水位后 $1 \sim 3h$。

枯季大潮时，通州沙滩槽交界上（E 点）的单宽流量、输沙过程线变化过程特征与洪季时类似，向滩方向的输沙占主导，其中向滩方向量大单宽输沙量约 $0.13kg/(s \cdot m)$，发生于低潮位后 $1 \sim 2h$，随着水位升高向滩方向的输沙量渐减。狼山沙滩槽交界上（W 点）的单宽流量、输沙过程线与相位基本一致，滩向槽、槽向滩的单宽泥沙通量均相对较小，最大约 $0.005kg/(s \cdot m)$，滩向槽最大单宽输沙量发生于高水位前 $1 \sim 2h$，槽向滩最大单宽输沙量发生于高水位后 $1 \sim 3h$。

8 分汊河道水沙运动规律

8.1 汊道水动力特性

8.1.1 沿程各汊道涨落潮流速周期变化

沿程各汊道，由于其所处的主支汊地位的差异，使得各汊道的涨落潮流速、涨落潮历时等也存在一定的差异。图 8-1、图 8-2 为沿程各汊道涨落潮流速的周期过程，表明主槽沿程自上而下落潮时间略有减小，但变幅不明显。福姜沙左右汊，其福姜沙左汊为主汊，占 80% 左右分流比；福姜沙右汊为支汊，其流速过程表明大潮条件下主支汊落潮流速基本相当，支汊涨潮流速大于主汊涨潮流速，涨潮历时也较主汊长；小潮条件下，主汊落潮流速大于支汊流速，涨潮则相反。

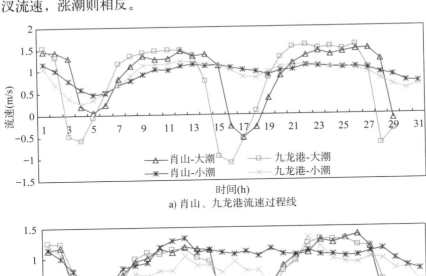

a) 肖山、九龙港流速过程线

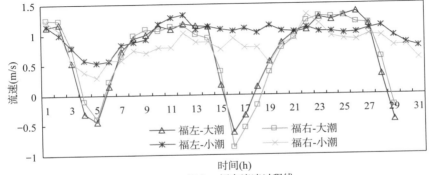

b) 福左、福右流速过程线

图 8-1

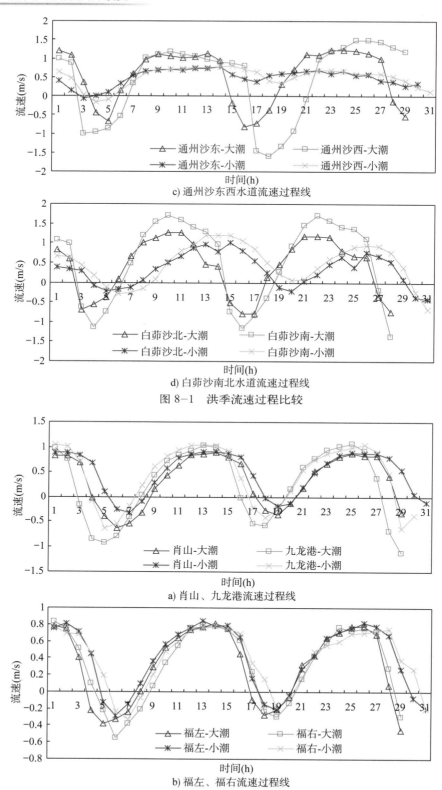

c) 通州沙东西水道流速过程线

d) 白茆沙南北水道流速过程线

图 8-1　洪季流速过程比较

a) 肖山、九龙港流速过程线

b) 福左、福右流速过程线

图　8-2

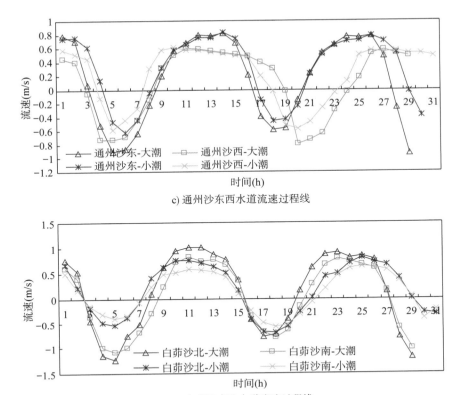

c) 通州沙东西水道流速过程线

d) 白茆沙南北水道流速过程线

图 8-2　枯季流速过程比较

如皋中汊与浏海沙水道，其浏海沙水道为主汊，分流比约为 70%；如皋中汊为支汊，分流比约为 30%。洪季大小潮周期流速分析，表明如皋中汊是一个落潮占优的支汊，支汊落潮流速远大于主汊内的落潮流速，涨潮流速则小于主汊内的涨潮流速。涨落潮历时则表现为，支汊落潮历时大于主汊落潮历时，涨潮历时则小于主汊涨潮历时。

就通州沙东西水道而言，通州沙东水道为主汊，分流比约占 90%。洪季条件下，通州沙西水道支汊涨潮流速大于东水道主汊内的涨潮流速，且涨潮时间较主汊早。枯季条件下大小潮条件下主支汊流速的差异较洪季有所减小，主支汊涨落潮流速变化趋势基本一致。

就白茆沙南北水道而言，白茆沙南水道为主汊，分流比约占 65%。洪季条件下，白茆沙南水道主汊涨落潮流速均大于白茆沙北水道支汊内的涨落潮流速，但支汊内涨潮初涨时间较主汊略有提前。枯季条件下主支汊流速的差异较洪季有所减小，主支汊涨落潮流速变化趋势基本一致。

8.1.2　沿程各汊道涨落潮优势流分析

1969 年，Simmons H．B．提出了优势流这个重要的概念来描述海水入侵对流速分布的影响。在双向流作用下，塑造河槽的主要动力、在河槽演变过程中起主导作用的水流，通常用优势流表示（陈吉余，徐海根等，1988）。

所谓优势流即为落潮流流程除以涨落潮流流程之和，计算涨潮流速面积 F 和落潮流速面积 E，下泄流所占的面积百分比为 $E/(E+F) \times 100\%$，当 $E/(E+F) \times 100\% > 50\%$ 为落潮优势流，当 $E/(E+F) \times 100\% < 50\%$ 为涨潮优势流，等于 50% 的地方即是滞流点，滞留点上下的地区为滞流区是泥沙严重淤积的地区（黄胜等，1995）。表 8-1、表 8-2 为洪枯季大潮各汉道优势流分析。

洪季大潮各汉道优势流分析　　　　　　　　表 8-1

位置	福姜沙左汊	福姜沙右汊	如皋中汊	如皋右汊	通州沙东水道	通州沙西水道	白茆沙南水道	白茆沙北水道	新开沙夹槽
落潮平均值（m³/s）	38 584.88	9 481.71	15 919.79	36 101.46	53 632.61	7 687.58	55 098.15	31 841.92	7 010.2
涨潮平均值（m³/s）	−13 346.69	−2 908.64	−4 528.52	−18 867.79	−27 892.28	−7 944.52	−48 604.54	−18 809.68	−5 409.08
落潮最大值（m³/s）	48 300	13 200	24 000	47 100	70 000	12 300	74 100	41 200	9 520
涨潮最大值（m³/s）	−27 900	−5 540	−6 950	−35 100	−53 300	−15 400	−76 000	−30 700	−10 800
落潮历时（h）	20.51	20.19	22.37	18.72	18.84	18.02	16.98	17.26	17.02
涨潮历时（h）	4.49	4.81	2.63	6.28	6.16	6.98	8.02	7.74	7.98
落潮分流比（%）	92.96	93.19	96.76	85.08	85.47	71.41	70.59	79.06	73.40

枯季大潮各汉道优势流分析　　　　　　　　表 8-2

位置	福姜沙左汊	福姜沙右汊	如皋中汊	如皋右汊	通州沙东水道	通州沙西水道	白茆沙南水道	白茆沙北水道	天生港水道中部
落潮平均值（m³/s）	20 885.45	5 455.58	7 482.15	18 647.53	29 940.38	2 544.6	37 660.93	18 559.96	749.25
涨潮平均值（m³/s）	−12 614.88	−2 862.68	−4 455.63	−13 261.26	−24 164.57	−2 901.22	−38 322.22	−17 749.79	−1 315.5
落潮最大值（m³/s）	28 600	8 280	10 700	26 100	41 300	3 910	52 600	26 000	1 474.62
涨潮最大值（m³/s）	−23 500	−5 270	−8 020	−22 600	−46 300	−4 630	−72 300	−33 600	−2 767.8
落潮历时（h）	17.2	16.44	16.77	16.2	16.02	16.94	15.36	15.75	16.99
涨潮历时（h）	7.8	8.56	8.23	8.8	8.98	8.06	9.64	9.25	9.01
落潮分流比（%）	78.50	78.54	77.38	72.13	68.85	64.83	61.03	64.03	51.78

三沙河段内汉道众多，主要涉及福姜沙左右汊、如皋中汊与浏海沙水道、通州沙东西水道以及白茆沙南北水道。从洪季、枯季大潮各汉道落潮流所占的分流比可以看出，洪季大潮条件下各汉道均以落潮流为其汉道的优势流，且各汉道落潮流所占百分比均超过70%。枯季条件下，各汉道的优势流仍为落潮流，但较洪季而言其所占的百分流有所减小，其中白茆沙南北水道落潮流分流比约 60%，天生港水道进口落潮分流比小于 60%。天生港水道进口落潮分流比约 50%。三沙河段内自上而下，落潮分流比逐渐减小，涨潮的作用逐渐加强，总体而言各汉道均以落潮优势流为主。

8.2　汊道的泥沙特性

8.2.1　沿程各汊道悬沙含沙量周期变化

三沙河段含沙量受上游来沙的影响，也受下游涨潮外海来沙的影响，同时主支汊之间含沙量也存在一定的差异。图8-3、图8-4为沿程各汊道洪枯季含沙量、流速过程变化情况。从图8-3、图8-4可以看出，洪季条件下福姜沙左汊主槽含沙量大于福姜沙右汊主槽含沙量，其左汊平均含沙量约0.12kg/m³，福姜沙右汊主槽平均含沙量约0.08kg/m³；枯季主支汊主槽平均含沙量约0.04kg/m³，主支汊差异较小。

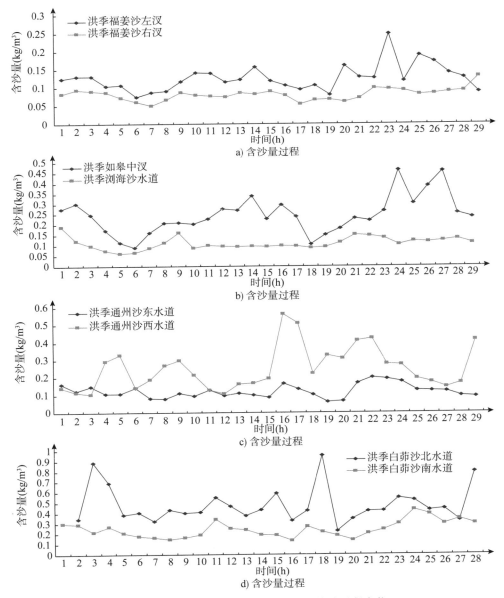

图8-3　沿程各汊道洪季含沙量、流速过程变化

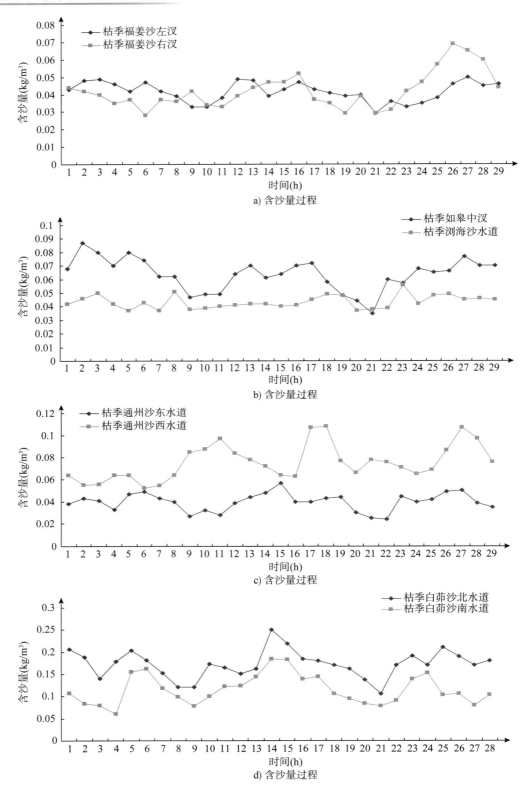

图 8-4　沿程各汊道枯季含沙量、流速过程变化

从如皋中汊、浏海沙水道主槽洪季含沙量过程变化可以看出,如皋中汊虽是支汊,其分流比约 30%,但其支汊主槽含沙量明显大于主汊含沙量,其分沙比大于其分流比。洪季条件下,如皋中汊主槽平均含沙量约 0.23kg/m³,浏海沙水道主槽平均含沙量约 0.12kg/m³;枯季条件下,如皋中汊主槽平均含沙量依旧大于浏海沙水道主槽内平均含沙量。

从通州沙东、西水道主槽内含沙量过程可以看出,通州沙西水道主槽含沙量大于通州沙东水道主槽的含沙量,其分沙比大于其分流比。洪季条件下,通州沙西水道主槽平均含沙量约 0.24kg/m³,过程中最大含沙量出现在涨潮阶段;通州沙东水道主槽平均含沙量约 0.13kg/m³,枯季条件下依旧呈现支汊大于主汊含沙量的趋势。

从白茆沙南北水道内主槽含沙量过程可以看出,白茆沙北水道主槽含沙量大于白茆沙南水道主槽的含沙量,其分沙比大于其分流比。洪季条件下,白茆沙北水道主槽平均含沙量约 0.45kg/m³,过程中最大含沙量出现在涨潮阶段,白茆沙南水道主槽平均含沙量约 0.25kg/m³;枯季条件下白茆沙北水道主槽平均含沙量约 0.22kg/m³,白茆沙南水道主槽平均含沙量约 0.12kg/m³。

8.2.2　沿程各汊道悬沙、床沙级配曲线

沿程各汊道洪枯季悬沙级配曲线如图 8-5、图 8-6 所示。

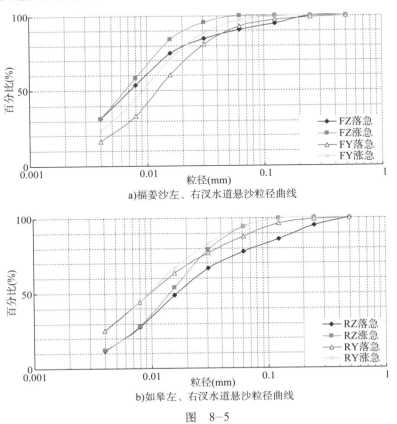

a)福姜沙左、右汊水道悬沙粒径曲线

b)如皋左、右汊水道悬沙粒径曲线

图　8-5

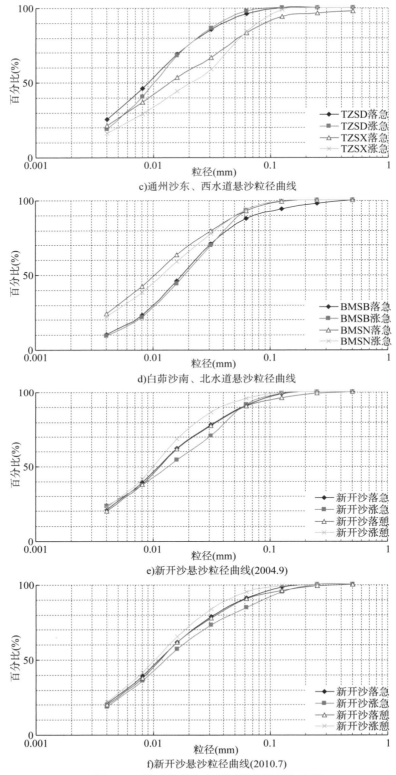

c)通州沙东、西水道悬沙粒径曲线

d)白茆沙南、北水道悬沙粒径曲线

e)新开沙悬沙粒径曲线(2004.9)

f)新开沙悬沙粒径曲线(2010.7)

图8-5　洪季沿程各主要汊道悬沙级配曲线

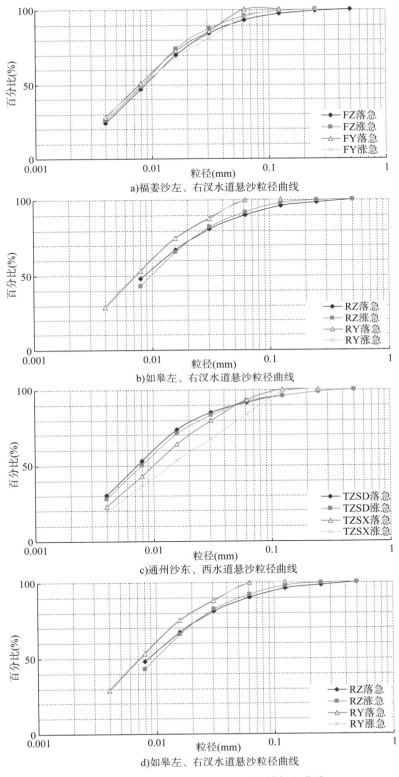

a)福姜沙左、右汊水道悬沙粒径曲线

b)如皋左、右汊水道悬沙粒径曲线

c)通州沙东、西水道悬沙粒径曲线

d)如皋左、右汊水道悬沙粒径曲线

图 8-6 枯季沿程各主要汊道悬沙级配曲线

从洪季各汊道主槽悬沙级配曲线（图8-5）可以看出，沿程各汊道主支汊悬沙中值粒径略有差异。福姜沙左右汊主槽平均中值粒径一般在0.009～0.015mm，如皋中汊与浏海沙水道主槽悬沙中值粒径一般在0.01～0.018mm，通州沙东西水道主槽悬沙中值粒径一般在0.008～0.017mm，白茆沙南北水道主槽悬沙中值粒径一般在0.009～0.02mm。总体而言，支汊主槽内的悬沙中值粒径较主汊内的悬沙中值粒径略粗。枯季条件下，沿程各汊道内悬沙中值粒径一般在0.008～0.015mm，且主支汊中值粒径的差异较洪季有所减小。

洪枯季沿程各主要汊道床沙级配曲线如图8-7所示。

从沿程各汊主槽内床沙级配曲线（图8-7）分布可以看出，洪季条件下其各汊主槽内床沙中值粒径一般在0.1～0.2mm，沿程各段有所差异。就福姜沙左右汊而言，其床沙中值粒径约0.18mm，左右汊相差较小；如皋中汊和浏海沙水道相比，如皋中汊主槽床沙中值粒径相对较粗且一般约为0.15mm；通州沙东、西水道主槽内床沙中值粒径一般在0.14～0.17mm，且通州沙西水道主槽内床沙中值粒径较通州沙东水道主槽内床沙中值粒径略细。枯季条件下，各汊道主支汊中值粒径相差较小。

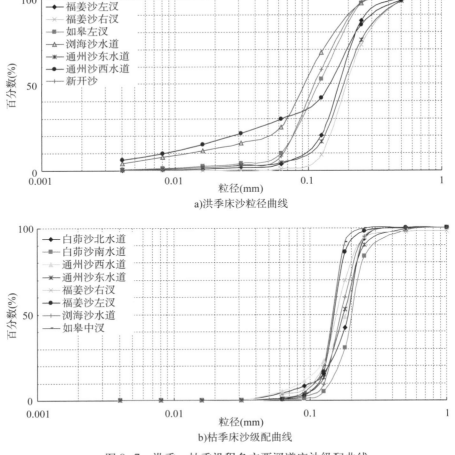

图8-7　洪季、枯季沿程各主要汊道床沙级配曲线

8.3 分流分沙模式研究

8.3.1 分流分沙模式概述

　　河道分汊是冲积河道中一种常见的形式，江心洲、江心滩可以引起河道分汊。分汊河道的演变较单一河道更为复杂，因为随着河道变形，各汊道的分流分沙情况也随之改变。一般来讲推移质分沙主要决定于弯道环流，悬移质分沙主要决定于分流量，此外悬移质分沙还应与因支汊分流引起水流弯曲形成的环流有很大关系。

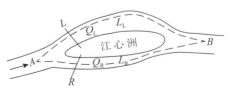

图 8-8　汊道布置示意图

　　丁君松等认为，汊道分流习惯上用分流比表示，设汊道如图 8-8 所示，进入左、右两汊，L、R 的流量为 Q_L、Q_R，由定义得分流比为：

$$\eta_L = \frac{Q_L}{Q_L + Q_R}$$

$$\eta_R = \frac{Q_R}{Q_L + Q_R} \tag{8-1}$$

　　很显然，$\eta_L + \eta_R = 1$，故可只计算一汊的分流比。

　　以水下地形图和计算水位为依据，在两汊内选取具有代表性的断面，计算其过水面积 A 和平均水深 h，同时从分流点 A 至汇流点 B 沿两汊的深泓线分别量取长度 L。根据分流比定义，应用曼宁公式得：

$$\eta_L = \frac{1}{1 + \dfrac{A_R}{A_L}\left(\dfrac{h_R}{h_L}\right)^{\frac{2}{3}}\dfrac{n_L}{n_R}\left(\dfrac{J_R}{J_L}\right)^{\frac{1}{2}}} \tag{8-2}$$

式中：n、J——糙率和比降。

　　令 ΔZ 为分流点 A 至汇流点 B 的水位落差，则上式可改为：

$$\eta_L = \frac{1}{1 + \dfrac{A_R}{A_L}\left(\dfrac{h_R}{h_L}\right)^{\frac{2}{3}}\left(\dfrac{L_L}{L_R}\right)^{\frac{1}{2}}\dfrac{n_L}{n_R}} \tag{8-3}$$

式中：各项数值均系相对值，除糙率外，均可自水下地形图取得。

　　断面的选取，除尽可能对本汊具有代表性外，对两股汊道还应具有代表性，宜选在对应的部位，如汊道的进口段、出口段或中间段，这样，对同一因素的影响，如河床形态、糙率、比降等，可以有某种程度的消除。

　　关于糙率问题，如有实例 $Q \sim n$ 资料，则可根据不同的流量级去选定。考虑到主、支汊的面积、平均水深一般相差较远，相对值一般较大，它们的大小对分流比的大小起着主要作用，甚至是关键性作用。而糙率的相对值一般变幅不大，它对分流比的大小起的作用较小。为简化计算，一般情况下，可令其比值 n_L/n_R 为 1。

　　对于汊道分沙，习惯上用分沙比表示，由定义得：

$$\xi_L = \frac{Q_L S_L}{Q_L S_L + Q_R S_R} = \frac{1}{1 + \dfrac{Q_R S_R}{Q_L S_L}} \tag{8-4}$$

式中：S——断面平均含沙量，kg/m^3。

因为现阶段分析分沙比时，系对整个悬移质而言的，故这里系指全沙，含沙量比值 $\dfrac{S_L}{S_R} = K$，应用式（8-1），则式（8-4）变为：

$$\xi_L = \frac{K_S \eta_L}{1 - \eta_L + K_S \eta_L} \tag{8-5}$$

在算得分流比 η_L 后，只要能求得含沙量比值 K_S，便可算得分沙比 ξ_L，为此，必须建立分沙模型。当分流比 η_L 为定值时，分沙比 ξ_L 随着比值 K_S 的增大也增大。

根据汊道地形图可知，自分流点至洲头这一范围内（以当地枯水位划定江心洲范围），支汊一侧的地形恒高于主汊一侧。这一特征反映到深泓线上表现为，自分流点起，两汊深泓线的纵剖面都具有马鞍形特征，且支汊高于主汊，马鞍形最高点 m、n 的平面位置则处于洲头上游两侧。

确定分沙模型是个十分复杂的问题，涉及的因素很多，如上游河段平面外形系顺道抑或弯曲，泥沙成型堆积体在分汊口门附近及其上游的分布情况，主、支汊相对位置等，都影响到沙量的分配。一般说来，充分考虑这些复杂因素，并建立一个适合于各种类型分汊河道的统一分沙模型，看来是困难的。苏联沙乌勉（B.A.mayMoll）等人进行底沙分沙实验时，发现从主槽流入支槽的分流宽度，自水面向下逐渐变宽，而与不同的分流角基本无关；但当支槽槽底高于主槽槽底时，即分流宽度变窄，进入支槽的底沙分沙比变小，这在一定程度上证明了地形的影响。对汊道的悬沙分沙来说，自分流点起，主、支汊形成了高低不同的马鞍形纵剖面，而这种马鞍形纵剖面反过来影响分流分沙，这与沙乌勉研究底沙的情况有类似之处。

因为我们所要确定的是含沙量比值 K_S，根据实测资料，主汊含沙量大于支汊含沙量，主汊一侧的马鞍形纵剖面低于支汊一侧。这样的泥沙地形特征表明，马鞍形纵剖面起着控制含沙量比值 K_S 的作用，使得进入支汊的系含沙量较小的表层水流，进入主汊的除表层水流外，还有含沙量较大的底流。所以，可选取主、支汊马鞍形纵剖面作为确定含沙量比值 K_S 的控制性因素，而主、支汊的最高点 m、n 又最能表征其高低差别，所以可选取 m、n 点作为控制分沙的参考点，如图 8-9 所示。

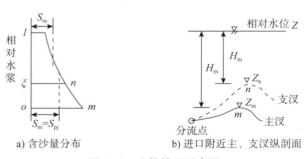

a) 含沙量分布　　　　　b) 进口附近主、支汊纵剖面

图 8-9　分流模型示意图

在选定了最高点 m、n 后，根据含沙量沿垂线分布上稀下浓的规律，可以设想，以主汊最高点 m 处的含沙量分布为标准来确定主、支汊含沙量的比值 K_s，即取该处的平均含沙量 S_m 比上支汊最高点 n 至水面的平均含沙量 S_n，作为比值 K_s，如图 8-2 所示，这就是所设想的分沙模型。

根据这一分沙模型所确定的进入主、支汊的含沙量 S_m、S_n，完全符合主汊含沙量大于支汊含沙量及主汊分沙比大于其分流比的实测资料，这在定性上是符合实际情况的，至于符合的程度如何，则有待于用实测资料作检验。

运用该分沙模型，设左汊为主汊，右汊为支汊，则有：

$$K_s = \frac{S_L}{S_R} = \frac{S_m}{S_n} > 1 \tag{8-6}$$

同时，由式（8-5）有：

$$\frac{\xi_m}{\eta_m} = \frac{1}{\frac{1-\eta_m}{K_s} + \eta_m} \tag{8-7}$$

由于 $K_s > 1$，于是有 $\xi_m > \eta_m$，即主汊分沙比大于其分流比。

有了分沙模型，要获得含沙量比值 K_s，还必须选用既符合实际、运用起来又比较简便的含沙量分布公式，这里采用张瑞瑾提出的公式。

$$S = S_{pj} \frac{c(1+c)}{(c+\zeta)^2} \tag{8-8}$$

式中：ζ——相对水深，河底为零，水面为1；

c——表示含沙量分布不均匀程度的数值，恒为正，c 值越小，分布越不均匀；

S——垂线平均含沙量；

S_{pj}——ζ 处点的含沙量（全沙、分粗沙均可）。

这一公式的优点是：河底含沙量 $S \neq \infty$，水面含沙量 $S \neq 0$，用垂线平均含沙量作参考点的含沙量。这克服了习用的由扩散理论得到的含沙量分布公式的缺点。此式已为若干实测资料所验证，初步用于研究个别问题时，亦证实它有一定的合理性。

以计算水位为标准，则 n 点对 m 点的相对水深为 ζ，应用式（8-8）采用平均容积法，则 n 点至水面的平均含沙量为：

$$S_n = \frac{1}{1-\zeta} \int_\zeta^1 S d\zeta = S_{pj} \frac{c}{c+\zeta} \tag{8-9}$$

于是得主、支汊含沙量比值：

$$\frac{S_m}{S_n} = \frac{S_{pj}}{S_n} = \frac{c+\zeta}{c} = K_s \tag{8-10}$$

代入式（8-5）得：

$$\xi_m = \frac{K_s \eta_m}{1-\eta_m + K_s \eta_m} = \frac{c+\zeta}{\frac{c}{\eta_m}+\zeta} \tag{8-11}$$

这就是根据所建立的分沙模型，采用式（8-8）所得到的计算主汊分沙比的公式。

式中：η_m——由式（8-3）算得的主汊分流比；

c——表示主汊进口附近含沙量分布不均匀程度的数值，作验证计算时，系由实测含沙量分布资料用适线法确定。

ξ是相对水深（图8-2），由计算水位z及水下地形图确定，即：

$$\xi = \frac{z_n - z_m}{z - z_m} \tag{8-12}$$

由式（8-10）与式（8-7）可知，相对水深ζ越大，或含沙量分布越不均匀（c越小），主汊的分沙比越大于其分流比。

后期丁君松等通过实测资料及模型研究表明，洲头附近存在纵轴环流，这就必然导致泥沙的横向转移。为此只考虑纵向输沙，这与沙量分配的实际图形不尽相符。秦文凯、府人寿、韩其为等人认为，实际情况中主支汊之间往往有一定的夹角，水流从分汊前干流流入支汊时必然在一定的范围内发生一定程度的弯曲，从而产生环流，该环流的存在将不利于含沙量较小、级配较细的上部水体分入支汊，而有利于含沙量较大、级配较粗的下部水体分入支汊，其结果是有利于较多较粗的泥沙分入支汊。总体而言，分汊河道的分沙比主要与分流比、泥沙粒径（悬浮指标Z）、分流口附近河道形态、主支汊夹角等多因素有关。

8.3.2　典型分汊段分流分沙计算

本书利用丁君松的计算模式对长江福姜沙河段福姜沙左右汊的分流分沙进行初步计算。福姜沙左右汊断面布置如图8-10所示。

(1) 福姜沙左汊分流比的计算

$$\eta_L = \frac{1}{1 + \dfrac{A_R}{A_L}\left(\dfrac{h_R}{h_L}\right)^{\frac{2}{3}}\left(\dfrac{L_L}{L_R}\right)^{\frac{1}{2}}\dfrac{n_L}{n_R}}$$

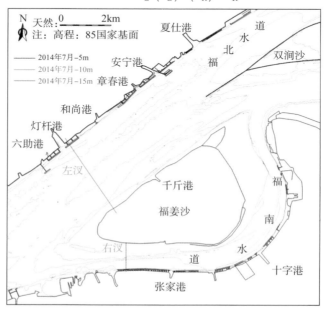

图8-10　福姜沙左右汊分流分沙断面布置图

福姜沙左汊面积 A_L=40 000m²，福姜沙右汊面积 A_R=12 000m²；

福姜沙左汊平均水深 h_L=11m，右汊平均水深 h_R=10m；计算水位采用该河段的整治水位，约 +1m；

左汊长度 L_L=11 000m，右汊长度 L_R=16 000m；

左汊糙率为 0.022，右汊糙率为 0.02；

计算结果 η_L=0.795，即左汊分流比为 79.5%，计算值与实测值基本一致。

(2) 福姜沙左汊分沙比的计算：

$$\xi_m = \frac{c + \xi}{\dfrac{c}{\eta_m} + \xi}$$

其中

$$\xi = \frac{z_n - z_m}{z - z_m}$$

式中：z_n——支汊深泓线最高点高程；

z_m——主汊深泓线最高点高程；

z——计算水位。

取 z_n=−11m，z_m=−16m，z=+1m，则 $\xi = \dfrac{5}{17}$；

取 $c = \dfrac{0.4}{Z}$，Z 为泥沙悬浮指标，$Z = \dfrac{\omega}{\kappa u_*}$；

取主汊洪季悬浮泥沙中值粒径 d=0.015mm，则 Z=0.014；

$$\xi_m = \frac{0.4 + 0.014 \times \dfrac{5}{17}}{\dfrac{0.4}{0.795} + 0.014 \times \dfrac{5}{17}} = 0.8$$，即主汊分沙比为 80%，与实测值基本接近，但因未考虑

弯道环流等因素，计算分沙比略有偏小。

8.4 实测汊道分流、分沙比分析

三沙河段汊道众多，分流比的变化在一定程度上反映了汊道的兴衰变化，图 8-11 为沿程各主要汊道的分流比历年变化情况。三沙河段主支汊分流比的变化、调整是与主支汊河床冲淤紧密联系的，从各汊道分流比的变化可以看出，福南水道自 20 世纪 60 年代以来基本维持在 20% 左右，80 年代末、90 年代初由于进口木材码头阻水作用较强，使得分流比略有减小，但自拆除后分流比又恢复至 20% 左右，近年来总体变化较小。

如皋中汊分流比的变化则与如皋中汊的发展息息相关，20 世纪 70 年代，随着双涧沙水道的消亡，如皋中汊迅速发展，分流比迅速增加，至 90 年代初期，如皋中汊分流比接近 30%；近期，如皋中汊处于发展后的调整期，分流比基本维持在 30.0% 左右。

通州沙东西水道分流比的变化也随着上游如皋沙群的变化而调整，当主流走通州沙东

水道、狼山沙东水道后，主支汊的分流比也逐渐稳定。

白茆沙南北水道分流比的变化也随着南北水道的演变而发生调整，近年来，白茆沙北水道分流比有逐渐减小的趋势，持续维持南强北弱的趋势。

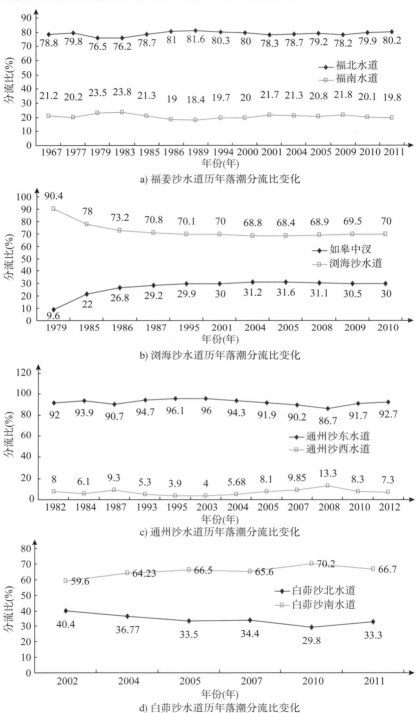

a) 福姜沙水道历年落潮分流比变化

b) 浏海沙水道历年落潮分流比变化

c) 通州沙水道历年落潮分流比变化

d) 白茆沙水道历年落潮分流比变化

图 8-11　三沙河段沿程各汊道分流比历年变化

以往研究表明，分汊河道的分沙比主要与分流比、泥沙粒径（悬浮指标Z）、分流口附近河道形态、主支汊夹角等有关，但在三沙河段实际各汊道的分沙比分析（图8-12）中可以看到，分沙比也与所处河段的涨落潮动力以及周边的影响等息息相关。

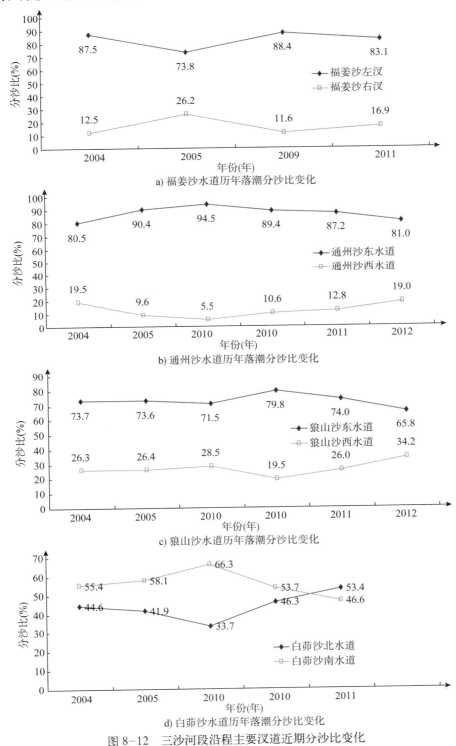

a) 福姜沙水道历年落潮分沙比变化

b) 通州沙水道历年落潮分沙比变化

c) 狼山沙水道历年落潮分沙比变化

d) 白茆沙水道历年落潮分沙比变化

图8-12　三沙河段沿程主要汊道近期分沙比变化

福姜沙左汊分沙比小于分流比，这也是福南水道作为支汊能够较为稳定的维持的一个重要因素。

如皋中汊分沙比大于其分流比，其原因除了泥沙粒径等因素以外，与双涧沙上越滩流也存在一定的联系。由于越滩流存在，使得从福北水道进入如皋中汊的一部分水沙经过双涧沙滩面进入浏海沙水道，而主槽与滩地高程存在较大差异，经过滩面的一般为主槽中的上层水体，由于含沙量垂线分布基本满足表层小、底层大的特性，为此剩余底层较大含沙量部分水体下泄进入如皋中汊，也使得其含沙量大于浏海沙水道含沙量。

通州沙西水道也呈现分沙比大于分流比的态势。其原因除了泥沙粒径等因素以外，与西水道下段涨潮动力相对较强的水动力特性也存在一定的关系。由于西水道中段水深相对较浅，涨潮动力较强，泥沙启动、悬扬相对较易，含沙量也相对较大。白茆沙北水道支汊的分沙比也比其分流比大，而近期白茆沙北水道有所淤积，南水道有所发展，南强北弱的趋势进一步加大。而白茆沙北水道分沙比相对分流比较大，与北支部分高含沙量水体进入白茆沙北水道是密不可分的。

8.5　汊道汇潮点流速、含沙量分布

8.5.1　沿程各汊道汇潮点

三沙河段汊道众多，各汊道涨落潮时间及历时有所差异，一般在支汊内形成涨落潮流的汇潮点，三沙河段在天生港水道、北支两处出现涨落潮的汇潮点，图 8-13 为天生港、北支等支汊内形成汇潮点示意图。

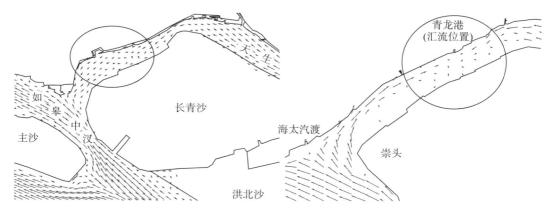

图 8-13　天生港水道、北支汇潮点示意图

8.5.2　三沙河段沿程各汊道流速、含沙量垂线分布

为了分析三沙河段沿程各汊道流速、含沙量涨急、落急、涨憩和落憩等不同时段的垂线分布，为此选取了福姜沙左右汊，如皋中汊和浏海沙水道，通州沙东西水道以及白茆沙南北水道等四个主要汊道进行分析，其流速、含沙量垂线分布如图 8-14 所示。

从各汊道流速垂线分布图（图8-14）可以看出，各汊道涨落急流速基本上基本符合对数分布形式，呈现上大下小的分布规律；而在涨憩或落憩时段，流速分布符合性较差。

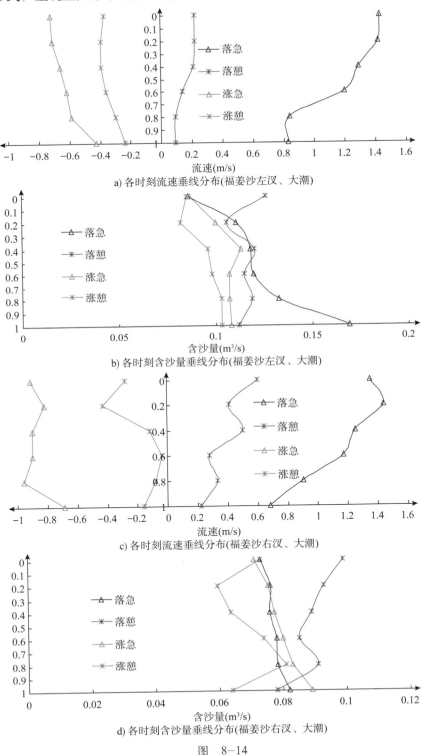

a) 各时刻流速垂线分布(福姜沙左汊、大潮)

b) 各时刻含沙量垂线分布(福姜沙左汊、大潮)

c) 各时刻流速垂线分布(福姜沙右汊、大潮)

d) 各时刻含沙量垂线分布(福姜沙右汊、大潮)

图 8-14

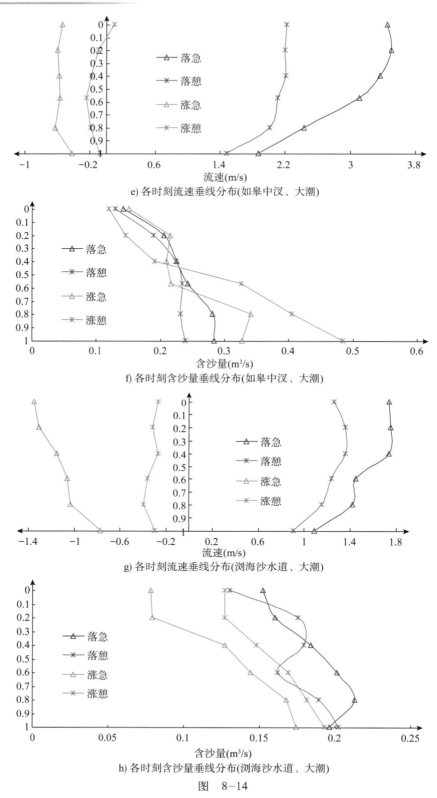

e) 各时刻流速垂线分布(如皋中汊、大潮)

f) 各时刻含沙量垂线分布(如皋中汊、大潮)

g) 各时刻流速垂线分布(浏海沙水道、大潮)

h) 各时刻含沙量垂线分布(浏海沙水道、大潮)

图 8—14

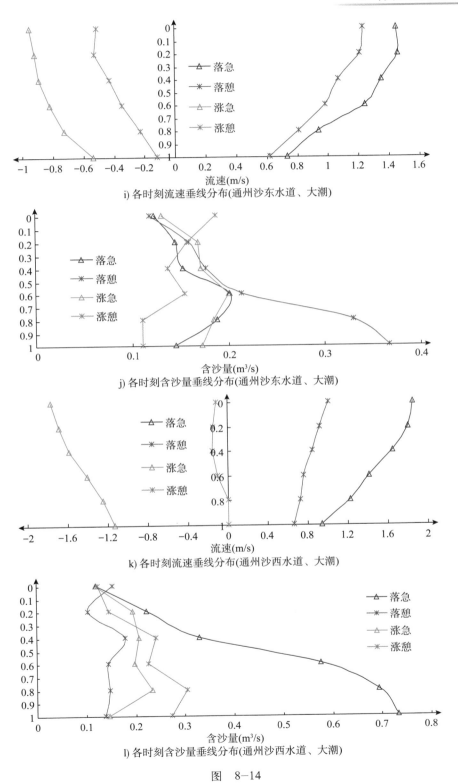

i) 各时刻流速垂线分布(通州沙东水道、大潮)

j) 各时刻含沙量垂线分布(通州沙东水道、大潮)

k) 各时刻流速垂线分布(通州沙西水道、大潮)

l) 各时刻含沙量垂线分布(通州沙西水道、大潮)

图 8-14

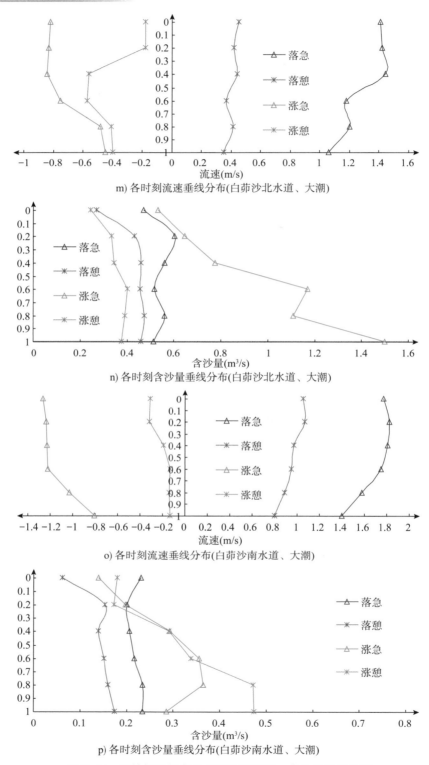

m) 各时刻流速垂线分布(白茆沙北水道、大潮)

n) 各时刻含沙量垂线分布(白茆沙北水道、大潮)

o) 各时刻流速垂线分布(白茆沙南水道、大潮)

p) 各时刻含沙量垂线分布(白茆沙南水道、大潮)

图 8-14　三沙河段沿程各主要汊道流速、含沙量垂线分布

相对于流速的垂线分布，含沙量在涨急、落急以及涨憩和落憩等不同时段呈现的趋势较为凌乱。

8.6 小结

① 实测资料分析表明，三沙河段各主要汊道分流比总体较为稳定。福姜沙左汊分沙比小于分流比，而如皋中汊、通州沙西水道以及白茆沙北水道等支汊均呈现分沙比大于分流比的态势。

② 研究表明，分汊河道的分沙比主要与分流比、泥沙粒径(悬浮指标 Z)、分流口附近河道形态、主支汊夹角等多因素有关。

③ 沿程各汊道由于其所处的主支汊地位的差异，使得各汊道的涨落潮流速、涨落潮历时等也存在一定的差异。福姜沙右汊为支汊，其流速过程表明大潮条件下主支汊落潮流速基本相当，支汊涨潮流速大于主汊涨潮流速，涨潮历时也较主汊长；小潮条件下，主汊落潮流速大于支汊流速，涨潮则相反。如皋中汊是一个落潮占优的支汊，支汊落潮流速远大于主汊内的落潮流速，涨潮流速则小于主汊内的涨潮流速。洪季条件下，通州沙西水道支汊涨潮流速大于东水道主汊内的涨潮流速，且涨潮时间较主汊早。白茆沙南水道主汊涨落潮流速均大于白茆沙北水道支汊内的涨落潮流速，但支汊内涨潮初涨时间较主汊略有提前。枯季条件下主支汊流速的差异较洪季有所减小，主支汊涨落潮流速变化趋势基本一致。白茆沙南北水道主支汊流速的差异较洪季有所减小，主支汊涨落潮流速变化趋势基本一致。

④ 三沙河段含沙量受上游来沙的影响，也受下游涨潮外海来沙的影响，同时主支汊之间含沙量也存在一定的差异。

9 长江河口段河床演变规律及关联性研究

9.1 历史演变

9.1.1 长江口历史发育模式

根据有关史籍记载，距今 2000 多年前，长江口新三角洲已初步形成，长江口在今扬州、镇江一带，河口呈喇叭形，水流分汊，主泓南北摆动，南、北两嘴之间的距离宽达 180km。随着上游大量泥沙下泄，河口不断东移，口门宽度缩窄至目前的约 90km。在河口不断东移的过程中，江中不断形成暗沙，并纷纷并岸，导致河宽不断缩窄。据统计，近 1000 多年以来，长江河口出现了七次重要的沙岛并岸：公元 7 世纪东布洲并岸，8 世纪瓜州并岸，16 世纪马驮沙并岸，18 世纪海门诸沙并岸，19 世纪末至 20 世纪初启东诸沙并岸，20 世纪 20 年代常阴沙并岸，20 世纪 50～70 年代江心沙、通海沙并岸。伴随着这些重要的沙洲并岸（除常阴沙因人工阻塞夹江而并入南岸外），长江口北岸岸线不断向南延伸，河口不断缩窄，并向东南外海方向延伸，镇扬以下的河道随着河口沙岛相继并岸，江面缩窄，河道逐步成形并逐渐向下游推移，如马驮沙并岸以后，江阴以上的河道于 17 世纪成形，江阴河宽大幅缩窄至 3km 左右，长江河口的起点下移至江阴。同时，随着河口河槽缩窄，河道逐步向江心洲分汊河道形态转化，河道水深加深。

经过长期演变，大大改变了河口形态和水动力条件，至此江阴河段成为单一河道，河宽由约 20km 缩窄为 3km 左右，河槽缩窄、水流集中、径流作用增强、潮汐影响减弱，潮区界由九江下移至大通附近，潮流界由芜湖下移 200km 左右到镇江～江阴附近。

因此，2000 多年以来，长江口的发育模式可概括为：江中沙岛出水或并岸、河口宽度不断缩窄、主流逐渐南偏、河口向东南方向延伸。长江口河势经历了河口湾、歧流散滩、成型河槽的不同发展阶段，自此以后具备近代演变的特征。长江口历史变迁见图 9-1。

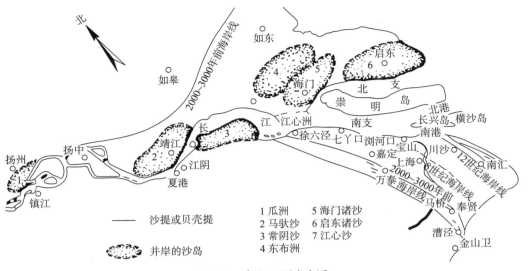

图 9-1　长江口历史变迁

9.1.2　福姜沙及如皋沙群河段历史演变

　　1910 年福姜沙围垦成陆后，南汊由于河床边界抗冲性差，在水流顶冲作用下，江岸崩坍右偏，河道弯曲比不断增加，右岸十字港下江岸崩坍 2km 多，福南水道下段逐渐向鹅头型弯道方向发展。福南水道深泓线变化见图 9-2。

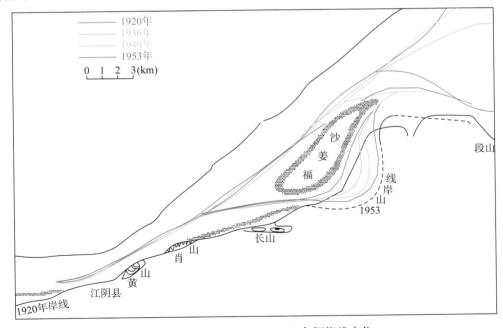

图 9-2　福南水道 1926 ～ 1953 年深泓线变化

　　如皋沙群汊道位于通州沙汊道的上游，历史上，该汊道河势变化剧烈，长江主流反复坐弯、切滩，主流在沙洲南、北水道之间大幅摆动，同时伴随遭遇大洪水，江中沙洲并岸、分裂或合并十分频繁。

由于河道宽阔，涨落潮流路分离，江中沙洲大面积淤涨，1830～1840年，段山以南共形成大小沙洲13个，经过一百多年的演变，这些沙洲逐渐合并为南沙、偏南沙与浏海沙三个沙岛。20世纪初，南沙涨连南岸。1917～1922年，又先后在南沙与偏南沙、偏南沙与浏海沙之间修建老海坝与新海坝封堵夹江，偏南沙与浏海沙并入南岸，江面宽度由20km缩窄至6km左右。

在南岸沙洲合并、并岸的过程中，北岸如皋沙群段段山港附近的江中靠如皋凹岸一侧，形成了海北港沙。沙体形成初期，北水道为主汊。在主流顶冲和弯道环流的作用下，如皋江岸不断崩退，海北港沙北水道不断弯曲、萎缩，南水道展宽、发展，导致主流从北水道逐渐过渡到南水道。1921～1941年，海北港沙南水道发展为主汊后，南、北水道汇流后顶冲左岸段山沙，切割段山沙边滩，在江中形成横港沙的前身。同时1920年左右，水流切割海北港沙，形成又来沙，将原海北港沙南水道又分为南、北两条水道（图9-3）。

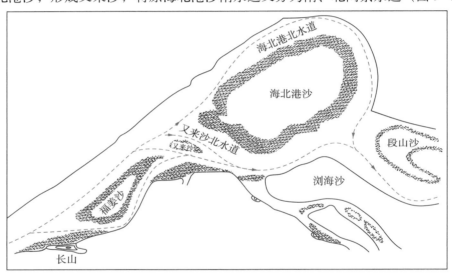

图9-3　1920年如皋沙群段河势图

又来沙汊道的演变与海北港沙类似，沙体形成初期，北水道为主汊，其在发展的同时，不断向北弯曲、萎缩，1948年，长江发生大洪水，又来沙南水道冲深扩大，发展为主汊。1954年长江发生百年一遇特大洪水，河床发生剧烈变化，大洪水曾切割本河段进口北岸芦家港水下低边滩，切割后边滩以暗沙形式下移，在下移过程冲散消失或合并，最后并于又来沙。1954年的大水使又来沙南水道充分发育，而北水道进一步淤积并于1959年封闭，在1958年左右，又来沙头部被水流切割形成双铜沙。20世纪60年代如皋沙群段河势见图9-4。

从上面的演变过程可以看出，如皋沙群汊道河道演变主要特点为：

① 主流摆动幅度较大，摆动幅度逐渐收缩。100多年来，该汊道主流先后走海北港沙北水道、海北港沙南水道、又来沙北水道、又来沙南水道、浏海沙水道，摆幅达十余千米。

② 江中的沙体分裂、合并十分频繁。150余年以来，自南沙、偏南沙与浏海沙并入

南岸后，江中先后出现的海北港沙、又来沙都曾被水流切割，沙体分裂、合并、并岸的特点十分明显。如目前之民主沙就由民主沙、友谊沙、驷沙（这些沙又由又来沙切割而成）等沙体合并而成，长青沙就由上林案、下林案、张案、薛案沙、开沙及泓北沙等沙体合并而成。

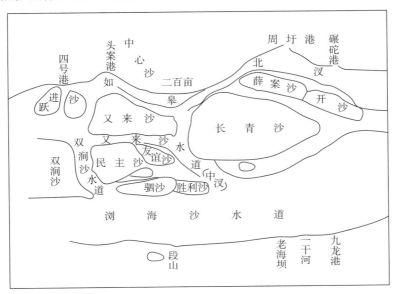

图 9-4　20 世纪 60 年代如皋沙群段河势图

从如皋沙群河段的发育过程可以看出，在自然演变条件下汊道兴衰、洲滩演变呈周期性变化，当分汊河段汊道弯曲率达到 1.6 左右时，往往发生主支汊易位现象，例如如皋沙群段海北港沙、又来沙南北水道变化，洲滩呈现形成—发展—衰退—再形成的变化过程，如海北港沙→又来沙→双涧沙。对于自然演变下的单一河道,大致经历以下循环往复过程：单一河槽、河道坐弯、边滩发育、河道展宽心滩发育、分汊河型、主支汊易位、汊道衰亡、洲滩归并、单一河槽……

9.1.3　通州沙及白茆沙河段历史演变

如皋沙群汊道河势的大幅动荡直接影响到了通州沙汊道及白茆沙汊道的演变。1900年左右，水流切割浏海沙尾形成通州沙汊道，而徐六泾以下的白茆沙河段在 1861 年左右就已经形成分汊河道。在徐六泾人工缩窄段形成以前，通州沙～白茆沙水道的演变总体呈现如下规律：主流走如皋沙群段北水道，通州沙水道主流由东水道转为西水道，相应白茆沙水道主流由北水道转为南水道；主流走如皋沙群段南水道，通州沙水道主流由西水道转为东水道，相应白茆沙水道主流由南水道转为中（北）水道，见表 9-1。

1860 年河势见图 9-5。1860 ～ 1910 年，长江主流顶冲如皋岸段致使江岸严重坍塌，河道展宽，导致海北港北水道发育，长江被海北港沙分为南北两水道，海北沙北水道向鹅头型汊道发展。20 世纪初，长江主流走海北港沙北水道直冲浏海沙中部引起江岸冲刷，然后挑向北岸天生港、任港一带，造成岸线平均崩退达 2.5km 左右纵深。长江主流经通州沙东水道下泄，随着老狼山沙形成不断发育南偏，主流走老狼山沙西水道。由于水流

弯曲，顶冲点上移冲刷通州沙尾以及福山江岸，白茆沙南水道进口暗沙消失，—10m深槽
上下贯通，白茆沙南水道发展为主汊，北水道淤积。

如皋沙群段、通州沙水道、白茆沙水道相互影响　　　　　　　　　表9—1

时期	如皋沙群汊道段	通州沙水道	白茆沙水道
1861～1900 年	主流走海北港沙北水道	由通州沙东水道逐步转为通州沙西水道	由白茆沙北水道逐步转为白茆沙南水道
1900～1921 年	主流从海北港沙北水道过渡到南水道	由通州沙西水道逐步转为通州沙东水道	由白茆沙南水道逐步转为白茆沙中水道，水流切断白茆沙尾形成浏河沙
1921～1941 年	海北港沙南水道发展，南北水道汇流后顶冲左岸段山沙，切割沙体形成横港沙	由于南水道不断向北弯曲，导致横港沙向南淤涨，沙体挤压水流使通州沙水道主流又从东水道逐步转为通州沙西水道	由白茆沙中水道逐步转为白茆沙南水道，中水道以北的白茆沙并岸
1941～1958 年	海北港沙北水道淤塞并岸，又来沙形成，主流从又来沙水道逐渐向南水道过渡，1948年南水道发展为主汊	由通州沙西水道逐步转为通州沙东水道	有转为北水道的迹象，但仍为南水道

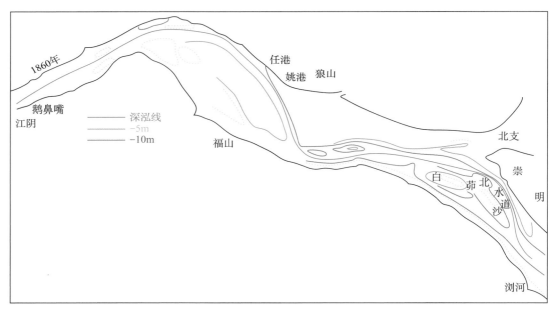

图9—5　1860年河势图

　　1900～1915年河势见图9—6。1910年海北港沙北水道进一步发展为鹅头形汊道，
到1918年弯曲率达1.71，阻力增大，流速减弱，该水道淤浅趋于衰退。长江主流逐渐
转向南水道，冲刷浏海沙头部，对南通岸线的顶冲点下移，老狼山沙西水道和通州沙西
水道相对萎缩，老狼山沙东水道发展为主水道，进入白茆沙河段水流北移，主流走白茆
沙中南水道。

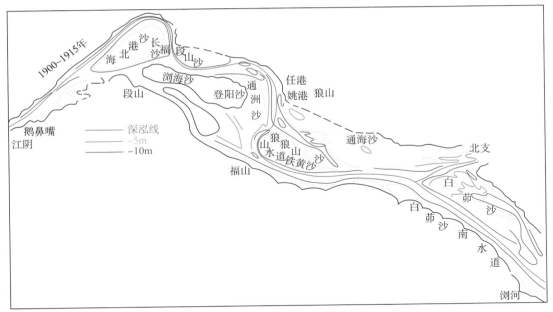

图 9-6　1900～1915 年河势图

1920 年河势见图 9-7，1923～1931 年河势见图 9-8。1920～1931 年海北港沙北水道加速淤积，南水道不断发展北移弯曲，海北港沙南侧冲刷，弯道南缘出现又来沙。又来沙南北两汊汇合水流顶冲浏海头部。1916～1922 年，段山南北夹江筑海坝封堵后，浏海沙与偏南沙并入南岸，长江主流水动力作用加强，浏海沙受到严重冲刷，浏海沙头至十三圩港 16km 岸线平均后退 3km 多，通州沙西水道和老狼山沙西水道进一步萎缩，通州沙东水道发展，长江落潮主流过徐六泾后直指白茆沙，南岸徐六泾边滩不断淤涨、下移，堵塞南水道进口，促使长江主流冲出白茆沙中水道下泄。

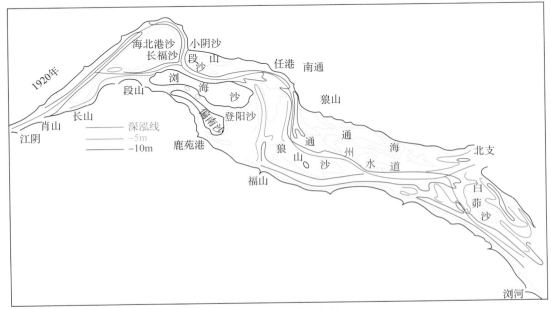

图 9-7　1920 年河势图

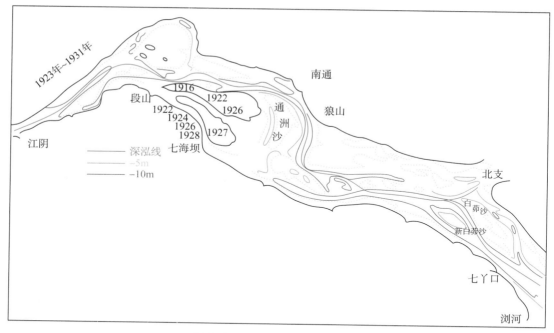

图 9-8 1923～1931 年河势图

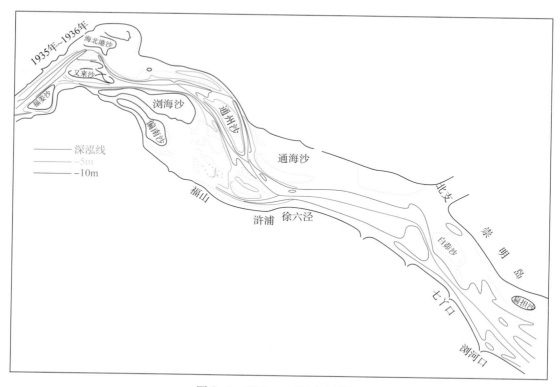

图 9-9 1935～1936 年河势图

1931 年大洪水海北港北水道淤浅，又来沙北水道发育，主流南偏，通州沙西水道发展成主汊。通州沙东水道上口淤浅,顶冲点下移,横港沙迅速由原天生港位置伸展到任港前,长江主流顶冲点移向狼山龙爪岩。1935～1936年河势见图9-9。经1931年和1935年长江大水,通州沙西水道发展成主水道,长江主流走通州沙西水道、老狼山沙东水道。狼山沙沙体西靠与浏海沙尾相连,通海沙群发育,原有白茆沙体北移与崇明岛边滩连成一体,长江经白茆沙中水道至七丫口后,在扁担沙上冲出一条中央沙北水道,进入北港入海,使得南支下段浏河沙群发生动乱,宝山水道上口逐渐淤塞。

20世纪40年代,通州沙水道主流重回东水道以后,顶冲左岸龙爪岩与营船港一带,造成北岸岸线不断后退,加上当时通州沙呈狭长形,通州沙东水道河宽相对较宽,泥沙在姚港至新开港之间落淤形成狼山沙。1948年河势见图9-10。

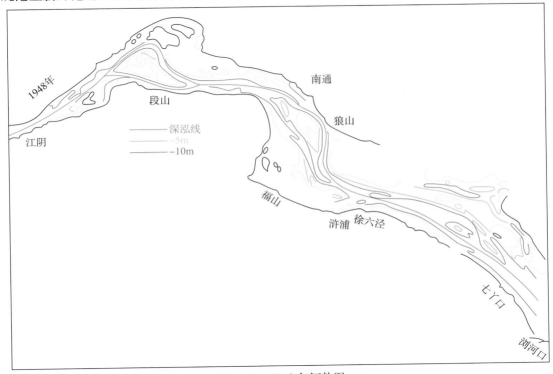

图9-10 1948年河势图

1954年长江发生百年一遇特大洪水,河床发生剧烈变化,水流冲刷南通河段横港沙沙尾,南通及狼山以下沿岸崩塌,切滩、崩岸泥沙冲入通州沙东水道,形成新的狼山沙,并逐渐发育南移,狼山沙的东、西水道(也称通州沙东、中水道)随之发展。白茆沙河段南部发生冲刷,北部淤积,原有白茆沙心滩消失,长江主流经过通州沙东水道,经新狼山沙西水道,进入白茆沙南水道。1954年前后徐六泾对岸,通海沙群出露围垦,1957～1958年在通海沙夹槽打坝断流并岸,至1961年江心沙围垦成陆,使徐六泾江面由原来13.5km缩窄到5.7km左右,形成长江入海最后一对控制节点。1958年河势见图9-11。

徐六泾人工缩窄段形成前,白茆沙水域也曾多次遭遇大洪水,沙体被水流切割或冲散,如1921年、1954年,白茆沙经历了从分散到合并,从北靠到并岸的演变过程。

1861～1958 年，白茆沙南、北水道交替兴衰。主流在白茆沙南、北水道间的交替变动达3 次之多。

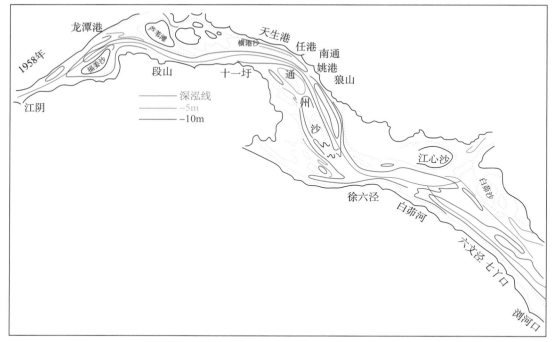

图 9-11   1958 年河势图

9.1.4 历史演变小结

① 潮汐河段由于河道动力增强，河道展宽，历史上由于河道边界不稳定，河道平面形态极易发生变化，而平面形态变化导致主流改变频繁、沙洲变迁、汊道兴衰。由于沙洲淤长、分裂、并岸等频繁变化，导致主流经常大幅摆动，上游河道的变化导致下游河道也随之产生剧烈变化，上下游河段河床演变关联性密切。

② 如皋沙群历史上河势变化剧烈，经历了海北港沙、又来沙等沙洲左右水道交替发育，洲滩分合并岸，导致河宽不断缩窄，主流摆动范围大幅度减小，同时在人工护岸等工程控制作用下，20 世纪 50 年代以后如皋沙群段主流一直稳定在微弯的浏海沙水道，这为长江主流稳定在通州沙东水道的河势格局奠定了基础。如皋沙群段海北港北水道衰退，主流南移，走浏海沙水道，天生港水道进流条件恶化，上口位于如皋中汊，其进口与如皋中汊交角近直角，落潮分流减小，形成一涨潮流占优势的汊道。

③ 通州沙河段历史上经历了多次东、西水道交替发育的演变过程，其变化规律直接受上游如皋沙群河势变化的影响。上游主流走如皋沙群段北水道，通州沙水道主流由东水道转为西水道，相应白茆沙水道主流由北水道转为南水道；主流走如皋沙群段南水道，通州沙水道主流由西水道转为东水道，相应白茆沙水道主流由南水道转为中（北）水道。当上游主流稳定在浏海沙水道以后，通州沙水道不再发生东西水道主支汊移位现象，主流一直稳定在通州沙东水道。

④ 徐六泾附近历史上海塘桩石等护岸工程加之江岸为抗冲性较强的黏土层，该岸段成为长江主流由北南向西东转折的导流控制段。随着 1958～1966 年间通海沙和江心沙大面积围垦，徐六泾附近江面河宽由 13.5km 缩窄至 5.7km，形成了长江河口段的一对控制节点，削弱了上游河势演变对下游白茆沙河段的直接影响，并为白茆沙河段提供了较稳定的进口条件。

⑤ 在徐六泾人工缩窄段形成以前，白茆沙河段河床演变受通州沙河段演变的直接影响，主流在白茆沙南、北水道间摆动，白茆沙经历了形成、发展、下移、冲散、并岸、再形成的演变过程。而白茆沙南水道自白茆河口以下近岸深槽一直维持着长江南支河段主通道的作用。

9.2 近期演变

根据三沙河段近期来水来沙条件（大通站历史洪峰流量统计见表 9-2）和河床演变特征，将近期演变大致分为以下 4 个时段进行表述：

① 20 世纪 50 年代中期至 1992 年：1954 年长江大水，20 世纪 70 年代以后如皋沙群发展变化，90 年代渐趋稳定，横港沙尾部冲刷上提较快，50 年代末左右狼山沙形成并逐步受冲向下移动，70 年代末新开沙、白茆小沙发育，80 年代初长江大水将白茆沙切割，然后再合并等。

历史大洪水大通站流量统计 表 9-2

年份（年）	年最大洪峰流量（m³/s）	出现的日期（月－日）
1896	71 100（宜昌站）	09－04
1931	64 600（宜昌站）	—
1935	56 900（宜昌站）	07－07
1949	68 500	07－19
1954	92 600	08－01
1962	68 300	07－11
1968	68 800	07－18
1969	67 700	07－19
1973	70 000	07－01
1974	65 000	07－02
1977	67 400	06－03
1983	72 600	07－19
1988	63 700	09－17
1992	67 700	07－13
1995	74 500	07－02

年份（年）	年最大洪峰流量（m³/s）	出现的日期（月－日）
1996	75 000	07－22
1998	81 700	08－01
1999	84 500	07－22
2010	65 600	07－11

② 1992～1999 年：1992 年长江上游大水，横港沙沙尾冲刷上移趋缓，通州沙左缘下段受冲，狼山沙左缘受冲西偏、下移，1992 年白茆沙南北水道水深条件较为优良，1998 年、1999 年长江上游大水，白茆沙受冲后退，新开沙淤涨上伸下延等。

③ 1999～2004 年：2003 年三峡水库开始蓄水，狼山沙主要表现为冲刷西偏，新开沙逐步发育至 2003 年左右规模最大时期等，白茆沙头部冲刷后退。

④ 2004～2012 年滩槽演变特征：2003 年三峡水库蓄水后，上游来沙逐步减小；白茆沙沙头仍有所后退；狼山沙左缘持续受冲后退、尾部上提，新开沙右侧受冲，沙体窜沟发育，东水道展宽，营船港近岸低边滩淤涨下移南压进入航槽，通州沙东水道江中心滩出现；2008 年左右白茆小沙下沙体冲失，南水道进一步进口展宽等。

9.2.1 江阴河段

江阴河段位于三沙河段上游，通过鹅鼻嘴节点与三沙河段相连接，因此有必要对其近期演变特征进行简要概述。

（1）岸线变化

江阴水道为单一顺直微弯型河道，自天生港至鹅鼻嘴全长约 24km。河道两端界河宽分别为 2.0km 和 1.4km，南岸边滩围垦前中间最宽约 4.4km，南岸边滩围垦后中间最宽约 3km，为两端窄中间宽的藕节状河型。南岸微弯，主槽偏靠南岸一侧，长江水流对南岸有较大的侵蚀能力，但由于南岸临江山体基岩露头，且又为海漫前古长江河口堆积地貌，地表以下约 6m 一般为棕黄色或黄绿色粉沙亚黏土，含有铁锰结核，土质坚硬；向下至 −24m 左右为致密的黄色或深黄色细沙层，夹有钙质胶结块；再向下则为灰色或灰黑色的滨海相亚黏土。此类沉积物为早期堆积体，结构紧密，抗冲能力强，使长江主流向南侵蚀受阻，对河势的控制十分明显。因此，长期以来南侧深槽及岸线变化甚微。

（2）滩槽变化

江阴水道进口主流偏右，受天生港节点的挑流作用，洪水期北岸以下边滩易受冲刷，北岸近岸有时形成次深槽；枯季受下游涨潮流影响，八圩以上近岸近岸次深槽受潮汐影响较大。受径流和潮流的交替作用，江阴水道河床北侧变化较复杂。

江阴水道主流靠位于凹岸的南岸一侧，南岸主深槽多年来变化不大。主深槽位置保持稳定态势。下游出口受炮台圩、鹅鼻嘴节点控制，总体河势将保持相对稳定状态。即江阴水道变化仍是深槽左侧边滩及次深槽和心滩移动的变化。

江阴水道天生港以下河道放宽，主流总体为贴南岸而下，但洪枯季有所变化，且受天生港矶头的挑流作用，北岸夹港以下边滩形成后易受洪水冲刷。边滩存在一是河道放宽，泥沙易落淤；二是处于微弯河道的凸岸。而边滩的稳定一是河道弯曲半径过大，水流归槽作用不是很强，边滩易受水流冲刷，另外上游主流摆动也易使边滩处于不稳定状态。边滩冲刷切割，在江中淤积形成活动性心滩，形成心滩难处于稳定状态，心滩下移，又为上游边滩的形成创造了空间。受下游节点的控制，心滩的移动受到限制，因而边滩及心滩仅在一定范围内呈现周而复始的变化。近年由于上游来沙减少，江阴水道河床总体有所刷深，南岸边滩围垦江阴水道河道缩窄，2009 年后江中基本无水深不足 10m 的心滩。

表 9-3 为近年江阴河段 10m 以上心滩变化。图 9-12、图 9-13 分别为江阳河段 −10m、−15m 等高线历年变化。

近年江阴河段 10m 以上心滩变化　　　　　　　　　　表 9-3

年份（年）	心滩长（m）	心滩最宽（m）	位　置
1987	2 200	300	六圩
1990	3 600	300	三圩至澄西船厂
1993	6 200	400	三圩至八圩
1995	4 400	800	三圩至澄西船厂
1998	3 600	360	三圩近岸
1999	—	—	—
2000	—	—	—
2001	3 400	400	三圩至六圩
2002	4 600	500	三圩至六圩
2003	4 000	800	三圩至七圩
2004	400	300	三圩至八圩

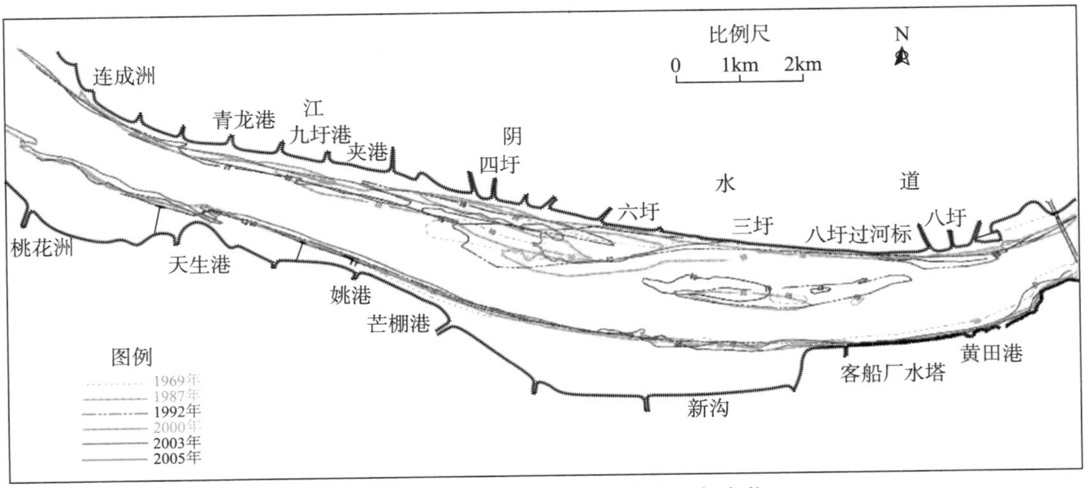

图 9-12　江阴河段 −10m 等高线历年变化

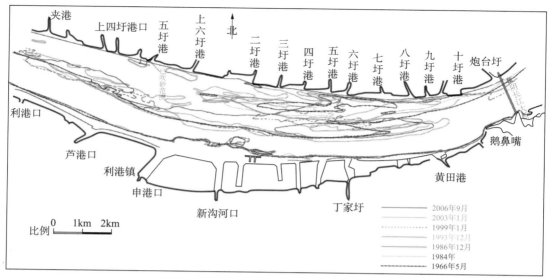

图 9-13 江阴河段 -15m 等高线历年变化

9.2.2 福姜沙及如皋沙群河段

（1）汊道动力变化

① 福南水道和福北水道。

20 世纪 60 年代以来，福南水道近年来分流比统计见图 9-14。1967 年以来，福姜沙南北汊分流比基本稳定在 1∶3.8 左右，其中 1986～1989 年间，南汊分流比略为减少，其原因在于南汊进口段的水上木材库减少了南汊的过水面积，拆除木材库后，1992 年 7 月南汊分流比又恢复到 20.4%。2005 年 6 月实测小潮水文资料显示，南汊分流比为 22.9%。总而言之，40 多年来，福姜沙南、北汊道的分流比基本稳定。

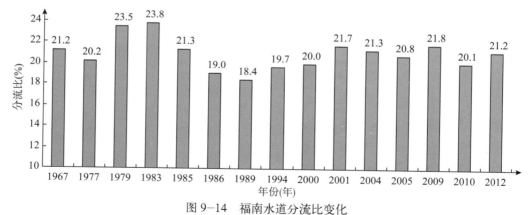

图 9-14 福南水道分流比变化

② 如皋中汊和浏海沙水道。

如皋中汊形成初期，双涧沙北水道水流主要经双涧沙与又来沙之间的双涧沙水道汇入南汊浏海沙水道。中汊形成后，中汊以北的沙体仍称又来沙，以南的沙体称民主沙等沙体，随着又来沙北汊的逐渐淤塞和双涧沙水道不断萎缩而中汊得到迅速发展。到 1989 年，双涧沙水道基本淤塞,民主沙与双涧沙合并,如皋中汊与双涧沙北水道已平顺衔接,基本分泄了双涧沙北水道下泄的水流。1979 年,如皋中汊分流比为 9.6%,1985 年为 22%,20 世纪 90 年代以后中汊分流比长期维持在 30% 左右,浏海沙水道分流比维持在 70% 左右。如图 9-15 所示。

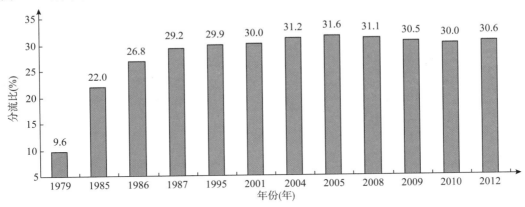

图 9-15　如皋中汊分流比历年变化

(2) 深泓线变化

① 福姜沙南、北汊水道深泓线变化。

福姜沙河道呈两级分汊态势。水流出鹅鼻嘴~炮台圩节点后,被福姜沙分为左右两汊,为一级分汊,右汊福南为支汊,左汊为主汊。进入左汊的主流被双涧沙又分为福北和福中,该汊为二级分汊。一级分汊主泓的分界点多年一般在肖山~大河港间的 2km 范围内变动,1986 ~ 1992 年间,分汊点在肖山附近,1998 年和 1999 年大洪水后,分汊点冲刷后退至大河港附近,之后,由于上游来水来沙减小,分汊点逐步上移,2009 年又上移肖至山附近。

福南水道在发展过程中,汊道上半段比较稳定,下半段在弯道环流作用下,江岸不断崩塌后退,深泓向鹅头弯道发展。20 世纪 70 年代完成丁坝护岸和抛石护岸,20 世纪 80 年代弯顶一带护岸工程实施后,弯道发展得到控制,近年来深泓线基本稳定。1970 ~ 2012 年深泓线变化见图 9-16。

进入福姜沙左汊的主流在螃蜞港下分成偏北和偏南两股水流,分别为主泓福北水道和副泓福中水道,为二级分汊,福姜沙北汊深泓线变化相对较大,主要是由于河床顺直、主流摆动、滩槽变化。近年来,福姜沙左汊由于江中心滩及双涧沙的变化,福北水道的深泓线仍处于变化中。福中水道的深泓线近年来也在摆动之中,但幅度较北侧主泓小。

总的来说,近年来福南水道深泓线基本保持稳定;福北水道深泓线变化相对较大,主要是由于河床顺直、主流摆动、滩槽变化。螃蜞港边滩冲刷、切割下移在和尚港附近江中形成淤积心滩,主副泓在心滩左右变化。

② 如皋中汊、浏海沙水道近期深泓线变化。

如皋中汊、浏海沙水道 1970 ~ 2012 年深泓线变化见图 9-16。

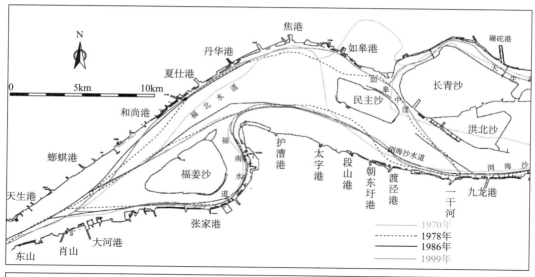

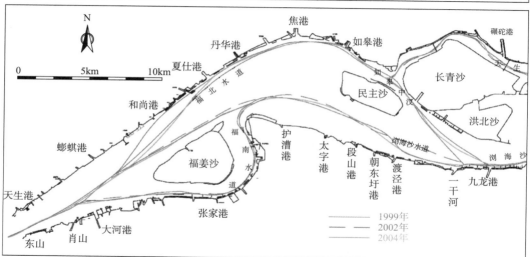

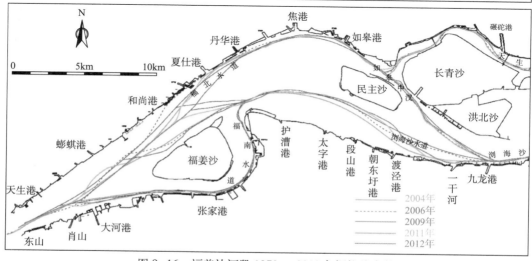

图 9-16 福姜沙河段 1970 ~ 2012 年深泓线变化

如皋中汊是 20 世纪 70 年代初期由又来沙滩面串沟演变而成。1978 年，如皋中汊四号港附近的深泓线还靠近现民主沙一侧。1989 年，民主沙与双涧沙合并后，如皋中汊与双涧沙北水道已平顺衔接，基本分泄了双涧沙北水道下泄的水流。以后，如皋中汊演变趋于顺直发展，1999 年后，如皋中汊深泓线基本稳定下来。

浏海沙水道一直以来是主泓，护漕港~朝东圩河道微弯，双涧沙民主沙一侧处于弯道的凹岸，弯道凹岸一侧一直处于缓慢冲刷中，其深泓线有左移趋势，2006 年后，深泓线左移速度趋缓。

与中上段深泓线的变化相比，受如皋中汊与浏海沙水道两汊汇流影响，近年来如皋中汊和浏海沙水道的下段深泓线的变化深泓线摆动相对较大。1986 年后，如皋左汊逐步趋于稳定，1992 年，两汊汇流点在九龙港上游附近，受 1998 年、1999 年大洪水影响，浏海沙水道渡泾港~一干河淤积，-15m 线中断，汇流点上移至一干河下游附近，这表现为如皋中汊和浏海沙水道下段的深泓线右移。2002 年后，受上游来水来沙减小的影响，浏海沙水道渡泾港~一干河有所发展，汇流点移至九龙港附近，近年来基本保持稳定。

（3）洲滩变化

福姜沙河段 1970 ~ 2012 年 -5m 等高线比较见图 9-17。

① 福姜沙。

约在 19 世纪末，福姜沙露出水面，1910 年开始围垦成陆，至 1915 年上移到现在的部位。1960 年，福姜沙开始筑堤围垦。目前，福姜沙沙体长 8.5km，最大宽度为 3.9km（0m），沙体呈三角形。福姜沙自 1960 年开始筑堤围垦，目前围堤长 20.7km，堤顶高程在 6.9 ~ 7.7m 之间。

② 双涧沙。

1960 年前后，随着又来沙淤长发育，又来沙北水道逐步弯曲、萎缩导致泄流不畅，又来沙头部漫滩水流增强，并逐渐将又来沙头部边滩切穿、分离形成双涧沙。20 世纪 70 年代以后，由于原双涧沙水道与左汊主槽间的弯曲幅度过大，使得主流逐渐从如皋中汊下泄，如皋中汊发展，双涧沙水道衰亡，以后双涧沙头不断向上游延伸发展，沙尾逐渐下移并于 1989 年与民主沙合并，滩面高程相对稳定。

20 世纪 90 年代后期，福姜沙北汊章春港以下沿岸受冲，岸坡冲刷后退。随着北汊近北岸的冲刷和如皋中汊的发展，双涧沙头向福姜沙沙头淤涨，致使福中水道明显萎缩，双涧沙 -5m 等高线的演变见图 9-18，双涧沙沙头近年来的移动情况统计见表 9-4。

由图表可见，双涧沙变化较大，沙头平均每年以 272m 的速度向上游淤涨，主要原因在于北汊主深泓线北移，因北岸土质疏松，福北水道不断侧蚀，侧蚀的结果使北水道出现弯曲，在弯道环流的作用下，泥沙向右侧输送堆积，落淤成滩，同时，福中水道消退后，涨落潮泥沙特别是大洪水上游来沙也在此堆积，使沙滩快速发展。北汊福中、福北两水道的变化与双涧沙的演变是密不可分的，当双涧沙下移，福中、福北相通；而当双涧沙上潜时，则福中、福北分开，双涧沙与福姜沙头相连，不过当福北水道发展弯曲到一定程度，弯道内水流阻力增加，过流能力减小，水流将另找出路。福北水道和福中水道存在较大的横比降，部分水流经双涧沙滩地进入福中水道以及浏海沙水道，而且双涧沙滩地存在串沟，当

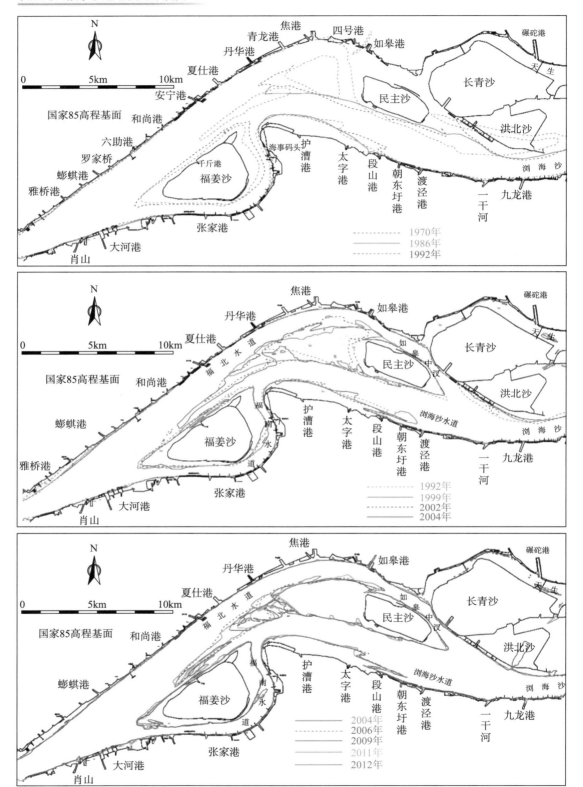

图 9-17 福姜沙河段 1970 ～ 2012 年 -5m 等高线变化

串沟渐渐发展时，福北下段主流动力轴线也将南移，从而又开始下一轮的演变。

由于落潮时福北水道水位高于福中水道，双涧沙沙体上存在越滩水流成为双涧沙沙体不稳定的一个关键因素。2009 年测图显示丹华港和安宁港对岸的双涧沙中部 −5m 线已被冲开，如果该串沟进一步发展，将影响福北水道和如皋中汊的稳定。2010 年年底开始实施双涧沙守护工程，目前工程已基本完工。双涧沙守护工程实施后有助于双涧沙沙体的稳定，有利于福姜沙水道的河势稳定，有利于深水航道的建设和维护。

双涧沙沙头 −5m 等高线历年移动情况统计　　　　　　　　　　　　　　　　　表 9−4

年　份	移动距离 (m)	平均 (m/ 年)	总体平均 (m/ 年)
1983 年 4 月～ 1997 年 12 月	+1 853	+132	
1997 年 12 月～ 1998 年 11 月	+1 230	+1 230	
1998 年 11 月～ 2001 年 8 月	+2 540	+847	
2001 年 8 月～ 2004 年 3 月	+2 625	+875	
2004 年 3 月～ 2005 年 4 月	−100	−100	246
2005 年 4 月～ 2006 年 5 月	−100	−100	
2006 年 5 月～ 2009 年 3 月	+300	+100	
2009 年 3 月～ 2011 年 7 月	−720	−360	
2011 年 7 月～ 2012 年 10 月	−490	−400	
备　注	"+" 为往上游移动，"−" 为往下游移动		

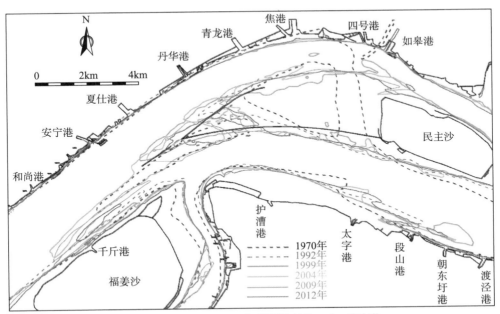

图 9−18　1970 ～ 2012 年双涧沙沙体 −5m 线变化

③ 民主沙。

20 世纪 60 年代，又来沙右半部及沙尾出现纵横交错的串沟，沙体分裂出民主沙、反修沙、小沙、驷沙、界址沙和胜利长沙。后来，民主沙的头部和左边又分裂为和平沙和骥沙。这些沙洲分裂合并，演变十分频繁，20 世纪 70 年代，又来沙右边各沙体又合并为一个沙体，统称民主沙，又称长沙。1998 年，民主沙上已筑有大堤，堤顶高程在 6.8～7.4m 之间，大堤约束水流，对民主沙的稳定起到积极的作用。

④ 长青沙。

长青沙是如皋沙群最大的一个沙洲，现在的长青沙实际上包括原来的长青沙、薛案沙、开沙。长青沙于 1975 年筑堤围垦，堤顶高程大多在 7m 左右，至今长青沙内外大堤的长度已达 48km 左右。如今长青沙已成为如皋市长青沙乡，大堤内的面积约 24.1km²，人口达到 1 万人。长青沙整治改造成型后，对如皋沙群水流的稳定起了很大的作用。

⑤ 泓北沙。

泓北沙在 1977 年 8 月已经初具规模，至 1993 年 4 月快速淤大，沙头下移，沙尾扩大，1993 年 4 月后趋缓。泓北沙的演变与如皋中汊演变有很大关系，1998 年 11 月后，泓北沙沙头护岸成功，沙头不再下移。沙尾较沙头变化大，由于右汊主流贴近南岸，泓北沙沙尾过水面积大，水流趋缓，淤积是必然的。2003 年 10 月～2004 年 5 月如皋市政府实施了如皋中汊出口导流堤工程，将泓北沙与长青沙之间的浅沟堵塞，连通两沙洲。该工程的实施稳定了长江如皋中汊出口，巩固了该段长江河势整治成果，对下游河势的稳定起到主导作用。

⑥ 横港沙。

横港沙外形呈锥形，是因 1918 年前后水流切穿段山沙边滩演变而成，全盛时期的横港沙尾延伸至龙爪岩下游的营船港附近，此时通州沙东水道为复式河槽。1957 年长江大水冲刷横港沙尾部，沙尾迅速上提，1958 年较 1957 年沙尾上提 1.2km。之后由于受到上游如皋沙群水道变化的影响，横港沙尾及下段沙体外侧边坡不断受到主流冲刷而后退。20世纪 70 年代以前，沙尾和外边坡后退速度较快，20 世纪 80～90 年代初后退速度较慢，近年来沙尾有进有退，总趋势处于基本稳定。在横港沙尾及外边坡受冲后退同时，横港沙左边滩向北淤长，导致天生港水道河槽缩窄，过水断面积减小。近年来，沙体上段外边坡略显淤积、中段外边坡相对稳定、下段外边坡略显冲刷，沙体左边滩基本稳定，滩面高程变化不大。横港沙近期 −5m 线变化见图 9−19。

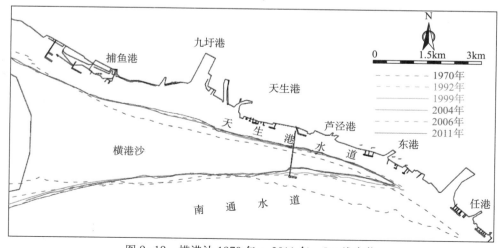

图 9−19　横港沙 1970 年～2011 年 −5m 线变化

（4）主槽变化

① 福姜沙水道。

福姜沙河段 1970～2012 年 −10m 和 −15m 等高线比较见图 9−20、图 9−21。

A．鹅鼻嘴至福姜沙洲头分汊前过渡段。

炮台圩～鹅鼻嘴节点断面江面宽 1.4km，以下江面逐渐展宽，至万福港江面宽达 4.1km，河床断面由窄深型向宽浅过渡。本河段南岸由黄山、肖山和长山沿岸控制，抗冲性好，北岸为现代三角洲相沉积物，抗冲性较弱。因上游江阴微弯河势导致主流深泓历年来傍靠南岸，鹅鼻嘴～炮台圩节点控制着长江下游河口段河势。

由于深槽傍南岸，并逐渐向福姜沙北汊过渡，形成主流微弯走势，北岸水下边滩发育，为上游边滩下移所致，遭大水切割后以心滩形式下移。20 世纪 90 年代以来，北岸自炮台圩以下水深 10m 以上边滩发育，肖山附近深槽南移傍岸，过肖山后深槽脱离南岸逐渐向北汊过渡，造成北岸水下边滩下延、福姜沙洲头北部冲刷。1994 年以前肖山断面深槽居中偏南，此后深槽南移达 500m 以上，冲深达 6～7m。1998 年大洪水分汊前过渡段深槽冲深，此后，河床调整，冲淤变化趋缓，至 2009 年该段河槽整体形态稳定，但最大深槽内有所淤浅。

总之，本河段河势基本稳定，深槽傍南岸，自肖山后逐渐向北汊过渡，深槽呈微弯走势，和福北水道平顺相接，北岸炮台圩以下水下低边滩发育成型。

B．福姜沙南北汊。

a．福南水道。

由图 9−17 可见，1970～2000 年，福南水道 −5m 线变化主要在进口段以及十字港以下左岸，多年来 −5m 线总体右移，福姜沙头部和尾部有所淤积，2000～2011 年 −5m 线总体变化不大。1980 年福南水道 −10m 等高线贯通，1994 年十字港以下弯道左岸滩地 −10m 等高线右移，滩地明显淤积。自十字港至现东海粮油左岸 −10m 等高线右移一般在 50～100m。1998 年大洪水与 1994 年相比相差不大，−10m 等高线贯通与 1994 年相比基本一致。说明经大洪水作用，福南水道仍维持较稳定的河势。2000 年福南水道进口段 −10m 等高线依然贯通，与 1998 年地形相比，福姜沙洲头淤积，2001 年与 2000 年相比，福南水道进口顺直段左岸有所冲刷，−10m 等高线左移，弯道下右岸深槽基本不变，2001～2011 年福南水道 −10m 线贯通，右岸 −10m 线基本不变，左岸 −10m 线变化主要在福南水道进口、十字港至猛将堂附近。

1983 年福南水道 −15m 等高线贯通，1985 年福南水道内 −15m 线出现中断。随后的 20 多年内，−15m 线大多数年份内会出现中断。1998 年大洪水后，福南水道河势基本不变。2001～2009 年，福南水道 −15m 线总体变化不大，进口段 −15m 线中断约 1.0km，另外在老套港附近中断约 1.0km。

综上所述，福南水道 1970～2011 年 40 多年来的演变表现为：

福南水道经护岸后形成强制性鹅头型弯道，且弯道凹岸沿线建有众多码头，福南水道河势变化基本处于稳定，滩槽位置处于较稳定状态。虽经 1998 年大洪水，福南水道河势并未改变。福南水道总体处于缓慢淤积状态。福南水道 −10m 等高线一直贯通，因洲头淤

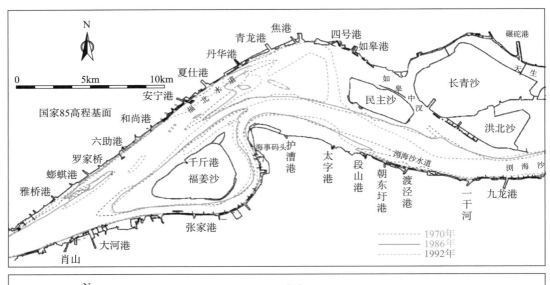

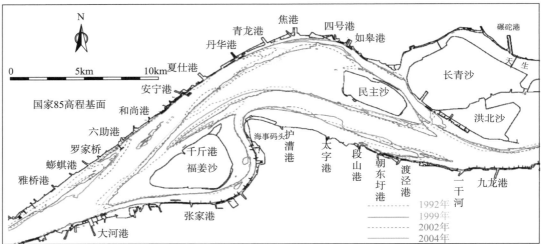

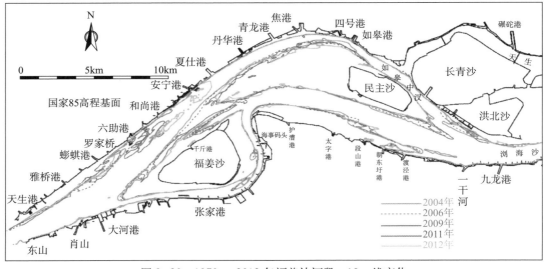

图 9-20　1970 ~ 2012 年福姜沙河段 -10m 线变化

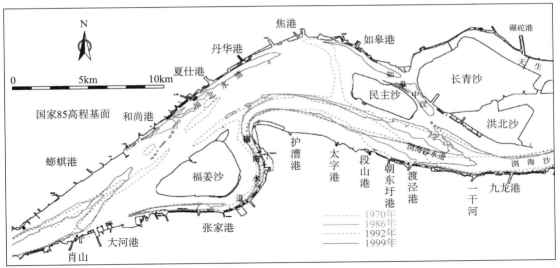

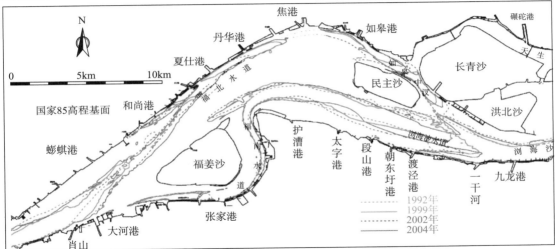

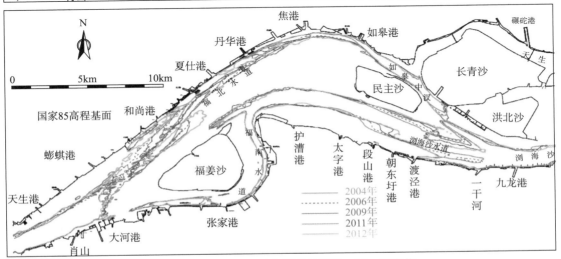

图 9-21 1970 ~ 2012 年福姜沙河段 -15m 线变化

涨南偏,多年来进口 −10m 等高线总体缩窄。福南水道 −15m 线大多数年份内会出现中断。弯道下游凸岸滩地向右岸淤涨,滩地淤积。

b. 福姜沙北汊。

福姜沙北汊是一条顺直的汊道,长约 11km,呈西南—东北走向,一直居主汊地位。北汊宽深比较大,深槽经常变化。河槽下段被双涧沙所分呈主副槽复式断面形态,傍福姜沙深槽称为福中水道,傍北岸为福北水道,福北水道下连如皋中汊。

福姜沙水道 −5m 等高线历年变化见图 9−17,由图可见,1994 年双涧沙 −5m 等高线尚未进入福姜沙北汊。1999 年河床深泓左移,双涧沙 −5m 等高线已潜入福姜沙北汊内。2000 年双涧沙 −5m 等高线上潜,福姜沙洲头淤积,与下游双涧沙头相连形成水下沙埂。双涧沙 5m 等深线与福姜沙洲头 5m 等深线曾淤积相连,使福中水道 5m 等深线一度中断。2001 ~ 2004 年双涧沙 −5m 线上移约 2.6km,2004 ~ 2006 年双涧沙 −5m 线头部变化不大,2006 ~ 2009 年双涧沙体 −5m 线大致于安宁港、丹华港两处被越滩流切断。2010 年双涧沙被横向越滩水流切成三块,即丹华港以下为下沙体,夏仕港附近为中间一块沙体,安宁港至和尚港为上段沙体,在夏仕港与安宁港之间出现横向窜沟,丹华港附近出现横向窜沟。2011 年安宁港附近窜沟进一步展宽发育,上沙体与中沙体 −5m 等高线间距约 2.9km。

福姜沙水道 −10m 等高线历年变化见图 9−18,从图中可以看出,1994 年 −10m 等高线贯通,福中水道 −10m 等高线贯通,出口区 −10m 等高线宽度在 500m 以上。1998 年,福中水道 −10m 等高线中断,河床深槽偏左,河床深泓左移。2000 年福中水道 −10m 等高线中断距离增加,−10m 等高线后退,主流顶冲左岸章春港至夏仕港沿岸。福姜沙洲头淤积,与下游双涧沙头相连形成水下沙埂。2001 年六助港下近岸冲刷,上游浅滩冲刷下移,和尚港附近 −10m 以上心滩出现。夏仕港附近 −10m 等高线缩窄,双涧沙向北淤涨。2001 ~ 2006 年,−10m 线变化主要在进口段左岸以及双涧沙两侧,福中水道 −10m 深槽则有所缩窄。2006 ~ 2009 年,双涧沙体 −10m 线大致于安宁港处被越滩流切断,滩面 −10m 槽贯通。至 2011 年,−10m 槽进一步冲深展宽,宽度达 1.3km 以上。

福姜沙水道 −15m 等高线历年变化见图 9−19,从图中可以看出 −15m 槽在 20 世纪 70 年代居中,80 年代后期至 90 年代末移动至北岸,致使北岸靖江市灯杆港至夏仕港段 80 年代后期局部江岸崩塌,为了防洪保岸和河势稳定,20 世纪 90 年代后在该段先后实施了六期节点应急整治工程,有效抑制了河床冲刷,大大增强了河岸抗冲刷能力,河势基本得到稳定。福姜沙北汊河床 1994 年 −15m 等高线多处中断,在六助港,深槽在中间,至夏仕港深槽靠左岸,2000 年,福沙北汊 −15m 等高线贯通,一直延伸左岸新港下,主流顶冲左岸张春港至夏仕港沿岸。2001 年,−15 等高线和尚港处中断,六助港下近岸冲刷;上游浅滩冲刷下移,夏仕港附近 −15m 等高线缩窄,双涧沙向北淤涨。2001 ~ 2006 年,北汊 −15m 等高线变化不大,其中 2004 年和 2005 年,福姜沙北汊 −15m 等高线贯通。2006 ~ 2011 年,受双涧沙沙体窜沟发展等影响,福北水道旺桥港至安宁港 −15m 槽向右移动,导致靖江沿岸出现大幅淤积。福中水道 −15m 等高线有所右移,其中和尚港附近变化较大,在和尚港以下 −15m 等高线贴左岸且向下发展。

② 如皋沙群水道。

A．如皋中汊。

如皋中汊是 20 世纪 70 年代初期由又来沙滩面串沟演变而成。如皋中汊 −10m、−15m 等高线历年变化分别见图 9−20、图 9−21。中汊形成初期，双涧沙北水道水流主要经双涧沙与又来沙之间的双涧沙水道汇入南汊浏海沙水道。1989 年，双涧沙水道基本淤塞，民主沙与双涧沙合并，如皋中汊与双涧沙北水道已平顺衔接，基本分泄了双涧沙北水道下泄的水流。以后，如皋中汊演变趋于顺直发展，但断面积和分流比没有发生大的变化，如皋沙群水道双汊河型格局基本没有改变。

如皋中汊分流主要来自上游福北水道经双涧沙北水道的水流，福北水道、双涧沙北水道和如皋中汊已形成平顺微弯河势，如皋中汊分流维持稳定且将继续保持在 30% 左右。近年来，焦港弯道北岸通过整治和开发利用，弯道河势得到了控制，中汊上段和长青沙西南部护岸工程和港口工程建设对岸线稳定起到积极作用，未来中汊河势将会继续保持相对稳定。

B．浏海沙水道。

浏海沙水道为长江主槽，上接福姜沙水道、下连通州沙汊道，长度达 20 余 km，由于该河段河道宽阔，沙洲、汊道众多，历史演变较为激烈并对下游河势产生直接影响。浏海沙水道 1970 ～ 2011 年间 −10m、−15m 等高线历年变化分别见图 9−20、图 9−21。

浏海沙水道上起段山港，下至十三圩，为长江主泓所在。20 世纪 50 年代起，长江主流走如皋沙群浏海沙水道，并不断南移逼岸。水流顶冲点在老海坝一带，引起这一带江岸大规模崩塌。1970 ～ 1974 年间，在老海坝至九龙港之间共修建十一座丁坝，1975 年又进行了维护和加固，基本抑制了这一带江岸的崩塌，稳定了河势。

如皋中汊形成以后，随着中汊的发展，主流顶冲点随之下移到九龙港附近，南岸主流在中汊汇流的挤压下，深槽贴岸，河床逐渐冲深。在河床冲深的同时，南岸边坡冲刷后退，深槽也逐渐向南岸移动。1982 年以后，由于南岸护岸工程的作用，深槽南移的趋势基本停止，从而导致十一圩以上河床断面成"V"字形，南岸水下边坡变陡。在 1998 年和 1999 年大洪水作用下，浏海沙水道渡泾港附近 −15m 曾短暂中断。近 10 年来总体趋势是变动幅度不大，但局部冲淤变化仍然存在。

C．天生港水道。

20 世纪 70 年代初期，由于其进口条件和河势的变化，1970 ～ 1985 年，天生港水道沿程发生普遍淤积，全水道 0m 以下河槽容积减小 45%；1985 ～ 1998 年，天生港水道河床处于调整变化时期，该时期天生港水道有冲有淤，总趋势为冲刷发展，全水道 0m 以下河槽容积增大 48%；1998 年以来，天生港水道河槽容积变化不大。多年来天生港水道进口水深条件一直较差，分析认为主要与天生港水道进口河型、如皋中汊与天生港水道涨落潮会潮点有关。

(5) 断面变化

① 福姜沙水道和如皋中汊断面变化。

福姜沙河段断面布置见图 9−22，1970 ～ 2011 年断面比较见图 9−23。

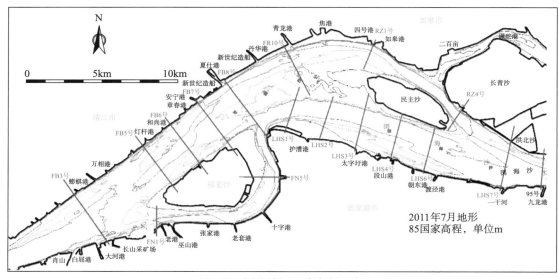

图 9-22　福姜沙河段演变断面布置

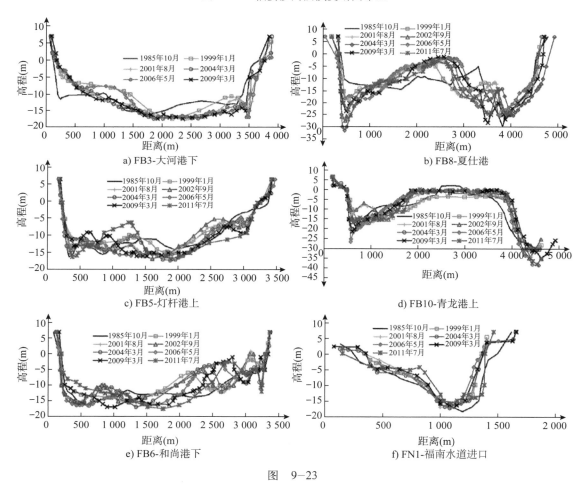

a) FB3-大河港下

b) FB8-夏仕港

c) FB5-灯杆港上

d) FB10-青龙港上

e) FB6-和尚港下

f) FN1-福南水道进口

图　9-23

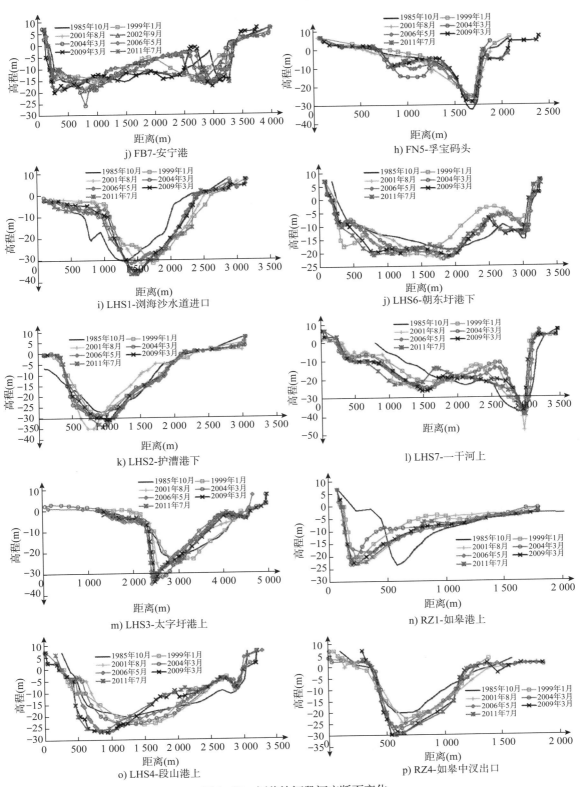

图 9-23　福姜沙河段河床断面变化

　　福南水道进口断面形态多年来变化不明显；下段在 1970 ~ 1980 年明显右移，左侧 −15m 以上边坡右移约 350m，深槽右移更明显，达 440m，1980 ~ 1985 年，深槽移动不明显，但左侧 −15m 以上边坡继续右移约 130m，右侧边坡也右移约 40m，1985 年后，福南水道下段断面形态没有明显，基本处于稳定状态。

　　福姜沙北汊进口断面，1980 ~ 2001 年变化为：1985 ~ 2001 年右岸岸坡变化不大。左岸炮台圩由于上游边滩下移，至 2000 年左岸淤高，深槽右移，河床中间冲深，最大冲深达 10m 以上，深槽居中。

　　福姜沙北汊上游和尚港断面变化为河床中偏左冲深，多年来最大冲深在 10m 以上。深槽位置由河床中间向左偏，由于上游边滩冲刷下移河床深槽局部淤高。深槽右侧淤高，1985 ~ 2001 年最大淤高达 10m，这样使进入福中水道的水流受阻。

　　左岸夏仕港一带近岸冲刷，左岸岸边最大冲深达 15m 以上，深槽贴岸。河床中央由于上游双涧沙淤积上潜，河床中央淤高，1980 ~ 2001 年最大淤高达 10m 以上。河床右岸近岸冲深，形成副深槽，为福中水道。河床形态在福姜沙北汊下游由 U 形变为 W 形，主深槽靠左岸。北汊河床滩槽位置近年变化不大，但是河床冲淤幅度仍然较大，2004 ~ 2006 年，最大冲淤幅度达 10m 以上。

　　2004 ~ 2007 年，福北水道深槽总体有所淤积，双涧沙左侧冲刷，双涧沙靠福中水道一侧有所淤积，福中水道总体有所缩窄。2007 ~ 2009 年双涧沙靠福北水道一侧明显冲刷。在安宁港附近最大冲深达 10m，沙埂冲失。

　　福姜沙河段部分断面近年来面积及河宽变化统计表 9-5。由表可见，多年来肖山断面面积（0m 以下断面面积，下同）变化不大，河相关系为 3.8 左右。福北断面面积在 1970 ~ 1985 年间有增加趋势，之后，断面面积没有大的变化。福南水道进口段断面面积多年来变化不大，1970 ~ 1999 年间下段面积逐年减小，总计减小约三分之一，2001 年以后，过水面积略有增加，至今维持在近 11 000m² 左右，河相关系 $\sqrt{B}/h$ 为 2.0 左右，断面基本稳定，断面最深点高程近年来变化不明显。

　　总的来说，福南水道进口断面形态多年来变化不明显；下段断面形态在 1970 ~ 1985 年明显右移，1985 年后，福南水道下段断面形态没有明显，基本处于稳定状态。

　　如皋中汊断面 1986 年后基本稳定，1999 年至今，0m 以下河宽基本稳定在 900m，平均水深 16 ~ 17m 间，河相关系 $\sqrt{B}/h$ 在 1.8 左右，断面处于基本稳定的状态。1999 ~ 2006 年断面最深点的高程逐渐降低，2006 年后，最深点高程又所降低。

福姜沙河段部分断面近年来 0m 以下特征值统计　　　　　　表 9-5

断面	类别	1970 年	1980 年	1985 年	1999 年	2001 年	2004 年	2006 年	2009 年	2011 年
肖山断面 −8 号	0m 以下面积 (m²)	40 261	41 192	40 332	37 447	39 428	40 350	40 375	41 505	39 796
	0m 以下河宽 (m)	2 804	2 704	2 905	2 788	2 732	2 871	2 900	2 848	2 897
	平均水深 (m)	14.4	15.2	13.9	13.4	14.4	14.1	13.9	14.6	13.7
	河相关系 $\sqrt{B}/h$	3.7	3.4	3.9	3.9	3.6	3.8	3.9	3.7	3.9
	断面最深点 (m)	−18.2	−19.2	−20.3	−24.6	−24.9	−24.5	−24.4	−24.3	−23.2

断面	类别	1970 年	1980 年	1985 年	1999 年	2001 年	2004 年	2006 年	2009 年	2011 年
福北断面 −30 号	0m 以下面积 (m²)	30 088	35 168	35 925	31 617	32 354	33 331	35 183	34 718	34 175
	0m 以下河宽 (m)	3 046	3 116	3 171	3 158	3 139	3 140	3 157	3 200	3 141
	平均水深 (m)	9.9	11.3	11.3	10.0	10.3	10.6	11.1	10.8	10.9
	河相关系 $\sqrt{B}/h$	5.6	4.9	5.0	5.6	5.4	5.3	5.0	5.2	5.2
	断面最深点 (m)	−13.6	−15.5	−16.4	−15.4	−15.4	−17.0	−16.5	−17.0	−17.5
福北上断面 −40 号	0m 以下面积 (m²)	49 214	46 263	55 805	52 342	57 459	58 897	50 288	55 640	57 413
	0m 以下河宽 (m)	4 134	3 744	4 238	4 295	4 354	4 507	4 303	4 318	4 311
	平均水深 (m)	11.9	12.4	13.2	12.2	13.2	13.1	11.7	12.9	13.3
	河相关系 $\sqrt{B}/h$	5.4	5.0	4.9	5.4	5.0	5.1	5.6	5.1	4.9
	断面最深点 (m)	−32.0	−32.3	−30.0	−24.0	−27.0	−31.5	−25.3	−25.3	−24.5
福南上断面 −F13 号	0m 以下面积 (m²)	10 698	11 093	11 561	10 509	10 405	10 960	11 145	11 546	10 943
	0m 以下河宽 (m)	1 004	989	992	898	815	830	801	795	782
	平均水深 (m)	10.7	11.2	11.7	11.7	12.8	13.2	13.9	14.5	14.0
	河相关系 $\sqrt{B}/h$	3.0	2.8	2.7	2.6	2.2	2.2	2.0	1.9	2.0
	断面最深点 (m)	−16.6	−17.3	−17.5	−16.5	−16.4	−19.5	−21.6	−21.7	−21.0
福南下断面 −F35 号	0m 以下面积 (m²)	15 059	12 972	11 446	9 915	11 615	12 194	11 853	11 928	12 346
	0m 以下河宽 (m)	2 547	960	715	734	776	780	690	737	736
	平均水深 (m)	5.9	13.5	16.0	13.5	15.0	15.6	17.2	16.2	16.8
	河相关系 $\sqrt{B}/h$	8.5	2.3	1.7	2.0	1.9	1.8	1.5	1.7	1.6
	断面最深点 (m)	−25.7	−27.8	−24.8	−25.3	−30.8	−36.0	−36.1	−39.3	−36.8
焦港断面 −55 号	0m 以下面积 (m²)	15 299		15 702	17 276	17 572	15 774	16 633	15 317	16 304
	0m 以下河宽 (m)	3 834		3 600	3 552	3 570	3 639	3 582	3 592	3 296
	平均水深 (m)	4.0		4.4	4.9	4.9	4.3	4.6	4.3	4.9
	河相关系 $\sqrt{B}/h$	15.5		13.8	12.1	12.1	13.9	12.9	14.1	11.6
	断面最深点 (m)	−16.8		−18.5	−12.5	−22.3	−13.9	−17.0	−18.7	−17.1
如皋中汊断面 −R10 号	0m 以下面积 (m²)	1 014			12 875	15 712	15 021	14 544	15 051	14 631
	0m 以下河宽 (m)	756			860	926	892	892	907	911
	平均水深 (m)	1.3			15.0	17.0	16.8	16.3	16.6	16.1
	河相关系 $\sqrt{B}/h$	20.5			2.0	1.8	1.8	1.8	1.8	1.9
	断面最深点 (m)	−4.4			−23.0	−25.7	−29.0	−31.0	−28.0	−25.2

福姜沙北汊河床断面总体变化为：

A. 洪、枯季水动力轴线不一致，使得上游进口左岸炮台圩下边滩受大洪水切割下移，自六助港至和尚港近岸出现心滩淤积体。左岸炮台圩至六助港边滩也经常处于变动中。

B. 河床深槽自上而下逐渐向左偏，至夏仕港深槽贴岸，河道主流由右岸向左岸过渡，深槽位置时有摆动，−15m 深槽时有中断。

C．河床由于下游双涧沙上潜，河床形态由 U 形逐渐变为 W 形。福姜沙北汉下段，河床中间淤高，河床两侧为深槽，主深槽靠左岸。近年来河相关系 $\sqrt{B}/h$ 为 5 左右，断面稳定性较弱。

D．双涧沙淤积上潜，与福姜沙洲头相连形成沙埂，1994 年前福中水道 10m 等深线曾经贯通，近年来 5m 等深线时有不通，且沙埂上潜，福中水道呈萎缩趋势。

② 浏海沙水道和南通水道断面变化。

1970 ～ 2011 年断面比较见图 9-23。浏海沙水道和南通水道各断面特征值比较见表 9-6。

近年来浏海沙水道部分断面 0m 以下特征值统计 表 9-6

断面	类别	1970 年	1980 年	1985 年	1999 年	2001 年	2004 年	2006 年	2009 年	2011 年
护漕港断面 −65 号	0m 以下面积 (m²)	29 692	26 791	33 313	30 706	29 693	32 953	34 156	32 880	34 234
	0m 以下河宽 (m)	2 479	2 484	2 228	2 195	2 053	2 090	2 070	2 059	2 060
	平均水深 (m)	12.0	10.8	15.0	14.0	14.5	15.8	16.5	16.0	16.6
	河相关系 $\sqrt{B}/h$	4.2	4.6	3.2	3.3	3.1	2.9	2.8	2.8	2.7
	断面最深点 (m)	−23.7	−21.6	−27.3	−29.0	−35.0	−28.6	−31.3	−31.0	−34.2
九龙港	0m 以下面积 (m²)	38 995	39 774	38 894	40 974	41 846	42 310	44 514	46 321	45 311
	0m 以下河宽 (m)	5 831	2 758	1 674	1 692	1 740	1 750	1 810	1 814	1 781
	平均水深 (m)	6.7	14.4	23.2	24.2	24.0	24.2	24.6	25.5	25.4
	河相关系 $\sqrt{B}/h$	11.4	3.6	1.8	1.7	1.7	1.7	1.7	1.7	1.7
	断面最深点 (m)	−37.0	−44.6	−52.3	−53.8	−57.3	−55.0	−53.2	−48.0	−49.0

由表可见，1970 ～ 2006 年，九龙港断面 0m 以下断面面积基本呈逐年增加趋势，2006 年后，断面面积变化不明显，河床平均水深在 25m 左右，河相关系 $\sqrt{B}/h$ 近年来稳定在 1.7，表明九龙港断面基本稳定。

(6) 河床冲淤变化

福姜沙河段 1999 ～ 2012 年河床冲淤见图 9-24 ～ 图 9-28。1999 ～ 2004 年双涧沙沙体发育上潜，头部由安宁港上潜至灯杆港，丹华港对开位置沙体窜沟进一步冲刷发展；福南水道冲淤交替，总体呈缓慢淤积态势；福中水道上口受双涧沙发育影响，进口淤浅；福北水道有冲有淤，总体略有冲刷；浏海沙水道进口双涧沙沙体左缘冲刷，护漕港边滩淤涨下移；2004 ～ 2006 年双涧沙开始处于受冲状态，福北水道主槽总体呈淤积态势；2006 ～ 2009 年安宁港处双涧沙沙体窜沟发育，沙体被冲开分为三段，沙体窜沟分流加大，福北水道持续淤积，水深条件恶化，福南水道呈缓慢淤积态势；2009 ～ 2011 年，双涧沙安宁港处窜沟进一步冲刷展宽，福姜沙左汉进口右侧冲刷，深槽向右摆动，福北水道呈斜向长条形带状淤积；2011 ～ 2012 年，双涧沙守护工程已实施完成，头部潜堤右侧出现局部冲刷现象，丹华港窜沟淤积，工程实施有利于双涧沙沙体稳定，浏海沙水道上中段略有淤积，福南水道微冲微淤，福北水道仍然处于淤积态势。研究认为，福北水道近年发生淤积主要与大河势变化（左汉进口深槽向右摆动，双涧沙沙体上部窜沟发育分流加大）、上游江阴水道心滩冲刷变化、福姜沙水道进口左岸低边滩切割下移等有关。

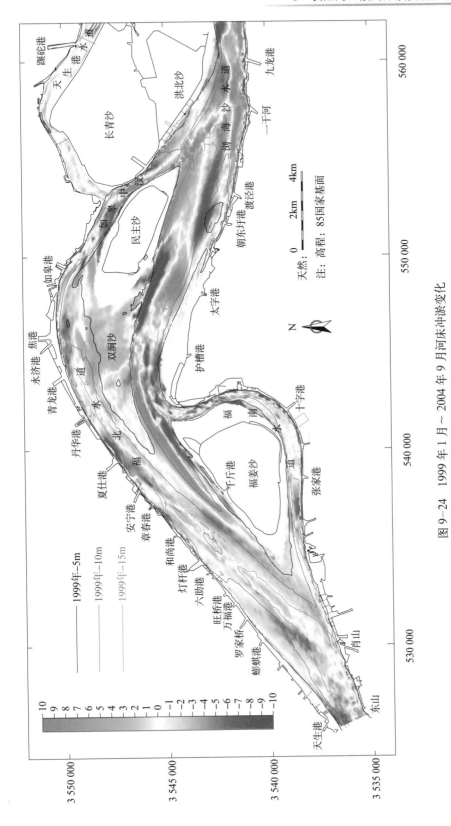

图 9-24　1999 年 1 月～2004 年 9 月河床冲淤变化

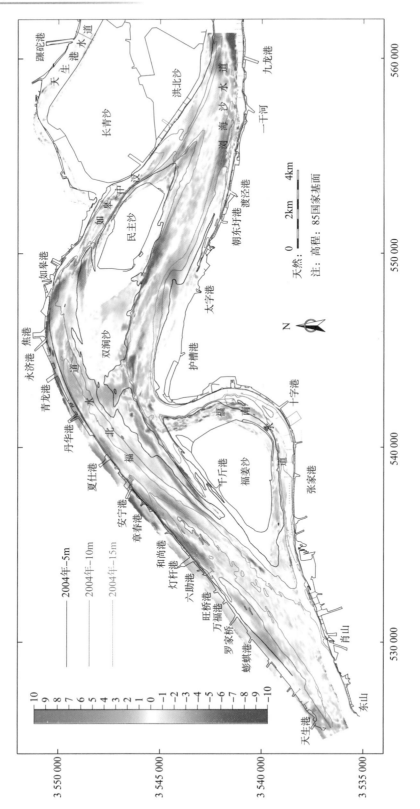

图 9-25　2004 年 9 月 ~ 2006 年 5 月河床冲淤变化

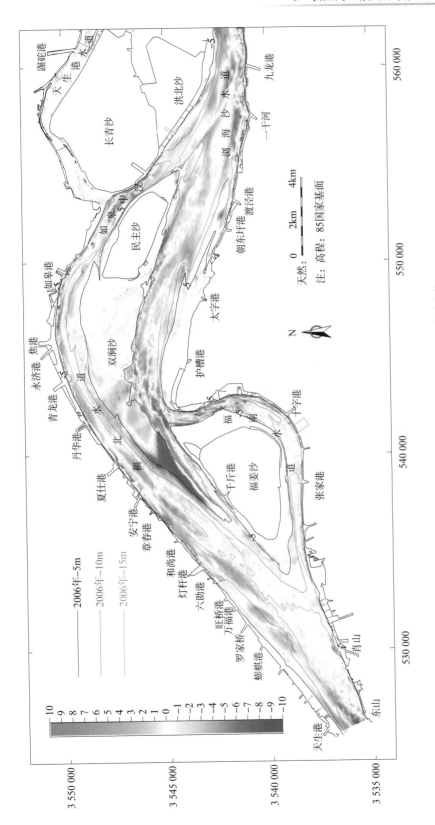

图 9-26　2006 年 5 月～2009 年 5 月河床冲淤变化

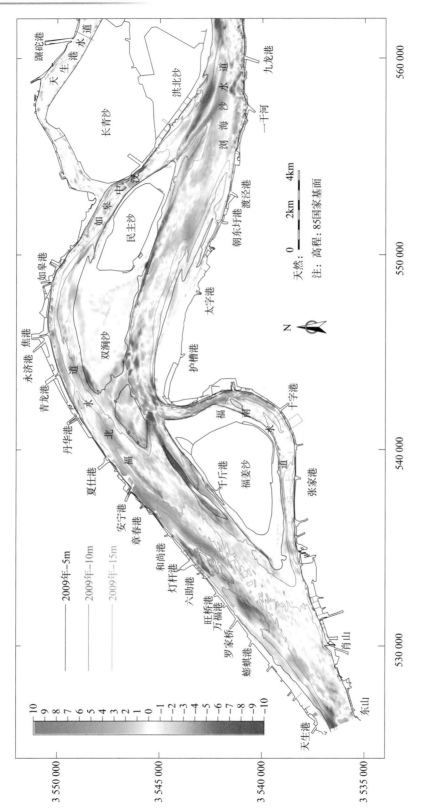

图 9-27　2009 年 5 月～2011 年 7 月河床冲淤变化

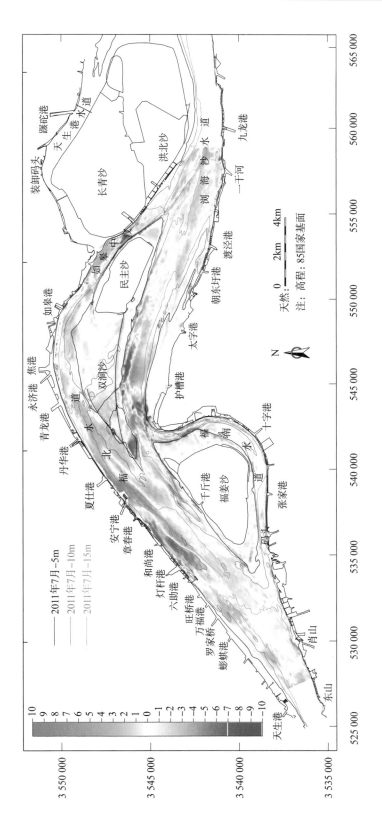

图 9-28 2011 年 7 月～ 2012 年 10 月河床冲淤变化

1977 ~ 2011 年，福姜沙河段分时段河床冲淤计算见表 9-7 ~ 表 9-10 和图 9-29。1977 ~ 1993 年河床有所淤积 2 480 万 m³，1993 ~ 2004 年冲刷了 8 520 万 m³，2004 ~ 2011 年冲刷了 9 540 万 m³，累计河床冲刷了 15 580 万 m³，−5 ~ 0m 滩地有所淤积，−5m 以下均处于受冲态势。福姜沙河段河床冲淤变化与上游来水来沙条件有一定关系，20 世纪 70 年代中期 ~ 80 年代中期，长江上游来沙量较大，相同时期内，河段河床总体呈淤积状态。20 世纪 90 年代以后，长江上游来沙量逐年减少，2000 年以后，上游来沙量下降速度加快，这一阶段澄通河段河床变化总体呈冲刷状态；三峡水库建成蓄水以后，水库的拦沙作用使得长江上游来沙量进一步减少，相应澄通河段河床冲刷量也有所加大。

福姜沙河段河床冲淤量计算成果统计（1977 ~ 1993 年）　　　　表 9-7

河 段 分 区	冲 淤 量（×10⁶m³）					
	0m 以下	0 ~ −5m	−5 ~ −10m	−10 ~ −15m	−15 ~ −20m	−20m 以下
福姜沙进口段（鹅鼻嘴~旺桥港）	36.8	1.9	9.4	22.2	3.4	0.1
福北水道（旺桥港~新世纪船厂）	−12.1	−1.1	−8.8	−3.9	0.4	1.3
福南水道（江南船厂~老沙标）	14.2	6.1	3.9	4.2	2.0	−2.0
双涧沙段（北岸自新世纪船厂~四号港，南岸自老沙标下游约1km至护槽港）	13.0	17.4	6.4	−5.3	−0.3	−5.2
如皋中汊（四号港~如皋中汊）	−66.5	−7.7	−17.5	−18.2	−12.3	−10.7
浏海沙水道（护槽港下1.7km ~四干河）	35.3	16.6	4.9	−4.0	−2.7	20.5
天生港水道（天生港水道进口~通吕运河河口）	4.0	2.9	0.4	0.5	0.5	−0.2
总计	24.8	36.0	−1.4	−4.6	−9.0	3.8

福姜沙河段河床冲淤量计算成果统计（1993 ~ 2004 年）　　　　表 9-8

河 段 分 区	冲 淤 量（×10⁶m³）					
	0m 以下	0 ~ −5m	−5 ~ −10m	−10 ~ −15m	−15 ~ −20m	−20m 以下
福姜沙进口段（鹅鼻嘴~旺桥港）	−31.9	5.3	5.4	−14.8	−13.4	−14.4
福北水道（旺桥港~新世纪船厂）	7.4	2.5	22.5	−3.1	−12.8	−1.8
福南水道（江南船厂~老沙标）	−0.8	1.0	−1.0	1.8	−2.1	−0.6
双涧沙段（北岸自新世纪船厂~四号港，南岸自老沙标下游约1km至护槽港）	−16.6	6.0	4.4	−7.4	−9.0	−10.6
如皋中汊（四号港~如皋中汊）	−13.8	−5.5	−7.1	−2.0	−2.6	3.3
浏海沙水道（护槽港下1.7km ~四干河）	−21.4	−8.5	−0.5	−5.9	−6.0	−0.5
天生港水道（天生港水道进口~通吕运河河口）	−8.1	−1.9	−1.8	−1.3	−2.2	−0.8
总计	−85.2	−1.0	22.1	−32.7	−48.1	−25.3

福姜沙河段河床冲淤量计算成果统计（2004 ～ 2011 年）　　　表 9-9

河 段 分 区	冲 淤 量（×10⁶m³）					
	0m 以下	0 ～ -5m	-5 ～ -10m	-10 ～ -15m	-15 ～ -20m	-20m 以下
福姜沙进口段（鹅鼻嘴～旺桥港）	-8.2	-3.1	-0.2	-1.7	1.4	-4.6
福北水道（旺桥港～新世纪船厂）	-29.5	-5.8	-21.9	-6.9	4.6	0.6
福南水道（江南船厂～老沙标）	9.8	-1.4	5.1	2.0	0.2	3.9
双涧沙段（北岸自新世纪船厂～四号港，南岸自老沙标下游约1km至护槽港）	-12.8	4.4	-7.8	-3.3	0.9	-7.0
如皋中汊（四号港～如皋中汊）	-11.8	-1.4	0.5	-4.2	-3.5	-3.2
浏海沙水道（护槽港下 1.7km ～四干河）	-37.8	8.9	-7.5	-18.7	-9.8	-10.8
天生港水道（天生港水道进口～通吕运河河口）	-5.0	-3.6	-1.4	-0.5	-0.1	0.5
总计	-95.4	-2.1	-33.2	-33.3	-6.2	-20.6

福姜沙河段河床冲淤量计算成果（1977 ～ 2011 年）　　　表 9-10

河 段 分 区	冲 淤 量（×10⁶m³）					
	0m 以下	0 ～ -5m	-5 ～ -10m	-10 ～ -15m	-15 ～ -20m	-20m 以下
福姜沙进口段（鹅鼻嘴～旺桥港）	-3.2	4.0	14.6	5.6	-8.6	-18.9
福北水道（旺桥港～新世纪船厂）	-34.2	-4.5	-8.2	-13.9	-7.8	0.1
福南水道（江南船厂～老沙标）	23.2	5.7	8.0	8.0	0.1	1.3
双涧沙段（北岸自新世纪船厂～四号港，南岸自老沙标下游约1km至护槽港）	-16.5	27.8	3.0	-16.1	-8.3	-22.9
如皋中汊（四号港～如皋中汊）	-23.9	17.0	-3.2	-28.6	-18.5	9.3
浏海沙水道（护槽港下 1.7km ～四干河）	-92.1	-14.6	-24.1	-24.5	-18.4	-10.5
天生港水道（天生港水道进口～通吕运河河口）	-9.1	-2.7	-2.8	-1.3	-1.8	-0.5
总计	-155.8	32.8	-12.6	-70.6	-63.4	-42.1

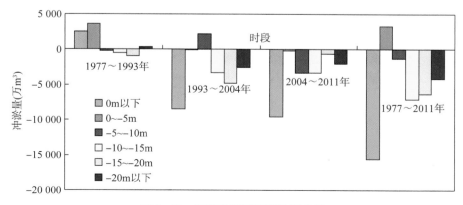

图 9-29　福姜沙河段近期冲淤统计

9.2.3 通州沙及白茆沙河段

（1）汊道动力变化

① 通州沙东、西水道。

自 1948 年通州沙东水道再次成为主流之后，东水道不断发展，过水面积不断扩大；东水道进口段河床面积约占总面积 90%，分流比增加至 90% 左右，形成一条落潮流为主的长江主流通道，而西水道不断萎缩，淤积，河床宽浅，涨潮流作用稍强。2003 年以后，西水道分流比总体来说有所增加，分析认为可能与 2003 年三峡水库蓄水后上游下泄泥沙减小有关。东水道在发展过程中，其进口段主流动力轴线不断北移、弯曲。随着横港沙尾受冲上提，通州沙东水道顶冲点上提，处于凹岸的任港～龙爪岩一带岸坡受冲后退，而处于凸岸的通州沙边滩则向北淤长，河床向窄深发展，断面形态由"U"形转为"V"形。近年来随着北岸护岸工程的实施，南通岸线趋于稳定，这对稳定河势起到了积极意义。通州沙东西水道历年分流比见表 9-11 和图 9-30。

五干河附近通州沙东、西水道实测净泄量分流比统计（%）　　　　　表 9-11

测量时间	东水道				西水道	大通流量
	大潮	中潮	小潮	全潮平均	全潮平均	（m³/s）
1982 年 8 月	94.0	91.0	90.2	92.0	8.0	47 600 ～ 51 500
1984 年 2 月	95.5	93.4	92.5	93.9	6.1	8 800 ～ 9 580
1987 年 7 月	92.7	90.4	89.4	90.7	9.3	49 400 ～ 51 500
1993 年 8 月	95.9	95.3	92.8	94.7	5.3	55 800 ～ 59 600
1995 年 10 月	97.7	98.1	92.3	96.1	3.9	29 100 ～ 32 400
2003 年 10 月	97.3	95.5	95.2	96.0	4.0	34 000 ～ 37 000
2004 年 4 月	93.7	94.3	94.9	94.3	5.68	15 700 ～ 20 100
2005 年 1 月	92.0	91.6	90.0	91.9	8.1	11 400 ～ 13 600
2007 年 7 月	89.7		90.6	90.2	9.85	37 500 ～ 51 200
2008 年 6 月	86.0		87.8	86.7	13.3	26 000 ～ 32 000
2010 年 3 月				91.7	8.3	19 000 ～ 30 000

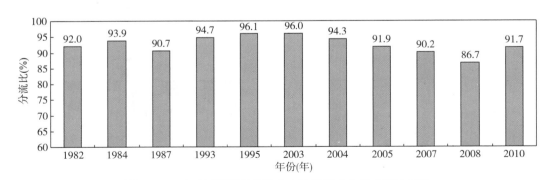

图 9-30　五干河附近通州沙东水道近年来实测分流比统计

② 狼山沙东、西水道。

自 2004 年以后，狼山沙下移已基本到位，主要表现为缓慢西偏。上游下泄水流受新开沙、狼山沙、铁黄沙阻隔，分为新开沙水道、狼山沙东水道、狼山沙西水道和福山水道四汊，汇入下游徐六泾河段。近几年狼山沙断面实测分流比见表 9-12 和图 9-31。可见，狼山沙东水道为主水道，分流比最大，狼山沙西水道分流比次之，新开沙夹槽分流比约 9%，福山水道最小约占 1%，近几年四汊分流比相对稳定。

狼山沙断面实测落潮分流比统计（%）　　　　　　　　　　　　　　　　　表 9-12

测量时间	新开沙水道	狼山沙东水道	狼山沙西水道	福山水道	大通流量（m³/s）
2004 年 9 月	9.0	65.3	25.0	0.7	34 000 ～ 40 000
2007 年 7 月	7.0	63.4	28.4	1.2	22 200 ～ 34 600
2008 年 6 月	7.9	65.0	26.3	0.8	8 800 ～ 9 580
2010 年 1 月	10.6	63.2	25.4	0.8	11 400 ～ 12 700

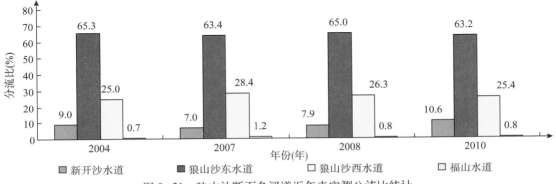

图 9-31　狼山沙断面各汊道近年来实测分流比统计

③ 白茆沙水道。

白茆沙南、北水道实测分流比见图 9-32。由表可知，白茆沙南水道涨落潮分流比均大于白茆沙北水道分流比，白茆沙南水道涨潮分流比大于落潮分流比。2002 ～ 2008 年，白茆沙南水道涨潮分流比变化不大，落潮分流比有所增加，2008 年 5 月，南水道涨潮分流比为 69.8%，落潮分流比为 67.4%。主要是南水道冲刷，北水道进口淤积，导致其过流能力减弱。2010 年 7 月南水道落潮分流比约 70%，可见南强北弱的分流格局进一步增强。

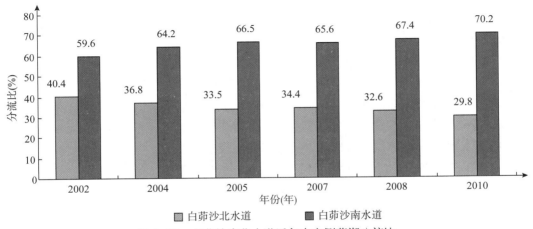

图 9-32　白茆沙南北水道近年来实测落潮分流比

④ 南北支。

北支自 1958 年枯季大潮已呈现净涨潮量（涨潮量大于落潮量）倒灌南支，对南支白茆沙河段河势产生一定影响。20 世纪 70 年代，北支净涨潮量倒灌南支最为严重；进入 80 年代后，北支倒灌现象在程度上有所缓和；但 90 年代中期，北支咸潮倒灌又有所加剧。表 9-13 为南、北支历年分流比变化情况，由表可见 90 年代以后北支分流比为 1.7%～4.5%，洪季分流比一般大于枯季。

长江南、北支历年分流比统计

表 9-13

测量时间	潮　　型	南支 (%)	北支 (%)
1958 年 9 月	大、中、小潮	91.3	8.7
1959 年 3 月	大、中、小潮	98.1	1.9
1959 年 8 月	大、中、小潮	99.3	0.7
1988 年 3 月	大、中、小潮	96.3	3.7
1992 年 8 月	大潮	96.9	3.1
1992 年 8 月	中潮	95.8	4.2
1993 年 2 月	大潮	97.9	2.1
1993 年 2 月	中潮	96.1	3.9
1993 年 2 月	中潮	96.8	3.2
2001 年 9 月	大潮	95.5	4.5
2001 年 9 月	中潮	95.7	4.3
2002 年 3 月	大、中、小潮	97.8	2.2
2002 年 9 月	大、中、小潮	96.0	4.0
2004 年 9 月	大、中、小潮	95.5	4.5
2005 年 1 月	大、中、小潮	98.3	1.7
2007 年 7 月	大潮	97.0	3.0
2007 年 7 月	小潮	96.9	3.1
2010 年 7 月	大、小潮	96.5	3.5

（2）深泓线变化

① 通州沙河段。

通州沙和狼山沙水道 1970～2012 年深泓线变化见图 9-33～图 9-35。由图可见，1978 年后，通州沙西水道主泓比较稳定，通州沙东水道进口段任港附近受横港沙沙尾冲刷后退而有所摆动，但多年来摆动范围都在 500m 以内；通州沙东水道姚港～营船港附近，受龙爪岩控制，多年来深泓基本处于稳定状态；通州沙东水道营船港以下以及狼山沙东西水道的主泓，受狼山沙冲刷下移影响，近年来变化较大。

A.1970～1992 年：受狼山沙下移影响，深泓分支点下移。

1970 年主泓走通州沙东水道、狼山沙西水道，随着狼山沙冲刷下移，狼山沙西水道逐渐萎缩，至 1980 年长江主流走通州沙东水道和狼山沙东水道。龙爪岩以上深泓贴左岸，受龙爪岩的挑流作用，深泓右偏，营船港以下深泓分成两支，主泓在狼山沙东水道，狼山沙西水道为副泓。1970～1992 年狼山沙明显下移西偏，仅狼山沙头部 −5m 线就下移约 6km，深泓线明显右移，分支点也随之下移，1978～1992 年下移约 2 500m。

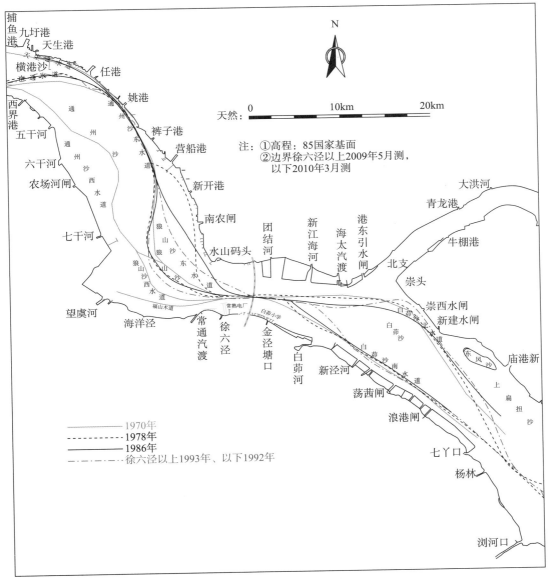

图 9-33　1970～1992 年通州沙白茆沙河段深泓变化

B.1992～2004 年：受狼山沙西偏影响，深泓线右摆。

通州沙东水道龙爪岩以上深泓贴左岸下行，年际间摆幅不大，龙爪岩至营船港深泓逐步右摆，但深泓一直较为稳定。1992 年以后，狼山沙下移缓慢，主要表现为沙体西偏、尾部有所上提，进而导致狼山沙东西水道上游分支点下移，下游汇合点上提，东西水道深泓线向右摆动。

C.2004～2012年：狼山沙缓慢西偏，深泓线相应右摆。

受徐六泾人工缩窄段限制作用，2004年以后狼山沙下移已基本到位，沙体主要表现为缓慢西移、尾部受冲缓慢上提，导致狼山沙东水道深泓向西摆动，狼山沙西水道深泓相对稳定。

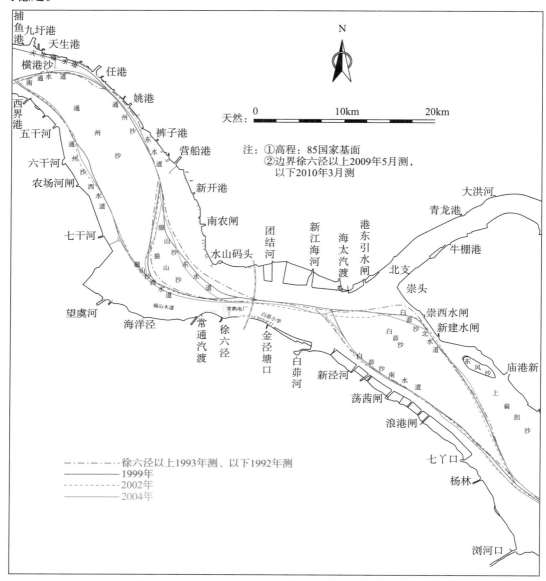

图9-34　1992～2004年通州沙白茆沙河段深泓变化

由以上分析可见，1970～2010年，通州沙西水道主泓比较稳定，通州沙东水道进口段任港附近受横港沙沙尾冲刷后退而略有摆动；通州沙东水道姚港～营船港附近，受龙爪岩控制，多年来深泓基本处于稳定状态；通州沙东水道营船港以下以及狼山沙东西水道的主泓，受狼山沙冲刷下移影响，近年来变化较大，总体表现为狼山沙东西水道深泓线西偏、分支点下移，近年来变化趋缓。

② 徐六泾河段。

1970 ~ 2011 年深泓线变化见图 9-33 ～图 9-35。

图 9-35　2004 ～ 2012 年通州沙白茆沙河段深泓变化

A.1978 ～ 1999 年：深泓上段南偏、中段相对稳定、下段分支点下移。

由图可见，1978 ～ 1999 年，徐六泾人工缩窄段深泓线受上游通州沙水道局部河势变化的影响较大，变化幅度较大，1978 年上游主流在狼山沙西水道，1984 年已转至狼山沙东水道。特别是 1984 ～ 1999 年，由于通州沙水道主流由狼山沙西水道转移到东水道，徐六泾河段的顶冲点在徐六泾下游的南侧，节点段深泓线呈明显南偏的趋势，在此过程中狼山沙下移。

在徐六泾河段中段，多年来深泓线相对稳定。

在下游，白茆沙总体也呈冲刷后退趋势，仅 1992 ～ 1999 年，白茆沙头部 −5m 后退约 1 800m，徐六泾河段下游分支点也随之下移，1970 ～ 1978 年，分支点在金泾塘口下游附近，1999 年，下移 4 000m 左右至白茆河口附近。

B.1999 ～ 2011 年：深泓上段继续南偏，下段分支点下移。

1998 年前，狼山沙多年一直处于下移西偏的态势中，1998 年、1999 年大洪水后，下移西偏的态势还有所加剧，这使得狼山沙东西水道的汇流点进一步上提，顶冲点移至徐六泾附近，徐六泾附近深泓线继续南偏，1999 ～ 2002 年，南偏 400 多 m。2002 年以后，由于上游河势渐趋稳定，节点段深泓线的变幅也有所减小，分流区深泓线的最大变幅在 400m 左右。

1999 年后，白茆沙头部后退有所趋缓，徐六泾河段下游深泓的分支点下移也随之趋缓，但由于白茆沙冲刷后，南水道发展，徐六泾下段深泓南移，1999 ～ 2010 年，分支点南移 1 100m。

随着徐六泾河段河宽缩窄，节点规划工程进行，徐六泾人工缩窄段深泓摆幅会有所减小。

③ 白茆沙河段。

A.1970 ～ 1992 年：受上游河势变化影响，南水道上段深泓弯曲，中下段稳定，北水道深泓顶冲点下移，深泓向东移动。

白茆沙南水道上段由于紧邻徐六泾人工缩窄段分流区，深泓线受上游通州沙水道局部河势变化的影响较大，近年变化幅度较大。南水道上段深泓线邻近徐六泾河段，1978 ～ 1992 年，分支点下移后导致南水道中上段深泓线弯曲。白茆沙南水道中、下段深泓线一直偏靠南岸，离右岸堤防的平均距离为 1 600m，平面位置多年来处于相对稳定状态。

上游分支点下移后，导致白茆沙北水道北岸顶冲点也随之下移，白茆沙北水道深泓线向东移动。

B.1992 ～ 2004 年：受白茆沙头部冲刷后退影响，南水道进口深泓有所摆动，中下段相对稳定，北水道深泓南压、顶冲点下移。

受白茆沙头部冲刷后退影响，白茆沙沙南水道进口深泓有所摆动，摆幅约 500m，中下段深泓傍靠南岸，较为稳定。由于 1992 ～ 2004 年白茆沙北水道进口一直处于淤积状态，北水道进口深泓南压，顶冲点下移，北水道中下段深泓线总体呈东移趋势。

C.2004 ～ 2011 年：南北水道深泓进口段仍不稳定，中下段相对稳定。

2004 年后，白茆沙头部变化趋缓，徐六泾河段下游深泓的分支点下移也随之趋缓，白茆沙南水道深泓线头部位置没有明显变化，但由于白茆沙右沿冲刷，上段深泓线略有左移，而南水道中、下段深泓线仍处于相对稳定状态。

2004 年后，因为上游分支点下移趋缓，北岸顶冲点也逐渐稳定在崇明岛新建河附近。受北水道进口淤积影响，进口深泓南压，北水道中下段深泓线相对较为稳定。

（3）洲滩变化

通州沙白茆沙河段 −5m 等高线变化见图 9-36 ～ 图 9-38。

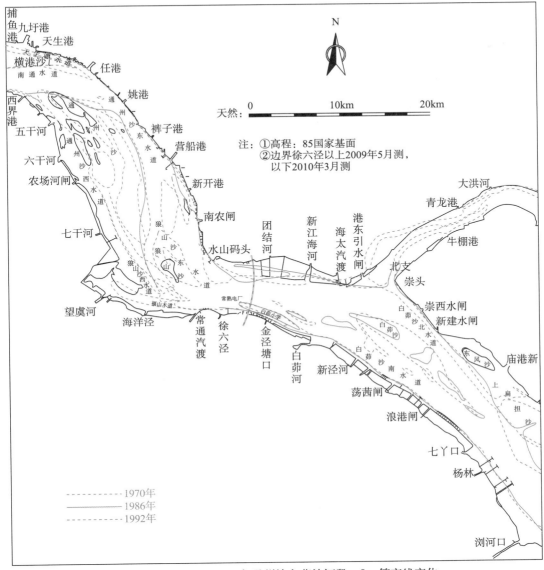

图 9-36　1970～1992 年通州沙白茆沙河段 -5m 等高线变化

① 通州沙。

历史上随着长江主流周期性变动于通州沙东、西水道之间，引起通州沙体变化较大。自 1948 年通州沙东水道再次成为主水道以来，分流比增加，进口主流动力轴线不断北移、弯曲，使得凹岸崩岸，处于凸岸的通州沙北侧边滩向北淤长。由于青天礁的存在，通州沙头部一直稳定在西界港和四干河口之间。通州沙自 20 世纪 60 年代～ 90 年代总体表现为滩地淤高，沙体变大；20 世纪 90 年代后随上游浏海沙水道主流基本稳定，通州沙水道进口主流摆幅变小，通州沙沙体 -5m 线变化较小，沙体长度、高度近年变化不大，滩地有所淤高。

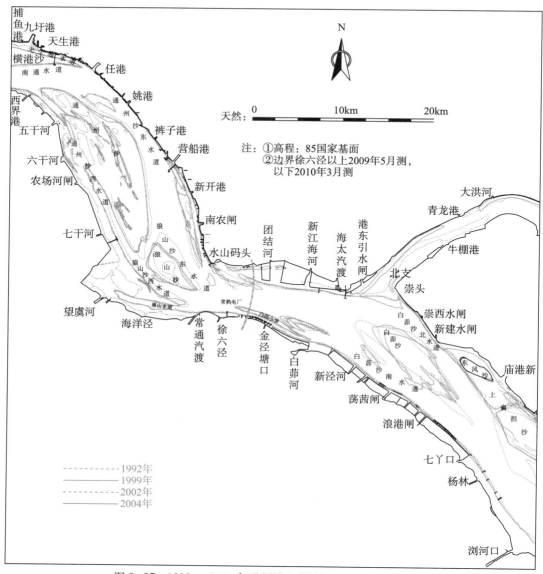

图 9-37　1992～2004 年通州沙白茆沙河段 5m 等高线变化

　　通州沙沙体上存在多个大小不等的串沟，其中较大窜沟有两个，分别位于通州沙左侧
姚港对开位置和右侧五干河对开位置。其中通州沙头部左侧串沟近年来呈发展的趋势的变
化，其发展变化可能对通州沙沙体稳定和深水航道的建设带来不利的影响，应予以关注。
另外，通州沙左缘外侧存在一个 -5m 以浅沙包，形成于 90 年代，近年不断受冲后退缩小，
仍不稳定。

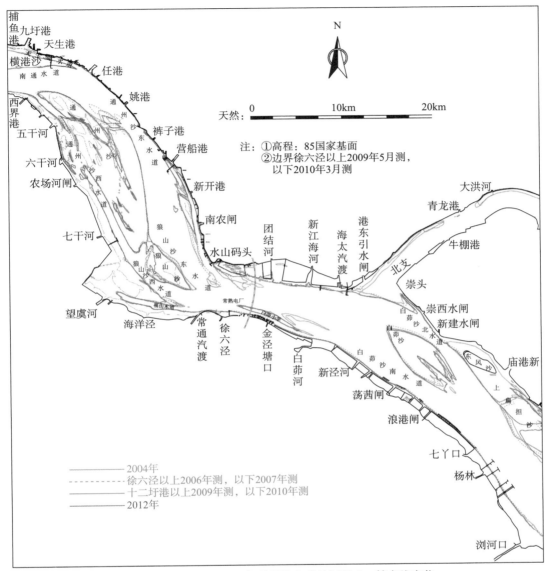

图 9-38　2004～2012 年通州沙白茆沙河段 5m 等高线变化

1970～1992 年 -5m 线变化见图 9-39。通州沙总体表现为滩地淤高，沙体变大，通州沙自 20 世纪 60～80 年代面积增加了近一倍，20 世纪 80～90 年代增加较快。

1992～2004 年 -5m 线变化：通州沙头部以下左侧有所冲刷，沙体长度、高度近年变化不大，滩地有所淤高，总体变化不大。通州沙与狼山沙之间存在有 -5m 夹槽。

2004～2011 年 -5m 线变化：通州沙沙体 -5m 面积变化很小，沙体长度、高度变化不大。但 2010 年左右通州沙与狼山沙之间 -5m 夹槽中断，通州沙与狼山沙连为一体。

表 9-14 为通州沙体 -5m 特征值统计。通州沙滩地高程基本位于 -5～2.8m，20 世纪 70～80 年代西水道进口 -5m 槽萎缩，通州沙沙体扩大。-5m 线在西水道不贯通，中断位置在五干河至六干河附近。

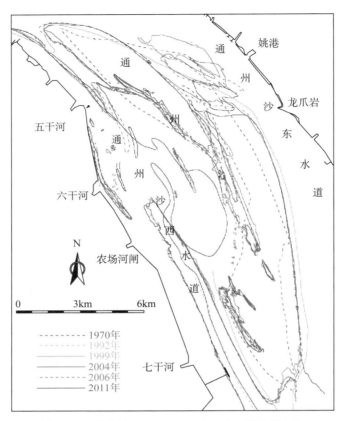

图 9-39　通州沙 1970 ~ 2011 年 -5m 等高线变化

通州沙沙体特征值统计　　　　　　　　　　表 9-14

年份（年）	1958	1968	1983	1993	1997	1998	2001	2004	2005	2006	2009	2011
-5m 面积（km²）	38.4	39.4	64.9	86.9	86.4	84.7	84.3	84.1	84.0	82	80	80.2
长度（km）	19.4	21.4	21.1	21.4	21.5	21.3	21.5	21.3	21.6	21.5	21.5	21.5
宽度（km）	3.4	3.4	4.2	6.0	6.1	6.1	6.1	6.0	6.0	5.9	5.9	5.9
顶高程（m）	-0.1	-0.2	2.0	1.3	1.0	1.0	1.2	2.0	2.0	2.6	2.8	2.65

②　狼山沙。

A．20 世纪 50 ~ 60 年代狼山沙形成。

在通州沙东水道的发展过程中，主流顶冲点不断发生变化。1954 年主流顶冲点在狼山以下营船港一带，1957 年上提到龙爪岩附近，北岸受主流顶冲，岸线崩塌后退，被冲刷下来的泥沙一部分随水流向下输送，一部分则就近堆积，形成水下暗沙，即狼山沙雏形。同时，由于 1954 年长江洪水将横港沙尾部切割，其切割下来沙体向下游移动并入狼山沙。1958 年测图显示，狼山沙已初具规模，沙体呈带状分布，沙体 -5m 线平均宽度约 300m，长达 3.2km，面积约为 0.96km²，滩顶高 -2.2m。

B. 20 世纪 70 ~ 80 年代狼山沙下移。

狼山沙形成后，沙头后退沙尾下延，沙尾下延速度大于沙头后退速度，沙体淤涨下移。至 1978 年狼山沙下移 1.56km。20 世纪 80 年代，上游浏海沙水道主流北偏，冲刷横港沙尾，通州沙主流顶冲点上提，主流弯曲，至龙爪岩下直接顶冲狼山沙沙体左侧，造成沙体左侧边滩逐年冲刷，狼山沙右侧则稍有淤涨，沙体萎缩西偏。但是受徐六泾人工缩窄段的影响，下移速度明显放慢，沙尾已转向东南。

C. 20 世纪 90 年代 ~ 2011 年狼山沙持续西偏。

狼山沙 −5m 线历年变化见表 9−15。由图表可见，20 世纪 90 年代后狼山沙变化主要表现在沙体西偏，1996 年狼山沙沙体左侧 −5m 线平均后退约 100m。1999 ~ 2005 年狼山沙沙体左侧 −5m 线平均后退约 300m。

可见，1985 年以来狼山沙 −5m 线沙体面积逐年减小，沙头逐年后退，1998 年以后沙尾则略有上提，1992 年狼山沙下移速度趋缓，主要表现为左缘冲刷、沙体西移，见图 9−40 ~ 图 9−42，这是由于徐六泾人工缩窄段限制了狼山沙的进一步下移，主要表现为沙体缓慢下移西偏，尾部略有上提。狼山沙持续受冲西偏可能对苏通大桥通航条件造成不利影响。

狼山沙 −5m 线历年变化表（黄海基面）　　　　表 9−15

年份（年）	沙体面积（km²）	沙头后退		沙尾下移	
		(m)	(m/a)	(m)	(m/a)
1958	4.0				
1970	10.2	5 550	505	3 900	355
1978	13.6	1 700	213	3 300	413
1981	16.9	1 000	333	2 350	783
1985	19.9	850	213	850	213
1987	19.5	350	175	125	63
1991	17.2	1 625	406	250	63
1992	15.9	250	250	0	0
1994	15.9	500	250	100	50
1996	15.8	200	100	−160	−80
1997		100	100	250	250
1998	13.4	150	150	−300	−150
1999	13.1	120	120	−120	−120
2001	12.9	−100	−50	−130	−65
2004	12.7	200	67	−120	−40
2005	12.9	50	50	−50	−50
2006	12.2	70	70	50	50
2009	12.3	−80	−27	−268	−89
2011	12.76	−140	−70	−206	−103
"−" 表示沙头或沙尾上移					

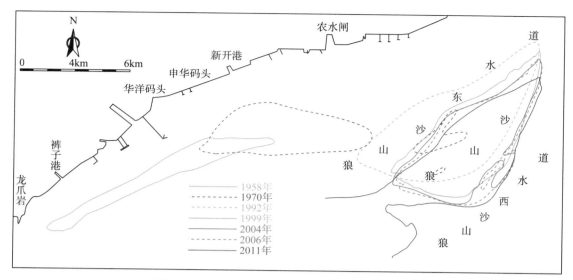

图 9-40　狼山沙 1958 ~ 2011 年 -5m 等高线变化

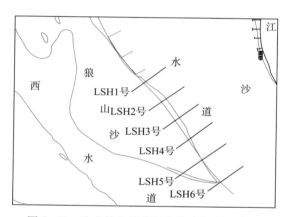

图 9-41　狼山沙左缘岸坡变化分析断面布置

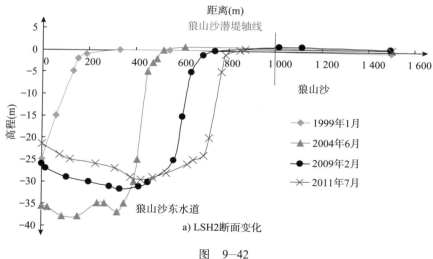

a) LSH2断面变化

图　9-42

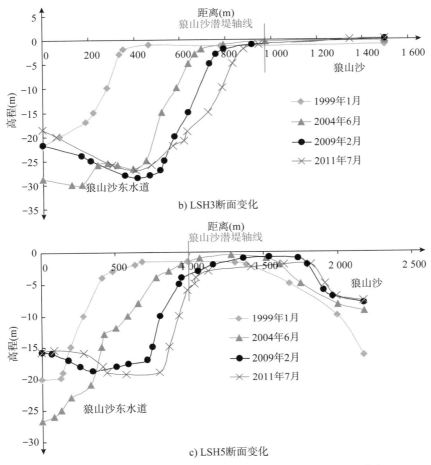

b) LSH3断面变化

c) LSH5断面变化

图9-42 狼山沙左缘岸坡受冲后退变化（1999～2011年）

③ 新开沙。

在狼山沙东水道发展过程中，狼山沙头部和左侧受冲后退，沙体不断下移西偏，使新开港一带近岸水域江面展宽，河床过水断面扩大，涨、落潮流路分离，在其交界面一带形成缓流区，造成泥沙在此落淤。1978年测图显示，新开港附近出现水下暗沙即为新开沙的雏形。

新开沙形成后，由于狼山沙仍不断下移西偏，给新开沙的发展创造了条件，因而新开沙迅速扩大，沙头上提，沙尾下移。新开沙1970～2011年−5m线变化见图9-43。新开沙−5m线特征值统计见表9-16。

1970～1992年，新开沙沙体快速淤涨展宽，沙体高程不断增高，至1992年沙体长度近5km，最宽处约1km，最高点高程−0.4m。

1992～2004年，新开沙沙体淤涨下移，沙体高程继续增高。2003年，新开沙规模最大，沙体长度近15km，最宽处约1.02km，最高点高程1.6m，−5m线以上面积达8.59km²。2003年后，新开沙总体呈冲刷态势。2003年，新开港附近沙体−5m线首度中断，出现−5m窜沟，宽度在400m左右；2004年，受新通海沙涨潮流影响，水山码头下，新开沙尾−5m冲断，沙体上出现又一个−5m窜沟。2004年新开沙沙尾−10m线已绕过水山码头。

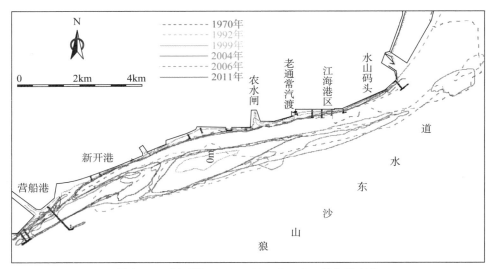

图 9-43　新开沙 1970～2011 年 -5m 等高线变化

2004～2010 年，新开沙总体呈冲刷态势，平面面积和沙体高程逐步降低。至 2010 年，-5m 下窜沟进一步冲刷展宽至 4.1km，并出现 -10m 槽，槽宽 2.3km。至此，新开沙变成了上、中、下三个独立的 -5m 沙体。2011 年，新开沙沙体进一步受冲，下沙体 -5m 沙包冲失，沙体窜沟 -10m 槽最大宽度增加至 3.2km 左右，已与东水道 -10m 槽连通，该窜沟正处于发展变化之中，应加强关注。

新开沙 (-5m) 特征值历年变化　　　　　　　　表 9-16

年份（年）	长度（km）	最宽处宽度（km）	面积（km²）	滩顶最高点高程（m）
1978	0	0	0	-5.8
1985	4.28	0.44	1.88	-0.1
1987	4.18	0.48	2.00	-0.1
1991	5.15	0.90	3.10	—
1992	4.75	1.00	4.74	-0.4
1995	8.00	1.20	6.20	0.7
1998	10.25	1.00	7.00	0.8
1999	12.14	1.07	7.04	—
2000	11.85	1.06	6.60	0.8
2003	14.90	1.02	8.59	1.6
2004	11.42	1.09	6.25	1.0
2006	14.55	1.06	6.95	0.8
2007	12.26	0.96	6.31	—
2008	11.56	1.04	5.68	—
2009	10.21	1.03	5.25	0.6
2011	9.37	1.13	5.22	0.8

④ 铁黄沙。

铁黄沙位于狼山沙西水道与福山水道之间，沙顶已露出水面，2006 年沙顶高程达 2.8m。铁黄沙左侧随狼山沙西水道右移，铁黄沙左侧受冲总体呈缓慢后退趋势，表现在 -5m、-10m 等高线向西南方向移动，但其右缘保持相对稳定状态。2006～2010 年，-5m、-10m

等高线向西南方向移动约 50m。

　⑤ 白茆小沙。

　20 世纪 70 年代初，一股较强的涨潮流入徐六泾边滩，至 1976 年，涨潮流将边滩切割，形成白茆小沙上沙体。白茆小沙上沙体形成后，由于处于涨、落潮流的分离区，上游下泄的泥沙易于在此落淤，沙体逐渐变大、下移。20 世纪 80 年代，由于狼山沙不断下移、西偏，通州沙东水道主流由通州沙东水道—狼山沙西水道转为通州沙东水道—狼山沙东水道，增强了徐六泾礁石群附近南侧的水流动力，沿岸深槽继续发育刷深，白茆小沙下沙体在下移的过程中不断淤涨，后又被分割成上、下两块沙体。此后，下块下移并靠白茆沙，残留的上块逐渐演变成目前的白茆小沙下沙体。至此，徐六泾～白茆河边滩演变成上、下两块沙体并列的格局。白茆小沙沙体变化见图 9-44。

　1999 年后，由于长江上游来沙量的减少，加上下游太仓沿岸围垦，涨潮流外挑，对下沙体的冲刷加剧，加之人为因素影响等，下沙体的长度和宽度基本呈逐年减小的趋势。1999 年下沙体 −5m 线长度为 5.0m，至 2007 年，长度变为 2.4km，相应的 −5m 线面积由 2.2km² 减小为 0.6km²，滩面最高高程也逐年降低，1998 ～ 2007 年，滩面最高高程由 +0.5m 变为 −1.1m（表 9-17）。至 2008 年 8 月，白茆小沙下沙体已基本冲刷消失。

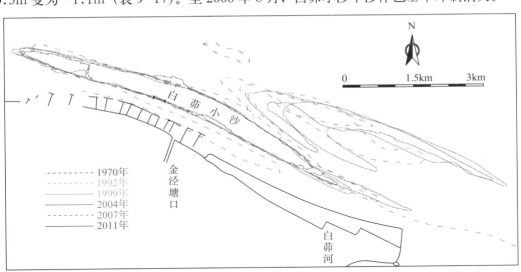

图 9-44　白茆小沙 1970 ～ 2011 年 −5m 等高线变化

白茆小沙沙体 −5m 线特征值统计　　　　　　　　　　　　　　表 9-17

年份（年）	上　沙　体				下　沙　体			
	面积（km²）	长度（km）	宽度（km）	滩面最高高程（m）	面积（km²）	长度（km）	宽度（km）	滩面最高高程（m）
1992	2.8	6.87	0.63	—	2.2	5.39	1.02	—
1998	2.8	8.29	0.52	0.6	2.3	5.24	1.05	0.5
1999	2.6	7.65	0.56	0.2	2.2	5.03	1.14	0.2
2001	2.6	7.96	0.46	0.0	2.0	4.82	1.15	−0.6
2004	3.0	9.15	0.55	−0.4	1.5	5.60	1.10	−0.4
2007	3.4	8.79	0.56	−0.1	0.6	2.40	0.30	−1.1
2011	2.5	7.39	0.58	−0.6	0	0	0	0

⑥ 新通海沙。

在 1978 年的测图上，在东方红农场南侧出现 3 个小沙包，这就是新通海沙的雏形。1978 年以后，随着狼山沙东水道发展为主流，东方红农场西南角不断坍塌，新通海沙头后退、沙头不断下移，到 1994 年 4 月后退了 2 280m，但新通海沙在后退的过程中不断向下移动和向外拓展，1984 年新通海沙 -1.0m 等高线的面积为 1.4km²，最高高程为 -0.2m。1992 年时新通海沙 -1.0m 等高线的面积为 3.95km²，最高高程为 0.1m，面积扩大了 2.8 倍，沙尾下延了 4.8km。新通海沙沙体变化如图 9-45 所示。

1992 年后海门市在圩角沙进行了促淤和围垦工程，使北支的涨潮流流向发生改变，涨潮流直冲新通海沙沙尾，致使沙尾上缩，新通海沙面积有所缩小。表 9-18 为近年来新通海沙心滩 0m 等深线面积统计，由表可见，1992 ~ 2004 年，新通海沙 0m 心滩在不断北移且面积有减小趋势。2004 ~ 2010 年，新通海沙沙体上部右缘有所向外淤涨，中下部变化缓慢。

自 2007 年以来，新通海沙围垦工程在逐步实施，现已实施江海江闸下、江海江闸上和团结闸上游三块围垦。新通海沙的围垦将进一步增强徐六泾人工缩窄段的控导作用，对徐六泾主槽摆动起一定的限制作用，将有利于南水道的发育。

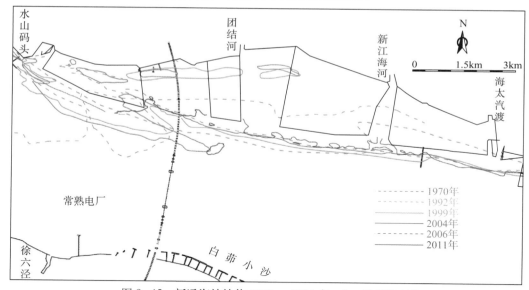

图 9-45 新通海沙沙体 1970 ~ 2011 年 -5m 等高线变化

新通海沙 0m 心滩面积变化表（长办吴淞基面）　　　　表 9-18

年份	面积（km²）	年份	面积（km²）	年份	面积（km²）
1981 年 8 月	0.37	1995 年 12 月	5.80	2002 年 12 月	6.50
1987 年 1 月	1.14	1997 年 8 月	5.59	2003 年 11 月	5.18
1992 年 5 月	7.40	1999 年 9 月	6.24	2004 年 9 月	6.51
1994 年 4 月	7.05	2001 年 3 月	6.20	2007 年 9 月	6.00

⑦ 白茆沙。

白茆沙是河道中间的一块马蹄形心滩，作用于沙体的动力以落潮流为主。白茆沙形成已久，19世纪中期的地形图上即有白茆沙体。历史上老白茆沙形成于江心暗沙，在发展过程中，在上游水沙的不断补给和北支泥沙倒灌淤积影响下，沙体淤涨并开始脱离南岸，成为独立的江心沙，后受涨落潮水流作用，沙体南水道大幅发展，沙体持续冲刷下移北靠，沙体北水道逐渐走向衰亡，老白茆沙最终并入北岸。在这过程中，由于沙体南侧河槽逐渐趋于宽浅，水流动力减弱，上游下泄泥沙又易在南侧形成新的沙体，由此产生新一轮的演变。

1954年大洪水后，白茆沙体严重冲刷，白茆沙逐步北移，至1958年，白茆沙北移并靠崇明岛。白茆沙沙体变化见图9-46，沙体纵向高程变化见图9-47和图9-48。

图9-46 白茆沙1970～2011年 -5m等高线变化

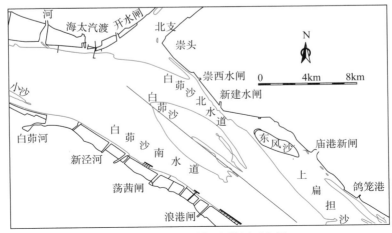

图9-47 白茆沙河床纵剖面布置

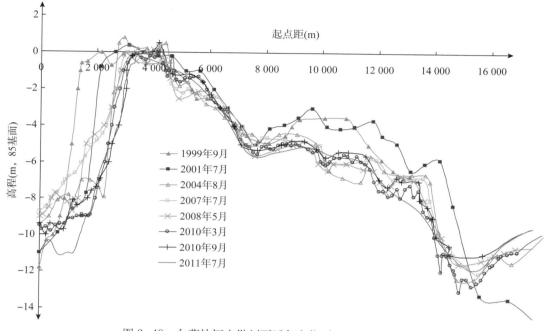

图 9-48　白茆沙河床纵剖面近年变化（1999 ~ 2011 年）

1970 ~ 1992 年白茆沙 -5m 等高线变化：老白茆沙并岸后，1970 年在其南侧的白茆沙南水道中央又产生了新的心滩，随后新的白茆沙产生并不断扩大。白茆沙近年来 -5m 等高线特征值统计见表 9-19。1982 年、1983 年，长江流域发生较大的洪水，水流将部分白茆沙体切开。1984 年白茆沙体为数个小沙包。随后分散的小沙体逐步合并，至 80 年代末逐渐发育为较完整的沙体，并迅速淤高扩大，1983 ~ 1990 年，沙体 -5m 等高线面积增加超过一倍，达到 49.4km²。1990 年后白茆沙北水道上口 -10m 贯通，白茆沙体不再扩张。1992 年白茆沙南水道上口 -10m 槽冲开，白茆沙开始冲刷后退萎缩，沙头在水流的顶冲作用下持续后退，沙尾也经历了大幅下移及切割的演变过程。

1992 ~ 2004 年白茆沙 -5m 等高线变化：1992 ~ 1999 年，白茆沙头 -5m 等高线总计后退 1 860m，1999 ~ 2004 年又后退 1 430m。1998 年、1999 年大洪水后，白茆沙体面积进一步减少，特别是南侧残留沙体冲刷较快。

2004 ~ 2011 年白茆沙 -5m 等高线变化：白茆沙沙体头部受冲有所后退、高程变化较小，沙体窜沟进一步发育。

另外，由表 9-19 可见，1999 ~ 2007 年，整个沙体 -5m 等高线宽度变化不大，但长度逐年缩短，面积由 36.7km² 减小到 21.0km²。2007 年以后，沙体变化不明显。

南侧小沙体自 1997 年从白茆沙体分离出来后，不断冲刷变小，-5m 浅滩最长时为 3.6km，至 2004 年长仅 1km 左右，2007 年已冲刷至 -5m 以下，2011 年沙包进一步受冲缩小。白茆沙之间串沟不断发展，至 2002 年 9 月，串沟中最深点高程达 -15.3m，2004 年 8 月，串沟进一步发展，最深点高程已达 -21.5m，形成深潭。目前，在大小两块沙体之间的串沟仍呈现进一步发展的趋势。

在自然状况下，白茆沙头继续冲刷后退的可能性是存在的，特别在遭遇长江特大洪水情况下，白茆沙头将加大后退幅度，不过从近年来的的演变分析来看，白茆沙沙体被冲散的可能性不大，如遇小水年，水动力条件变弱，沙头将会有所上移。

白茆沙沙体近年来 -5m 线特征值统计 表 9-19

年份（年）	面积（km²）	长度（km）	宽度（km）	高程（m）	年份（年）	面积（km²）	长度（km）	宽度（km）	高程（m）
1983	22.6	27.5	2.0	0.0	1997	39.7	22.0	3.0	0.7
1984	23.3	25.1	2.4	0.0	1998	40.8	21.8	3.6	—
1985	25.2	24.7	4.0	-2.0	1999	36.7	16.0	3.4	1.5
1986	32.4	26.3	4.0	0.6	2000	37.0	14.7	3.6	—
1988	39.4	24.0	2.6	-0.7	2001	33.9	12.7	3.8	1.9
1989	44.2	26.0	3.0	0.4	2002	33.5	13.5	3.5	2.6
1990	49.4	24.8	3.0	1.4	2004	21.6	10.0	3.8	1.1
1991	48.5	25.3	3.0	1.4	2007	21.0	10.0	3.7	—
1992	43.7	25.2	3.2	1.4	2008	21.0	10.0	3.7	0.9
1993	43.8	19.0	3.0	0.9	2011	21.5	9.6	3.7	1.5
1994	46.6	18.6	3.0	0.8					

"高程" ——沙体滩面最高高程

（4）主槽变化

通州沙白茆沙河段 -10m、-15m 等高线变化见图 9-49 ～图 9-54。

① 通州沙东、西水道。

A. 等高线变化。

a. 1970 ～ 1999 年：通州沙东水道主汊地位加强，西水道逐渐萎缩。

由图可见，狼山沙形成后，逐步下移；通州沙东水道营船港以上 -10m 线变化不大，东水道进口 -10m 槽有所左摆，横港沙尾冲刷，营船港以下受狼山沙下移影响，-10m 线变化较大，但期间 -10m 槽均贯通。东水道 1986 年 -15m 槽上下贯通，1992 年于农场水闸对面 -15m 槽出现中断；1970 年，通州沙西水道 -5m 线畅通，之后至 1986 年，由于上游如皋中汊的发展变化，浏海沙水道主流进入南通水道后，水流左挑，对岸横港沙右沿冲刷，主流左偏，西水道进流条件恶化，1970 ～ 1992 年通州沙西水道 -10m 槽不贯通。

b. 1999 ～ 2004 年：东水道下段深槽展宽，通州沙东西水道变化趋缓。

通州沙东水道 -10m 槽上下贯通，-15m 槽于农场水闸对面附近冲淤变化较大，时通时断；通州沙西水道 -5m 槽于六干河附近中断约 3km，-10m 槽自西界港～农场水闸下中断长度约 15km。

c. 2004 ～ 2011 年：通州沙东西水道总体基本稳定。

通州沙东西水道总体基本稳定，通州沙东水道 -10m 槽上下贯通，-15m 槽于农场水闸对面附近时通时断；通州沙西水道 -5m 槽不贯通，于六干河处中段。研究认为六干河处淤积体成因主要有：

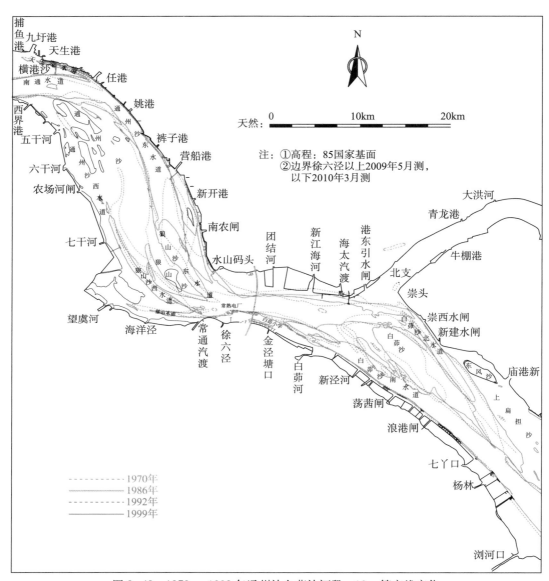

图 9-49　1970～1992 年通州沙白茆沙河段 -10m 等高线变化

图 9-50 1992～2004 年通州沙白茆沙河段 -10m 等高线变化

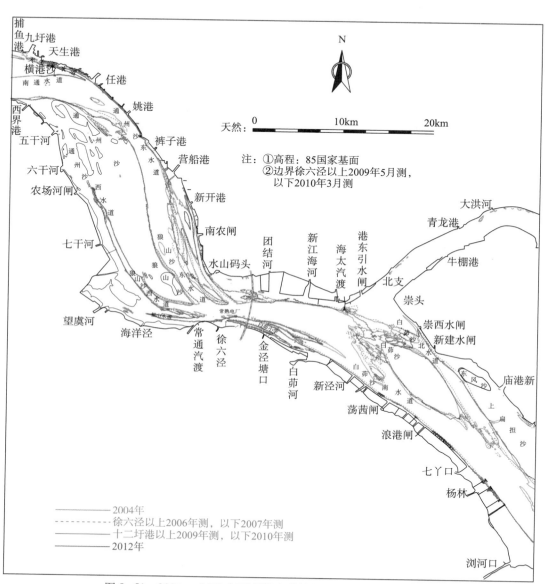

图 9-51　2004～2012 年通州沙白茆沙河段 -10m 等高线变化

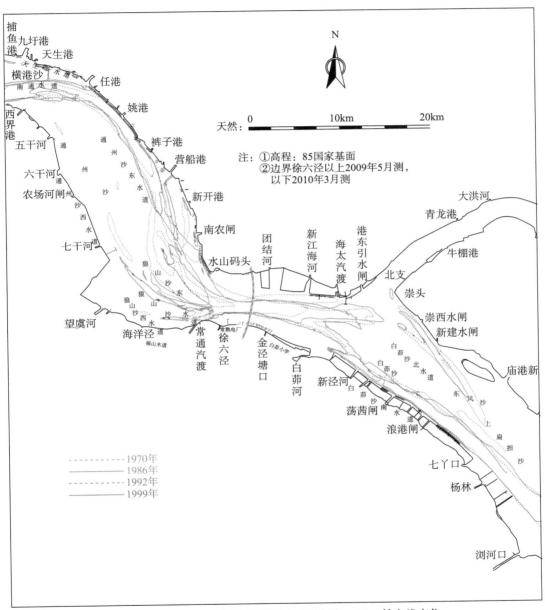

图9-52 1970～1992年通州沙白茆沙河段 -15m 等高线变化

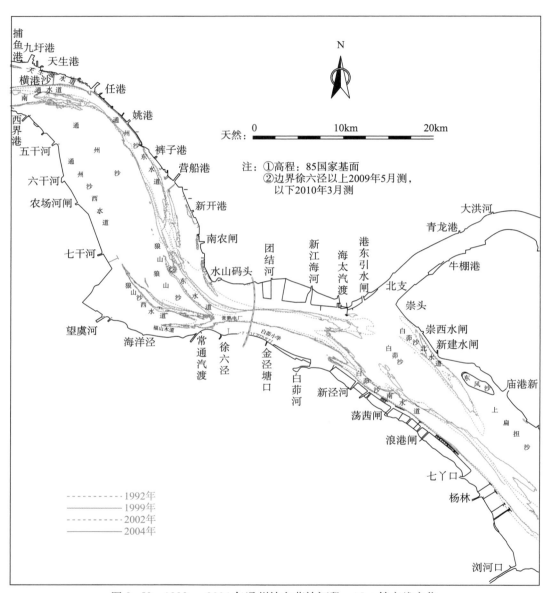

图 9-53 1992 ~ 2004 年通州沙白茆沙河段 -15m 等高线变化

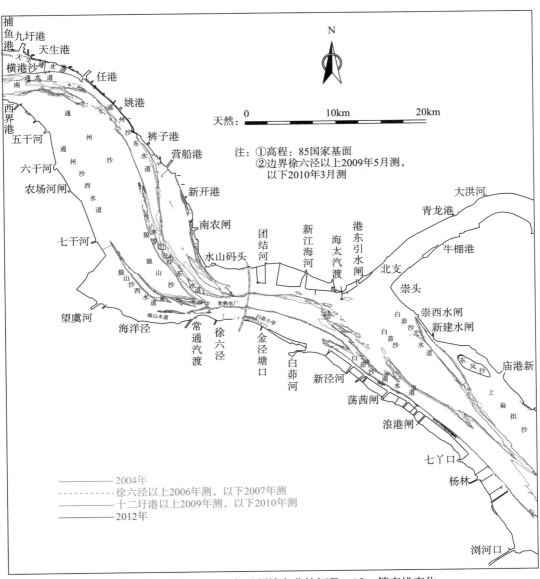

图 9-54　2004～2012 年通州沙白茆沙河段 -15m 等高线变化

a）落潮时西水道下泄水流于五干河处有一半之多的水流分流至通州沙沙体右侧窜沟，加之随着五干河以下江面逐步展宽，导致水动力分散，泥沙逐步落淤；

b）而涨潮时狼山沙西水道上溯的涨潮流逐步越滩进入通州沙滩面，沿程动力逐步减弱，加之越往上游潮流动力越弱，泥沙逐步落淤。

B. -10m 以下河槽容积变化。

通洲沙东、西水道 -10m 以下河槽容积变化见表 9-20。由表可知，1998 年以前，通洲沙东水道处于发展过程中，其后有所回淤。1998 年以前，通洲沙西水道处于缓慢淤积过程中，2001 年后有所冲刷。总体来说，通洲沙东水道表现为冲刷，西水道缓慢淤积。

通洲沙东、西水道 -10m 以下河槽容积变化（单位：$\times 10^4 m^3$）　　　　表 9-20

年份（年）	通洲沙西水道			通洲沙东水道		
	容积	冲淤量	年变幅	容积	冲淤量	年变幅
1977	2 031			37 293		
1983	564	1 467	245	46 807	-9 514	-39
1993	497	67	7	50 918	-4 111	17
1997	601	-104	-26	53 261	-2 343	72
1998	583	18	18	52 814	447	10
1999	655	-72	-72	44 509	8 305	-92
2001	597	58	29	52 400	-7 891	-78
2004	620	-23	-8	52 000	400	-11
2006	690	-70	-35	57 000	-5 000	183
2009	640	50	17	51 000	6 000	116
合计		1 391	43		-13 707	-822

注：负值表示冲刷

② 狼山沙东、西水道。

A. 1978 ~ 1999 年：狼山沙东水道发展，逐步成为主水道。

狼山沙形成后，通州沙东水道下段被狼山沙分为狼山沙东、西两水道。狼山沙形成初期，狼山沙西水道较为顺直，为主流通道，东水道则向北微弯，1958 年测图显示，东、西水道断面面积比为 0.44:1。

狼山沙东西水道的演变是随着狼山沙的变化而变化的。1970 ~ 1999 年狼山沙明显下移西偏，仅狼山沙头部 -5m 线就下移约 7km，其东、西水道不断调整，西水道进口明显下移，越来越弯曲，阻力增大，逐渐萎缩，狼山沙东水道更加顺直，深槽展宽发展，到 1980 年，东、西水道断面面积比为 1.34:1，狼山沙东水道成为长江主水道。其后，东水道过流断面进一步扩大，西水道断面逐渐减小，到 1999 年，东水道过流断面为西水道断面积的 3.76 倍，随之变化趋缓。

B. 1999 ~ 2004 年：狼山沙东水道西移、坐弯，江中出现碍航浅段。

20 世纪 90 年代晚期，由于受徐六径节点限制，狼山沙沙体下移放慢，且沙尾位置受到控制，只因不同水文年在一定范围内上提下延。狼山沙变化主要表现为西偏，狼山沙东水道水流动力轴线不断西偏，并向微弯方向发展，狼山沙东水道营船港以下河槽展宽，水流分散，泥沙在此落淤形成一碍航浅段，造成东水道 −15m 深槽在新开港附近时断时连。

从分析狼山沙东水道相应的南农闸上、老通常汽渡以及王子码头断面 −10m 槽宽度的变化可以看出，随着狼山沙的西偏，狼山沙东水道 −10m 槽不断展宽。其历年变化见表 9−21。由此可知，到 21 世纪初，在狼山沙缓慢西移的同时，新开沙沙尾下延沙体右侧受冲，狼山沙与新开沙之间狼山沙东水道 −10m 槽宽达 3km 以上，水流动力趋缓，加之涨落潮动力轴线常分离，易形成泥沙淤积，在南农闸附近首先出现带状高过 −10m 心滩。2004 年发育成长约 3km、宽约 1km 的心滩。

狼山沙东水道 −10m 槽宽度变化（单位：m） 表 9−21

年份（年） \\ 位置	南农闸	老通常汽渡	王子码头
1992	2 224	1 886	—
1997	2 646	1 540	1 595
1998	2 849	1 976	1 472
1999	3 269	1 869	1 453
2001	3 352（心滩宽 80m）	2 219	1 485
2003	3 442	2 645	1 940
2004	3 575（心滩宽 49m）	2 641	2 076
2006	3 515（心滩宽 280m）	2 890（心滩宽 610m）	2 024
2007	3 460（心滩宽 700m）	3 100（心滩宽 330m）	2 375
2008	3 470（心滩宽 530m）	3 280（心滩宽 570m）	2 740（心滩宽 420m）
2009	3 700（心滩宽 820m）	3 270（心滩宽 125m）	2 550（心滩宽 700m）
2010	3 760（心滩宽 830m）	3 500（心滩宽 770m）	3 170（心滩宽 500m）

C.2004 ～ 2011 年：狼山沙东水道内心滩发育，新开沙下段冲开，狼山沙缓慢西移，东水道深槽仍处于缓慢变化中。

2004 年后，狼山沙沙体下移速度进一步趋缓，沙体中部西偏、尾部上提，2004 ～ 2011 年，沙体 −5m 线头部比较稳定，但沙体西移约 400m，沙尾上提约 700m。由表 9−21 可见，2004 年后，−10m 线槽宽进一步展宽，2010 年较 2004 年展宽约 70m，狼山沙东水道心滩缓慢发育，心滩下延变宽，心滩最高在 −6m 左右。2004 年后，受上游来水来沙减小，以及新通海沙围垦工程的逐步实施，新开沙冲刷，2009 年水山码头附近新开沙上冲出 −10m 槽，心滩曾被冲开分为上下两个，上心滩在新开港附近和新开沙相连，下心滩位于王子码头对开江中。其后，心滩仍处在缓慢演变过程中，至 2010 年，上下心滩相连，上游在新开港附近，下游已伸入徐六泾河段进口中，长约 11km。

③ 新开沙夹槽。

新开沙与北岸之间的狭长水道为新开沙夹槽，夹槽内有江海港区的诸多码头。根据现状河势，新开沙夹槽可分为两段：上段为新大港储码头至南农闸长约 8km，下段为南农闸至水山长约 5km。

由于狼山沙向下、向西移动，使狼山沙东水道不断展宽，新开沙头上伸，导致新开沙夹槽进口段大量淤积，入夹槽径流量减少；同时新开沙沙尾大幅下延，下部展宽，使得夹槽长度增加，宽度减小，原来位于主槽左侧的江海港区深水域，变成了夹槽内的支汊航道。

随着新开沙的发展，新开沙夹槽则逐年萎缩，夹槽淤浅，槽宽缩窄，1978 年，新开沙夹槽 −10m 深槽向上延伸至营船港以上，1985 年则退缩至富民港以下 500m 左右，1992 年退缩到四号坝附近，−10m 深槽不再贯通。1995 年后 −10m 深槽有所发展，江海港区前沿涨、落潮流动力轴线合一。1996 年水山围堤建成后，新通海沙夹槽涨潮流被挑向新开沙沙尾，使夹槽内涨、落潮流动力轴线严重分离，新开沙夹槽下段水流变得更为复杂，冲淤变化比较频繁。−5m 等高线逐渐向左岸逼近，夹槽分泄长江径流逐年减少，已演变成以涨潮流为主要动力的河槽。

新开沙夹槽 −10m 等高线在汇丰码头以下，1998 年和 2007 年曾两度中断过。随着 2004 年新开港附近新开沙体出现横向串沟，加之安排串沟采沙，增大新开沙夹槽的落潮量，2007 年夹槽落潮分流比达 9% 左右，夹槽内冲刷加深，至 2008 年，新开港—南农闸间新开沙夹槽 −10m 等高线又已贯通，−10m 槽头向上延伸至新开港以上 1.0km 处，但受新通海沙较强的涨潮流的影响，水山码头处新开沙上冲出 −10m 槽，新开沙夹槽内涨、落潮流将发生变化，新开沙以及新开沙夹槽的将会处于继续演变过程中。

④ 福山水道。

福山水道上至福山塘下至浒浦口，其上端分布有太湖流域得重要引排口门—望虞河口。福山水道历史上曾经是长江的主要水道之一，20 世纪初福山水道上接老狼山沙水道，下与通州沙水道相汇，自 20 世纪 30 年代浏海沙，偏南沙等沙洲并岸成陆后，上游水道消失，福山水道变成无直接径流来源的涨潮槽，致使水道不断向下游萎缩，至 20 世纪 80 年代，其向下游萎缩趋缓，形成主要靠涨潮动力维持的河槽。多年来，总体呈缓慢淤积状态，年平均淤厚一般小于 0.1m。

从水沙条件来看，福山水道下段涨潮流经常浒河口附近进入，至望虞河口形成漫滩水流，高潮位时部分涨潮流经福山塘附近浅滩进入通州沙西水道。福山水道落潮流为铁黄沙滩地漫滩流归槽形成，部分为西水道落潮流经福山塘滩地进入福山水道。涨潮流速一般大于落潮流速，福山水道内水动力条件相对较弱。2007 年 7 月大潮，涨潮平均流速 0.34m/s，落潮平均流速 0.21m/s。福山水道落潮分流比 1.5%，而分沙比仅 0.07%，可见，分沙比明显小于分流比，这也是福山水道长期存在的条件。福山水道不同高程下河床容积历年变化见表 9-22，可见福山水道总体呈缓慢淤积态势，淤积主要位于 −5m 线以上，−5m 线以下河槽受铁黄沙右摆挤压受冲以及近年来人类活动影响略有增加。

福山水道不同高程下河槽容积历年变化表（单位：万 m³）　　表 9-22

年份（年）	0m 以下容积	-5m 以下容积	-10m 以下容积
1999	7 614	2 454	658
2004	7 152	1 863	307
2005	7 034	2 077	439
2006	6 816	1 721	199
2008	6 458	1 533	176
2009	6 747	1 896	332
2010	6 667	1 998	448
2011	7 289	2 501	567

⑤ 徐六泾主槽。

徐六泾河段 -10m、-15m 等高线近年来变化分别见图 9-49 ～ 图 9-54。

A.1970 ～ 1992 年：上段深槽基本稳定，下段深槽逐步南偏。

20 世纪 70 ～ 80 年代徐六泾主槽明显北偏，指向北水道，-10m 线靠北岸，白茆河口附近主槽靠北岸。白茆小沙与白茆沙相连。同时，由于通州沙水道主流走狼山沙西水道，右岸顶冲点位于徐六泾以上，主流过徐六泾后向北岸过渡，顶冲点位于北支口门附近。1978 年，节点段 -10m 深槽未与白茆沙南、北水道深槽贯通。同时，由于通州沙水道主流走狼山沙西水道，右岸顶冲点位于徐六泾上游附近，主流过徐六泾后向北岸过渡，北岸顶冲点位于北支口门附近，-10m 深槽临近现海太汽渡防坡堤前沿，深槽平均宽度达 3 400m 左右；1984 年节点短深槽呈明显南移趋势，-10m 深槽与白茆沙北水道 -10m 深槽贯通，深槽平均宽度缩窄至 2 400m 左右； 1992 年，节点段上段深槽平面位置较稳定，但下段继续南偏，节点段 -10m 深槽与白茆沙南水道 -10m 深槽贯通，之后，节点段的 -10m 线无明显变化。

B.1992 ～ 2004 年：下段深槽缓慢向南摆动。

1993 ～ 1999 年在海门市海太汽渡附近进行了圩角沙围垦。

1998 年前，狼山沙多年一直处于下移西偏的态势中，1998 年、1999 年大洪水后，下移西偏的态势还有所加剧，这使得狼山沙东西水道的汇流点进一步上提，顶冲点移至徐六泾附近，苏通大桥上游徐六泾附近深槽左侧明显淤积、右侧有所冲刷，1999 ～ 2004 年常熟电厂附近 -15m 线，北侧南移近 600m，而南侧 -15m 线基本保持稳定，河床冲深超过 10m。白茆小沙夹槽的落潮流动力主要来自于通洲沙西水道、狼山沙西水道和铁黄沙南水道三股落潮流，其汇流区在兴华港到常熟电厂的前沿滩地附近，受狼山沙东水道的挤压作用，由徐六泾礁石群南侧进入白茆小沙夹槽。近年来，狼山沙东水道内主流偏西，迫使通洲沙西水道和狼山沙西水道下泄的落潮流更多地进入白茆小沙夹槽下泄，由此，在夹槽进口断面槽宽未变的情况下，1993 年最大水深为 6.4m，至 2002 年 9 月发展为 11.3m，冲深了 4.9m。与此同时，夹槽内的最大水深也由 1980 年的 7m 增深至 2002 年 9 月的 23m，1980 ～ 2002 年副槽内最深点刷深了约 16m，夹槽 -5m 槽上下贯通。

白茆小沙及白茆小沙夹槽的演变与徐六泾人工缩窄段及上游通洲沙河段的河势演变密切相关。目前，长江主流走通州沙东水道～狼山沙东水道的平面格局不会改变。狼山沙东水道、狼山沙西水道和铁黄沙南水道三水道汇流后的余流也将稳定地由西向东至徐六泾礁石群南侧进入白茆小沙夹槽。

C. 2004～2011年：徐六泾深槽变化趋缓。

2004年后，随着苏通大桥的建设，以及上游狼山沙下移西偏的速度减缓，狼山沙东西水道的汇流顶冲点上提速度也有所减缓，苏通大桥上游徐六泾附近深槽左侧淤积速度较2004年前有所减慢，2004～2011年常熟电厂附近 −15m 线变化较2004年前小，但 −10m 线槽南移200m左右，表明苏通大桥上游徐六泾主槽有南偏趋势。

受上游来水来沙减小以及北侧新通海沙围垦工程实施的影响，白茆小沙下沙体 −5m 线以上冲失，−10m 线尾部明显上提。2008年下沙体冲刷至 −5m 以下，随白茆小沙下沙体冲失，徐六泾主槽 −10m 线槽宽进一步展宽。白茆河口附近 −15m 线2007年曾经中断，中断距离近1 400m。2008～2011年，白茆河口近岸淤积，−10m 以深出现冲刷，2008年 −15m 线又重新贯通，2011年测图表明，−15m 槽宽一般都在600m以上。

⑥ 白茆小沙夹槽（金泾塘水道）。

白茆小沙夹槽是伴随白茆小沙的形成而产生的。1980年，由于上游主流由狼山沙西水道转为东水道，主流汇流点的位置相应下移，并受狼山沙东水道主流的作用向南挤压，一股落潮流切入残留的徐六泾边滩，形成白茆小沙夹槽。该槽自形成后，一直处于较稳定的发展中。

白茆小沙夹槽的落潮流动力主要来自于通洲沙西水道、狼山沙西水道和铁黄沙南水道三股落潮流，其汇流区在兴华港到常熟电厂的前沿滩地附近，受狼山沙东水道的挤压作用，由徐六泾礁石群南侧进入白茆小沙夹槽。近年来，狼山沙东水道内主流偏西，迫使通洲沙西水道和狼山沙西水道下泄的落潮流更多地进入白茆小沙夹槽下泄，由此，在夹槽进口断面槽宽未变的情况下，1993年最大水深为6.4m，至2002年9月发展为11.3m，冲深了4.9m。与此同时，夹槽内的最大水深也由1980年的7.0m增深至2002年9月的23.0m，1980～2002年副槽内最深点刷深了约16m，夹槽 −5m 槽上下贯通，2007年最深点达 −15m，2007年开始进行夹槽航道疏浚，其疏浚泥沙吹填至常熟边滩围填，常熟边滩的围垦将进一步稳定南岸边界。

白茆小沙及白茆小沙夹槽的演变与徐六泾人工缩窄段及上游通洲沙河段的河势演变密切相关。目前，长江主流走通州沙东水道～狼山沙东水道的平面格局不会改变。狼山沙东水道、狼山沙西水道和铁黄沙南水道三水道汇流后的余流也将稳定地由西向东至徐六泾礁石群南侧进入白茆小沙夹槽。

⑦ 白茆小沙新南槽。

新南槽为白茆小沙上下沙体之间的夹槽。由于白茆小沙上沙体相对稳定，而下沙体经常变动，新南槽处于不断变动中。新南槽主要靠涨潮流维持，有时上下沙体淤积相连，新南槽堵塞。1979～1990年，长江海轮航道曾走新南槽，维护水深7.1m，但须靠疏浚才能维持。2003年上下沙体 −5m 线相连，新南槽 −5m 中断，2008年下沙体冲失，下沙体 −5m

心滩已很小。新南槽也已不存在。白茆河沙下沙体变化受水动力条件影响又受人为因素的影响；近年沿岸进行边滩围垦，泥沙都取自江中，取沙工程直接影响到白茆小沙下沙体的冲淤变化。

⑧　白茆沙南北水道。

白茆沙体周期性变化的同时带来两侧水道水动力强度的变化。

在白茆沙淤长初期，南水道进口段往往淤浅，下泄水流大量走北水道，引起北水道冲刷发展；而在白茆沙逐渐下移北靠的过程中，南水道发展，北水道相应萎缩，"南强北弱"程度加剧。在这一过程中存在沙体完整、位置适中、南北水道共同发展的时期，深槽水深条件优良。20世纪90年代，沙体体积达到最大，形态完整。此时，北水道水深条件良好，北水道与南水道间10m深槽容积比值达到0.4左右，而80年代初这一比值则不足0.2。90年代后，白茆沙南北水道间"南强北弱"的态势不断加剧。至2007年后北水道与南水道间10m深槽容积比值又不足0.2。目前，南水道仍以冲刷发展为主，河槽不断拓宽，白茆沙南水道落潮流偏北、涨潮流偏南，白茆沙南沿滩坡冲刷切割，2004年切割区10m槽贯通，2008年后12.5m槽又有所发展，但与南水道间始终存在淤积体。各时期的具体变化如下（图9-55）。

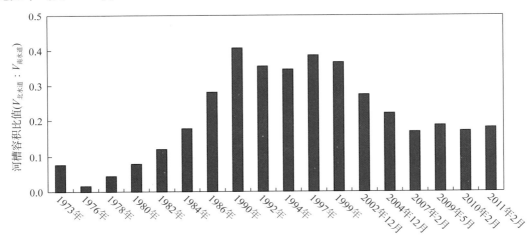

图9-55　10m以深河槽容积比（北水道：南水道）

A.1970～1992年：南北水道受上游河势变化影响明显，南北水道进口水深不稳定，90年代初南北水道-10m槽贯通。

白茆沙水道自白茆河口至七丫口，全长约22.6km。由于该河段河床放宽率大，水流出徐六泾后突然扩散，导致泥沙落淤形成白茆沙，将南支上段分为白茆沙南、北水道，白茆河口以下南支上段南岸深槽近百年来，水深条件良好，构成长江口深水航道上延的天然通道。白茆沙为水下暗沙，目前滩面平均高程为-1.0～0.0m。

历史上白茆沙南北水道的演变受上游澄通河段影响较大，徐六泾人工缩窄段形成以前，北水道上口的崇头断面主流的平面摆动幅度最大可达6km。1958年后，徐六泾人工缩窄段的形成减弱了上游河段河势变化对白茆沙河段的影响。1980年后，徐六泾以上逐步形成长江主流走通州沙东水道、狼山沙东水道的平面格局。但狼山沙体的演变仍对出徐六泾人工缩窄段的长江主流方向有影响，相应地影响到白茆沙南、北水道的河势变化。白茆沙南水道顺直，与南支下段主槽顺直连接，且涨落潮流路基本一致，水流较为顺畅，是长江口深水航道上延的天然通道。白茆沙北水道呈微弯河型，现弯顶在崇头至新建闸之间，流路相对较长。

20 世纪 70 ～ 80 年代，白茆沙南水道进口淤积，-10m 槽不通，而新泾河以下深槽一直较稳定。受北支水沙倒灌及北水道出口的涨潮流的影响，北水道进口及出口 -10m 经常不通。1986 ～ 1992 年，狼山沙 -15m 线明显下移，北水道发展，-15m 线面积扩大一倍多，南水道进口冲开，南北水道进口 -10m 槽贯通。

B.1992 ～ 2004 年：白茆沙头部冲刷后退，南水道进口展宽，南水道有所发展，北水道进出口淤浅。

1990 年以后，狼山沙下移西偏速度减缓，徐六泾主流南偏，使得白茆沙南水道水流增强，上口冲深扩大，1992 年南水道 -10m 槽贯通，此后，白茆沙南水道进口段不断展宽冲深，深泓南移，南水道进口深槽与上下游深槽交角变小，南水道进口深槽发展。1990 ～ 1997 年，北水道 -10m 槽宽由 2.7km 减小为 1.7km，深度减小。1998 年、1999 年两次大洪水后，北水道进一步淤积，1998 年北水道下口 -10m 线中断，1999 年北水道上、下 -10m 线均中断，仅中段保留一段深槽。

由于南水道上口迅速扩大，过流断面持续增大，过流量增加，相应白茆沙北水道过流量持续减小，从而导致白茆沙北水道 -10m 槽时有中断，1998 年 10 月北水道下段 -10m 线中断，1999 年 4 月北水道上段 -10m 线中断，1999 年汛后测图表明，白茆沙北水道出现了上下 -10m 槽同时中断的现象，在 2002 年 9 月的地形图上，北水道 -10 槽尚没有贯通，2003 年 3 月及 2004 年 8 月的测图相比，北水道 -10m 槽有进一步的发展。

C.2004 ～ 2011 年：白茆沙南水道进口冲刷，南水道仍有所发展，而北水道总体有所淤浅。

2008 ～ 2011 年测图显示，北水道口门附近 -10m 深槽中断，表明北水道的淤积萎缩态势出现新的发展。白茆沙南水道 -20m 槽头部在新泾河附近，1998 ～ 2007 年 -20m 槽头部变化不大，与上游 -20m 槽相距约 6.7km；北水道 -20m 槽在新建河附近，2004 年长约 6km，2007 年，随着北水道逐渐淤积，-20m 槽逐渐淤积下移，2004 ～ 2007 年，其头部下移 300m，2010 年与 2007 年相比，白茆沙北水道 -20m 没有明显变化，与上游徐六泾 -20m 槽中断距离在 12km 左右。

（5）断面变化

① 通洲沙、狼山沙河段河床断面变化。

通洲沙、狼山沙河段河演分析断面布置见图 9-56，近年来断面变化比较见图 9-57，1970 ～ 2011 年各断面特征值变化见表 9-23。

通洲沙中上部河床断面变化自 1970 ～ 2006 年河床断面总体变化为左侧通洲沙东水道冲深，西水道及通洲沙滩地淤高。

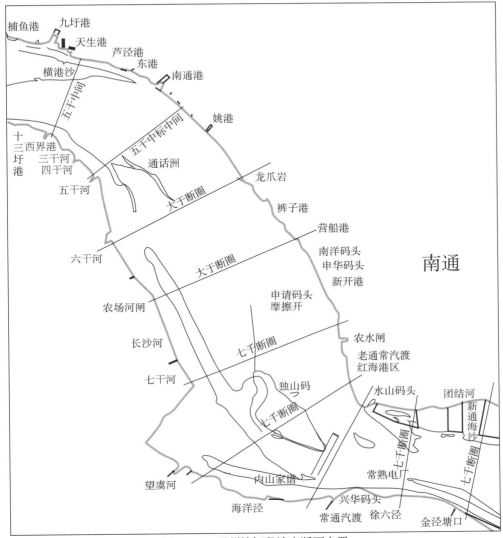

图 9-56 通州沙河段演变断面布置

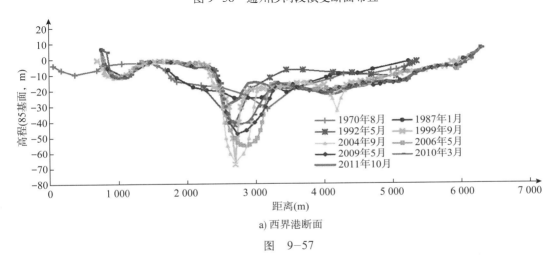

a) 西界港断面

图 9-57

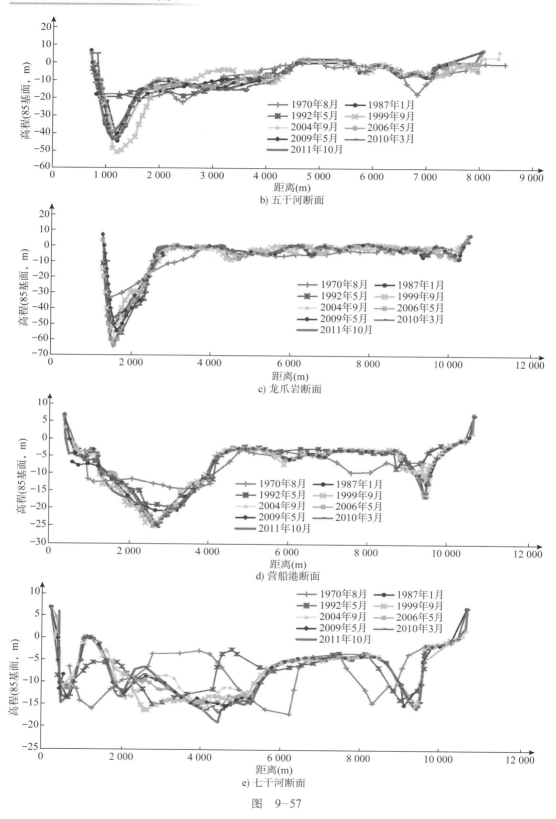

b) 五干河断面

c) 龙爪岩断面

d) 营船港断面

e) 七干河断面

图 9—57

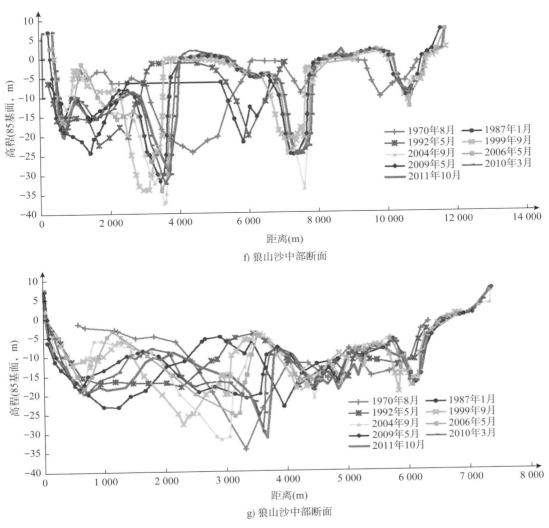

f) 狼山沙中部断面

g) 狼山沙中部断面

图 9—57　通州沙河段断面变化

由龙爪岩断面图可见，近年来龙爪岩断面变化相对较小，主槽靠左。20 世纪 80 年代至今，龙爪岩以上通洲沙河段断面变化较小，可见龙爪岩以上河势一直较稳定，在龙爪岩节点的控制下，长江主流走通州沙东水道和狼山沙东水道的格局不会改变，形成"S"形走势，通州沙河段大的河势得到基本控制。

由表 9—23 可见，1970 ~ 1991 年西界港断面面积逐年减小，0m 以下断面面积 1991 年的比 1970 年减小约三分之一，1991 年后，该断面 0m 以下面积逐渐增加，至 2001 年后，基本恢复到 1970 年的水平，据前分析，该断面 2001 ~ 2010 年 −10m 线以下变化较为剧烈，但由表 9—18 可见，2001 年后断面面积却变化不大，0m 线的宽度也没有明显变化。2011 年，由于横港沙右侧深潭的淤积，断面最深点高程由 −50 ~ −40m 变为 −30m，平均水深减小。

通洲沙、狼山沙断面特征值近年来比较 表 9-23

断面	位置	1970 年 1 月	1987 年 1 月	1992 年 1 月	1999 年 1 月	2004 年 1 月	2006 年 1 月	2009 年 1 月	2011 年 1 月
西界港	0m 以下面积 (m²)	62 808			62 533	76 347	74 125	74 580	63 598
	0m 以下河宽 (m)	5 200			5 426	5 255	5 331	5 328	5 342
	平均水深 (m)	12.1			11.5	14.5	13.9	14.0	11.9
	河相关系 $\sqrt{B/h}$	6.0			6.4	5.0	5.3	5.2	6.1
	断面最深点 (m)	-31.4	-24.4	-41.1	-67.0	-54.7	-47.2	-40.8	-30.0
五干河	0m 以下面积 (m²)	61 337			66 006	60 418	60 878	62 529	63 115
	0m 以下河宽 (m)	7 720			6 328	6 130	5 959	5 600	5 715
	平均水深 (m)	7.9			10.4	9.9	10.2	11.2	11.0
	河相关系 $\sqrt{B/h}$	11.1			7.6	7.9	7.6	6.7	6.8
	断面最深点 (m)	-22.4	-44.4	-19.4	-50.8	-38.7	-42.9	-43.6	-41.5
龙爪岩	0m 以下面积 (m²)	60 093			59 576	58 401	65 361	67 917	63 463
	0m 以下河宽 (m)	8 359			8 609	7 872	7 864	8 946	8 156
	平均水深 (m)	7.2			6.9	7.4	8.3	7.6	7.8
	河相关系 $\sqrt{B/h}$	12.7			13.4	12.0	10.7	12.5	11.6
	断面最深点 (m)	-33.4	-50.4	-55.7	-53.2	-63.7	-54.5	-49.5	-64.9
营船港	0m 以下面积 (m²)	76 338		64 770	75 432	75 905	75 404	75 261	77 956
	0m 以下河宽 (m)	9 780		9 150	9 797	10 000	9 999	10 076	10 155
	平均水深 (m)	7.8		7.1	7.7	7.6	7.5	7.5	7.7
	河相关系 $\sqrt{B/h}$	12.7		13.5	12.9	13.2	13.3	13.4	13.1
	断面最深点 (m)	-14.2	-20.5	-19.6	-24.0	-25.0	-24.5	-25.2	-25.0
七干河	0m 以下面积 (m²)	77 058	71 644	69 029	82 827	74 809	79 501	77 508	85 567
	0m 以下河宽 (m)	9 630	6 400	8 975	10 150	10 190	9 938	10 245	11 345
	平均水深 (m)	8.0	11.2	7.7	8.2	7.3	8.0	7.6	7.5
	河相关系 $\sqrt{B/h}$	12.3	7.1	12.3	12.3	13.8	12.5	13.4	14.1
	断面最深点 (m)	-16.9	-27.9	-14.8	-16.2	-14.9	-15.3	-16.6	-18.9
狼山沙中部	0m 以下面积 (m²)	77 574	70 308	69 930	83 938	85 801	83 602	83 587	83 299
	0m 以下河宽 (m)	9 660	6 100	6 825	11 612	9 488	8 950	8 771	8 605
	平均水深 (m)	8.0	11.5	10.2	7.2	9.0	9.3	9.5	9.7
	河相关系 $\sqrt{B/h}$	12.2	6.8	8.1	14.9	10.8	10.1	9.8	9.6
	断面最深点 (m)	-24.4	-24.4	-22.4	-34.0	-34.2	-31.8	-32.4	-29.5
狼山沙下部	0m 以下面积 (m²)	72 705	70 140	77 436	81 679	84 695	80 045	86 188	91 461
	0m 以下河宽 (m)	5 820	5 000	6 225	6 866	6 960	6 916	6 917	7 066
	平均水深 (m)	12.5	14.0	12.4	11.9	12.2	11.6	12.5	12.9
	河相关系 $\sqrt{B/h}$	6.1	5.0	6.3	7.0	6.9	7.2	6.7	6.5
	断面最深点 (m)	-34.4	-23.4	-18.0	-27.7	-25.7	-21.0	-29.8	-31.5

1970 ~ 1999 年，通州沙及狼山沙东水道各断面变化较为明显，过流面积有所扩大，1999 年后，各断面 0m 以下面积和 0m 线宽度变化相对较小，断面形态有所调整。1970 ~ 1992 年，通州沙五干河断面、龙爪岩和营船港断面，断面形态变化相对较大，1992 ~ 1999 年，三断面变化趋缓；1999 ~ 2011 年，河相关系逐年减小，表明该断面趋于比较稳定的状态，即断面的主副槽的位置，过水断面面积没有明显变化。

1970～1999年，七干河断面变化复杂，变化主要由狼山沙下移西偏。20世纪70～80年代，随狼山沙下移，东水道左侧出现新开沙。1999年沙体淤高至0m以上，左岸近岸出现新开沙夹槽。断面右侧随狼山沙西偏，西水道深槽右移。2004～2011年，基本保持现有的滩槽形态，总体表现为东水道中-10心滩发展，主槽有所刷深，河相关系逐渐增大，断面稳定性变差。

南农闸以下断面变化非常复杂，20世纪90年代前滩槽位置经常变动。狼山沙中部断面变化主要是狼山沙东水道深槽右移，随狼山沙右侧冲刷后退，东水道河宽增大新开沙淤积下延，1999～2006年，深槽仍有所冲刷右移。狼山沙西水道右移，1992～1999年变化幅度较大，1999～2004年变化幅度较小。随着狼山沙西偏下移，新开沙沙体冲刷，而-10m心滩继续发展同时右偏。至2011年10月，在狼山沙中部断面上，新开沙沙体顶高程已在-10m线以下，-10m心滩顶高程已高于新开沙。

狼山沙下部，1970年深槽基本居中，深槽左侧为浅滩，1970年狼山沙在营船港附近，随山沙下移，河床断面形态发生剧烈变化，1987年主深槽靠左岸，1987年后深槽右移，1987～1999年深泓移动约1.5km，1999～2004年深槽仍有所右移。福山水道深槽左侧1999～2006年淤积，深槽有所缩窄。2006年以后，狼山沙下部断面0m河宽变化不大，随着狼山沙西偏，东水道中的-10m心滩和深槽右偏，至2011年，该断面附近新开沙沙体消失。

由以上分析可见，近年来通州沙各断面的变化趋缓，基本处于较稳定的状态；狼山沙附近尽管0m以下断面面积和0m线宽变化较小，但由于新开沙沙体的冲刷，狼山沙沙体下移，断面变化较为剧烈。

② 徐六泾河段河床断面变化。

徐六泾河段河演分析断面布置见图9-58，河床断面变化见图9-59，徐六泾河段各断面0m以下断面特征值统计见表9-24。

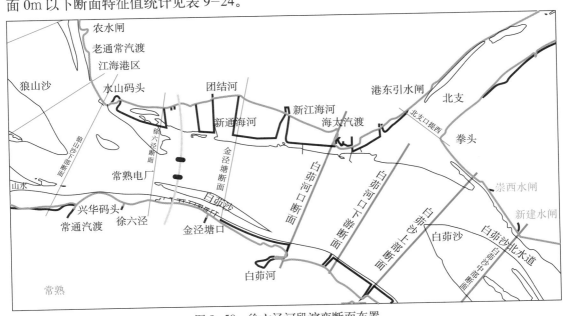

图9-58　徐六泾河段演变断面布置

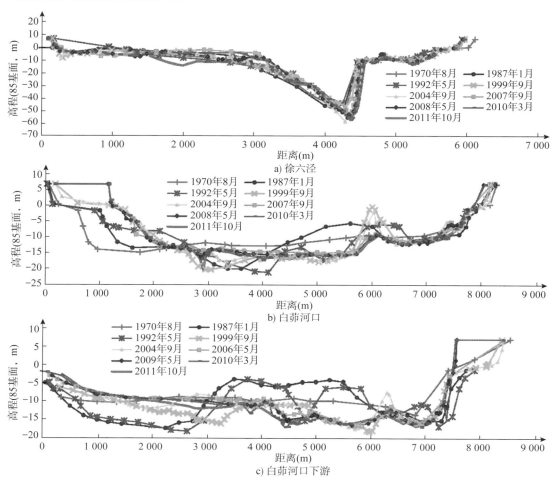

a) 徐六泾

b) 白茆河口

c) 白茆河口下游

图 9-59 徐六泾河段断面变化

徐六泾河段各断面特征值统计（0m 以下）   表 9-24

断面	类别	1970 年	1987 年	1992 年	1999 年	2004 年	2007 年	2008 年	2010 年	2011 年
徐六泾断面	0m 以下面积 (m²)	65 400	67 100	65 100	67 020	66 950	68 350	68 425	68 116	74 822
	0m 以下河宽 (m)	4 500	4 900	4 550	5 570	5 550	5 548	5 724	5 601	4 415
	平均水深 (m)	14.5	13.7	14.3	12.0	12.1	12.3	12.0	12.2	16.9
	河相关系 $\sqrt{B}/h$	4.6	5.1	4.7	6.2	6.2	6.0	6.3	6.2	3.9
	断面最深点 (m)	-51.4	-50.7	-43.3	-46.1	-58.2	-52.8	-55.0	-56.8	-55.1
白茆河口断面	0m 以下面积 (m²)	79 151	78 300	78 575	78 918	78 684	74 075	78 043	78 188	80 137
	0m 以下河宽 (m)	7 600	7 541	7 559	6 708	6 646	6 496	6 622	6 583	6 744
	平均水深 (m)	10.4	10.4	10.4	11.8	11.8	11.4	11.8	11.9	11.9
	河相关系 $\sqrt{B}/h$	8.4	8.4	8.4	7.0	6.9	7.1	6.9	6.8	6.9
	断面最深点 (m)	-14.6	-19.8	-20.9	-20.0	-17.6	-14.8	-15.9	-17.0	-20.4

徐六泾断面深槽多年来位置较稳定，深槽总体有所刷深，2004 年最深达 -58.2m，2011 年最深处 -55.1m。由于北侧新通海沙的围垦，0m 以下河宽由之前的 5.6km 左右缩窄到 4.4km 左右，平均水深明显增加，由 1999~2010 年的 12m 多增加近 17m。河相关系由 6.2 左右减小 3.9，河床断面的稳定性有所加强。

白茆河口断面位于徐六泾河段向长江南北支过渡处,河床为宽浅型。1970～2011年,0m以下断面特征值变化相对较小,但断面形态变化较大,深槽随上游主流摆动而移动,深槽冲淤变化幅度在10m以上,近年深槽冲淤变化幅度仍达5m左右。1970年深槽偏左,1987年深槽居中,1992～1999年深槽较深,最深点高程在-20m左右,1999～2004年深槽有所淤积,2004年后深槽淤积减缓,最深点高程维持在-17m左右。1987年后左岸滩地淤积,新通海沙淤高,1987年后深槽右侧白茆小沙淤高,河床出现心滩,心滩右侧至右岸出现副槽,即白茆小沙夹槽。2004年后,由于上游来水来沙减小,加之北侧新通海沙围垦,白茆小沙冲刷明显,2004～2007年,顶高程由-1.6m冲刷至-8.9m。由于北侧新通海沙围垦工程的实施,2011年10月,河宽缩窄1.2km左右,南侧边滩和主槽冲刷明显,0m以下过水面积增加。

由以上分析可见,近年来徐六泾上下游河段河床变化较为明显,但作为节点河段,徐六泾断面变化相对较小。毕竟河宽超过5km,上游河道河床的变化还会对下游造成一定的影响,比如上游狼山沙的后退西移,下游白茆河口南侧以及白茆沙南水道进口段有所发展,但随着新通海沙围垦工程的实施,徐六泾河段河宽缩窄到4.5km,徐六泾人工缩窄段对河势的控制作用将会进一步加强。

③ 白茆沙河段河床断面变化。

白茆沙南、北水道上、中、下段断面比较见图9-60和图9-61,河床断面特征值统计见表9-25。

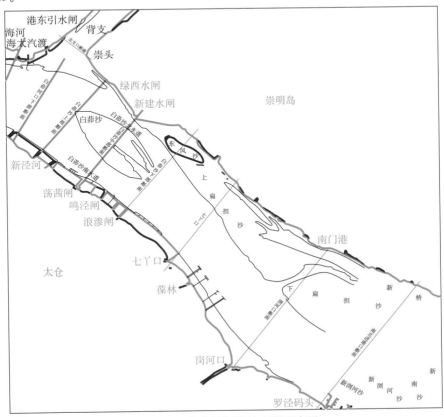

图9-60　白茆沙河段演变断面布置

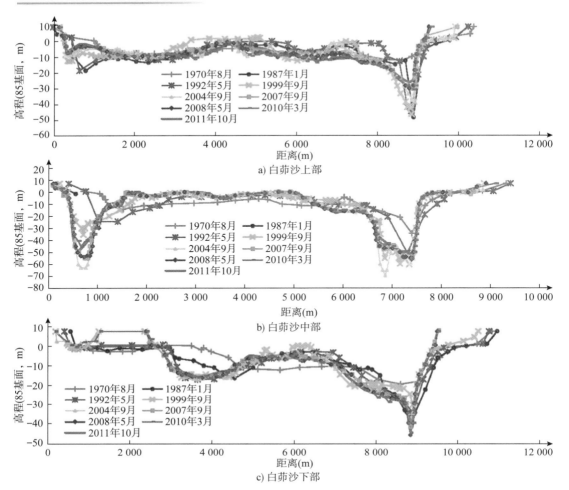

图 9-61 白茆沙河段断面变化

白茆沙南、北水道河床断面特征值统计（0m 以下）

表 9-25

断面	类别	1970 年	1987 年	1992 年	1999 年	2002 年	2004 年	2008 年	2010 年	2011 年
白茆沙北水道断面	0m 以下面积 (m²)	31 100	36 600	33 300	33 950	35 560	38 220	37 631	32 242	35 595
	0m 以下河宽 (m)	3 400	3 800	3 600	3 750	3 860	3 950	3 706	3 556	3 840
	平均水深 (m)	9.1	9.6	9.3	9.1	9.2	9.7	10.2	9.1	9.3
	河相关系 $\sqrt{B}/h$	6.4	6.4	6.5	6.8	6.7	6.5	6.0	6.6	6.7
	断面最深点 (m)	−14.3	−25.3	−24.6	−35.4	−63	−55.4	−53.9	−45	−48.8
白茆沙南水道断面	0m 以下面积 (m²)	45 150	54 300	54 100	60 510	63 640	68 820	66 558	64 615	63 729
	0m 以下河宽 (m)	3 750	3 950	3 820	4 200	4 080	4 320	4 275	4 474	4 557
	平均水深 (m)	12	13.7	14.2	14.4	15.6	15.9	15.6	14.4	14.0
	河相关系 $\sqrt{B}/h$	5.1	4.6	4.4	4.5	4.1	4.1	4.2	4.6	4.8
	断面最深点 (m)	−34.4	−52.1	−50.8	−60.3	−69.7	−54.2	56.1	−55.3	−53.2

由以上图表可见，白茆沙南水道断面，自 1970 ~ 2004 年基本呈增加趋势，平均水深逐年增加，由 1970 年的 12m 增加至 2004 年 15.9m，河相关系 $\sqrt{B}/h$ 的值逐年减小，表明该段时期南水道断面稳定性增强。2004 年后，南水道主槽近白茆沙侧略有淤积，平均水深减小，断面最深处总体也有所变浅，河相关系 $\sqrt{B}/h$ 的值逐年增加，表明该断面稳定性有变差的趋势。

白茆沙北水道 1970 年过水面积较小，1987 年过水面积增加较多，1992 年过水面积有所减小。自 1992 ~ 2004 年过水面积增加，平均水深多年变化不大，基本在 9.1 ~ 9.7m。

为分析近期白茆沙南、北水道的演变，统计白茆沙南、北水道上段和中段 −5m 以下断面面积及槽宽变化情况，统计值见表 9−26、表 9−27。

白茆沙上段 −5m 线以下槽宽及断面面积统计　　　　　表 9−26

年份	槽宽（m）		面积（m²）		面积比（%）	
	南水道	北水道	南水道	北水道	南水道	北水道
1978 年 8 月	4 250	4 240	20 210	14 420	58	42
1984 年 8 月	4 240	3 650	18 900	18 590	50	50
1992 年 7 月	3 460	3 730	20 770	22 700	48	52
1998 年 11 月	3 950	3 390	27 960	18 420	60	40
1999 年 12 月	4 260	3 370	32 000	15 690	67	33
2001 年 3 月	4 290	4 420	32 210	21 280	60	40
2002 年 9 月	4 380	4 080	28 900	14 120	67	33
2003 年 3 月	4 300	4 390	28 730	14 740	66	34
2004 年 8 月	4 310	3 530	27 100	12 410	69	31
2006 年 8 月	4 340	3 440	31 270	12 030	72	28
2007 年 9 月	4 380	3 340	32 300	10 850	75	25
2008 年 5 月	4 340	3 430	34 320	12 640	73	27
2010 年 3 月	4 497	3 371	42 339	15 525	73	27

由图表可见，近年来，白茆沙南、北水道进口断面处于不断变化中。1992 年 7 月，南、北水道 −5m 以下断面面积分别为 20 700m² 和 22 700m² 变化，南北面积比接近 1∶1，至 2003 年 3 月，该面积分别变为 28 730m² 和 14 740m²，面积比变为 1.5∶1，这表明南水道进口段在冲深扩大，过流能力进一步增强，相应的北水道口门的进流能力在减弱。白茆沙南水道口门断面 −5m 槽宽总体保持稳定。

白茆沙南北水道中段的变化较进口段要小。1978 ~ 1999 年，南、北水道 −5m 线槽宽分别缩窄 320m 和 1 730m。1999 年后，由于南水道近岸围堤和码头工程的实施，−5m 槽宽略有减小，北水道槽宽变化不明显，相应的面积比变化也不大，基本稳定在 7∶3。

可以看出，白茆沙南水道的河槽容积处于不断发展过程中，而北水道河槽容积自

1992年开始逐年减少；但2002年后，白茆沙南水道槽容积增加、北水道槽容积减少的幅度趋缓。

综上分析，近年来，白茆沙南水道进口段还在进一步冲深发展中，北水道口门的进流能力在减弱，与上段相比，中段变化相对较小；白茆沙水道南（水道）强北（水道）弱的格局基本没有变化。

白茆沙中段 –5m 线以下槽宽及断面面积统计　　　　　　表 9–27

年份	槽宽（m）		面积（m²）		面积比（%）	
	南水道	北水道	南水道	北水道	南水道	北水道
1978 年 8 月	2 940	3 070	39 150	12 970	75	25
1984 年 8 月	3 870	3 400	41 390	15 100	73	27
1992 年 7 月	2 890	1 830	33 680	20 640	62	38
1998 年 11 月	1 950	1 670	39 040	17 910	69	31
1999 年 12 月	2 620	1 340	46 200	19 360	70	30
2001 年 3 月	2 660	1 200	49 320	14 540	77	23
2002 年 9 月	2 620	1 010	48 310	21 930	69	31
2003 年 3 月	2 640	1 000	54 060	22 830	70	30
2004 年 8 月	2 560	1 020	54 280	20 680	72	28
2006 年 8 月	2 520	1 080	51 060	23 430	69	31
2007 年 9 月	2 490	1 070	51 290	22 520	69	31
2008 年 5 月	2 470	1 060	51 820	24 580	68	32
2010 年 3 月	2 400	1 312	49 235	21 140	70	30
2011 年 10 月	2 391	1 233	49 090	23 775	67	33

（6）河床冲淤变化

通州沙白茆沙河段年际间河床冲淤变化见图9–62、图9–63，2010年3月～2010年9月年内冲淤见图9–64。

由图9–62可见，1999～2004年，姚港对面通州沙–5m沙包受冲萎缩，龙爪岩以下通州沙东水道主槽左侧–10m以下边滩有所淤积，主槽右侧通州沙体–10m以下边坡则呈冲刷态势；狼山沙左侧冲刷、右侧淤涨，沙体下移西偏，造成狼山沙西水道主槽东侧淤积；受狼山沙挤压影响，铁黄沙左缘呈冲刷后退的态势；由于狼山沙西偏，狼山沙东水道展宽，为新开沙沙尾向下淤涨发育提供了空间，2004年测图显示新开沙尾已下延至徐六泾河段进口。徐六泾河段进口段左侧明显淤积，右侧冲刷，最大冲淤幅度超过10m，徐六泾进口段主槽呈南移的趋势。由于苏通大桥附近主槽位置相对稳定，其上游主槽将进一步弯曲。苏通大桥以下，河床总体表现为淤积态势。白茆小沙下沙体冲刷。自海螺码头至北水道进口一线出现冲刷。由图9–63可见，2004～2008年，狼山沙左侧略有冲刷、右侧淤涨，其下移西偏的速度有所减缓。狼山沙东水道有所淤积，心滩继续发展；新开沙沙体冲刷，分成 3 个 −5m 线以上的独立沙体，铁黄沙左缘略有冲刷，但总体表现为缓慢淤涨的态势。与此同时，白茆沙冲刷后退、南水道发展、而北水道则开始逐步萎缩，进口深槽明显淤积，最大淤厚为 8m 左右，而南水道略有冲刷。由图 9-64 可见，2008 ~ 2010 年本河床总体表现为：龙爪岸以上通州沙体上段左缘受冲，导致通州沙东水道进口段河槽展宽，通州沙姚港对面 −5m 沙包呈下移态势。狼山沙持续西偏，受狼山沙西偏挤压影响，铁黄沙左缘有所冲刷，狼山沙西水道主槽有所西偏。新通海沙圈围分期工程实施后新开沙沙尾涨潮流有所增强，导致新开沙沙尾受冲切割，呈萎缩态势。徐六泾河段傍南岸金泾塘水道上下段河槽整体呈冲刷态势，通航水深条件持续改善。受新通海沙围垦工程影响，北岸近期沿岸有所冲刷。徐六泾主槽则呈冲淤相间的特点。白茆沙头部受冲，沙体纵向串沟发育。白茆沙南水道主槽南侧出现明显淤积带，主槽北侧至白茆沙南岸总体呈冲刷态势。由图 9-65 可见，2010 ~ 2011 年，通州沙东水道主槽北侧有所淤积，狼山沙受冲西偏，铁黄沙尾萎缩，徐六泾河段总体呈冲刷态势。白茆沙头部受冲，沙尾下延。图 9-66 显示，经过了 2010 年洪季大水后，受"大水取直、小水坐弯"洪水动力特征影响，河床冲淤主要表现为滩冲槽淤的态势，新开沙下段右缘、狼山沙左缘和白茆沙头部两侧有所冲刷。

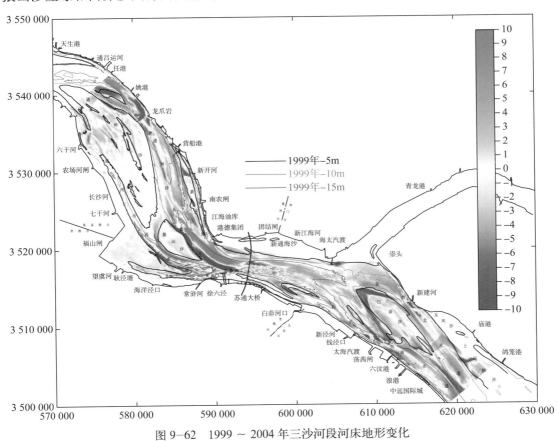

图 9-62 1999 ~ 2004 年三沙河段河床地形变化

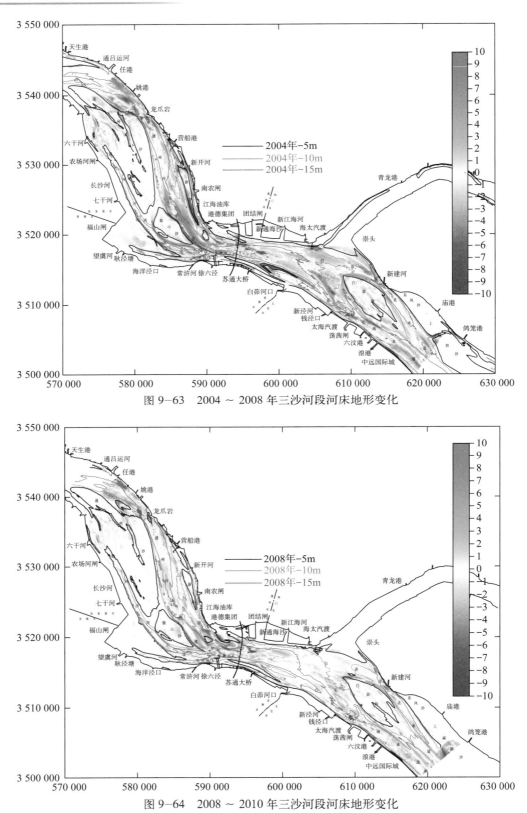

图 9-63　2004 ~ 2008 年三沙河段河床地形变化

图 9-64　2008 ~ 2010 年三沙河段河床地形变化

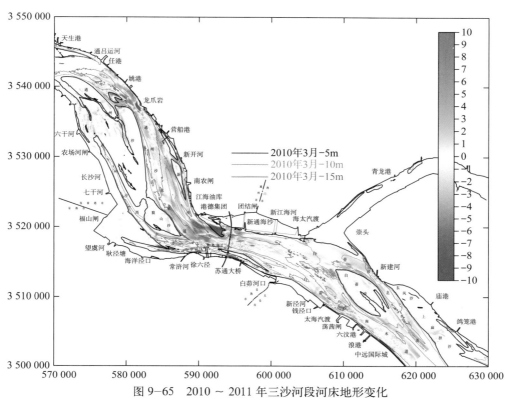

图 9-65　2010 ～ 2011 年三沙河段河床地形变化

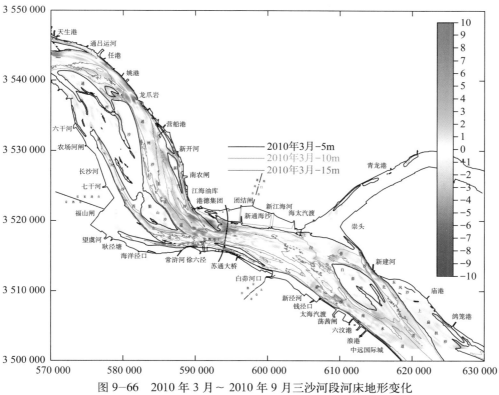

图 9-66　2010 年 3 月～ 2010 年 9 月三沙河段河床地形变化

通州沙河段 1977 ~ 2011 年分时段河床冲淤计算见表 9-28 ~ 表 9-31 和图 9-67。1977 ~ 1993 年河床有所淤积 1 370 万 m³，1993 ~ 2004 年冲刷了 1 410 万 m³，2004 ~ 2011 年冲刷了 8 570 万 m³，累计河床冲刷了 8 610 万 m³，0 ~ -5m 滩地有所淤积，-5m 以下均处于受冲态势。通州沙河段河床冲淤变化同样与上游来水来沙条件有关联。通州沙河段为分汊河段，从河床冲淤变化平面分布上看，主汊河床冲淤变化对上游来水来沙条件变化的响应相对较强，比如狼山沙东水道，而支汊河床的冲淤变化则受自身动力条件及周边河段的影响作用较大，对长江上游来水来沙条件变化的敏感性相对较弱。河床冲淤变化除受上游来水来沙条件的影响外，还和河段内自身冲淤变化规律及所处发展阶段有很大关系。上游来沙量大，而河段自身如果正处于有利的发展阶段，或者其上游河段处于淤积状态时，其河床也会出现明显冲刷。比如 1977 ~ 1993 年，通州沙东水道处于冲刷状态就是此种情况。

通州沙河段河床冲淤量计算成果统计（1977 ~ 1993 年）　　　　　　　表 9-28

通州沙河段分区	冲　淤　量（×10⁶m³）					
	0m 以下	0 ~ -5m	-5 ~ -10m	-10 ~ -15m	-15 ~ -20m	-20m 以下
通州沙东水道 （通吕运河~南农闸）	-53.3	-12.0	31.1	-16.2	-18.1	-38.1
通州沙西水道 （四千河~南农闸）	53.6	15.5	22.3	10.8	4.6	0.4
狼山沙东水道 （南农闸~新通常汽渡上游约900m）	16.9	39.6	11.3	-7.5	-10.6	-15.9
狼山沙西水道 （南农闸对岸~常浒河口）	34.3	3.3	5.0	1.4	9.1	15.4
新开沙夹槽 （南农闸~新通常汽渡上游约900m）	-2.1	-5.8	-5.8	1.0	4.9	3.6
福山水道 （望虞河口~常浒河口）	2.8	-0.3	0.7	0.9	1.5	-0.1
徐六泾节点段 （浒河口~徐六泾）	-38.4	-14.5	-35.6	-25.0	-4.0	40.7
总计	13.7	25.8	29.2	-34.6	-12.7	6.0

通州沙河段河床冲淤量计算成果统计（1993 ~ 2004 年）　　　　　　　表 9-29

通州沙河段分区	冲　淤　量（×10⁶m³）					
	0m 以下	0 ~ -5m	-5 ~ -10m	-10 ~ -15m	-15 ~ -20m	-20m 以下
通州沙东水道 （通吕运河~南农闸）	-11.1	-0.8	-11.0	2.4	5.4	-7.0
通州沙西水道 （四千河~南农闸）	-12.8	-6.0	-5.1	-1.6	-0.1	—
狼山沙东水道 （南农闸~新通常汽渡上游约900m）	-37.4	-15.7	-17.0	-7.8	6.6	-3.4
狼山沙西水道 （南农闸对岸~常浒河口）	6.3	0.3	2.8	3.6	0.0	-0.4
新开沙夹槽 （南农闸~新通常汽渡上游约900m）	12.8	2.4	6.1	3.5	0.9	0.0
福山水道 （望虞河口~常浒河口）	13.2	5.1	3.4	2.1	2.2	0.4
徐六泾节点段 （浒河口~徐六泾）	14.8	3.5	17.5	19.0	7.5	-32.7
总计	-14.1	-11.2	-3.4	21.3	22.4	-43.1

通州沙河段河床冲淤量计算成果统计（2004～2011年）　　　表9-30

通州沙河段分区	冲淤量（×10⁶m³）					
	0m以下	0～-5m	-5～-10m	-10～-15m	-15～-20m	-20m以下
通州沙东水道 （通吕运河～南农闸）	-44.2	-4.8	-2.2	-33.3	-12.7	8.9
通州沙西水道 （四干河～南农闸）	-0.8	-0.2	0.6	-1.0	-0.2	—
狼山沙东水道 （南农闸～新通常汽渡上游约900m）	-8.3	-9.4	-16.6	-2.6	4.4	16.0
狼山沙西水道 （南农闸对岸～常浒河口）	3.5	2.8	1.1	1.3	0.2	-1.9
新开沙夹槽 （南农闸～新通常汽渡上游约900m）	-14.1	-0.6	-4.7	-6.3	-2.5	0.0
福山水道 （望虞河口～常浒河口）	-0.8	1.1	-2.0	-0.9	0.5	0.6
徐六泾节点段 （浒河口～徐六泾）	-21.1	3.8	-12.6	-14.6	-3.3	5.6
总计	-85.7	-7.4	-36.3	-57.5	-13.7	29.2

通州沙河段河床冲淤量计算成果（1977～2011年）　　　表9-31

通州沙河段分区	冲淤量（×10⁶m³）					
	0m以下	0～-5m	-5～-10m	-10～-15m	-15～-20m	-20m以下
通州沙东水道 （通吕运河～南农闸）	-108.5	-17.6	17.9	-47.1	-25.5	-36.2
通州沙西水道 （四干河～南农闸）	40.0	9.4	17.8	8.1	4.3	0.4
狼山沙东水道 （南农闸～新通常汽渡上游约900m）	-28.8	14.5	-22.3	-17.9	0.3	-3.4
狼山沙西水道 （南农闸对岸～常浒河口）	44.1	6.4	8.9	6.4	9.3	13.2
新开沙夹槽 （南农闸～新通常汽渡上游约900m）	-3.4	-4.1	-4.4	-1.8	3.2	3.6
福山水道 （望虞河口～常浒河口）	15.2	5.9	2.1	2.1	4.1	1.0
徐六泾节点段 （浒河口～徐六泾）	-44.7	-7.2	-30.6	-20.6	0.2	13.5
总计	-86.1	7.2	-10.5	-70.8	-4.0	-7.9

白茆沙河段1978～2011年河床冲淤见表9-32～表9-35和图9-68，计算结果显示，30多年来南支河段河床总体呈冲刷状态，累计净冲刷量为6.19亿m³左右，冲刷主要出现-10m以深区域，其净冲刷量接近5.58亿m³，-5～-10m深度区间净冲刷量相对较小；而0～-5m深度区间则以淤积为主，累计净淤积量约为3300万m³左右。南支河段30多年来的河床冲淤变化有这样一些特点：

① 总体上看，南支河段河床冲淤变化与上游来水来沙条件之间有一定关系，但和自身动力环境及河道发展演变进程的关系更密切一些。20世纪70年代中期～80年代中期，上游来沙量较大，在与其相近的1978～1992年，南支河段总体仍呈强冲刷状态，全河段

累计净冲刷量达 2.23 亿 m³ 左右，这主要是由于当时出徐六泾节点主流逐渐指向白茆沙北水道，导致北水道快速发展，引起河床冲刷量激增，仅北水道累计净冲刷量就达 2.0 亿 m³ 左右，占全河段冲刷量近 90%。

② 南支河段河床冲淤变化以冲刷为主，且冲刷主要集中在 −10m 深的深水区域，表明南支河段主泓水流动力总体上是增强的。

③ 2002 年以后，随着上游来沙量进一步持续减少，南支河段的冲刷量及冲刷强度进一步加强，表明南支河段河床冲淤变化与上游来水来沙条件有关。

白茆沙河段河床冲淤计算成果统计表（1978 ~ 1992 年）　　　　表 9-32

白茆沙河段分区	冲 淤 量（×10⁶m³）					
	0m 以下	0 ~ −5m	−5 ~ −10m	−10 ~ −15m	−15 ~ −20m	−20m 以下
徐六泾节点下段 （徐六泾~白茆河口）	−3.4	15.0	28.4	−5.9	−19.6	−21.3
白茆沙北水道 （立新河口~崇明岛庙港下游约3km）	−200.5	5.8	−21.0	−134.9	−41.5	−9.0
白茆沙南水道 （白茆河口~七丫口）	−1.2	19.5	52.1	14.7	−15.0	−72.7
南支主槽 （七丫口~浏河口）	−17.7	−2.9	42.5	22.5	0.1	−79.9
总　计	−222.9	37.5	102.0	−103.6	−75.9	−182.9

白茆沙河段河床冲淤计算成果统计表（1992 ~ 2002 年）　　　　表 9-33

白茆沙河段分区	冲 淤 量（×10⁶m³）					
	0m 以下	0 ~ −5m	−5 ~ −10m	−10 ~ −15m	−15 ~ −20m	−20m 以下
徐六泾节点下段 （徐六泾~白茆河口）	−8.9	−5.5	−8.1	−10.2	2.8	12.2
白茆沙北水道 （立新河口~崇明岛庙港下游约3km）	95.9	13.4	10.1	56.9	19.6	−4.1
白茆沙南水道 （白茆河口~七丫口）	−75.9	4.4	−40.7	−53.2	−9.2	22.7
南支主槽 （七丫口~浏河口）	−91.1	−24.5	−79.0	−46.6	−7.7	66.7
总　计	−80.1	−12.3	−117.7	−53.1	5.6	97.5

白茆沙河段河床冲淤计算成果统计表（2002 ~ 2011 年）　　　　表 9-34

白茆沙河段分区	冲 淤 量（×10⁶m³）					
	0m 以下	0 ~ −5m	−5 ~ −10m	−10 ~ −15m	−15 ~ −20m	−20m 以下
徐六泾节点下段 （徐六泾~白茆河口）	−90.1	−11.1	−37.5	−14.0	1.9	−29.4
白茆沙北水道 （立新河口~崇明岛庙港下游约3km）	18.3	9.2	2.9	8.2	3.7	−5.7
白茆沙南水道 （白茆河口~七丫口）	−156.8	−0.4	−27.5	−42.4	−21.0	−65.5
南支主槽 （七丫口~浏河口）	−87.5	10.1	−16.5	−40.6	−43.8	3.3
总　计	−316.0	7.8	−78.6	−88.8	−59.2	−97.2

白茆沙河段河床冲淤计算成果统计表（1978 ~ 2011 年）   表 9-35

白茆沙河段分区	冲 淤 量（×10⁶m³）					
	0m 以下	0 ~ −5m	−5 ~ −10m	−10 ~ −15m	−15 ~ −20m	−20m 以下
徐六泾节点下段 （徐六泾~白茆河口）	−102.4	−1.6	−17.2	−30.1	−15.0	−38.5
白茆沙北水道 （立新河口~崇明岛庙港下游约 3km）	−86.3	28.4	−8.0	−69.8	−18.1	−18.8
白茆沙南水道 （白茆河口~七丫口）	−233.9	23.6	−16.1	−80.8	−45.2	−115.4
南支主槽 （七丫口~浏河口）	−196.3	−17.3	−53.0	−64.8	−51.3	−9.9
总 计	−619.0	33.1	−94.3	−245.5	−129.6	−182.6

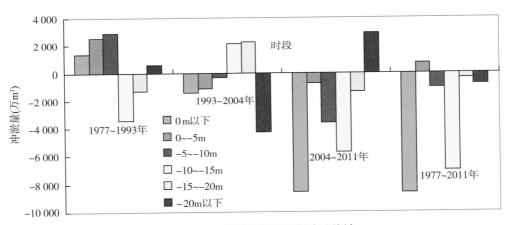

图 9-67 通州沙河段近期冲淤统计

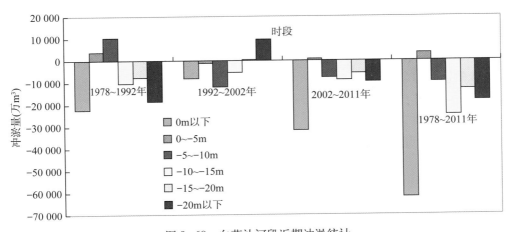

图 9-68 白茆沙河段近期冲淤统计

9.2.4 北支河段

（1）滩涂围垦对北支河势的影响

① 北支进口段洲滩圈围对河势的影响。

A. 1956～1966年通海沙滩涂围垦的影响。

1956年开始实施的通海沙圈围工程是徐六泾人工缩窄段形成的直接因素，工程使得北支进口呈双汊入流，促使北支中上段洲、滩迅速淤涨，北支在崇头入流水道与南支交角由60°变为90°，从而导致北支分流比大幅度减少，使北支逐渐向潮汐通道转变。

B. 崇明北沿洲、滩圈围影响。

1958～1970年，北支上中段崇明北沿进行了大面积洲滩圈围，面积达293km²，占1998年以前崇明北支总圈围面积的76.1%，由此形成了北支上中段崇明侧为凸岸、北岸为凹岸的基本格局。北支上段崇明一侧洲、滩的圈围使青龙港一线成为缩窄段，导致青龙港潮位上涨变化速率明显增大，引发涌潮。涌潮发生时会挟带大量泥沙，使涌潮河段的滩槽易变，由此对北支的河床演变产生重大影响。

C. 1970年江心沙登陆影响。

1970年江心沙并岸，北支口门由双汊进流变成单汊入流，北支进口段河道过水面积进一步减小，不仅加大了青龙港潮位的上涨变化速率，还为大新港以下河床中的沙洲，如兴隆沙等的发育提供了条件，同时因江心沙北汊截堵，原圩角港～青龙港深槽消失并淤涨出边滩，1978年前后圩角沙群开始陆续生成，北支北岸的凹岸深槽长度变短，深槽头部由圩角港下移至青龙港，位于北支进口段北岸的主流线，到1978年时变为由崇明侧过渡到青龙港上游侧。

D. 圩角沙圈围影响。

1970年江心沙北汊封堵以后，随着江心沙北汊陆续被圈，圩角港岸段前沿洲滩群形成，随后也具备了圈围条件。1992～2002年海门市实施了圩角沙圈围，圈围土地19.5km²，其中1996年前完成的圈围面积占81%。圩角沙圈围还进一步缩小了北支进口段的过水面积，加大了北支涨潮流上溯的阻力，使青龙港潮位上涨变化速率进一步增大。

② 北支上中段沙洲圈围影响分析。

北支进口段的圈围大部分是边滩围涂，而北支上中段的圈围主要为先沙洲圈围，然后是汊道堵坝、沙洲登陆。

A. 永隆沙圈围。

永隆沙1900年浮出水面，至1958年时已淤涨成长6.5km、宽1.2km的高滩。1968年永隆沙开始圈围，1975年并入崇明；至1982年海门和启东两县共圈围30.04km²。永隆沙圈围不仅使北支灵甸港断面宽度由9km缩窄成3.7km，促使潮流归槽；还使北支中段主槽发生变化。

B. 新跃沙圈围。

新跃沙是北支口门崇明一侧凸岸下游边滩，1998年新跃沙边滩进行圈围，成陆面积4.8km²。新跃沙圈围后，北支上段河势出现了明显变化，大洪河断面的江面宽由3.5km缩窄至2.5km，压缩了北支上段主槽摆动的空间；另一方面，新跃沙成陆促使了牛棚港～跃进港深槽的消亡，有利于长江水厂～圩角港与大洪河～大新河深槽的贯通。

C．兴隆沙圈围。

1978～1992年兴隆沙经历了8次圈围，圈围土地面积13.9km²，圈围区长10km左右，2003年1月，永隆沙与兴隆沙之间的汊道开始筑潜坝封堵，2005年1月崇明北湖建成，兴隆沙圈围长度从1992年10km增至2005年1月19km左右，中段江面宽度由6～13km，缩至3～5km。

D．灵甸沙圈围和崇明四滧港以下边滩围涂。

1996～2000年灵甸沙圈围约8.1km²。灵甸沙圈围后，围堤前沿出现冲刷，促进了灵甸港～灯杆港前沿深槽的形成，减轻了永隆沙弯顶压力，有利于大洪河～大新河深槽向上延伸，对北支上、中段水道理顺起了较好作用，同时限制了永隆新沙沙头的上伸空间。

图9-69、图9-70分别为北支深泓线近年变化及2007～2010年冲淤对比图。

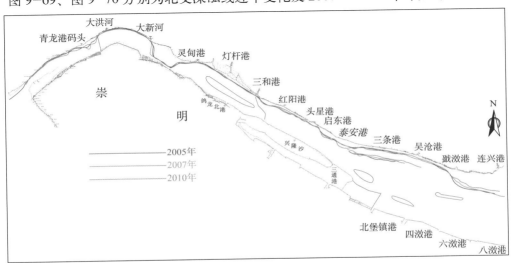

图9-69　北支深泓线近年变化

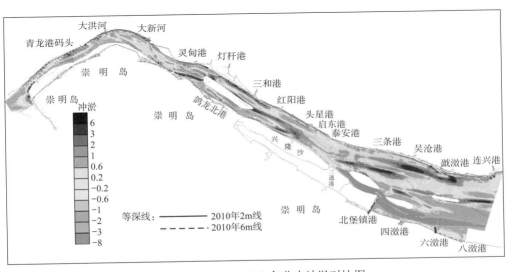

图9-70　2007～2010年北支冲淤对比图

（2）近年北支进口段河床变化

20 世纪 70 年代中期，由北支倒灌进入南支的泥沙在北支口及白茆沙北水道上口大量落淤，形成舌状堆积体，见图 9-71，似巨大的水下潜坝，落潮流因受水下堆积体的影响，大部分水流通过白茆沙体漫滩下泄进入南水道中下段，白茆沙北水道 -10m 深槽长期不能贯通。

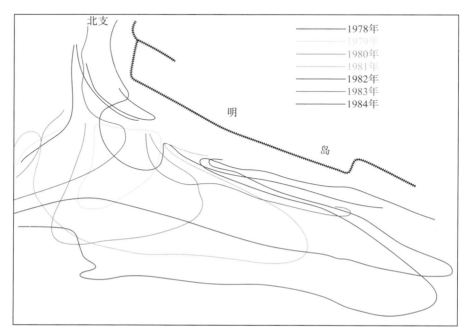

图 9-71　北支口门舌状堆积体 5m 线变化

20 世纪 80 年代以来，由于上游河势发生变化，长江主流进入北支的交角有所调整，至 1984 年使原沉积在北支口的舌状堆积体被冲刷殆尽，白茆沙北水道逐步得到发展，至 1990 年北水道 -10m 槽贯通。但是，由于 1992 年后北支上段不断圈围，至 1998 年从北支口到青龙港河道全线束窄，河宽由 4.5km 束窄至 2.0 ~ 2.5km。北支上段河宽的大幅度缩窄，一方面使北支上口入流条件继续恶化，分流更加不畅；另一方面增大了北支的河道放宽率，导致北支下口上溯的涨潮流进入北支上段后潮波变形加大、潮差增大、涌潮现象更为突出，北支产生的涌潮可上溯至海门港西侧的立新闸附近，致使北支口于 1997 年又出现淤积体，使上游主流进入北支的条件进一步恶化。近年北支口附近右岸滩地淤高，北支口深槽偏左岸，2004 年，北支口门附近 -5m 槽贯通，2007 ~ 2010 年，北支口门淤浅 -5m 线不通。北支 -5m 线变化见图 9-72。

北支口断面河床多年来变化较大，断面呈宽浅型，见图 9-73。0m 以下河宽总体变小（表 9-36），2004 年平均水深仅 2.3m。1992 年过水面积达 8 700m²，2002 年仅 3 310m²，2004 年冲刷，过水面积达 5 280m²。2004 年后，北支口又有所淤积，-5m 槽中断，0m 以下断面面积减小到 4 450m² 左右，平均水深由 2.3m 减小 2011 年 2.0m 左右，说明近年来北支呈萎缩态势。

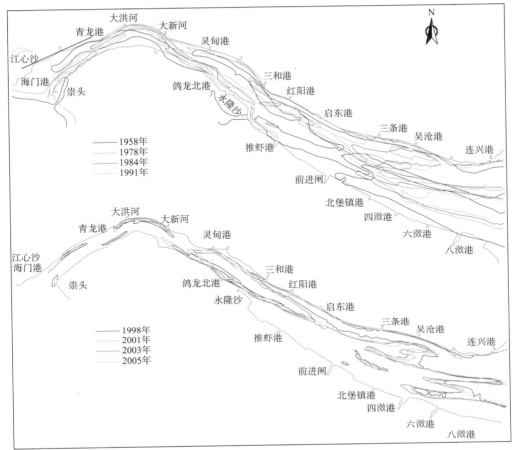

图 9-72 北支河段近期 -5m 线变化

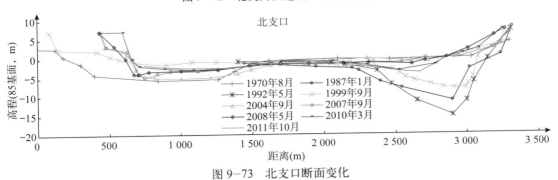

图 9-73 北支口断面变化

近年来北支口断面 0m 以下断面特征值比较 表 9-36

年份（年）	1970	1987	1992	1999	2002	2004	2008	2010	2011
0m 以下面积（m²）	6 280	7 800	8 700	6 650	3 310	5 280	4 493	4 433	4 491
0m 以下河宽（m）	3 000	2 500	2 400	2 510	2 230	2 250	2 394	2 305	2 248
平均水深（m）	2.1	3.1	3.6	2.6	1.5	2.3	1.9	1.9	2.0
河相关系 $\sqrt{B}/h$	26.2	16.0	13.5	18.9	31.8	20.2	26.1	25.0	23.7
断面最深点（m）	-5.7	-11.4	-15.1	-8.0	-5.4	-5.2	-4.1	-3.4	-4.1

（3）北支水沙倒灌

北支落潮分流比一般在 3% ～ 5%，但涨潮分流比在 10% 左右，北支落潮分沙比一般在 5% ～ 10%，但涨潮分沙比一般在 20% ～ 30%。北支涨潮泥沙大部分沿新通海沙围垦前沿上朔进入狼山沙东水道及新开沙夹槽，一部分随南支落潮流经白茆沙北水道下泄，故白茆沙北水道含沙量一般大于南水道。

北支水沙倒灌洪枯季都存在，其中洪季倒灌沙量有时较大（表 9-37），如 2004 年 9 月，北支一个大潮全潮涨潮沙量达 66 万 t，而落潮仅 28 万 t，倒灌达 38 万 t。枯季北支大、中潮都可能出现水沙倒灌现象，但倒灌量较洪季为少。2005 年 1 月大潮北支一个全潮涨潮沙量为 9.08 万 t,而落潮仅为 1.55 万 t。中潮北支一个全潮涨潮沙量为 4.5 万 t,落潮 0.7 万 t，虽出现沙量倒灌南支，但总量明显小于大潮。2007 年 7 月、2010 年 7 月洪季大潮北支未出现沙量倒灌现象，但大、中潮时特别是大潮期一般北支水量倒灌南支。北支若沙量倒灌，那么一般水量也倒灌，但若水量倒灌，沙量不一定倒灌。2011 年 10 月，北支大潮又出现水沙倒灌现象，一个全潮涨潮沙量达 18.5 万 t，而落潮仅为 4.9 万。而中小潮沙量明显减小，且无北支泥沙倒灌南支现象。

一个全潮过程内北支泥沙实测倒灌量

表 9-37

测量时间	落潮输沙量（万 t）	涨潮输沙量（万 t）	净输沙量（万 t）
2004 年 9 月大潮	28	66	−38
2005 年 1 月大潮	1.55	9.08	−7.53
2005 年 1 月中潮	0.7	4.5	−3.8
2007 年 7 月大潮	23	13.5	9.5（无沙量倒灌）
2010 年 7 月大潮	14.9	13.9	1.0（无沙量倒灌）
2011 年 10 月大潮	4.9	18.5	−13.6

风暴潮、台风对北支水沙倒灌影响较大，"97"风暴潮北支口涨潮含沙量达 $10 kg/m^3$ 以上，在海太汽渡附近达 $5 kg/m^3$ 以上，在新开沙夹槽出口处达 $3 kg/m^3$。

综上所述，对于北支水沙倒灌小结如下：

① 随着北支围垦、河道缩窄等因素影响，北支水沙倒灌的强度有所减弱。

② 近年北支倒灌主要发生在大潮情况下，在大潮情况下水量出现倒灌，但沙量较少出现倒灌现象。

③ 北支倒灌除受天文潮影响外，受台风影响也较大。

④ 目前北支水沙倒灌影响主要位于北水道进口段及靠北岸海太汽渡附近，水沙倒灌使北支口门及北水道进口段淤积有所增强。北支倒灌对南水道及徐六泾主槽河床冲淤影响不大，对白茆沙变化影响也较小。近年白茆沙变化及南水道变化主要受上游落潮流及下游涨潮流影响。

⑤ 随着上游来沙量减小，出现北支泥沙倒灌概率减小，如 2007 年、2010 年洪季大潮未出现泥沙倒灌现象，北支对南支河床演变的影响将有所减弱。

9.2.5 南支河段下段

（1）深泓线变化

南支下段深泓线变化见图 9–31 ～ 图 9–33。白茆沙南北水道主泓在浏河口上游附近汇合。多年来浏河口附近主泓在南侧主槽中，摆动幅度一般在 1 000m，基本处于稳定状态。浏河口以下南北港进口附近，受附近河床剧烈变化的影响，深泓线变化较大。1991年新浏河沙分割成新浏河沙包和新浏河沙，新浏河沙包在 1998 年以前相对稳定，1998 年、1999 年大洪水发生后，南支主槽冲刷，沙头快速冲刷下移、沙包两侧泥沙淤积，沙体变形，2002 年后由于冲刷及人工挖沙的影响，新浏河沙包呈萎缩的趋势；而新浏河沙随宝山水道的发展而下移。本河段近年来河床的这种剧烈演变，使得南北港进口断面变化较大，主槽位置南北摆动较大，1992 年与 1970 年相比，主泓北移 3 700m 左右，2002 年与 1992 年相比，主泓南移 2 600m 左右，2002 年后，主泓摆幅有所减小，一般不超过 1 000m。近年来由于南支主槽河槽不断拓宽，主流分散，导致主泓开始逐渐分化。

（2）洲滩变化

① 扁担沙演变。

扁担沙沙头上接崇明岛的右下侧，与白茆沙尾交错排列，沙尾下延到新河港以下，沙体长约 40km，最大宽度约 6km，整个沙体呈长条状是南支河段最大沙体，七丫口以下扁担沙位于南支下段，沙尾正对北港进口。

扁担沙的演变受白茆沙及其北水道的影响明显。20 世纪 70 ～ 90 年代，随着白茆沙的逐渐淤涨，白茆沙北水道东偏，冲刷扁担沙沙体西侧，冲刷下移的沙体堆积在扁担沙沙尾南沿，使得整个扁担沙沙体不断伸长，下游的泄水通道呈逆时针扭转，泄水不畅，从而扁担沙滩面易生成新的窜沟，替代原泄水通道，而新窜沟又在扁担沙体的演变下，重复着冲刷发展—逐渐扭转—消亡的演变过程。2000 年后，白茆沙沙体相对稳定，扁担沙上沙体西侧侧向冲刷有所减弱，但白茆沙北水道出口段主泓仍不断东偏，继续冲刷扁担沙腰部，加上下游新桥水道泄水能力下降，在杨林口附近的扁担沙滩地上又逐步冲刷形成新的串沟（新南门通道）。2007 年后，串沟 5m 线已基本贯通，扁担沙重新被分为上下两沙体。但 2007 年后，南北港分流口区域一系列人工工程实施，工程作用造成新桥通道发展，新新桥通道萎缩，同时新南门通道也自 2008 年后趋于萎缩。目前，扁担沙上段鸽笼港附近又开始出现新窜沟。

扁担沙 –5m 沙体面积从 1958 ～ 1970 年徐六泾人工缩窄段河段成型期间持续淤涨（表9–38），七丫口以下面积从 87.1km^2 扩大至 115.4km^2，1977 年达到最大值为 173.2km^2，是 1958 年的 2 倍，总面积达到 217.6km^2。1977 年以后沙体面积逐渐减少，到 1984 年，中央沙北水道完全消亡，新桥通道充分发育，新桥通道与中央沙北水道之间的下扁担沙体并入中央沙，扁担沙体总面积迅速减小，减小至 137.2km^2。1984 ～ 2001 年，扁担沙总面积相对稳定为 135km^2 左右。2001 年扁担沙尾因长江主流出七丫口后北偏趋势增强，再次切割形成新新桥通道和新南沙头通道，至 2002 年 9 月扁担沙总面积减小到 123.6km^2。

2004 年后，扁担沙南门港附近冲刷，至 2006 年，沙体上 –5m 线贯通，–5m 线槽宽在 400 ～ 1 000m，上连白茆沙北水道，下接新桥水道。至此，扁担沙明显分为上扁担沙和下扁担沙。2010 年测图表明，该 −5m 槽头部进口段下移近 2km，与白茆河北水道接近垂直，新南门通道已开始萎缩。

扁担沙 −5m 沙体变化（单位：km²） 表 9−38

年份（年）	七丫口以下面积	总面积	年份（年）	七丫口以下面积	总面积
1958	87.1		1981	158.6	198.9
1963	81.8		1984	107	137.2
1964	107		1986	105.2	136.7
1965	99.8		1993	105.4	136.2
1966	101.3		1997	103.3	131.6
1969	113.4		1999	106.4	144.3
1973	134.4		2001	104	131.5
1976	155.9	196.9	2002	96.5	123.6
1977	173.2	217.6	2004	70.5	97.8
1978	163.7	203.5	2006	67.0	90.5
1979	161.5	202.6	2008	62.1	90.4
1980	160.9	201.6	2011	61.3	90.1

② 中央沙演变。

中央沙形成以来，其总体发展态势是逐步下移的，见表 9−39。自 1931 年中央沙形成后，沙头位置不断后退；在 1954 年，因受洪水作用，老白茆沙与崇明岛并岸，大量泥沙从北支倒灌进入南支，中央沙沙头淤积；随后，中央沙又逐步调整，沙头后退；到 1982 年，因新桥通道形成，从扁担沙尾切割下的沙体并靠中央沙，中央沙头上提 9.1km；1990 年，又因宝山南水道形成，从浏河口外沙体上切割部分沙体并入中央沙头，中央沙头上提 2km。1990 年后，中央沙则基本处于稳步下移状态。2005 ～ 2007 年中央沙圈围实施，自此中央沙沙体得以稳固。

中央沙沙头位置统计 表 9−39

时间（年）	发展状态	缘 由
1931	中央沙形成	1931 年洪水作用，扁担沙中部切滩形成中央水道（中央沙北水道前身）和新桥水道，老崇明岛上口呈淤积环境并形成中央沙和老浏河沙沙洲群
1931 ～ 1936	中央沙头后退 6.7km	
1936 ～ 1960	中央沙头上提 23km	1954 年洪水使老白茆沙与崇明岛并岸，大量泥沙从北支倒灌进入南支，部分被中央沙拦截
1960 ～ 1981	中央沙头稳步调整后退，共后退 16.8km	
1982	中央沙头上提 9.1km	新桥通道形成，从扁担沙尾切割下的沙体并靠中央沙
1982 ～ 1987	中央沙头后退 3.1km	
1990	中央沙头上提 2km	宝山南水道形成，从浏河口外沙体上切割部分沙体又并入中央沙头
1990 ～ 2007	中央沙头逐步后退，共下移 4.5km	1998、1999 年，宝山北水道迅速发展，但冲刷下泄泥沙主走南侧宝山水道，对中央沙沙头影响不大

③ 新浏河沙及新浏河沙包沙体演变。

在南门通道和新桥通道形成和发展的过程中，在通道口下附近的主槽内形成了一个庞大的暗沙体，为南沙头；靠主槽南岸的浏河口处也逐步形成一块小型暗沙，为新浏河沙。南沙头和新浏河沙不断淤涨，至1988年相连重新形成新浏河沙。1992年，新浏河沙被主流切割，分成新浏河沙和新浏河沙包。从而南港入口形成三汊（宝山南水道、宝山北水道、南沙头通道下段）并存的格局，北港入口则主要为新桥通道。

1986年新浏河沙5m等深线包络的面积已达17.8km²。1990年新浏河沙沙体上的串沟发育，1991年串沟贯通，宝山水道形成，并将沙体分割成新浏河沙包和新浏河沙上、下两块沙体。此后下沙体新浏河沙随宝山水道的发展而下移，1998年以前年均下移速度较慢，1998年和1999年两次大洪水发生后，南支主槽冲刷，沙头出现快速下移，沙尾冲刷，表现为沙体整体搬移，到2005年新浏海沙已下移了一个沙体的位置，近年来，新浏河沙沙体下移速度有所减慢。

1991～1996年，上沙体变化较小，表现为沙头冲刷后退约350m，沙尾上提约1100m，沙体略向两侧淤涨，沙体面积保持在3.0～3.5万m²。1996年又在下沙体头部冲开新的5m串沟，1997年洪季5m等深线贯通，在上游新浏河沙体上出现新通道（新浏河沙窜沟，现为宝山北水道），切割下来的部分沙体并入原上沙体（称为新浏河沙包）。

1998年、1999年长江发生特大洪水，出七丫口后北偏主流动力得到增强。1997年洪季5m等深线已贯通的新浏河沙窜沟迅速发展，2001年3月新浏河沙窜沟10m槽贯通，上口10m槽宽约1400m，下口10m槽宽约800m，已发展成为南港新分流口主通道，2001年10月开辟为通航航道，2002年、2003年宝山北水道10m槽宽均保持在800m以上，近年来由于新浏河沙包冲刷下移快于新浏河沙沙头的冲刷下泄，宝山北水道呈平移和偏转态势发展，同时宝山南水道自2002年以来10m槽局部缩窄并时有中断。

新浏河沙包头部受落潮流顶冲，不断冲刷后退，加上近几年来，对新浏河沙包的人工取沙活动较为频繁，新浏河沙包面积减小迅速，5m以浅面积由1997年的7.42km²，到2007年时已完全消失。尤其是2005～2006年间，沙体面积减小最为迅速（表9-40）；10m以浅面积也由2001年的10.07km²减小为2010年2月份的2.44km²（表9-41）。2007年后，沙体缩小的幅度趋缓。在新浏河沙包不断减小的过程中，其沙体位置同时也在下移，1997～2005年沙头5m等深线下移约4.3km，10m等深线下移约3.9km。而新浏河沙包沙尾位置2003年以前相对稳定，2003年以后沙尾也开始有较明显的下移，2003～2006年下移约1080m。

新浏河沙包近年来 5m 等深线以上面积（单位：km²）　　　　　表 9-40

年份（年）	1997	1998	1999	2000	2001	2002	2003	2005	2006	2007
面积	7.42	6.99	6.27	6.13	5.36	4.90	3.96	2.78	0.11	0

新浏河沙包近年来 10m 等深线以上面积（单位：km²）　　　　　表 9-41

年份（年）	1997	1998	1999	2000	2001	2002	2003	2005	2006	2007	2008	2009	2010
面积	北水道10m深槽未贯通				10.07	10.42	9.04	8.33	3.26	2.82	2.75	2.61	2.44

总之，近几年来，新浏河沙包处于逐步冲刷下移、面积萎缩的过程中。沙体的下移使分流口位置不断下移，造成汊道位置的相应下移和变形，对下游河势产生一定的影响。

至 2007 年，中央沙圈围实施，自此中央沙沙体得以稳固。中央沙圈围工程完工，南北港分汊口河段新浏河沙护滩及南沙头通道限流潜堤工程开始实施，至 2009 年完工。这些工程使新浏河沙和中央沙沙头冲刷下移的趋势得到控制，对稳定南北港分流口及下游南北港的总体河势起到了积极的作用。新浏河沙包的冲刷减幅缓慢，成长条形发展。

图 9-74、图 9-75 分别为新浏河沙包 5m 及 10m 等深线变化图。

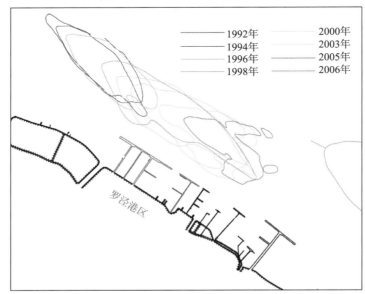

图 9-74　新浏河沙包 5m 等深线变化

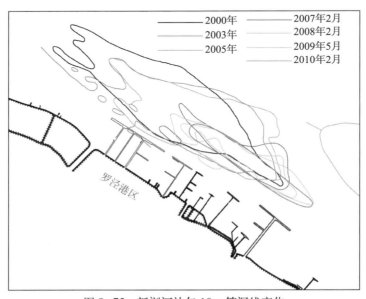

图 9-75　新浏河沙包 10m 等深线变化

（3）深槽变化

① 七丫口缩窄段。

七丫口是河口发育过程中继徐六泾人工缩窄段之后下一级至关重要的河口缩窄段。七丫口缩窄段南岸为稳固的堤防边界，而北侧为扁担沙南沿，因此，该缩窄段处于单岸稳定状态，北侧边界处于时进时退状态。

表9-42为七丫口缩窄断面 -10m 主槽宽度的变化情况。徐六泾人工缩窄段未形成前长江主流完全走白茆沙南水道，七丫口断面 -10m 主槽宽度达 3.9km，但自 20 世纪 60 年代～ 80 年代末期，白茆沙北水道逐步得到发展，此时七丫口主槽宽度逐步束窄，稳定在 2.0km 左右，但至 1993 年后白茆沙南水道发展，七丫口河槽又呈冲刷拓展之势，到 2002 年 -10m 主槽达 4.0km，2008 年后 -10m 线主槽达 4.8m。在北水道略有淤积的情况下，北侧 -10m 冲刷北移，七丫口缩窄断面的演变与上扁担沙及白茆沙南北水道变化密切相关。

七丫口缩窄断面 -10m 主槽槽宽变化　　　　　　　　表9-42

年份（年）	1958	1966	1973	1979	1981	1986	1993
-10m 槽宽（km）	3.9	3.2	2.6	2.3	1.8	2	2.8
年份（年）	1999	2001	2002	2004	2006	2008	2010
-10m 槽宽（km）	3.8	4.1	4	3.5	4.2	4.8	4.7

② 七丫口至南北港分汊口段。

A. 南支主槽。

在扁担沙南侧为南支中段主槽所在，白茆沙南北水道下游汇合后，能量集中，冲刷河槽，靠南岸形成相对稳定的深槽，河道束窄，水深优良。1999 年以来南支主槽附近河段 5m、12.5m 等深线变化见图 9-76 和图 9-77。

20 世纪 70 年代以来，南支深槽一直紧傍南岸，受白茆沙南北水道汇流点变化影响，南支中段主槽深泓线在横向上总体变化不大，纵向上较为明显。由于上游白茆沙南北水道汇流点和下游南北港分流点位置总体以逐年下移为主，当扁担沙上有新的汊道形成和旧的汊道消亡时，分汇流点易随之发生较大变化。

近年来，随着扁担沙体的西冲尾淤，南支主槽在不断加长的同时向宽浅顺直方向发展。1999 年后，南支中段主槽拓宽，主槽北侧 5m 和 10m 线等深线北移。到 2008 年，南支中段约 18km 范围内的深槽宽基本不变，10m 槽宽约 3.7km。在南支中段主槽拓宽的同时，落潮主流流路有所分散，泥沙落淤，导致深槽有所淤浅，且淤浅幅度沿程增大，最终使得整个河段沿程河床坡度趋缓。

B. 宝山南、北水道。

南北港分流口河段 1999 年以来 10m 线变化见图 9-78。南港进口段各沙体（新浏河沙包、新浏河沙、中央沙）的不断冲刷下移，使得沙体间汊道变形。新浏河沙包和新浏河沙的冲刷下移就直接影响了宝山南北水道的变形。1994 ～ 2007 年间，宝山南北水道上、下游的分流点和汇流点位置分别下移了约 4.5km 和 6.4km。期间，宝山南水道航道受新浏河沙包冲刷下移影响，局部深槽缩窄、淤浅，2000 年后，10.5m 深槽便有所中断，并且深槽中断持续了 5 年，到 2005 年时，中断的距离达到了 2 000m。2006 年后，随着新浏

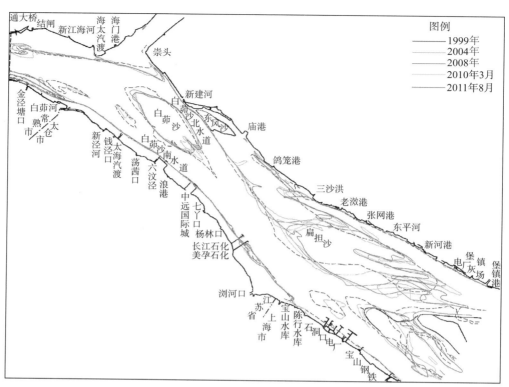

图 9-76　南支下段 5m 等深线近年变化

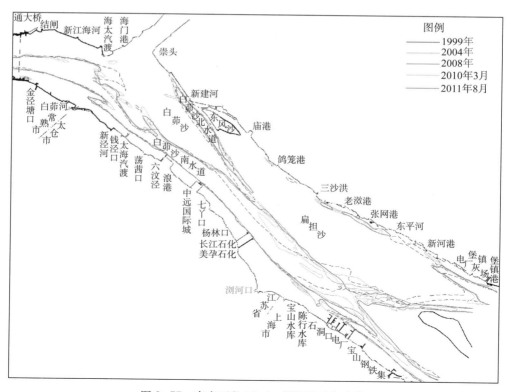

图 9-77　南支下段 12.5m 等深线近年变化

河沙包的进一步萎缩，对宝山南水道的影响渐趋减弱，宝山南水道深槽又逐渐恢复贯通。宝山北水道自形成后，整个河槽就处于不断东偏、西转的发展过程中。2005 年后，受新浏河沙包下移变形影响，宝山北水道深槽束窄，到 2006 年 12.5m 深槽中断；但随着新浏河沙包的逐渐消失，其对宝山北水道的影响也趋于减弱。

2007 年后，新浏河沙护滩工程和南沙头通道潜堤限流工程已开工建设，这些工程的实施，使得新浏河沙头部位置得以稳固，这将利于宝山北水道深槽位置的稳定，利于整个南北港分流口区域。

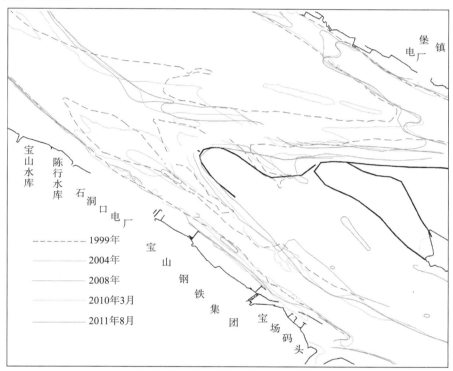

图 9-78 南北港分流口 10m 等深线变化

C. 南沙头通道下段。

南沙头通道下段是随着现南北港分流口的逐渐发展而下移的，曾经也是下泄水流进入南港的一大通道。20 世纪 90 年代后，随着宝山北水道的贯通发展，加上新浏河沙尾持续下移，南沙头通道下段出口段束窄，且轴向西偏，与宝山水道夹角增大，出口段逐渐处于淤浅萎缩状态。南沙头通道下段入口区冲刷扩大，造成东南向的中央沙南小泓发展，其 5m 等深线与长兴岛涨潮槽逐渐贯通。

D. 新桥通道。

2000 年后，由于宝山北水道扭曲、南沙头通道出口淤浅等因素，扁担沙尾被切割，形成新新桥通道。受扁担沙下切沙体不断南压影响，新桥通道出口淤浅；新南门通道有所冲刷发展。2007 年后，南北港分流口区域一系列人工工程实施，工程作用造成新桥通道发展，新新桥通道萎缩，同时新南门通道也自 2008 年后趋于萎缩。目前，扁担沙上段鸽笼港附近又开始出现新的窜沟。

（4）典型断面变化

近年来七丫口～浏河口～吴淞口断面变化比较见图9-79、图9-80，0m以下河床断面特征值见表9-43。

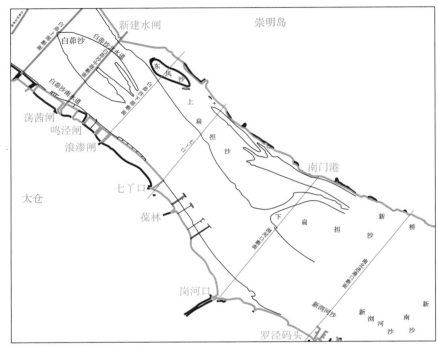

图9-79　南支河段下段断面布置

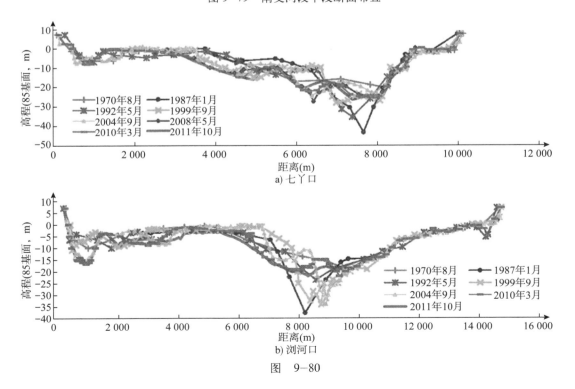

a) 七丫口

b) 浏河口

图　9-80

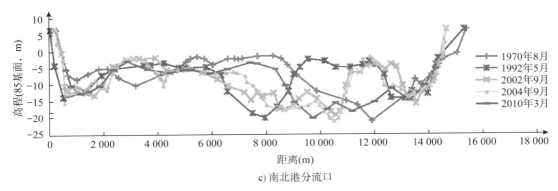

c) 南北港分流口

图 9-80　南支河段下段断面变化

由以上图表可见，七丫口断面1970 ~ 1986年间，由于北侧崇明岛右侧围垦，河道缩窄，在河床断面面积变化较小的情况下，平均水深由8.1m增加至10.9m，河床呈发展趋势，1986年后，河床平均水深基本稳定在9.4 ~ 10.2m间，河相关系$\sqrt{B/h}$的值为10左右，表明断面的稳定性较差。七丫口断面的形态变化与上游白茆沙北水道的变化有关：当白茆沙北水道发展时，七丫口节点北侧边界呈向外淤涨，主槽缩窄；反之向内冲刷，主槽展宽。1998年、1999年两次大洪水后，北水道进一步淤积，七丫口断面向北发展，北侧 -10 ~ -20m槽北移超过700m。

七丫口 ~ 浏河口 ~ 南北港进口断面 0m 以下河床断面特征值　　　　　　　　　表 9-43

断面	类别	1970 年	1987 年	1992 年	1999 年	2002 年	2004 年
七丫口断面	0m 以下面积 (m²)	77 978	75 977	87 619	81 859	87 318	96 300
	0m 以下河宽 (m)	9 578	6 946	9 289	8 330	9 420	9 421
	平均水深 (m)	8.1	10.9	9.4	9.8	9.3	10.2
	河相关系 $\sqrt{B/h}$	12.0	7.6	10.2	9.3	10.5	9.5
	断面最深点 (m)	-20.5	-43.4	-35.5	-28.0	-24.7	-25.4
浏河口断面	0m 以下面积 (m²)	100 426	104 499	115 135	115 078	111 992	123 599
	0m 以下河宽 (m)	13 794	10 811	14 262	14 537	14 276	14 368
	平均水深 (m)	7.3	9.7	8.1	7.9	7.8	8.6
	河相关系 $\sqrt{B/h}$	16.1	10.8	14.8	15.2	15.2	13.9
	断面最深点 (m)	-18.4	-37.6	-23.6	-34.0	-34.0	-22.0
南北港进口断面	0m 以下面积 (m²)	107 970		113 838	126 295	132 170	129 197
	0m 以下河宽 (m)	14 593		14 411	14 019	14 176	13 644
	平均水深 (m)	7.4		7.9	9.0	9.3	9.5
	河相关系 $\sqrt{B/h}$	16.3		15.2	13.1	12.8	12.3
	断面最深点 (m)	-20.9		-19.8	-19.0	-21.0	-20.0

浏河口断面被下扁担沙分为南北两槽，南侧为长江南支主槽，北侧为新桥水道。浏河口断面的形态变化也与上游白茆沙北水道的变化有一定的联系，当白茆沙北水道发展时，浏河口附近河段北侧边界呈向外淤涨，主槽缩狭；反之向内冲刷，主槽展宽，这与七丫口断面的变化一致，但受影响的程度相对弱一些。1970 ~ 1986年间，河床断面面积略有

变化，平均水深由 7.3m 增加至 9.7m，河床呈发展趋势，1986 年后，河床平均水深基本稳定在 7.9～8.6m。1998 年、1999 年两次大洪水后，浏河口河段也有向北发展的趋势，主要表现为：北侧新桥水道发展，南侧南支主槽向北展宽、深槽淤积。由表 9.2-42 可见，浏河口断面新桥水道断面最深点由 1999 年的 -10.8m 增深至 2010 年的 -16.7m。南支主槽逐渐向北发展，-5m 线宽度由 1999 年的 4 561m 增加至 2010 年的 5 841m，但断面最深点以及平均水深逐渐变浅，2010 年与 1999 年相比，分别变浅 12m 和 3.4m。

如前分析，1991 年新浏河沙分割成新浏河沙包和新浏河沙，1998 年以前新浏河沙包相对稳定，1998 年、1999 年大洪水发生后，南支主槽冲刷、沙头快速冲刷下移、沙包两侧泥沙淤积，沙体变形，2002 年后由于冲刷及人工挖沙的影响，新浏河沙包呈萎缩的趋势；而新浏河沙随宝山水道的发展而下移。本河段近年来河床的这种剧烈演变，使得南北港进口断面变化较大，主槽位置南北摆动较大，1992 年与 1970 年相比，主泓北移 3 700m 左右，2002 年与 1992 年相比，主泓南移 2 600m 左右，2002 年后，主泓摆幅有所减小，一般不超过 1 000m。

与断面形态的剧烈变化相比，南北港进口断面 0m 以下特征值变化则要缓和得多。由上文图表可见，1992 年与 1970 年相比，南北港进口断面 0m 以下特征值没有明显变化。1998 年、1999 年两次大洪水后，河道发展，在河宽变化较小的情况下，0m 线以下断面面积增加，平均水深由 1992 年的 7.9m 增加至现在的 9.0～9.5m。新桥通道的河相关系 $\sqrt{B}/h$ 的值，由 1992 年后明显减小，2004 年后又开始逐年增加。分析发现，南北港断面的变化受上游七丫口、浏河口断面变化的影响不明显。

1998 年、1999 年两次大洪水后，北水道进一步淤积，七丫口断面向北发展；浏河口断面近年来北侧新桥水道发展，南支主槽向北展宽、深槽淤积，主槽有所萎缩；南北港进口断面近年来断面形态变化剧烈，但断面 0m 线以下特征值变化相对较小，其变化受上游七丫口、浏河口断面变化的影响不明显。

9.2.6　近期演变小结

① 福姜沙河段汊道较多，深槽居中，左岸边滩常以沙包暗沙形式向下游运移影响福北水道水深条件，福中水道进口受双涧沙沙头发育变化影响，形成上下深槽过渡浅滩，福南水道自 20 世纪 70 年代人工维护河弯以来，弯曲率约为 1.5，受福姜沙洲头淤涨南压影响，进口深槽缩窄，水深条件较差。随着浏海沙水道护岸工程以及沙钢岸线码头建设南岸已形成稳定的导流段，如皋中汊的稳定以及泓北沙圈围，在九龙港附近形成人工控制节点，长江主流傍沙钢岸段由十二圩向南通任港一带过渡，任港至姚港到龙爪岩一线控制了长江主流顺利进入通州沙东水道，形成了通州沙河段稳定的进口条件。

② 通州沙河段多汊并存，随着上游浏海沙水道主流的稳定，通州沙东水道主流地位得到固定，但随着狼山沙沙体形成、下移、西偏，主流由狼山沙西水道逐步转为东水道，同时东水道不断弯曲展宽、心滩形成发展。通州沙河段的演变主要表现在：狼山沙的形成、下移、西偏和新开沙形成，沙体上移下挫以及相应通州沙东水道、新开沙夹槽的变化，通州沙西水道和福山水道总体上呈缓慢淤积状态。近年来随着狼山沙缓慢西移，新开沙及其

夹槽有所冲刷，通州沙东水道下段、狼山沙东水道展宽，江中心滩发育。总体来说，通州沙河段在上游九龙港、龙爪岩和下游徐六泾人工缩窄段的控制下，主流走通洲沙东水道和狼山沙东水道的反"S"形平面格局基本不变。

③　随着苏通大桥的建成，新通海沙围垦工程及常熟边滩围垦工程的进行，徐六泾河段河道进一步缩窄，缩窄段控制作用进一步加强。近年来，徐六泾主槽有冲有淤，白茆小沙上沙体在礁石群的掩护下多年来相对稳定，白茆小沙下沙体受涨潮流和落潮流南偏作用加之人为因素影响，沙体冲失。徐六泾主槽南偏和白茆河口以下南支近岸深槽相连，长江主流出徐六泾后偏南顺利进入白茆沙南水道的格局趋于稳定。

④　白茆沙水道演变主要表现为汊道周期性主流摆动、南北两水道交替发育的规律，白茆沙沙体经历了形成、发展、崩退、再形成的周期性循环演变过程。白茆沙南水道将维持长期以来作为长江南支主通道地位不变，北水道演变受诸多因素影响，目前进口段处于缓慢淤积势态。白茆沙沙头冲刷后退，南水道进口断面扩大。沙头位置趋于相对稳定，一般水情条件下，沙体冲刷后退的可能性减小，但大洪水条件下白茆沙仍有冲刷下移的空间，近年来尾部串沟受涨潮冲刷上延，加剧了沙体的不稳定性。

9.3　藕节状分汊河道演变关联性研究

9.3.1　藕节状分汊河道形态成因分析

长江中下游和河口段之所以能够形成比较稳定的藕节状分汊河流，与它特定的边界条件有很大的关系。

①　地质构造背景。长江中下游除东北部属淮阳地盾的西部边缘外，其他地区皆位于扬子准地台范围。在扬子准地台的内部，由于后期的断裂和差异运动，进一步分异成为若干次级构造单元，沿江隆起和凹陷交替出现。在隆起地区，地面多岩石山丘，河身一般较窄，而在凹陷地区则堆积有较厚的第四纪松散沉积物，有利于河道的摆动展宽。这种由地质因素造成的宽窄相间的河道外形，成为分汊型河流形成的基础。凡是构造上属于相对凹陷的地段，容易形成江心洲，而在相对隆起地段，一般多形成单一河槽，个别地区也有发展形成展宽不大或顺直分汊形态。

②　节点的控制作用。节点是指分布在河道两岸的控制点，它们的抗冲性远较上、下游河岸的组成物质为大，其位置在较长时间内很少变化，因而对河势及其演变起着很大的作用。河道在"节点"附近变窄，流速加大，河床深切，而上下游河道较宽，由于流速较缓，常有心滩分布，形成如"藕节"状河道。

③　河岸及河床组成性质。分汊河段水流分汊展宽，组成河岸的物质抗冲性不会很大，两岸物质的组成如存在一定的差异，则汊道一般都在抗冲性较低的一岸坐弯发展。

④　水动力学和泥沙形成因素。三沙河段河床沙细易动，受涨落潮双重动力作用，存在涨落潮分离现象，涨落潮分离区动力相对较弱，泥沙易于落淤，形成心滩，从而有利于分汊河道的发育和发展。

9.3.2 河床演变关联性研究方法

长江河口段呈藕节状弯曲分汊河型，各个河段之间通过天然或人工节点相连接。航道整治工程研究过程中，节点河段之间的演变及动力相互影响问题非常重要，与航道整治工程实施时序、规模等有直接关系。

根据已有相关成果，藕节状分汊河道之间演变关联性的研究主要有以下三种方法：河床演变法、经验正交函数法和汊道分流及滩槽地形变化敏感性分析数模计算法，各方法介绍如下：

（1）河床演变法

该种分析方法主要利用历时和近期实测河床地形进行对比分析，研究上下游主槽形态和洲滩冲淤变化关联性，分析相邻河段演变联动关系。

（2）经验正交函数法

河口河床演变是由径流、潮流等动力因子对河床边界共同作用的结果。由于陆域、海域来沙和各种动力因子的复杂性和多变性以及边界条件的非均匀性，导致河床断面的复杂变化。这种复杂变化可以看成是由各种因素引起的许多波动叠加的效果，应用经验正交函数合理地分界和研究它们在时空上的波动特征，以此来讨论断面变化的特征。

采用经验正交函数法 EOF 分析节点断面的变化规律，该研究方法是将断面测量序列数据展开成一系列时间和空间的相互独立的正交函数，从而探讨断面时空变化的某些规律。

断面水下地形变化可以表示为一系列正交函数的和，每一正交函数相当于在平均水深上叠加一个新的增量 ΔH。定义 ΔH 为正表示淤积，ΔH 为负表示冲刷。

$$h\left(x_i, t_j\right) = \overline{h}\left(x_i\right) + \sum_{k=1}^{N} \alpha_k C_k\left(t_j\right) e_k\left(x_i\right) \tag{9-1}$$

其中，$i=1$、2、$\cdots$、n_s，$j=1$、2、$\cdots$、n_t。

不同的正交函数代表不同的动力作用和地貌过程，一般来说只要取前几个最大特征值对应的正交函数，就可以描述断面的变化特征。

（3）汊道分流及滩槽地形变化敏感性分析数模计算法

该种方法主要利用数学模型研究平台进行计算分析，笛卡尔坐标系二维水深积分水流运动基本方程如下。

连续方程：

$$\frac{\partial \zeta}{\partial t} + \frac{\partial\left[(h+\zeta)u\right]}{\partial x} + \frac{\partial\left[(h+\zeta)v\right]}{\partial y} = 0 \tag{9-2}$$

动量方程：

$$\frac{\partial u}{\partial t} + u\frac{\partial u}{\partial x} + v\frac{\partial u}{\partial y} = \frac{\partial}{\partial x}\left(v_e \frac{\partial u}{\partial x}\right) + \frac{\partial}{\partial y}\left(v_e \frac{\partial u}{\partial y}\right) - g\frac{\partial \zeta}{\partial x} + \frac{\tau_{sx}}{\rho H} - \frac{\tau_{bx}}{\rho H} + fv \tag{9-3}$$

$$\frac{\partial v}{\partial t} + u\frac{\partial v}{\partial x} + v\frac{\partial v}{\partial y} = \frac{\partial}{\partial y}\left(v_e \frac{\partial v}{\partial y}\right) + \frac{\partial}{\partial x}\left(v_e \frac{\partial v}{\partial x}\right) - g\frac{\partial \zeta}{\partial y} + \frac{\tau_{sy}}{\rho H} - \frac{\tau_{by}}{\rho H} - fu \tag{9-4}$$

考虑到工程对周边以及上下游工程的影响以及进出口条件、水文资料等因素,本模型计算河段上游以利港作为进口边界,下游南支以六效作为出口边界、北支则以连兴港作为出口边界,全长约140km。模型计算空间步长 Δs=15 ~ 300m,共有网格结点约89 877 个,单元88 623 个,最小间距为15m。

在以往研究率定和验证的基础上,对模型利用最新的水沙资料进行了相关验证工作。利用数模平台主要研究洲滩地形或汉道分流人为调整引起的工程河段动力响应变化及其影响。

9.3.3 江阴水道与福姜沙水道上下分汉河道之间关联性研究

(1)江阴鹅鼻嘴节点控导作用及断面近期变化特征研究

20 世纪 80 年代以来,江阴鹅鼻嘴节点附近断面变化见图 9-81。由图可见,这段时期以来节点断面深泓位置和右岸岸坡稳定少变,左岸水下边滩年际间存在冲淤变化。利用经验正交函数法 EOF 方法计算得到前三个空间和时间正交函数见图 9-82 和表 9-44。

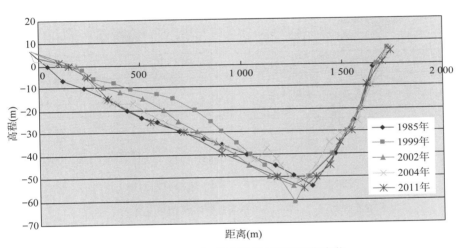

图 9-81 江阴鹅鼻嘴节点断面近期变化

第一正交函数的贡献率达 65.3%,反映了该断面的主要动态。从第一正交函数的空间分布来看,它有两个峰值,一个出现在深槽附近(即距离左岸 1 200 多 m 处),另一个在距左岸 700 多 m 处。从第一时间正交函数分布看,变化较大的时期发生 1985 ~ 2004 年。1985 ~ 1999 年深槽表现为有所刷深,北岸边滩表现为较大幅度淤积,1999 ~ 2004 年变化规律与 1985 ~ 1999 年恰恰相反。1992 ~ 2004 年深槽刷深,2004 以后深槽冲淤变化不大。2004 ~ 2011 年断面冲淤变化不大。

第二正交函数的贡献率达 19.40%,反映了断面的局部调整。第二空间正交函数在断面分布上出现三个峰值,其位置在深槽附近以及距两岸岸滩附近。第二时间正交函数分布出现三次正负转折,这表明断面形态变化上存在四个阶段,1985 ~ 1999 年间,岸滩淤积、主槽冲刷。1992 年以后,深槽形态逐渐变得窄深,且深泓向南移动,两侧坡度变陡。

第三正交函数反映了鹅鼻嘴断面为适应长江来水来沙而引起的冲变化。第三正交函数贡献率 5.6%,说明了鹅鼻嘴节点断面基本能适应长江来水来沙的变化。

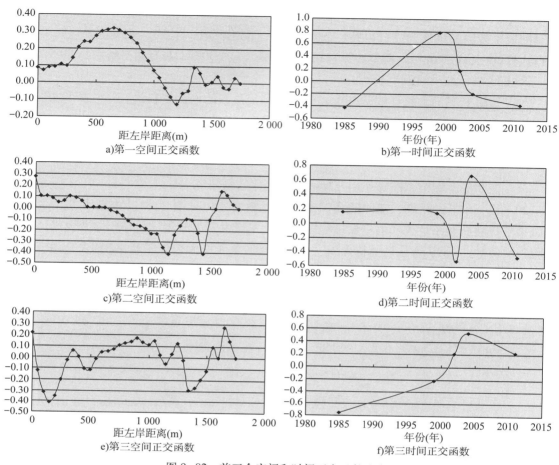

图 9-82　前三个空间和时间正交函数分布

前三个正交函数特征值及贡献率　表 9-44

项目	第一正交函数	第二正交函数	第三正交函数	总贡献率
特征值	6.7	2.0	0.6	
贡献率（%）	65.3	19.4	5.6	90.3

（2）江阴水道与福姜沙水道之间演变关联性研究

利用平面二维数模平台计算了徐六泾节点河段附近不同年份地形下（1999 年、2004 年和 2009 年）洪季落潮水动力分布，计算结果见图 9-83 和图 9-84。1999 ~ 2009 年江阴水道地形变化主要在于六圩港至八圩港左岸低边滩持续冲刷滩面高程降低。由图可见，1999 年以来上游低边滩持续冲刷引起断面流速大小发生变化，但流向变化较小，至鹅鼻嘴节点河段流速大小略有变化但流向基本不变，至福姜沙水道进出口流速大小和方向变化均较小，这就表明鹅鼻嘴节点对主流的控导能力较强，削弱了上下游河段的水动力关联性，但不容忽视的是，上游边滩冲刷下泄的泥沙沿左岸边滩向下输移，为下游福姜沙河段左汊内低边滩和心滩发育变化提供了重要的泥沙来源，当福北水道内来沙量大于其输沙能力时，部分泥沙就将落淤形成活动沙包，影响沿岸港区的正常运用。

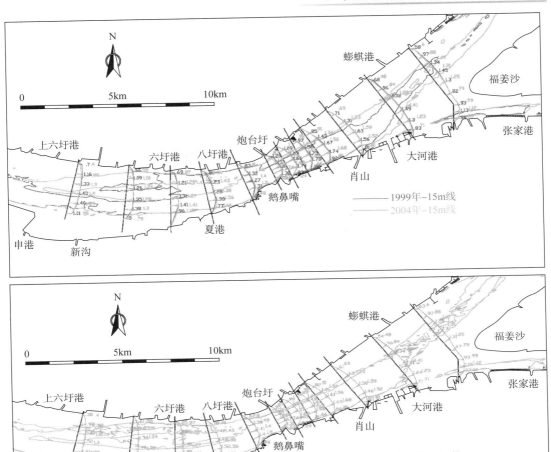

图 9-83 洪季大潮不同地形下落潮平均流速分布比较

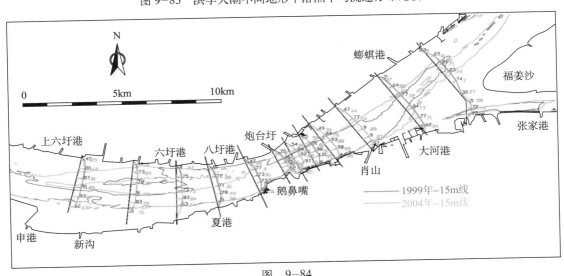

图 9-84

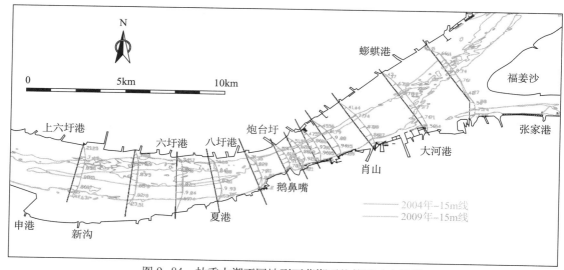

图 9-84　枯季大潮不同地形下落潮平均流速分布比较

9.3.4　如皋沙群水道与通州沙水道上下分汊河道之间关联性研究

（1）九龙港节点控导作用及断面近期变化特征研究

20 世纪 70 年代以来，九龙港节点附近断面变化见图 9-85。由图可见，20 世纪 70 ~ 90 年代深槽不断南移刷深，90 年代随着护岸工程的实施，断面形态渐趋稳定，右岸处于缓慢冲刷后退状态。利用经验正交函数法 EOF 方法计算得到前三个空间和时间正交函数见图 9-86 和表 9-45。

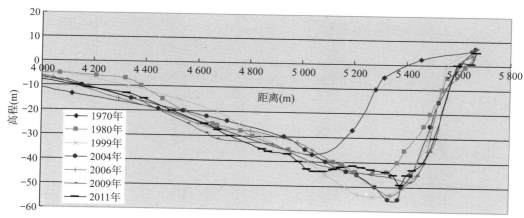

图 9-85　九龙港节点断面近期变化

第一正交函数反映了断面的主要变化趋势，贡献率 85.4%，第一空间函数峰值主要位于 5 300m 主槽处附近，第一时间函数变化最大时期主要在 1970 ~ 1999 年，这些变化主要与上游如皋沙群河势变化有关联。

第二正交函数反映了断面的局部调整，贡献率 8.7%，时间函数存在一次正负转折，断面冲淤时间上存在两个变化阶段。

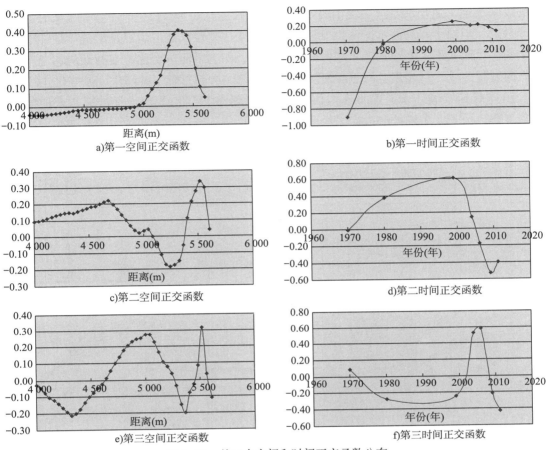

图 9-86 前三个空间和时间正交函数分布

前三个正交函数特征值及贡献率 表 9-45

项目	第一正交函数	第二正交函数	第三正交函数	总贡献率
特征值	40.58	4.16	1.84	
贡献率（%）	85.4	8.7	3.9	98

第三正交函数反映了为适应长江来水来沙而引起的断面调整变化，贡献率 3.9%，说明了九龙港节点断面冲淤受上游来水来沙变化的影响很小。

（2）如皋沙群与通州沙水道之间演变关联性研究

1970 ～ 2011 年如皋沙群河段河势见图 9-87。

① 20 世纪 90 年代以前上游如皋沙群汊道兴衰引起下游河段来流动力变化，进而引起滩槽冲淤变化，上下游河床演变关联性密切。

历史上如皋沙群河段对下游河床变化存在较密切关系，上游汊道兴衰对下游通州沙河段演变产生影响，如皋沙群河段主流曾走海北港沙南水道、北水道，又来沙南北水道、浏海沙水道。上游汊道兴衰变化（分流、分沙变化）引起下游河道河床冲淤变化及汊道兴衰变化。上游主流走如皋沙群段北水道，通州沙水道主流由东水道转为西水道；主流走如皋沙群段南水道，通州沙水道主流由西水道转为东水道。20 世纪 50 年代后主流虽稳定在浏海沙水道，但由于双涧沙水道变化及如皋中汊的变化，使汊道汇流点及汇流后顶冲点位置发生变化，而使进入南通水道主流方向发生改变，即上游河床变化改变断面流速分布，主流方向发生改变，引起下游河道断面流速分布变化，进而影响下游河床冲淤变化。

70 年代后双涧沙水道逐步衰亡，如皋中汊形成发展，引起汊道汇流区及水流顶冲点位置下移，由于九龙港控制段尚未形成，如皋中汊与浏海沙水道两股汊道汇流强度的变化影响到浏海沙水道出流方向，进而影响到横港沙变化及通州沙东西水道变化。如皋中汊发展，浏海沙水道出流主流偏北，冲刷横港沙右缘，横港沙右缘冲刷后退，沙尾上提，而西水道入流方向不顺，与主流夹角增大，西水道萎缩，通州沙向北淤涨，东水道发育。

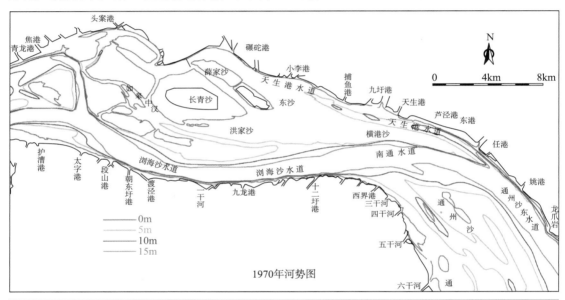

1970年河势图

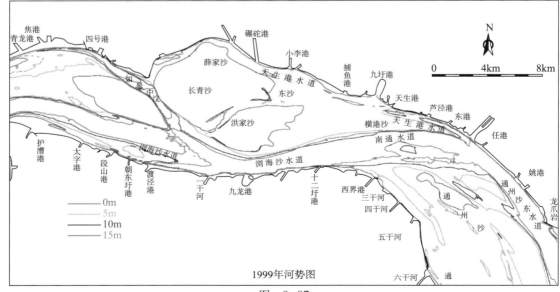

1999年河势图

图 9-87

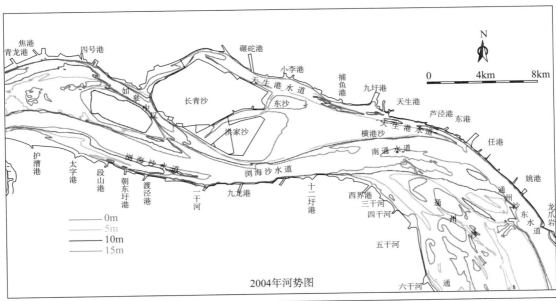

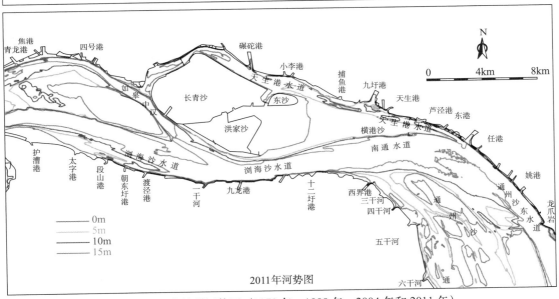

图 9-87　如皋沙群河势图（1970 年、1999 年、2004 年和 2011 年）

　　② 20 世纪 90 年代以后随着如皋沙群汊道河势逐步稳定以及九龙港人工缩窄段的控导作用进一步增强，上下游河床演变关联性不明显。

　　20 世纪 90 年代后，如皋中汊汊道分流比基本稳定，汇流后顶冲点位置基本不变，而九龙港沿岸顶冲点部位加强守护，及至十二圩沿岸码头兴建，岸线稳定，形成长约 7km 导流岸壁，1998 年泓北沙一侧围垦和 2003 年北岸泓北沙与长青沙打坝工程后北侧岸线逐渐稳定，形成九龙港控制段。在自然演变与人类活动的作用下，上游汊道稳定、岸线稳定，浏海沙水道的出流方向基本稳定，如皋沙群河段河床演变对下游通州沙河段影响已不明显。

　　另外，利用平面二维数模平台计算了洪枯季上游如皋中汊分流比增加和减小 6%（未调整时如皋中汊分流比为31%左右）两种工况下，对九龙港节点附近及其下游通州沙东西水道进口水动力分布的影响，计算结果见图9-88～图9-91。

由图可见，如皋中汊分流比无论增加还是减小6%，水动力分布影响范围仅至九龙港上游1km附近，至九龙港节点附近流速分布均已恢复至分流比调整前形态，通州沙东西水道进口流速分布均无明显变化，这就表明在上游如皋中汊和浏海沙水道两汊分流比调整很大的情况下，九龙港节点控制作用仍然较强，消除了上游动力分布变化对下游河道的影响，表明现状条件下如皋中汊河段与通州沙河段演变关联性不明显。

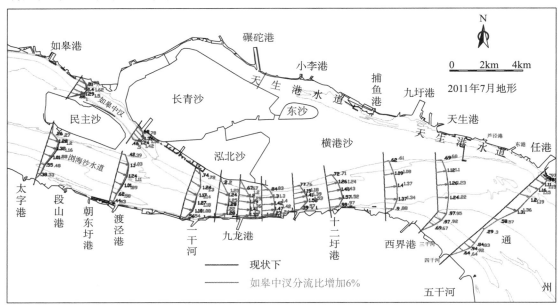

图9-88　洪季大潮如皋中汊落潮分流比增加6%后流速分布变化

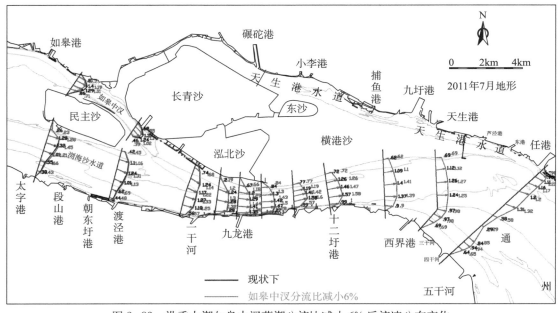

图9-89　洪季大潮如皋中汊落潮分流比减小6%后流速分布变化

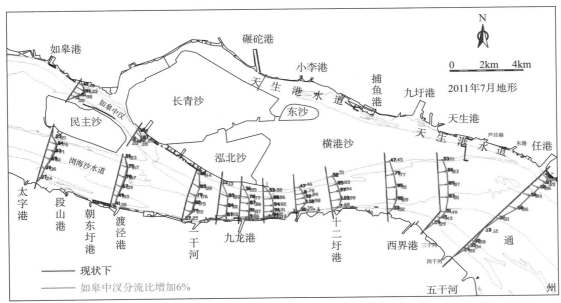

图 9-90 枯季大潮如皋中汊落潮分流比增加 6% 后流速分布变化

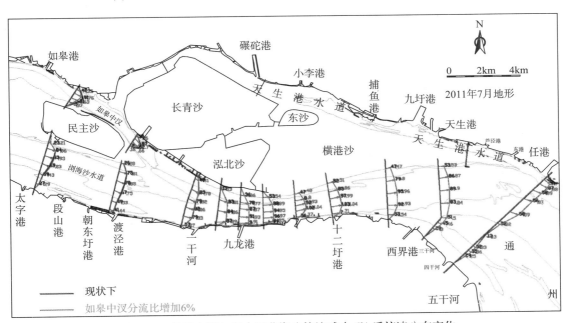

图 9-91 枯季大潮如皋中汊落潮分流比减小 6% 后流速分布变化

9.3.5 通州沙水道与白茆沙水道上下分汊河道之间关联性研究

（1）徐六泾节点控导作用及断面近期变化特征研究

20 世纪 70 年代以来，徐六泾节点附近断面变化见图 9-92。由图可见，20 世纪 70 以来徐六泾断面呈"V"形，深槽偏靠右岸，受上游狼山沙冲刷下移西偏影响，主流南靠，导致徐六泾深槽不断刷深且有所南移。利用经验正交函数法 EOF 方法计算得到前三个空间和时间正交函数见图 9-93 和表 9-46。

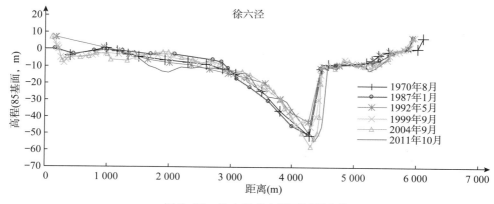

图 9-92　徐六泾节点断面近期变化

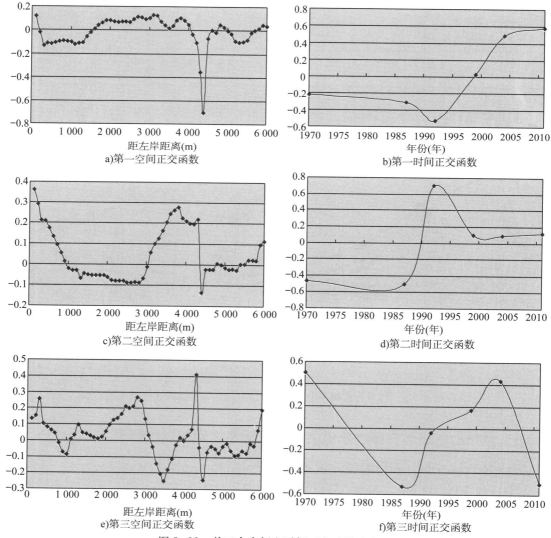

图 9-93　前三个空间和时间正交函数分布图

前三个正交函数特征值及贡献率 表 9-46

项目	第一正交函数	第二正交函数	第三正交函数	总贡献率
特征值	5.15	2.12	0.81	
贡献率（%）	57.24	23.60	9.00	89.84

第一正交函数的贡献率达 57.24%，反映了该断面的主要动态。从第一正交函数的空间分布来看，它有两个峰值，一个出现在深槽附近（即距离左岸 4 000 多米处），另一个在距左岸 3 000 多米附近。从第一时间正交函数分布看，变化较大的时期发生 1992 ~ 2004 年。1970 ~ 1992 年深槽表现为淤积，1992 ~ 2004 年深槽刷深，2004 年以后深槽冲淤变化不大。

第二正交函数的贡献率达 23.60%，反映了断面的局部调整。第二空间正交函数在断面分布上出现三个峰值，其位置在深槽两侧以及距左岸 2 800m 附近。深槽附近空间函数呈相反变化，说明深槽存在横向的微小移动以及坡度发生变化。第二时间正交函数分布出现一次正负转折，这表明断面形态变化上存在两个阶段，1970 ~ 1992 年间，深槽宽度较大。1992 年以后，深槽形态逐渐变得窄深，且深泓向南移动，两侧坡度变陡。

第三正交函数反映了徐六泾断面为适应长江来水来沙而引起的冲淤变化。第三空间正交函数分布比较复杂，存在着大小不同的波动，说明历年各位置存在冲淤交替变化。时间正交函数分布反映了一种短周期的变化，并带有相当大的随机性。水沙条件引起的变化只占徐六泾断面总变化的 9%，说明了徐六泾节点断面基本能适应长江来水来沙的变化。

（2）通州沙与白茆沙水道之间演变关联性研究

1970 ~ 2011 年白茆沙河段进口河势见图 9-94。

① 1958 年徐六泾缩窄段形成前，通州沙河段和白茆沙河段关联性密切。

徐六泾人工缩窄段未形成前，上游通州沙水道主流摆动直接影响白茆沙南北水道的交替变化，始终未能形成较为稳定的白茆沙南北水道分流平面格局，从而引起南支下段滩槽频繁变迁，南北港分流口和分流通道上堤下挫。1861 年通州沙东水道发展，落潮主流经徐六泾凸咀挑流指向北水道，使得白茆沙北水道发育为主水道，南水道上口形成暗沙。到 1915 年，上游通州沙水道主流走狼山沙西水道，落潮主流南偏，白茆沙南水道发展为主汊。此后上游主流改走狼山沙东水道，相应白茆沙主流北移。到 20 世纪 40 年代上游主流进一步坐弯，落潮主流进入白茆沙南水道。

1958 年以前，上游澄通河段如皋沙群汊道变化剧烈，造成通州沙水道主流出现了三次大摆动，从而导致白茆沙南、北水道的交替兴衰，从 1861 ~ 1958 年，主流在白茆沙南、北水道间的交替变动达 3 次之多。

② 1958 年徐六泾缩窄段形成后，加之 2007 年以来徐六泾两岸围垦工程实施使徐六泾缩窄段控制作用得到进一步加强，通州沙河段和白茆沙河段关联性逐步减弱。

表 9-47 为近年澄通河段主流摆动对白茆沙河段的影响情况。20 世纪 50 年代如皋沙群段主流稳定在浏海沙水道，通州沙河段主流稳定在东水道，1958 年以后，徐六泾人工缩窄段逐渐形成，徐六泾人工缩窄段束窄至 5.7km，出徐六泾后长江主流的平面摆幅减小至 1.4km 左右，上游河势变化对白茆沙水道的影响减弱。20 世纪 60 ~ 80 年代通州沙河

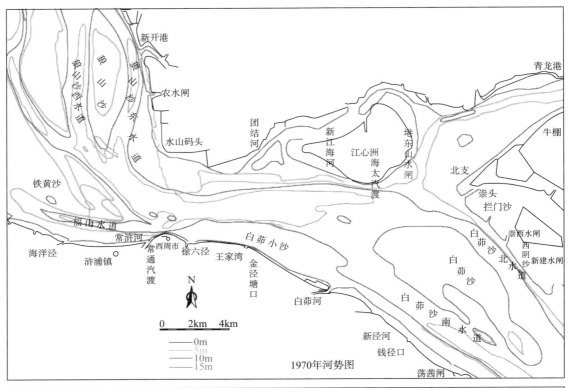

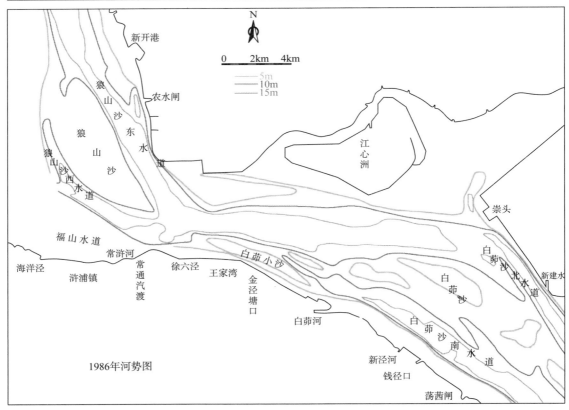

图 9—94

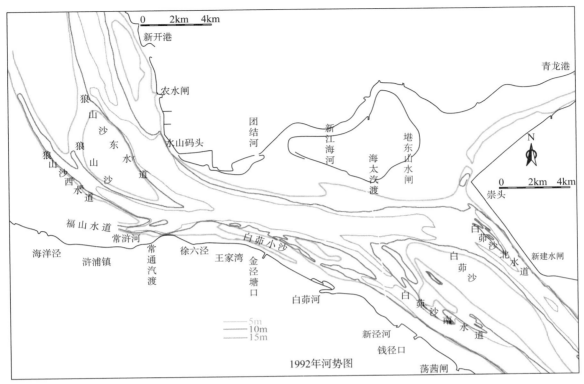

1992年河势图

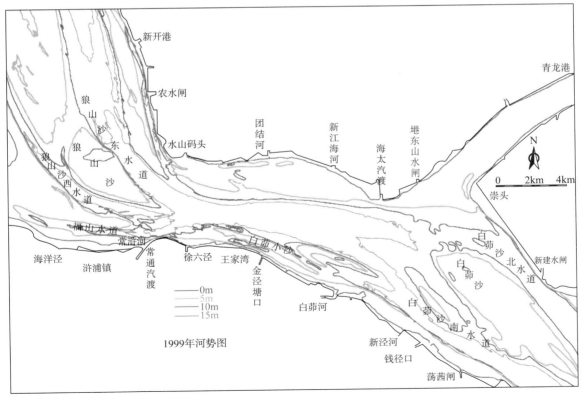

1999年河势图

图 9-94

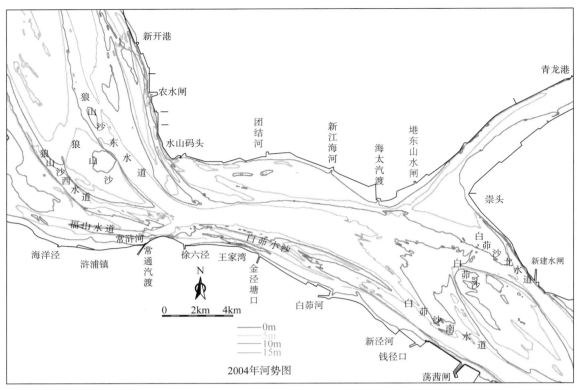

2004年河势图

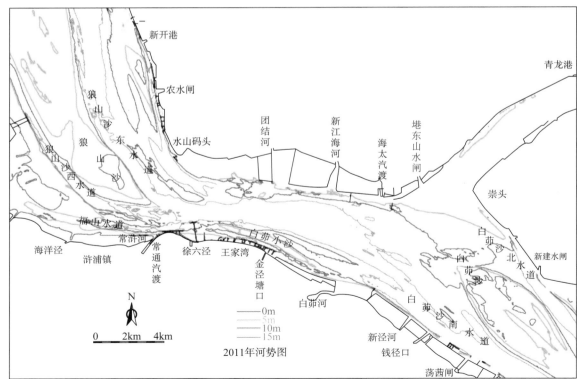

2011年河势图

图9-94 白茆沙水道进口段河势图（1970年、1986年、1992年、1999年、2004年、2011年）

段下段由于狼山沙的变化,通州沙东水道主流由狼山沙西水道逐步转为通州沙东水道,徐六泾上游主流发生变化,由于徐六泾人工缩窄段仅徐六泾灯标处束窄至 5.7km,对水流的束流、导流作用尚不够充分,通州沙水道的主流变化对白茆沙水道河道演变还具有一定的影响。如 20 世纪 60～80 年代白茆沙北水道的发展,南水道进流条件差,进口 −10m 槽不通。20 世纪 90 年代后,狼山沙主要表现为西偏,北水道衰退,南水道发展。随着上游河势基本稳定,长江主流走通州沙东水道和狼山沙东水道的基本格局不变,徐六泾人工缩窄段限制了上游狼山沙的下移,对白茆沙河段的河势稳定起了积极的作用,减少了上游河势对白茆沙河段的影响。

通州沙河段主流摆动对白茆沙河段的影响   表 9-47

变化时期	通州沙河段	白茆沙河段
1958～1980 年	由通州沙东水道为主流逐步转为通州沙水道—狼山沙西水道为主流	水流出徐六泾北偏,弯道顶冲点在立新闸上游,南水道上口深槽中断
1980～1984 年	由通州沙水道—狼山沙西水道逐步转为通州沙东水道—狼山沙东水道为主流	弯道顶冲点下移到立新闸至北支口门之间;白茆沙中水道形成
1984～1998 年	通州沙东水道—狼山沙东水道主流地位加强,汇流点由野猫口下移到徐六泾标	弯道顶冲点越过北支口门,位于新建闸附近,白茆沙南北水道 −10m 槽贯通
1998～2003 年	通州沙东水道—狼山沙东水道仍为主流,汇流点由徐六泾标上提至野猫口	北水道顶冲点位于新建闸附近,白茆沙南水道进口 −10m 槽扩大,北水道 −10m 槽逐步萎缩
2003 年至今	通州沙东水道—狼山沙东水道仍为主流,汇流点为徐六泾标附近	北水道顶冲点位于新建闸附近,白茆沙南水道 −10m 槽扩大,北水道 −10m 槽中断

近年狼山沙左侧仍有所冲刷后退,相应狼山沙东水道主槽右摆,东水道主流对南岸的顶冲点位置将有所变动,经徐六泾河段进入白茆沙水道水流有所变化,但这种变化是一个缓慢过程。随着 2007 年以来新通海沙围垦工程的实施,苏通大桥下游附近江面宽已缩窄到 4.5km 左右,因此徐六泾缩窄段的控制作用将进一步加强。

通州沙、白茆沙河段涨落潮流都较强,河床演变受涨落潮流共同作用,潮汐河段由于涨潮流作用,下游河段水沙变化及河床地形变化同样会引起上游河道河床变化,因此下游河道演变同样会与上游河道演变产生关系。新通海沙围垦工程实施后,涨潮流沿堤上溯,对新开沙下段演变也产生了一定影响。

另外,利用平面二维数模平台计算了徐六泾节点河段附近不同年份地形下(1999年、2004 年、2008 年和 2012 年)洪季落潮和枯季涨潮水动力分布,计算结果见图 9-95和图 9-96。1999～2012 年狼山沙左缘和新开沙下段沙体冲淤变化较大。由图可见,1999～2004 年,受狼山沙左缘冲刷后退和新开沙沙尾淤涨下延影响那个,洪季落潮时徐六泾节点段流速分布南侧增加、北侧较小,苏通大桥桥区河段水流流向有所北偏 5°～10°;2004 年以后,新开沙尾部窜沟冲开,狼山沙左缘持续冲刷西偏,节点北侧流速有所增加,南侧略有减小,苏通大桥桥区河段水流流向略有北偏,变化相对较小。涨潮流速分布变化规律与落潮流速分布大致相似,只是苏通桥区河段涨潮流向有所南偏 4°～7°。上述分析表明,上游滩槽变化对徐六泾节点河段和苏通桥区河段动力分布变化影响较为明显,目前

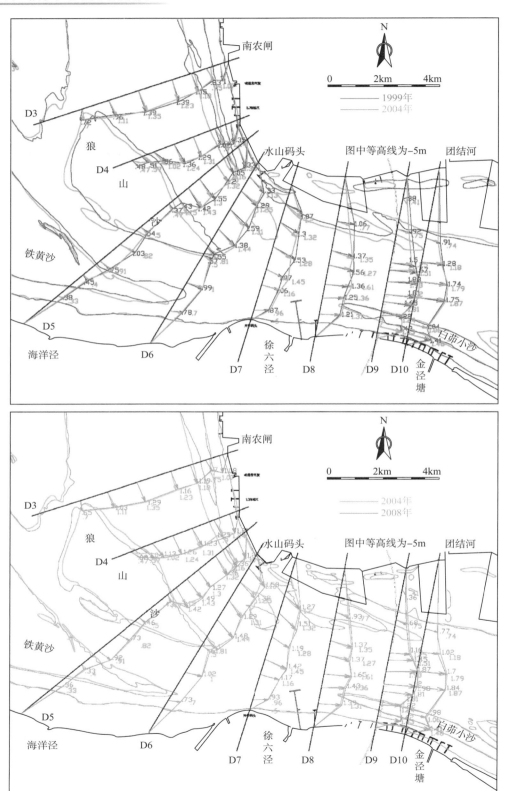

图 9-95

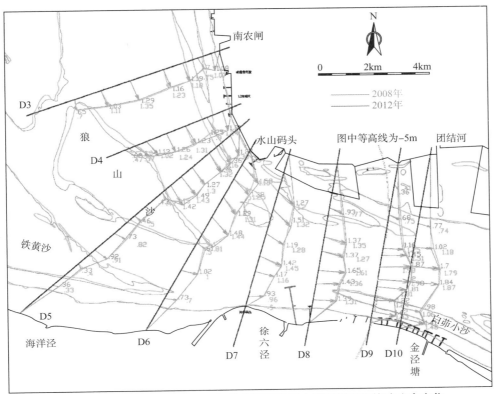

图 9-95　1999～2012 年徐六泾节点附近洪季大潮落潮平均流速分布变化

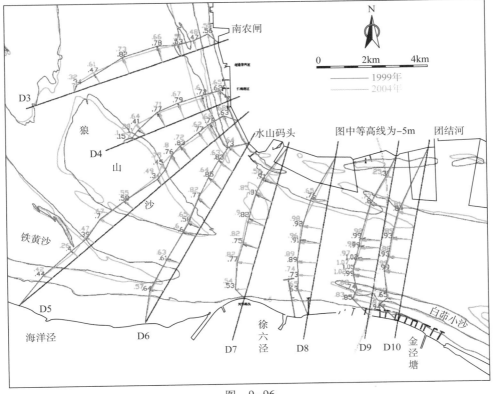

图　9-96

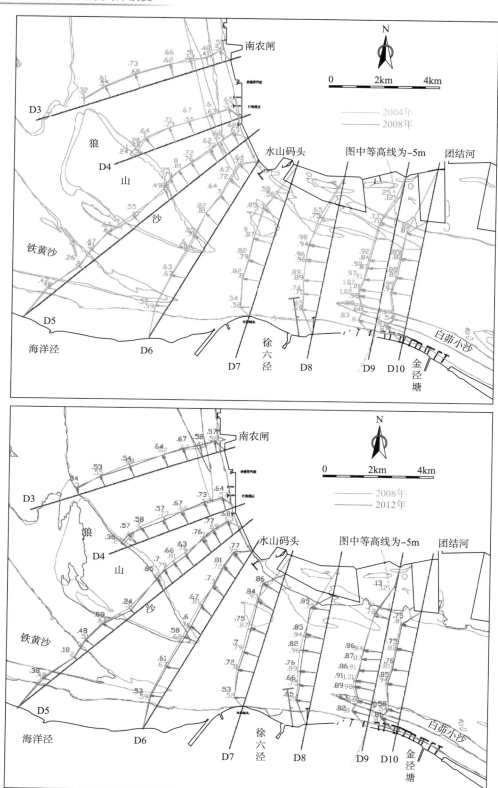

图 9-96　1999～2012 年徐六泾节点附近枯季大潮涨潮平均流速分布变化

徐六泾节点处江面宽 4.5～5km，表明徐六泾处的节点控导作用仍不够强，上下游河段演变仍存在一定的关联性，但其影响是一个缓慢的过程。

9.3.6 分汊河道内部滩槽演变的关联性研究

分汊河道内部滩槽演变的关联性研究以通州沙东水道内部新开沙和狼山沙演变关系为例进行说明。

1970～2011 年通州沙东水道河势见图 9-97。20 世纪 70 年代狼山沙下移，及上游主流右摆，营船港附近水流变缓，70 年代末形成新开沙。20 世纪 80 年代在狼山沙东水道发展过程中，狼山沙头部和左侧受冲后退，使新开港一带江面展宽，涨落潮流路分离，在其交界面一带形成缓流区，新开沙迅速淤涨、上伸下移。20 世纪 90 年代后狼山沙主要表现为西偏，狼山沙东水道继续展宽，至 2003 年左右沙体规模最大。2003 年之后东水道继续展宽，东水道内出现淤积心滩。可见东水道河道展宽到一定程度，出现淤浅是必然的。因此，新开沙的形成与狼山沙的下移西偏有紧密的联系。

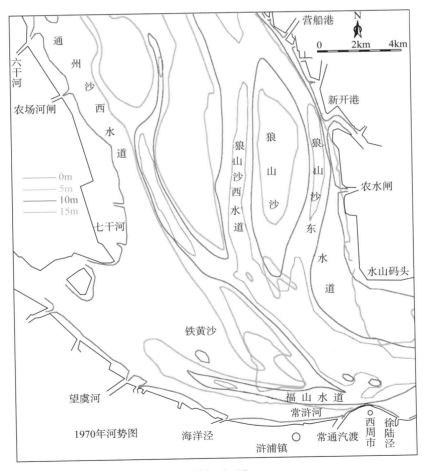

图　9-97

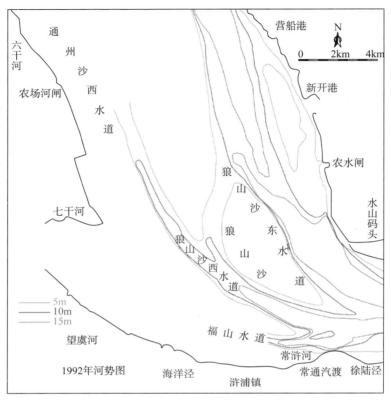

1992年河势图

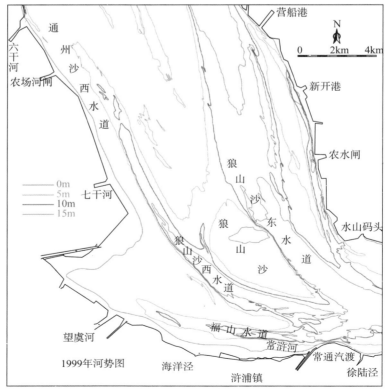

1999年河势图

图 9—97

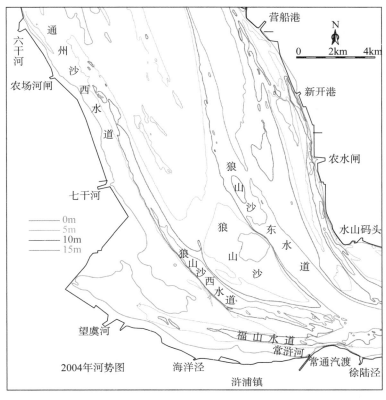

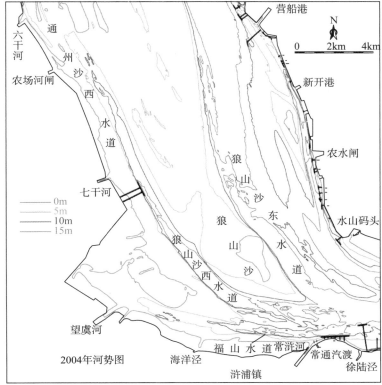

图 9-97 通州沙河段下段河势图（1970 年、1992 年、1999 年、2004 年、2011 年）

9.4 河床演变规律

9.4.1 节点控制作用为总体河势稳定奠定基础

长江中下游能够形成比较稳定的分汊型河流，主要与其特定的边界条件直接有关，包括河岸组成性质、地质构造背景以及节点的控制作用。节点的存在不但会对汊道的发展消长产生深远的影响，而且对分汊型河流的形成及汊道的平面形态起了控制作用。

三沙河段节点控制作用是总体河势稳定的重要基础。三沙河段在进口鹅鼻嘴天然节点、中部九龙港人工控制段、龙爪岩天然节点和徐六泾人工缩窄段，出口在七丫口控制段作用下总体河型得以稳定，见图9-98。

江阴~福姜沙南岸有鹅鼻嘴、黄山、肖山、长山山体的节点控制，岸线较稳定。长江主流出鹅鼻嘴后，主流靠右岸，山体控制深槽进一步南移，主流在沿岸山体导流岸壁作用下进入福姜沙左汊。九龙港下沿岸建有沙钢多座码头，十二圩附近有沙洲电厂、中东石化、越洋等码头，形成约七公里长的导流岸壁，控制主流出浏海沙水道进入通州沙东水道。通洲沙东水道左岸的龙爪岩已成为河床的稳定边界，同时也为下游河段起着导流作用，龙爪岩使东水道主流右偏脱离左岸，冲刷狼山沙左侧。徐六泾河段历史上长江主流顶冲常熟岸线，致使江岸崩坍，经过历史上大规模围垦缩窄工程和近期新通海沙围垦工程，苏通大桥下游附近江面宽缩窄到4.5km左右，徐六泾河段的节点控制作用进一步加强，形成了长江下游最后一个节点——徐六泾人工缩窄段。七丫口缩窄段是河口发育过程中继徐六泾人工缩窄段之后下一级重要的河口控制段。该缩窄段不仅可削弱外海潮汐动力对上游白茆沙河段的不利影响，而且有利于白茆沙南北水道分汊河势的发展和稳定，同时可为下游河势稳定和航道治理创造有利条件。

由于节点存在，节点之间河道摆动所能达到的最大宽度 B 受到一定的限制。根据长江中下游分汊河段资料，河宽 B 与节点纵向间距 L 存在以下关系：

$$B=0.101 \times L^{1.45}$$

式中，长度单位以 km 计。三沙河段节点之间纵向距离 L 为 $20 \sim 40km$，计算得到河道摆动宽度 B 较大，达 $8 \sim 21km$，可见，三沙河段节点可为总体河势稳定奠定基础，但局部河势稳定尚需配合其他人工控制措施，例如关键部位守护、滩槽边界稳定等，从而达到控制节点间河段间摆动的目的。

9.4.2 河道边界条件稳定是总体河势稳定的前提

在分汊型河道中，河岸的抗冲性越低，水流越易坐弯，分汊系数、汊道的弯曲系数和放宽率也越大，因此河道河岸边界条件的稳定是总体河势稳定的重要基础。长江河口段主要由淤泥及淤泥质土、砂质粉土和黏质粉土、粉沙及含黏性土粉沙组成的第四纪疏松沉积物构成了河床边界，见图9-99，总的来说，长江河口段南岸边界的抗冲稳定性好于北岸边界。三沙河段福南水道、福北水道、如皋中汊、浏海沙水道、通州沙东水道和白茆沙水道道沿岸护岸和码头工程控制下，见图9-100,河道边界条件逐步受控,总体河势渐趋稳定。

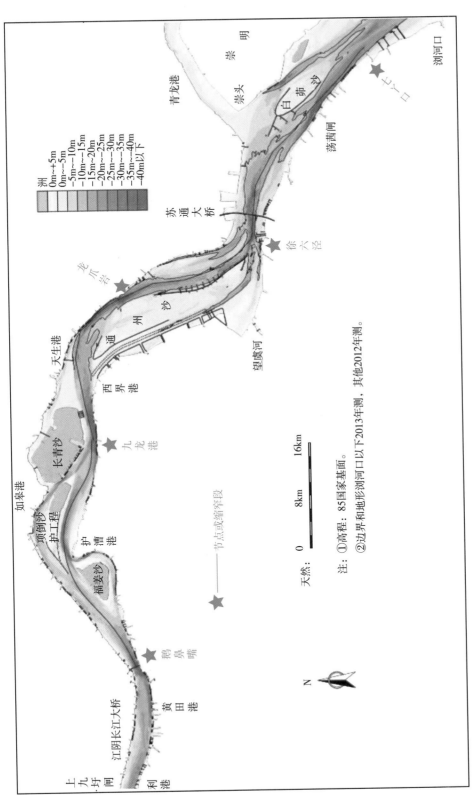

图 9-98 三沙河段节点分布

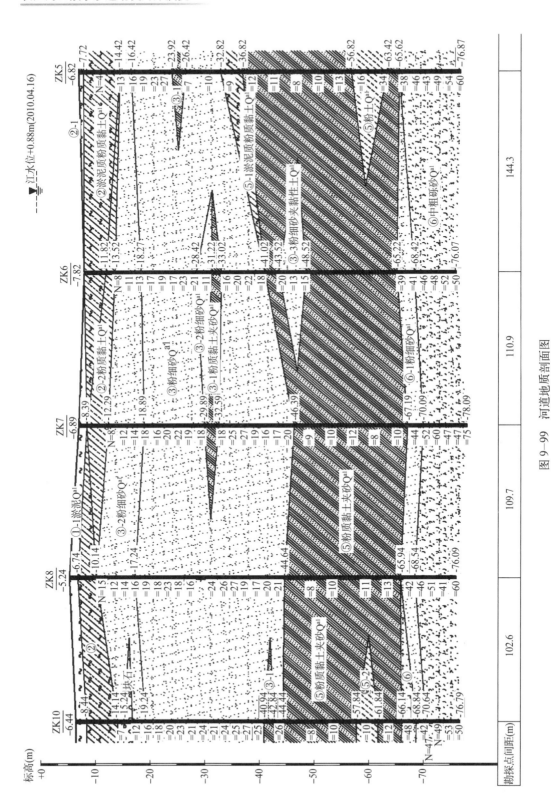

图9-99 河道地质剖面图

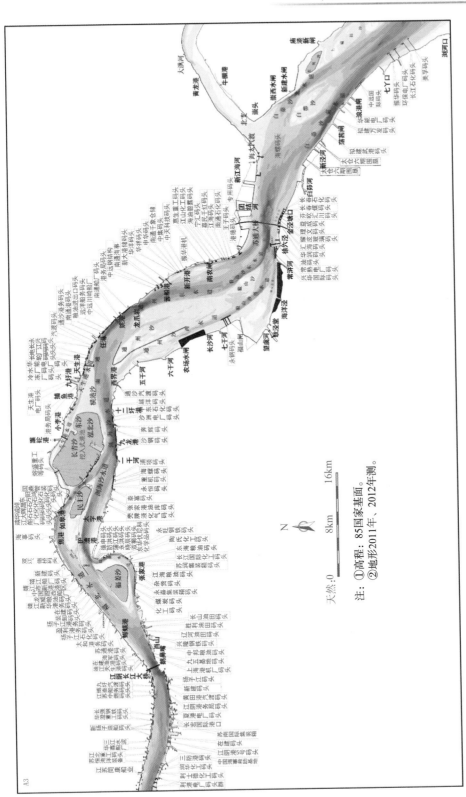

图 9-100 长江河口段岸线利用图

注：①高程：85国家基面。
②地形2011年、2012年测。

福南水道南岸经过 20 世纪 70 年代以来人工护岸工程的治理之后，发展成为人工限制性弯道，弯道发展得到控制；福北水道北岸、如皋中汊沿岸、长青沙头部经过 20 世纪 90 年代以来人工抛石护岸后，岸线也逐步稳定下来；浏海沙水道南岸经过 20 世纪 70 年代以来丁坝和抛石护岸工程的治理后，稳定了局部河势。通州沙东水道龙爪岩以下也进行了一系列丁坝护岸工程。崇明岛头部 1986 年后实施了崇明岛丁坝护岸工程。

9.4.3 自然条件下汊道及滩槽演变呈周期性变化

长江河口段汊道发展消长速度介于瞬息多变的黄河河口汊道与较为稳定的珠江三角洲汊道之间，汊道的发展消长具有明显的周期性。自然条件下长江河口三沙河段滩槽演变周期性特点总结如下：

（1）历史上节点河段之间汊道兴衰呈上下联动、周期性变化规律

20 世纪 50 年代以前，由于河段之间缺少节点有效控制作用，相邻河段汊道兴衰关联密切，例如如皋沙群河段汊道交替发育引起下游通州沙东、西水道大摆动三次之多，进而引起下游白茆沙水道南、北（中）汊道变动 3 次，见表 9-1。汊道兴衰呈现如下规律：主流如走如皋沙群段北水道，则下游主流走通州沙西水道和白茆沙南水道；主流如走如皋沙群段南水道，则下游主流走通州沙东水道，相应白茆沙和白茆沙中（北）水道。汊道兴衰交替演变周期为 20 ~ 30 年。

（2）节点河段内汊道呈周期性交替发育特性

自然条件下弯曲分汊河段洲滩、多级分汊河道兴衰呈周期性演变规律。当分汊河段汊道弯曲率 L_1/L_2 达到 1.6 左右时，汊道进口横向水位差 ΔZ 加大，往往发生主支汊易位现象，导致汊道交替发育，例如历史上如皋沙群河段海北港沙、又来沙南、北水道交替变化，见图 9-101。汊道进口水位横比降产生原因主要是上游河势弯曲和两股汊道过流能力不同而造成的，汊道进口横向水位差 ΔZ 计算公式如下：

$$\Delta Z = \frac{u_2^2 - u_1^2}{2g}$$

式中：u_1、u_2——分别为左、右汊道进口的断面平均流速。

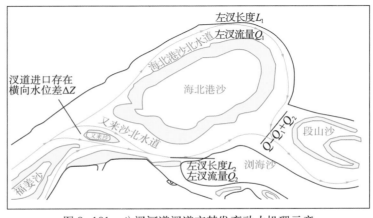

图 9-101 分汊河道汊道交替发育动力机理示意

1860 年以来，福姜沙河段主汊始终遵循着"深泓北移弯曲、北岸受冲后退、深泓南侧沙体淤涨、北水道泄流不畅、分汊口水位壅高形成横比降、沙体切割、主流改走南水道、残余沙体并岸、深泓重新北移弯曲"的演变轮回。19 世纪末、20 世纪初海北港沙发育、20 世纪 30 年代又来沙发育、20 世纪 70 年代双涧沙发育及相应汊道兴衰更替遵循着以上演变轮回，一个完整演变轮回的周期大致为 30 年。对于自然演变下的单一河道大致经历以下循环过程：单一河槽、河道坐弯、边滩发育、河道展宽心滩发育、分汊河型、主支汊易位、汊道衰亡、洲滩归并、单一河槽。

(3) 洲滩呈周期性演变特性

双涧沙演变传承如皋沙群汊道周期性演变规律，呈现"沙头淤涨、中水道萎缩、漫滩流嬗变、窜沟发育、新中水道发展、分裂沙体并岸"的演变过程，见图 9-102，越滩流嬗变是双涧沙及周边水道不稳定的关键动力，双涧沙稳定是滩槽格局稳定的前提。19 世纪中期江中就有白茆沙沙体，沙体演变主要经历了形成、发展、下移、冲散乃至和北岸或扁担沙归并、再形成的周期性演变过程，见图 9-103。

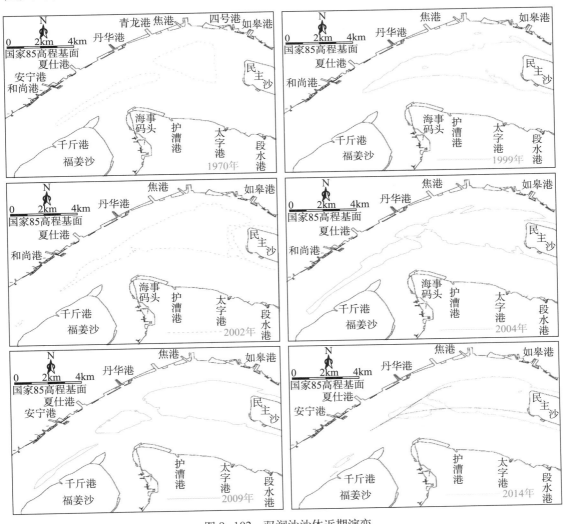

图 9-102 双涧沙沙体近期演变

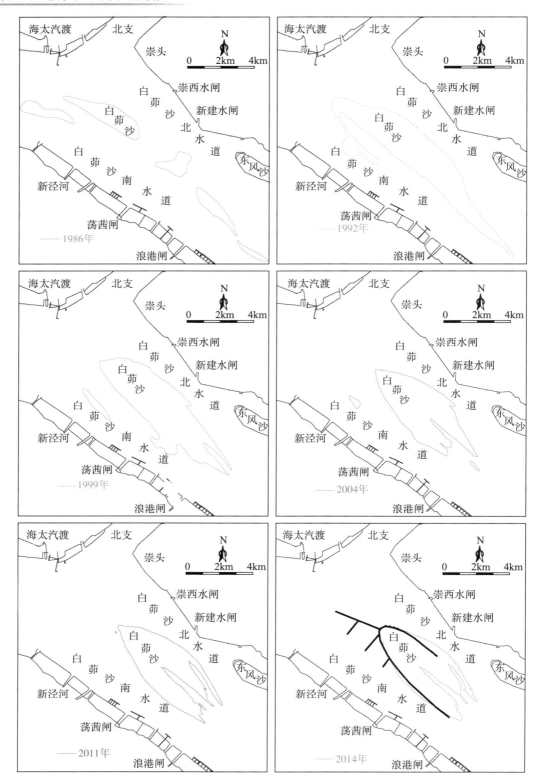

图 9-103　白茆沙沙体近期演变

在自然演变条件下洲滩演变呈周期性变化。洲滩呈现形成—发展—衰退（或归并）—再形成的变化过程，如海北港沙→又来沙→双涧沙，白茆沙经历了形成→发展→冲刷→再形成的变化。在人类活动影响下，滩槽变化周期会有所变化，但由于三沙河段河道宽阔，控制节点之间距离较长，在洲滩未得到控制条件下，三沙河段内滩槽变化仍遵循河床自然演变的基本规律。

9.4.4 大洪水是本河段河势变动的主要动力因素

历史上长江河口段交替成为主流的汊道，主要取决于较大洪水年份流路所在的位置，上游洪水是造成三沙河段滩槽较大变化的首要动力因素，洪水期一般会出现滩冲槽淤现象；年际呈现小水年河床冲淤变化小，大水年河床冲淤变化大的演变特征。

三沙河段洪水对河床演变的影响较大，历史上多次大洪水造成河势剧烈变化，出现主流大幅摆动，岸线强烈崩退，洲滩冲刷、分裂，主支汊易位等变化。如 1931 年（见图 9-8 1923～1931 年河势图）、1954 年（见图 9-1 1958 年河势图）、1998 年（见图 9-94 白茆沙水道进口段河势图）大洪水。由于洪枯季流向不一致及洪水水位较高，洲滩过流增加，滩槽变化较大，如 1954 年大洪水，横港沙尾切割冲刷大量泥沙下泄并于狼山沙，白茆沙冲失泥沙大量下泄，引起下游河势发生剧烈变化。1983 年大洪水白茆沙又重开，沙体散乱；1998 年大洪水双涧沙北侧冲刷，导致上游大量泥沙下泄，福中水道进口淤浅，福北水道及如皋中汊深槽出现淤积沙包。白茆沙头部冲刷后退，沙体缩小。

在河床自然演变及人类活动的影响下，河势逐步向稳定方向发展，大洪水已不再似 20 世纪 60 年代前河势发生大的动荡变化，例如 1998 年大洪水，白茆沙头部冲刷后退，但本河段并未出现 54 年洪水一样引起的剧烈演变，充分说明河流发展受人为干预，控制节点守护，护岸工程及围垦缩窄作用，使得本河段河势向稳定方向发展，但大洪水对河床演变仍有不可忽视的影响。

9.4.5 水下成型沙体推移运动规律

长江下游平原冲积河流河床是不平整的，分布着各种不同大小、不同外形的泥沙聚集体，本书称之为水下成型沙体。该成型沙体发展变化与底沙运动息息相关，长江河口段底沙推移运动形态上表现为洲滩的下移和沙嘴的延伸，其移动趋势可以导致分汊河道分流比的调整、下游汊道的兴衰以及航道水深条件的变化。

福姜沙左汊近岸靖江低边滩演化与上游来水来沙条件、江阴水道左侧心滩变化、福姜沙头部左缘变化等因素密切有关。左岸靖江低边滩 -10m 沙体易受水流切割，自 20 世纪 70 年代以来，发生多次切割，特别是近年来边滩切割较为频繁（见图 9-104），导致福北水道内存在水下活动沙包（成型淤积体），沙包呈现切割下移、进入福北水道、部分归并双涧沙的周期性演变模式，沙包下移速度为 1.0～1.8km/ 年，洪季速度相对较快。狼山沙形成于 20 世纪 50 年代，最初为江中暗沙，受水流冲刷后退，见图 9-106，沙体演变主要经历了形成、发展、下移、西偏、归并于通州沙沙体的演变模式。新开沙尾部切割成型沙体，受狼山沙左缘冲刷后退影响，沙体呈现逐步西移的演变特点。

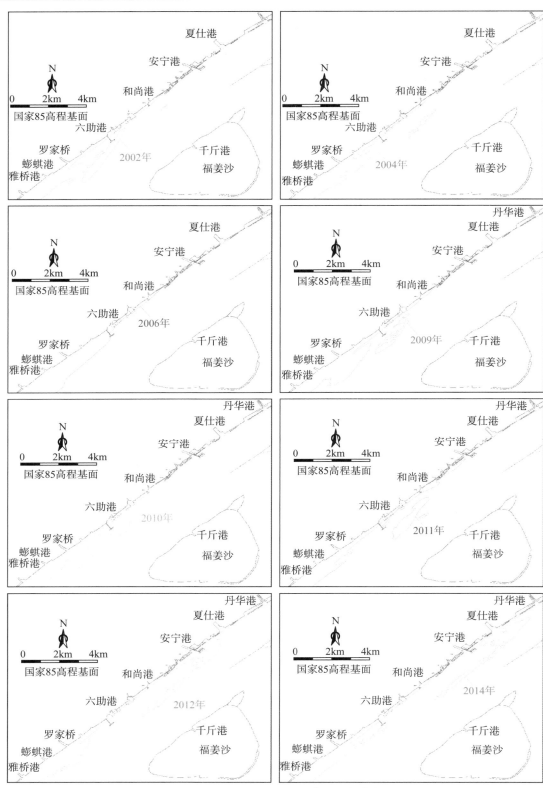

图 9-104 福姜沙河段靖江边滩近年演变

9.4.6 节点河段之间演变关联性逐步减弱

河道节点控制作用主要取决于节点处河床河相关系和节点束窄段长度，节点控制作用强弱直接影响节点河段之间的演变关联性。节点处河床断面河相关系越小、束窄段越长，更能较强地调整水流，减弱邻近分汊河道相互之间的演变影响。

长江河口段呈藕节状弯曲分汊河型，各个河段之间通过天然或人工节点相连接。在天然鹅鼻嘴节点段控导作用下，福姜沙水道进口藕节段具有较强的控导能力，江阴水道与福姜沙水道之间演变关联性逐步减弱，主要反映自身汊道和滩槽的演变规律，但上游江阴水道心滩冲失下泄泥沙仍会对下游河床变化带来一定的影响。

历史上如皋沙群河段对下游河床变化存在较密切关系，上游汊道兴衰造成通州沙水道主流出现了三次大摆动。但20世纪50年代主流稳定在浏海沙水道后，通州沙水道不再发生主支汊移位现象，主流一直稳定在东水道。随着20世纪90年代以来九龙港一带人工控制段的形成，通州沙河段进口河势更趋稳定，加之目前如皋沙群河势已基本稳定，如皋沙群河段与通州沙河段演变关联性很小。

历史上徐六泾缩窄段形成前，通州沙河段和白茆沙河段关联性密切，上游汊道兴衰直接引起下游汊道变动达三次之多。20世纪50年代之后徐六泾对岸实施了一系列围垦工程，徐六泾江面由13.8km缩窄至5.7km，形成长江河口段关键的人工缩窄段，削弱了上游通州沙河段演变对下游的影响，2007年以来常熟边滩围垦及新通海沙围垦后徐六泾河段最小河宽缩窄至4.5km，进一步减弱了上游演变对白茆沙河段的影响。

9.4.7 新水沙条件下河床总体稳定性提升

钱宁研究认为，流域的床沙质来沙量越少，意味着总体来说河流越稳定，不会因为短时期的强烈淤积，使某一股支汊堵塞，进而引起河势较大变化。对比长江和非洲尼日尔河，两者中下游均为江心洲发育分汊河型，但前者含沙量约为后者的2倍，因此从这点来看，后者比前者河床稳定性要高。

窦国仁从理论上推导提出了河床活动指标 K_n 的计算公式：

$$K_n = 1.11 \frac{Q_洪}{Q} \left(\frac{\beta^2 V_{0s}^2 S^2 Q}{k^2 \alpha^2 V_{0b}^2} \right)^{\frac{2}{9}}$$

式中：$Q_洪$——年出现频率为2%的洪水流量的多年平均值；

$\quad\quad Q$——平均流量；

V_{0s}、V_{0b}——分别为悬沙、底沙的止动流速；

$\quad\quad S$——平均含沙量；

$\quad\quad \alpha$——河岸与河底的相对稳定系数；

$\quad\quad \beta$——涌潮系数，可取1.0；

$\quad\quad k$——常系数，一般取 $3 \sim 5$。

由上式可见，随着上游来沙量减小，水体含沙量 S 减小，加之三峡蓄水后年内流量的相对变幅 $Q_洪/Q$ 减小，因此河床活动指标 K_n 总体减小，表明河床稳定性有所提升。

三峡水库蓄水后上游来沙进一步减小，水体含沙量降低，河床总体呈冲刷状态，以悬沙落淤积为主的支汊淤积衰退趋势减缓，某些洲滩冲刷较难恢复，演变周期加长，但三沙河段内河床冲淤变化的基本规律不变，新水沙条件下河床总体稳定性将提升。

9.5 河床演变影响因素及发展趋势

9.5.1 演变主要影响因素

（1）河床边界条件

① 天然控制节点。

河道边界条件的稳定是河势稳定的基本前提，而主流顶冲段的边界条件取决于岸壁抗冲性，抗冲性强的矶头和黏土层往往是天然控制节点必备条件，也是河势控制的关键，上游鹅鼻嘴至肖山天然山体控制着主流走向，通州沙河段龙爪岩对东水道的主流起控导作用。

② 人工形成的导流岸壁。

浏海沙水道九龙港沿岸护岸工程及码头建设形成约 7km 导流岸壁，主流贴岸导向通州沙东水道，徐六泾人工缩窄段存在对上下游河床演变起着重要作用。

③ 护岸工程。

长江澄通河段、南支河段沿岸水流顶冲地段及易崩岸段基本都进行了守护，阻止了岸线进一步崩退，目前江堤都已达标，已形成较稳定河道边界条件。

④ 围垦工程。

历史上如皋沙群段沙洲变化频繁，河道宽阔，通过对一些并岸沙滩围垦及出水沙洲围垦固定，形成了目前较稳定的分汊格局。通州沙河段东方红农场围垦、南通通海沙围垦、海门江心洲围垦，近年南通新通海沙围垦，徐六泾河段缩窄对上下游河势变化起到了一定的控制作用。

（2）上下游河势条件变化

① 历史上如皋沙群段河势变化剧烈，主流摆动频繁，导致下游通州沙河段东、西水道交替发育，20 世纪 50 年代后长江主流一直稳定在浏海沙水道，在护岸工程的作用下，浏海沙水道九龙港下形成导流岸壁，使主流较稳定地挑向通州沙东水道，东水道自 20 世纪 50 年代以来一直维持主汊地位。

② 通州沙东水道内狼山沙形成，1958～1980 年通州沙河段主流走通州沙东水道和狼山沙西水道，水流出徐六泾后北偏；20 世纪 80～90 年代初狼山沙下移速度放慢，通州沙主流走通州沙东水道和狼山沙东水道。80 年代后主流逐渐由白茆沙北水道向南水道转变；20 世纪 90 年代后随着上游狼山沙下移基本到位，主要表现为缓慢西偏。狼山沙缓慢西偏，长江主流稳定在白茆沙南水道一侧。

③ 徐六泾人工缩窄段形成，两岸围垦河道缩窄，对上下游河势变化起到了一定的控制作用。徐六泾人工缩窄段限制了上游狼山沙的下移，对白茆沙河段的河势稳定起了积极的控制作用，减弱了上游河势对白茆沙河段的影响。虽然上游河势的变化对下

游白茆沙河段河床变化仍有一定影响，但目前上游变化对下游的影响处于一个相对缓慢阶段。三沙河段受涨落潮流的共同作用，同样下游河势变化对三沙河段河床演变也有一定的影响。

（3）来水来沙的影响

① 上游来水是河床演变的主要动力。

洪水水流取直往往成为深槽取直的直接动力，从而给本河段的冲淤演变造成较大影响。由于长江上游三峡水利枢纽等工程的实施，洪峰对本河段的影响将得到一定程度的控制，近年上游来沙减小，滩地淤积减缓，河床总体呈冲刷下切趋势，滩槽演变周期延长。2003年三峡水库建成以来，除2010年以外，上游来水总体表现为中枯水年，从而下游涨潮流动力相对增强，对三沙河段河床冲淤也有一定的影响。

② 枯水年的影响。

上游径流小，下游潮流相对较强，枯季径流在10 000m³/s左右，涨潮流可上溯到江阴以下，而洪季径流在52 000m³/s左右，仅在西界港附近。近年曾出现连续枯水年，如2006年、2007年、2008年、2009年，水量较枯。由于近年含沙量较小，2006年枯水年大通沙量仅0.85亿t，来沙量减小对某些以涨潮流维持的支汊有利，如福山水道、天生港水道等。径流减小潮流作用增强，某些洲滩受潮流影响明显，对洲滩冲刷从下游向上游发生，与径流作用相反。如狼山沙尾、新开沙尾冲刷，受涨潮流作用影响较大。

2006～2008年白茆小沙下沙体冲失，与下游涨潮流作用时间长，及涨潮流速增强密切相关。白茆沙尾部冲刷，近年沙尾上延明显，尾部出现-5m窜沟向沙体上延伸达数公里，白茆沙有自下游受涨潮流冲开的态势。

连续枯水年影响还表现在：

A．近年枯水年基本为小水少沙年，沙体冲刷难恢复，如新开沙尾冲刷，白茆小沙沙体冲失，白茆沙尾冲刷，沙体上窜沟发育等；

B．由于沙体冲淤变化部位发生改变，某些部位涨落潮流路发生改变，如狼山沙东水道出口，由于新开沙沙埂冲失涨落潮流路发生变化，而白茆小沙下沙体冲失，涨落潮流路局部发生改变，白茆沙尾冲刷及沙体上涨潮窜沟发育，使局部涨潮流向发生改变。

③ 北支水沙倒灌的影响。

历史上，北支水沙倒灌南支，影响到南支河床冲淤变化，如1977年在北支口处形成舌状沙嘴，北水道进口被堵，直接影响到北水道。多年实测资料表明北支含沙量明显大于南支，白茆沙北水道含沙量大于南水道，这与北支涨潮含沙量较大有关。自1992年以来，北水道进口总体处于淤积态势，2011年10月北支口门崇头附近形成淤积区，靠崇头附近形成涨潮窜沟，河床底高程在-3m左右，而靠右岸深槽2004～2006年-5m槽贯通，2011年已淤浅，河床底高程在-2.5m左右，进口中央-2m以上沙包长约3.3km，最大宽达1.3km。近年来随着北支中下段围垦实施后河道缩窄等因素影响，北支水沙倒灌的强度已明显减弱。

（4）下游潮流的影响

长江下游潮流界变动区以下，水流受上游径流和下游潮汐共同作用。在实测资料验证的基础上，通过一维水沙数学模型结合不同潮差累积频率的代表性潮型作为下游控制条件计算，在比较河段实测冲淤量与计算冲淤量的基础上，分析了不同潮差累积频率的代表性潮型适应性。

根据《海岸与河口潮流泥沙模拟技术规程》(JTS/T 231-2-2010)的要求，宜选择潮差中等偏大的潮型作为代表性试验潮型。为此，选择了潮差累积频率为50%、85%、95%代表性潮型作为比选的三种计算条件。研究结果表明，镇江以上河床冲淤变化主要受上游径流影响，下游潮汐的变化对河床冲淤变化影响甚小；镇江至江阴段河床冲淤变化主要受径流造床控制，冲淤特性基本一致，冲淤量受潮汐影响较小。江阴以下河段河床冲淤受潮汐影响较明显，依据85%潮差所选择的典型代表性潮型可反映长江河口段河段河床冲淤变化基本规律。可见，下游潮汐强弱对长江河口段河床冲淤仍有一定的影响。

综上所述，潮流对长江河口段河床的塑造也起了一定作用。如果汊道走向与潮波传播方向是一致的，则其容易维持，如通州沙西水道下段，否则就容易衰亡。当潮波从分汊河段不同汊道向内传播时，在分汊口附近相遇形成会潮点，该区域动力较弱时刻延长，从而为泥沙落淤创造了有利条件，例如长江北支上口、天生港水道上口均发展形成了浅滩。会潮点位置随着径流大小、潮汐强弱和汊道形态等因素变化而相应有所变动。

（5）大洪水的影响

① 三沙河段洲滩、汊道等剧烈变化与大洪水有关，如1931年、1954年、1998年大洪水。

② 河床演变受径潮流共同作用，三沙河段落潮时间约为涨潮历时的2倍，徐六泾断面年落潮量是涨潮量的3倍，河床主汊及主槽塑造主要受落潮流影响，如浏海沙水道、通州沙东水道、徐六泾主槽、白茆沙南水道。福姜沙水道涨潮流较小，河床变化主要受径流影响。大洪水对河床演变影响仍较大。

③ 由于洪枯季流向不一致及洪水水位较高、洲滩过流增加，滩槽变化较大，如1954年大洪水，横港沙尾切割冲刷大量泥沙下泄并于狼山沙，白茆沙冲失泥沙大量下泄，引起下游河势发生剧烈变化。1983年大洪水白茆沙又重开，沙体散乱；1998年大洪水双涧沙北侧冲刷，导致上游大量泥沙下泄，福中水道进口淤浅，福北水道及如皋中汊深槽出现淤积沙包。白茆沙头部冲刷后退，沙体缩小。

④ 在河床自然演变及人类活动的影响下，河势逐步向稳定方向发展，大洪水已不再似20世纪60年代前河势发生大的动荡变化，例如1998大洪水白茆沙头部冲刷后退，但本河段并未出现54年洪水一样引起的剧烈演变，充分说明河流发展受人为干预，控制节点守护，护岸工程及围垦缩窄作用，使得本河段河势向稳定方向发展，但大洪水对河床演变仍有不可忽视的影响。

（6）涨落潮动力轴线分离的影响

长江河口段涨潮流是自下而上，落潮流是自上而下，因江面弯曲且宽阔，涨落潮流路难以一致。对于落潮流为主塑造的河床，落潮时深槽流速较大、边滩流速较小，涨潮时深槽阻力大，边滩阻力小，边滩先涨且涨潮流速相对较大。对于分汊河道，主支汊落潮动力不一致，主槽落潮动力强于支汊，支汊先涨先落。在涨落潮过程中流向不断变化，导致涨落潮流路不一致。涨落潮流路分离，形成分离区或为缓流区，憩流阶段出现回流，泥沙易淤积，形成水下心滩，进而发展成洲滩；由于涨落潮流路是变化的，形成的洲滩也不稳定；另外，人类活动改变涨落潮流路，使洲滩局部变化剧烈。如新开沙形成与涨落潮流路分离有关，通洲沙水道下段涨潮流靠左岸而上，落潮流在龙爪岩的挑流作用下脱离左岸，主流右偏，涨落潮流路分离，而河道展宽，新开沙形成。

(7) 人类活动的影响

① 沿岸护岸工程不断加强。

沿岸护岸工程不断实施，对河势稳定必将起着重要的作用。从清朝建海塘开始直至1997年江苏省实施的江海堤防加固达标建设工程，这些护岸工程顶住了长江主流的冲击和多次大洪水的冲刷，控制了长江巨龙的摆动，保证了岸线的稳定。

② 沿岸码头建设，目前沿岸深水岸线基本都建有码头。

为了促进经济的发展，目前沿岸兴建的码头越来越多，特别主流贴近的深水岸线，码头更为密集，这些自上而下的码头群，对河势控制来说，与护岸工程异曲同工。另外，为了码头的正常运行，有必要不断地对港池和航道进行维护——疏浚和抛石等，对河势的稳定也起着一定的作用。

③ 桥梁工程。

目前徐六泾河段已建有苏通大桥，桥梁工程实施后，必须保证桥址附近滩槽和航道稳定。

④ 沿岸岸线调整，围滩工程，使河道缩窄。

河道边界的展宽和缩窄是河床淤积和冲刷的基本规律。沿岸岸线调整，围滩工程实施后，河道缩窄必将加强河岸的束流、导流作用，在不同程度上控制主流的摆动，从而达到稳定河势的目的。

⑤ 河道整治、航道整治工程对河床变化的控制作用。

水利、交通等部门即将实施的河道整治、航道整治工程，就是以控制和稳定河势为目的，必将对河势的稳定起着至关重要的控制作用。长江口综合整治近期的主要控制目标就是控制和稳定河势，其中南支整治是以控制河势、稳定航道为重点，结合圈围、供水、防洪、维护优良生态环境等国民经济各部门的要求，统筹兼顾，全面规划，以达到综合整治的目的。

⑥ 采砂工程。

自2002年《长江河道采砂管理条例》颁布实施以来，长江口地区采砂活动总体是在合法、依规的情况下有序开展，但个别时段部分吹填工程项目仍然存在非法偷采、不按指定采砂区采砂的情形。长江三沙河段采砂量较大的采砂区主要位于通州沙河段下段、南支河段上段、北支进口口门及中下段，上游福姜沙河段河段的采砂量较小。据统计，自20世纪90年代～2012年，长江三沙河段经批准许可的采砂量近2.0亿 m^3，其中大部分采砂活动是结合长江口北支进口河道疏浚、航槽疏浚等河道整治与航道整治工程项目。总体来说，合法、依规的采砂活动其采砂区选择、采砂活动的影响均是经过科学论证的，其对河势稳定、航道稳定不会产生不利影响，结合河道整治、航道整治的采砂项目对河势与航槽的稳定还具有积极的作用。但个别非法偷采、不按指定采砂区采砂的行为，有可能会加速重要沙洲的冲刷后退，对河道演变具有明显不利的影响。

9.5.2 演变趋势

① 福姜沙汊道将长期维持北汊为主汊，南北分流比相对稳定的格局。如皋中汊和浏海沙水道分流比也趋于相对稳定状态。福南水道缓慢淤积趋势还将继续。福姜沙左汊河床活动性较大，北岸水下边滩的淤涨下延影响到福姜沙左汊的演变。双涧沙横向漫滩流影响双涧沙滩地、福北及福中水道的稳定，双涧沙护滩工程的实施有利于沙体及周边河势的稳定。

② 浏海沙水道自 20 世纪 70 年代初开始实施护岸工程以来，严重崩坍的江岸段逐步得到了控制。九龙港一带沙钢码头群沿岸形成导流岸壁，长江主流由十二圩向南通任港一带过渡，任港至姚港到龙爪岩一线南通港区码头群工程控制了长江主流顺利进入通州沙东水道，形成了通州沙河段较稳定的进口条件。

③ 通州沙河段经过多年的自然演变及人工治理，主流走东水道趋势不会改变。通州沙西水道由于进流不畅，虽然三峡水库蓄水后上游来沙减小，河床萎缩的趋势有所放缓，但总体仍将处于萎缩态势。

④ 深水航道一期工程实施后通州沙和狼山沙沙体左缘将得到守护，有利于遏制通州沙河段河势和航道条件的稳定。但新开沙尚未得到守护，其演变仍处于自然演变状态，加之新开沙下段冲失，东水道展宽，江中可能出现新的心滩，在新水沙条件下可能出现新一轮的洲滩变化过程。

⑤ 由于徐六泾上游滩槽变化，多汊汇流后进入徐六泾河段动力分布、水流顶冲点部位仍有所变化，虽然最窄处仅 4.5km，但缩窄段较短，上游变化对下游影响依然存在。徐六泾上游主流的摆动仍不可避免地继续影响白茆沙南北水道的变化，但其变化是较缓慢的过程。

⑥ 近年白茆小沙上沙体有所刷低，而下沙体基本冲失，虽然进行了新通海沙围垦及常熟边滩围垦工程，但工程对白茆小沙约束作用较小，白茆小沙仍处于自然变化状态，来沙量减少使下沙体恢复难度加大。

⑦ 白茆沙河段将长期维持主流偏靠南岸，分汊段两汊并存，主流走南水道的河势格局。深水航道一期工程实施后白茆沙沙头及两缘将得到守护，有利于白茆沙河段进口分汊河段河势和航道条件的稳定。北水道受沿程阻力、水沙倒灌等影响，其发展受到限制。

9.6 小结

① 历史演变分析表明，20 世纪 50 年代以前，本河段道边界条件不稳、洲滩群生、汊道众多、河道宽浅，河床活动性强，汊道和洲滩演变相互联动。福南水道由于边界抗冲性差，在水流顶冲作用下，江岸崩坍右偏，弯曲比不断增加，下段逐渐向鹅头型弯道方向发展。如皋沙群河段洲滩分合并岸，主流频繁变动，引起通州沙东西水道多次交替发育，

东水道内沙体（老狼山沙）发育，下移，西偏并岸；下游白茆沙南北水道交替发育，白茆沙经历了形成、发展、下移、冲散乃至和北岸或扁担沙合并的演变过程。自然条件下汊道兴衰和洲滩变化仍遵循周期性变化规律，演变周期一般为 20 ～ 30 年。

② 近期演变分析表明，20 世纪 50 年代以后，三沙河段在天然节点和人工工程控制作用下，河道边界条件逐步受控，河道平面形态和主流位置渐趋稳定，但由于河宽较大，局部滩槽活动性仍较大，其演变仍处于周期性自然演变进程。福姜沙左汊河道顺直宽浅，河床活动性较大，上游心滩切割下移影响河床冲淤变化。双涧沙演变传承如皋沙群汊道周期性演变规律，呈现"沙头淤涨、中水道萎缩、漫滩流嬗变、窜沟发育、新中水道发展、分裂沙体并岸"的演变过程，证实了越滩流嬗变是双涧沙及周边水道不稳定的关键动力，双涧沙稳定是滩槽格局稳定的前提。五十年代上游主流稳定在浏海沙水道后，通州沙不再发生东西水道主支汊移位现象，主流一直稳定在通州沙东水道。随着九龙港一带人工控制段的形成，通州沙河段进口段趋于稳定，上游如皋沙群河势已基本稳定。20 世纪 50 年代徐六泾对岸实施了一系列围垦工程，徐六泾江面由 13.8km 缩窄至 5.7km，形成长江河口段关键的人工缩窄段，削弱了上游通州沙河段演变对下游的影响，2007 年以来常熟边滩围垦及新通海沙围垦后徐六泾河段最小河宽缩窄至 4.5km，进一步减弱了上游演变对白茆沙河段的影响。

③ 近期演变分析表明，通州沙河段东水道自龙爪岩以下，滩槽仍处于自然演变的过程中，狼山沙的冲刷下移西偏，左右汊主流的移位以及和通州沙下段合并反映了本河段自然演变规律。目前通州沙下段左缘和狼山沙左缘冲刷，河道弯曲，左岸边滩滋生心滩、串沟发育，单一河槽有向不利方向发展的趋势；白茆沙沙头多年来总体受冲后退，在大洪水条件下仍有冲刷后退的空间，加之 2008 年左右白茆小沙下沙体冲失，白茆沙南水道进口进一步展宽，河床有向宽浅方向发展的不利趋势。近年上游来水来沙较小，涨潮流相对较强，白茆沙尾部冲刷，沙体窜沟发育，加剧了沙体的不稳定性。深水航道一期工程实施将有助于通州沙、狼山沙和白茆沙沙体的稳定。

④ 三沙河段河床演变主要受来水来沙、上游河势条件、人类活动等影响，其中大洪水往往导致河势格局发生较大变化，1954 年、1983 年大洪水将白茆沙冲散，1998 年、1999 年大洪水白茆沙头冲刷后退明显。三峡水库蓄水后上游来沙的减小，滩地淤积减缓，河床总体呈冲刷趋势，循环变化的沙体再次恢复的难度也将增大，滩槽演变周期将延长。

参 考 文 献

［1］南京水利科学研究院.长江福姜沙、通州沙和白茆沙深水航道系统治理关键技术研究可行性研究报告［R］.2011.

［2］南京水利科学研究院.福姜沙水道海轮深水航道整治工程潮汐河工模型试验.2002.

［3］王俊,田淳,张志林.长江口河道演变规律与治理研究［M］.北京:中国水利水电出版社,2013.

［4］魏志刚.长江下游航行参考图［M］.南京:东南大学出版社,2009.

［5］南京水利科学研究院.复杂潮汐影响河段水沙输移特性及航道演变关系研究［R］.2014.

［6］南京水利科学研究院.复杂动力条件下沿程通航水位及整治参数研究［R］.2014.

［7］南京水利科学研究院.多汊潮汐影响河段航道整治滩槽总体控导技术研究报告［R］.2014.

［8］南京水利科学研究院.复杂水动力作用下航道整治建筑物新结构及其稳定性研究［R］.2014.

［9］南京水利科学研究院.综合治理目标下的长河段航道系统整治关键技术研究［R］.2014.

［10］路川藤.长江口潮波传播模拟研究及主要影响因素分析［M］.南京:南京水利科学研究院,2013.

［11］王康墡,苏纪兰.长江口南港环流及悬移质输运的计算分析［J］.海洋学报,2010.

［12］刘高峰.长江口水沙运动及三维泥沙模型研究［D］.上海:华东师范大学,2010.

［13］南京水利科学研究院.大通至长江口一维水沙数学模型研究［R］.2005.

［14］王御华,恽才兴.河口海岸工程导论［M］.北京:海洋出版社,2004.

［15］路川藤,罗小峰,陈志昌.长江口潮波传播影响因素探讨［J］.海岸工程,2011.

［16］路川藤,罗小峰,陈志昌.长江口不同径流量对潮波传播的影响［J］.人民长江,2010.

［17］恽才兴.长江口近期演变基本规律［M］.北京:海洋出版社,2004.

［18］鞠俊,夏云峰.长江河口段流速沿垂线分布规律［J］.人民长江,2008.

［19］宋志尧.长江口动量系数分布特征研究［J］.水科学进展,2003.

［20］左书华.长江河口典型河段水动力、泥沙特征及影响因素研究［D］.上海:华东师范大学,2006.

［21］陈西庆，严以新．长江输入河口段床沙粒径的变化及机制研究［J］．自然科学进展，2007．

［22］张瑞瑾，谢鉴衡，王明甫，等．河流泥沙动力学［M］．北京：水利电力出版社，1989．

［23］于清来，窦国仁．高含沙河流泥沙数学模型研究［J］．水利水运科学研究，1999（2）：107-115．

［24］窦国仁，王国兵，王向明，等．黄河小浪底枢纽泥沙研究（报告汇编）［M］．南京：南京水利科学研究院，1993．

［25］刘家驹．在风浪和潮流作用下淤泥质浅滩含沙量的确定［J］．水利水运科学研究，1988（2）．

［26］李昌华．明渠水流挟沙能力研究［J］．水利水运科学研究，1980（3）：76-83．

［27］Han Zengcui，Chen Hangping．Computation in the Qiantang Estuary with Consideration of Sediment Transport in Tidal Flat［J］．China Ocean Engineering，1987，1（2）．

［28］李建镛．长江大通~徐六泾河段水沙特性及河床演变研究［D］．南京：河海大学，2007．

［29］黄惠明，王义刚．长江河口主要汊道水流挟沙能力分析［J］．水道港口，2007（6）：381-386．

［30］长江水利委员会水文局长江口水文水资源勘测局．长江下游三沙河段洪季原型观测水文测验技术报告［R］．2004．

［31］长江水利委员会水文局长江口水文水资源勘测局．长江下游三沙河段枯季原型观测水文测验技术报告［R］．2005．

［32］长江水利委员会水文局长江口水文水资源勘测局．通州沙~白茆沙水道工可枯季原型观测技术报告［R］．2010．

［33］长江水利委员会水文局长江口水文水资源勘测局．长江下游通州沙~白茆沙水道工可洪水期原型观测技术报告［R］．2010．

［34］中交上海航道勘察设计研究院有限公司，长江水利委员会水文局长江口水文水资源勘测局．长江南京以下12.5米深水航道建设一期工程（太仓~南通段）水文测验技术报告［R］．2011．

［35］长江水利委员会水文局长江口水文水资源勘测局．太仓~南通河段暗沙、浅滩水沙运移观测与分析成果报告（通州沙河段枯季）［R］．2012．

［36］陈宗镛．潮汐学［M］．北京：科学出版社，1980．

［37］李家星，赵振兴．水力学［M］．南京：河海大学出版社，2001．

［38］方国洪．潮汐分析和预报的准调和分潮方法［J］，海洋科学集刊，1974．

［39］Bagnold R A Auto-suspension of Transported Sediment：Turbidity Current．Proc．of the Royal Society，Series A，1962，265（1332）．

［40］国务院《长江三角洲交通发展座谈会会议纪要》（国阅）〔2004〕205号．

［41］《关于合力推进长江黄金水道建设的若干意见》，长江水运发展协调领导小组第二次

会议，2009.

［42］交通部. 长江干线航道发展规划［R］. 2003.

［43］交通运输部. 长江干线航道总体规划纲要［R］. 2009.

［44］水利部长江水利委员会. 长江流域防洪规划报告［R］. 2002.

［45］水利部长江水利委员会. 长江流域综合规划［R］. 2008.

［46］水利部长江水利委员会. 长江口综合整治开发规划［R］. 2008.

［47］中华人民共和国行业标准. JTJ 312—2003 航道整治工程技术规范［S］. 北京：人民交通出版社，2004.

［48］中华人民共和国行业标准. JTS 257—2008 水运工程质量检验标准［S］. 北京：人民交通出版社，2009.

［49］中华人民共和国行业标准. JTS/T 231-2—2010 海岸与河口潮流泥沙模拟技术规程［S］. 北京：人民交通出版社，2010.

［50］长江水利委员会长江口水文水资源勘测局. 长江下游通州沙～白茆沙水道航道整治工程工可阶段洪水期原型观测水文测验技术报告［R］. 2011.

［51］中交上海航道勘察设计院有限公司. 长江南京以下 12.5m 深水航道建设一期工程（太仓～南通段）水文测验技术报告［R］. 2011.

［52］中国水利学会泥沙专业委员会. 泥沙手册［M］. 北京：中国环境科学出版社，1992.

［53］余文畴. 长江分汊河道口门水流及输移特性研究［J］. 长江水利水电科学研究院院报，1987.

［54］翟晓鸣. 长江口水动力和悬沙分布特针研究［D］. 上海：华东师范大学，2006.

［55］李瑞杰，罗峰，周华民. 水流挟沙力分析与探讨［J］. 海洋湖沼通报，2009（1）：88-94.

［56］熊治平. 床沙质与冲泻质划分方法的探讨［J］. 水利电力科技，1989（2）：13-23.

［57］韩其为，王玉成. 对床沙质与冲泻质划分的商榷［J］. 人民长江，1980（5）：47-56.

［58］钱宁. 关于"床沙质"和"冲泻质"的概念的说明［J］. 水利学报，1957（1）：29-47.

［59］熊治平. 泥沙级配曲线函数关系式及床沙质与冲泻质分界粒径的确定［J］. 泥沙研究，1985（2）：88-94.

［60］张瑞瑾. 河流泥沙动力学［M］. 北京：中国水利水电出版社，1998.

［61］南京水利科学研究院. 长江南京以下 12.5m 深水航道建设一期工程江阴～浏河口河段河床演变分析研究［R］. 2011.

［62］长江水利委员会水文局长江口水文水资源勘测局. 徐六泾节点及附近河段河道监测水文测验技术报告［R］. 2010.

［63］聂士忠，王玉泰. 最大熵谱分析方法和 MATLAB 中对短记录资料的谱分析［J］. 山东师范大学学报（自然科学版），2005，20(3)：40-41，51.

［64］黄泽钧. Excel 绘制水文计算海森机率格纸的方法［J］. 科技信息（学术版），2006，(7)：330，332.

［65］伍敏善，陈蔚凝.MATLAB 在概率统计中的应用［J］.广西师范学院学报（自然科学版），2002，19(4)：72-76.

［66］沈小雄，王常民，连石水，等.东洞庭湖最大熵法风浪谱估计［J］.长沙理工大学学报（自然科学版），2007，4(1)：39-43.

［67］朱颖元，石凝.福州市一百年来(1900～1999 年)年降水量序列统计特性分析[J].水文，2002，22(3)：22-25.

［68］陈远中，陆宝宏，张育德，等.改进的有序聚类分析法提取时间序列转折点［J］.水文，2011，31(1)：41-44.

［69］马炼，张明波，郭海晋，等.嘉陵江流域水保治理前后沿程水沙变化研究［J］.水文，2002，22(1)：27-31.

［70］张瑞，汪亚平，潘少明，等.近 50 年来长江入河口区含沙量和输沙量的变化趋势［J］.海洋通报，2008，27(2)：1-9.

［71］赵利红.水文时间序列周期分析方法的研究［D］.南京：河海大学，2007.

［72］唐从胜，段光磊.悬移质输沙量与径流量关系浅析［J］.人民长江，2001，32(5)：30-31，33.

［73］陈显维，郭海晋.用随机模型分析三峡年输沙量［J］.人民长江，1999，30(3)：41-42.

［74］应铭，李九发，万新宁，等.长江大通站输沙量时间序列分析研究［J］.长江流域资源与环境，2005，14(1)：83-87.

［75］王盼成，贺松林.长江大通站水沙过程的基本特征 I.径流过程分析［J］.华东师范大学学报（自然科学版），2004，(2)：72-80.

［76］师长兴，杜俊.长江上游输沙量阶段性变化和原因分析［J］.泥沙研究，2009，(4)：17-24.

［77］胡灿，高俊强.正三角形投测网平差及归化改正［J］.南京工业大学学报（自然科学版），2005，27(6)：52-55.

［78］丁晶.模糊相似选择在水文计算中的应用［J］.成都科技大学学报，1988，42(6)：31-37.

［79］丁晶，刘权授.随机水文学［M］.北京：中国水利电力出版社，1997.

［80］丁晶.雅砻江洪水随机模拟及其应用［J］.成都科技大学学报，1988，41(5)：99-105.

［81］华仁海，一元线性回归模型检验中应注意的问题［J］.南京经济学院学报，1998，90(5)：31-34.

［82］沈焕庭.长江河口物质通量［M］.北京：海洋出版社，2001.

［83］丁君松，丘凤莲.汊道分流分沙计算［J］.泥沙研究.1981，2：58-64.

［84］秦文凯，府仁寿，韩其为.汊道悬移质分沙模型［J］.泥沙研究.1996，3：21-30.

［85］丁君松，杨国禄，熊治平.分汊河段若干问题的探讨［J］.泥沙研究.1982，4：39-43.

［86］韩其为，何明民，陈显维.汊道悬移质分沙的模型［J］.泥沙研究，1992(1).

［87］单剑武.荆江四口分流分沙的演变［J］.人民长江，1991(3).

［88］丁君松.弯道环流横向输沙［J］.武汉水利电力学院学报，1965(1)：59-80.

［89］侯障昌.冲积河床质与悬移质级配曲线关系分析,水利水电科学研究院科学研究输
文集第2集(水文、河渠)［M］.北京:中国工业出版社,1963.

［90］姚仕明,张超.分汊河道水流运动特性研究［J］.水利发展学报,2011.

［91］Xia Yunfeng, Xu Hua, Wu Daowen. Water Flow and Sediment Exchange Model and Its Appli-cation in Channel Regulations about Shoals and Flats in Tidal and Bifurcated River Estuary［C］. Proceedings of the 12th International Symposium on River Sedimentation, Japan, 2013.

［92］徐华,刘桂平,吴道文,等.潮汐多汊河段滩槽水沙交换特性研究与应用 - 以长江
通州沙河段为例［J］.人民长江,2015,46(7):12-16.

［93］陈立,詹义正,周宜林,等.漫滩高含沙水流滩槽水沙交换的形式与作用［J］.泥沙
研究,1996,(2):45-49.

［94］赵连军,谈广鸣,韦直林,等.黄河下游河道悬移质泥沙与床沙交换计算研究［J］.
水科学进展,2005,16(2):155-163.

［95］侯志军,李勇,王卫红.黄河漫滩洪水滩槽水沙交换模式研究［J］.人民黄河,
2010,32(10):63-65.

［96］李九发,沈焕庭,徐海根.长江河口底沙运动规律［J］.海洋与湖沼,1995,26(2):
138-145.

［97］齐璞,高航,孙赞盈,等.淤滩与刷槽之间没有必然的联系［J］.人民黄河,2005,
27(10):16-20.

［98］吴迪,孙可明.复式交汇河道滩槽交界水流特性［C］.第九届全国水动力学学术会
议暨第二十二届全国水动力学研讨会文集,2009:1004-1009.

［99］徐华,吴道文,夏云峰,等.长江下游通州沙河段暗沙、浅滩水沙运移及其对河势和航
道影响分析研究［R］.南京:南京水利科学研究院,长江口水文水资源勘测局,2012.

［100］吴道文,杜德军,夏云峰,等.长江南京以下12.5m深水航道建设一期工程初设阶
段物理模型试验研究报告［R］.南京水利科学研究院,2012.

［101］闻云呈,夏云峰.长江南京以下12.5m深水航道建设一期工程初设阶段数学模型计
算分析报告［R］.南京水利科学研究院,2012.

［102］钱宁,张仁,周志德.河床演变学［M］.北京:科学出版社,1987.

［103］钱宁,万兆惠.泥沙运动力学［M］.北京:科学出版社,2003.

［104］夏云峰,吴道文,张世钊,等.长江下游三沙水道河床演变分析［R］.南京水利科
学研究院,2000.

［105］曹民雄,夏云峰,马启南.长江福姜沙水道河床演变分析［J］.人民长江,2000,
31(12):23-27.

［106］夏云峰,曹民雄,陈雄波.长江下游三沙(福姜沙、通州沙、白茆沙)水道演变分
析及深水航道整治设想［J］.泥沙研究,2001,(3):57-61.

［107］夏云峰,徐华,吴道文,等.长江下游通州沙白茆沙河段河床演变分析［R］.南京
水利科学研究院,2011.

［108］夏云峰,徐华,吴道文,等.长江南京以下12.5米深水航道二期工程(南京至南通

河段）河床演变分析研究［R］.南京水利科学研究院，2014.

［109］恽才兴.长江河口近期演变基本规律［M］.北京：海洋出版社，2004.

［110］刘文斌.长江洪水对河口典型河段河床演变的影响［D］.上海：华东师范大学，2006.

［111］钮新强，徐建益，李玉中.长江水沙变化对河口水下沙洲发育影响的研究［J］.人民长江，2005，36（8）：31-34.

［112］陈吉余，陈沈良.中国河口研究五十年：回顾与展望［J］，2007，38（6）：481-485.

［113］李春初，雷亚平，何为，等.珠江河口演变规律及治理利用问题［J］.泥沙研究，2002，（3）：44-51.

［114］谢鉴衡，丁君松，王运辉.河床演变及整治［M］.武汉：武汉水利电力学院，1990.

［115］李旺生.长江中下游航道整治技术问题的几点思考［J］.水道港口，2007，28（6）：418-424.

［116］杨芳丽，陈飞，付中敏，等.长江南京至南通河段演变及碍航特性分析［J］.人民长江，2011，42（21）：15-18.

［117］Xu Hua，Xia Yunfeng，Wu Daowen. The fluvial evolution characteristics and its influence on deep water channel regulations in Tongzhou Shoal River reach of Yangtze estuary［C］. Procee dings of the 12th International Symposium on River Sedimentation，Japan，2013.

［118］Xu Hua，Xia Yunfeng，Wu Daowen. Research on Baimao Sand Shoal Waterway Deep-water Channel Regulation Thought in the Lower Reach of the Yangtze River［C］. The 3rd Technical Conference on Hydraulic Engineering，Hongkong，2014.

［119］Lim S.Y，Cheng N.S. Scouring in long contractions［J］. Journal of Irrigation and Drainage Engineering，1998，124（5）：258-261.

［120］Xue Hongchao. Classification of River Mouth［C］. Proceedings of the PACON China Symposium，Beijing China，1993.

［121］华东水利学院.河流动力学［M］.北京：人民交通出版社，1981.

［122］付中敏，刘怀汉.长江南京以下12.5米深水航道建设一期工程（太仓～南通段）可行性研究报告［R］.长江航道规划设计研究院，中交上海航道勘察设计研究院有限公司等，2012.

［123］徐元，张华.长江南京以下12.5米深水航道建设一期工程（太仓～南通段）初步设计研究报告［R］.中交上海航道勘察设计研究院有限公司，长江航道规划设计研究院，2012.

［124］朱慧芳，沈健.长江河口徐六泾节点的动态特征［J］.海洋工程，1993，11（4）：59-66.

［125］何青，虞志英.流域来水来沙变化对长江口演变及汊道稳定性的影响［R］.2012.

索 引